铜加工生产技术 500 问

黄国杰　宋长洪　彭丽军　谢水生　编著

北　京
冶金工业出版社
2023

内 容 简 介

本书以问答形式介绍了铜及铜合金材料制备、加工、生产中常见的一些基本概念及技术问题，对典型的、有实际意义的问题进行了深入浅出的讨论。全书共分5章：铜及铜合金材料加工技术基础知识；熔炼铸造技术；管棒型线材生产技术；板带箔材生产技术；铜合金加工产品生产技术。

本书可供从事铜及铜合金材料制备、加工与应用的管理干部、技术人员和第一线的生产工人使用，也可作为有关专业的大专院校师生和科研院所的工作者参考。

图书在版编目(CIP)数据

铜加工生产技术 500 问／黄国杰等编著.—北京：冶金工业出版社，2023.3

ISBN 978-7-5024-9385-1

Ⅰ.①铜… Ⅱ.①黄… Ⅲ.①铜—金属加工—问题解答 Ⅳ.① TG146.1-44

中国国家版本馆 CIP 数据核字(2023)第 024557 号

铜加工生产技术 500 问

出版发行	冶金工业出版社		**电 话**	(010)64027926
地 址	北京市东城区嵩祝院北巷 39 号		**邮 编**	100009
网 址	www.mip1953.com		**电子信箱**	service@ mip1953.com

责任编辑 刘小峰 赵缘园 美术编辑 彭子赫 版式设计 郑小利
责任校对 葛新霞 责任印制 窦 唯
三河市双峰印刷装订有限公司印刷
2023 年 3 月第 1 版，2023 年 3 月第 1 次印刷
710mm×1000mm 1/16；24 印张；469 千字；361 页
定价 79.00 元

投稿电话 (010)64027932 投稿信箱 tougao@cnmip.com.cn
营销中心电话 (010)64044283
冶金工业出版社天猫旗舰店 yjgycbs.tmall.com
(本书如有印装质量问题，本社营销中心负责退换)

前　　言

　　铜及铜合金是典型的结构功能一体化材料，广泛应用于电子电气、仪器仪表、航空航天、交通运输、汽车制造、医学、光学、军工、建筑、机械制造等诸多领域，是国民经济建设和高新技术发展的重要基础材料。近20年，我国的铜加工行业发展十分迅速。2021年达到1990万吨，占全球加工材产量的58%，进出口总量为120多万吨，已经成为世界上名副其实的铜加工大国。新型冠状病毒肺炎疫情暴发以来，我国有色金属行业在疫情影响下，不仅没有走低，而且各有色金属行业的产量、销量及利润均屡创新高。作为典型大宗有色金属的铜，更是从原材料价格、产量及销量都一路走高，成为疫情期间国民经济增长的重要力量。

　　随着科学技术的发展，铜合金材料制备加工工艺及设备不断更新，从事铜加工生产的一线技术和工作人员，经常会遇到各种技术质量问题需要解决。为此，在冶金工业出版社的策划和建议下，作者将长期在科研一线及协助铜加工企业解决技术问题时的部分实例进行总结归纳，并搜集和整理了多年来铜加工企业易出现的技术质量问题以及相关解决措施，整理编写了本书。全书以问答形式进行编写，方便读者查阅。

　　全书共分5章，第1章 铜及铜合金材料加工技术基础知识，由黄国杰、李雷编写；第2章 熔炼铸造技术，由黄国杰、施利霞编写；

第3章 管棒型线材生产技术，由宋长洪、宋卡迪编写；第4章 板带箔材生产技术，由黄国杰、彭丽军编写；第5章 铜合金加工产品生产技术，由彭丽军、谢水生、黄国杰编写。

本书除编者多年的研究成果及生产经验总结外，主要参考了《重有色金属材料加工手册》《铜合金及其加工手册》《铜加工技术实用手册》等书籍，并且在编写过程中还参考或引用了国内外一些企业和专家学者诸多珍贵的研究成果，在此表示真诚的感谢。

本书在编写过程中，得到了有研科技集团有限公司、中国有色矿业集团有限公司、宁波长振铜业及上海电机学院等单位的大力支持与帮助，在此表示衷心的感谢。

同时，感谢金其坚教授、郭宏教授、米绪军教授、钟景明教授、程磊教授、郭淑梅高工、和优峰博士、付垚博士、孙雨情博士、曹祎程博士、罗威博士、赵洋硕士对编写工作提供的指导及帮助。

作者真诚地希望本书所列问题能为读者提供一些有益的启迪，但由于本书涉及的问题涵盖整个铜加工过程，尽管经过反复修改调整及多次校正，在一些问题的叙述及协调上仍有不足之处，恳请广大读者批评指正并提出宝贵意见。

编　者

2022 年 5 月

目　　录

第 1 章　铜及铜合金材料加工技术基础知识

1　铜的应用历史?

在人类发展的历史上，铜是人类认识、开采、提炼、加工、使用最早的金属，从原始社会一直到科学技术高度发达的今天，铜的使用一直伴随着人类的进步及发展。

远在一万年以前，铜就曾在西亚作为装饰品被使用。古埃及人在象形文字中，用"♀"表示铜，称铜为"Ankh"，含义是"永恒的生命"；公元前 2750 年的基厄普斯金字塔内发现铜制水管，并且这些铜管道在历经五千年的沧桑后，仍然完好可用；公元前 2500 年锡青铜的开发，使铜的硬度大为提高，为铜的使用打开了广阔的空间。中华民族在铜的开发中也作出了重要的贡献。青铜器时代，铜被广泛地用来制作生活用具、兵器、乐器、钱币、工艺品等，其种类、数量、制作水平远远超过世界其他地区。考古工作者们发现，凡夏、商、周三代出土的青铜器大半与饮食有关，已发掘的 4000 余件青铜器中，大部分为鼎、瓿、甗、盂等餐饮器具。商王文丁所铸造的"司母戊"鼎，重达 875kg，花纹流畅、文字清晰、形象优美，堪称世界之最。到了宋代，中国民间已经开始使用铜-镍-锌白铜制作生活用具，是世界上最早的仿银合金。

目前，随着科学技术的发展，铜的开采、冶炼、加工已经高度现代化、自动化，铜及铜合金已达数百种，分别具有高导电、高导热、高耐蚀、高强度等诸多优良性能。铜及铜合金的加工已经成为现代工业体系中非常重要的一部分，分别以板、带、箔、管、杆、型、线等多种形式供国民经济和国防工业部门的需要，从高新技术至人们的日常生活，从微电子技术到空调、冰箱、彩电，到处都有铜的身影，铜及其合金可以说是无处不在。今天，中国铜工业生产和技术已经十分发达，铜加工材产量已居世界第一位。

2　铜的主要矿物及资源?

铜元素在地壳中含量排序第 23 位，平均含量为 0.0007%，1999 年美国地质调查局估计，世界陆地铜资源为 16 亿吨，深海中铜资源估计为 7 亿吨。世界上含铜矿物约有 280 种，具有经济开采价值的矿物主要有铜的硫化物、氧化物、硫酸盐、碳酸盐、硅酸盐等，深海中铜的含量约为 0.5%；地球上铜储量最丰富的地区位于环太平洋带，储量最大的国家是智利和美国，中国的储量居世界第七。铜的主要矿物列入表1-1。

表 1-1 铜的各种矿物

矿物名称	分子式	铜含量/%	密度/g·cm^{-3}	颜色
斜方铜	$Cu_3SO_4(OH)_4$	54.0	3.9	绿色
氯铜矿	$Cu_3(OH)_3Cl$	59.4	3.76	绿色
蓝铜矿	$Cu_3(OH)_2(CO_3)_2$	55	3.77	浅蓝色
斑铜矿	Cu_5FeS_4	63.5	5.06	红褐色
水胆矾	$Cu_4SO_4(OH)_6$	56	3.97	绿色
胆矾	$CuSO_4 \cdot 5H_2O$	25	2.29	绿色
辉铜矿	Cu_2S	79.9	5.5~5.8	灰黑色
黄铜矿	$CuFeS_2$	34.6	4.1~4.3	黄色
硅孔雀石	$CuSiO_3 \cdot 2H_2O$	36.2	2.0~2.2	绿色转蓝色
铜蓝	CuS	66.7	4.6~4.7	纯蓝转靛
赤铜矿	Cu_2O	88.8	7.14	红色
硫砷铜矿	$CuAsS_4$	45.7/49	4.45	灰黑
脆硫锑铜矿	$Cu_3(SbAs)S_4$	43.3/47.9	4.52	灰/紫铜色
孔雀石	$Cu_2(OH)_2CO_3$	58	4.05	嫩绿色
砷黝铜矿	$(CuFe)_{12}As_4S_{13}$	35.7/53	4.6~5.1	灰转黑
黑铜矿	CuO	80.0	5.8~6.1	灰黑色
黝铜矿	$(CuFe)_{12}Sb_4S_{13}$	25/45.7	4.6~5.1	灰转黑

中国陆地铜资源储备并不缺乏，主要分布在安徽、江西、云南、湖北、新疆等地，但大型铜矿少，品位低，矿产铜远不能满足国民经济迅速发展的需求。为满足对铜的需求，中国正不断推进技术进步，加强矿产勘测工作，同时不断增加铜精矿、粗铜、精铜、废杂铜的进口，目前我国已成为重要的铜原料进口国。

3 铜的主要物理性能？

铜是元素周期表中 I B 族元素，元素符号为 Cu，原子序数为 29，原子量为 63.54。在 1083℃ 以下时为面心立方（fcc）晶体结构，晶格常数 18℃ 时为 0.36074nm。铜的主要物理性能见表1-2。

表 1-2 铜的主要物理性能

名称	符号	单位	数值
熔点	T_m	℃	1083

名称	符号	单位	数值
沸点		℃	约 2600
熔化潜热		kJ/kg	205.4
比热容	c_p	J/(kg·K)	385.2
热导率	λ	W/(m·K)	399
线膨胀率		%	2.25
线膨胀系数	α_1	℃$^{-1}$	$(17.0 \sim 17.7) \times 10^{-6}$
密度	ρ	kg/m^3	8930
电阻率	ρ_e	μΩ·m	0.01673
电导率 （导电率）	γ	m/(Ω·m^2)	35～58
		%IACS	100～103（退火态）
抗拉强度	R_m	MPa	200～360
屈服强度	$R_{p0.2}$	MPa	60～250
伸长率	A	%	2～45
泊松比	ν		0.35（M 态棒材）
压缩模量	K	GPa	136.3（M 态棒材）
切变弹性模量	G	GPa	44.1（M 态棒材）
弹性模量	E	GPa	107.9（Y 态棒材）
疲劳强度极限	σ_{-1}	MPa	76～118
高温持久强度	σ_{100}	MPa	98（100℃）
室温硬度	HB	N/mm^2	35～45（M 态棒材） 110～130（Y 态棒材）
室内质量磁压率	χ	m^3/kg	-0.085×10^{-6}
高温硬度	HB	N/mm^2	46（300℃） 17（400℃） 9（500℃） 7（600℃）
压缩强度	σ_{-b}	N/mm^2	1471（M 态棒材）
冲击韧性	a_{ku}	kJ/m^2	1560～1760（M 态棒材）
切变强度	τ	MPa	108（M 态棒材） 421（Y 态棒材）
摩擦系数	μ		0.011（有润滑） 0.43（无润滑）

4　铜的主要化学性能?

铜不是化学活泼性金属元素，其活泼性排在钾、钠、钙、镁、铝、锌、铁、锡、铅之后，汞、银、铂、金之前，具有较强的化学稳定性。

（1）铜的耐腐蚀性能。铜与大气、水等接触时，反应生成难溶于水并与基底金属紧密结合的碱式硫酸铜 $CuSO_4 \cdot 3Cu(OH)_2$ 和碱性碳酸铜 $CuCO_3 \cdot Cu(OH)_2$ 薄膜，对铜有保护作用，能防止铜被继续腐蚀，又称"铜绿"。因此，铜在大气、纯净淡水和流动缓慢的海水中都具有很强的耐蚀性。在大气中的腐蚀速率为 0.002~0.5mm/a，在海水中的腐蚀速率为 0.02~0.04mm/a。

铜有较高的正电位，Cu^+ 和 Cu^{2+} 离子化时，标准电极电位分别为 +0.522V 和 +0.345V。因此，铜在水溶液中不能置换氢，在非氧化性的酸（如盐酸等）、碱液、盐溶液、多种有机酸（醋酸、柠檬酸、脂肪酸、草酸和乳酸等）和非氧化性的有机化学介质中，均保持有良好的耐蚀性。但铜的钝化能力低，氧、氧化剂、硝酸及其他氧化性的酸、和通入氧或空气的酸、盐溶液等，都易使铜产生氧去极化腐蚀。铜表面的碱性化合物，也在氧的作用下，首先生成一价铜盐，继而氧化成二价铜盐，构成 Cu^{2+}。氨、氰化物、汞化物的水溶液和氧化性酸水溶液均强烈引起铜的腐蚀。

铜在大气和水中有良好的耐蚀性，野外使用的大量铜制导线、水管、冷凝器等，均可不另加保护。在食品工业、化学工业部门，可用作很多有机物产品的蒸发器、泵、管道、冷却器、储藏器等。

（2）铜的氧化性能。在大气中于室温下，铜氧化缓慢。而高温下氧化速度会加快，当温度升至 100℃ 时，表面生成黑色的 CuO（单斜晶格，$a = 0.466 \sim 0.34nm$，$c = 0.4nm$），其氧化速度与时间的对数成正比。当温度升至 400℃ 以上时，氧化速度又十分近似抛物线规律，可按下式推算：

$$x = Kt \tag{1-1}$$

式中　x——氧化膜质量，g/cm^2；

　　　t——持续时间，s；

　　　K——系数，纯铜在各温度下的 K 值见表 1-3。

表 1-3　不同温度下的 K 值

介质	氧								空气			
温度/℃	400	500	600	700	800	900	950	1000	700	800	900	1000
$K/\times10^{10}$	0.044	0.44	3.24	16.0	86.9	349.0	730.0	1780.0	8.03	79.7	336.0	1350.0

铜在高温时氧化速度显著提高，并在表面生成致密的红色氧化亚铜（Cu_2O）薄膜（正方晶格，$a = 0.4252nm$，$c = 0.2nm$），CuO 在高温时完全分解为游离氧

和 Cu_2O。其反应式如下：

$$2CuO \longrightarrow Cu_2O + O \tag{1-2}$$

氧在铜中的扩散系数和渗透速度见表 1-4。

表 1-4　氧在铜中的扩散系数和渗透速度

温度/℃	600	700	800	900	950
扩散系数/$cm^2 \cdot s^{-1}$ （氧在铜中的总含量为 0.41%）	$1.06×10^{-9}$	$1.47×10^{-8}$	$1.28×10^{-7}$	$1.12×10^{-6}$	$1.90×10^{-6}$
氧渗透 0.5mm 的时间/h （氧在铜中的总含量为 0.24%）	11000	656	65	8.7	3.9

水蒸气也能引起铜的氧化，因为它在高温下能分解成氧和氢。催化剂（如氧化铁）可大大加速水蒸气的分解。温度上升，水蒸气的分解度剧烈增大，这时气体混合物不再是中性，使铜形成氧化物的氧分压也增高。铜被水蒸气氧化的反应如下：

$$2Cu + H_2O \Longrightarrow Cu_2O + H_2 \uparrow$$

杂质和合金元素对铜的氧化速度有显著影响。铝、铍、镁等在铜的表面形成坚固的氧化保护膜，使铜在高温下也无明显氧化。砷、铈、铬、锰等元素，则使铜在高温时的氧化速度显著加快。

5　铜的主要特点及应用领域？

铜与其他金属相比最主要的特点是高导电导热性、耐蚀性、适宜的强度、易加工成型性和典雅庄重的颜色。具体特点如下：

（1）导电导热性。铜的导电导热性仅次于银，居第二位，而价格远低于银。因此被广泛应用作各种导线、电缆、电器开关等导电器材和冷凝器、散热管、热交换器、结晶器内壁等。几种主要金属的电阻率和热导率比较见表 1-5。

表 1-5　几种主要金属的电阻率和热导率值

金属名称	银	铜	金	铝	镁	锌	铁	锡	钛
电阻率×10^{-8}/$\Omega \cdot m$	1.5	1.724①	2.065	2.5	4.47	5.75	9.7①	11.5	42.1～47.8
热导率/$W \cdot (m \cdot K)^{-1}$	418.68	373.56	297.26	235.2	153.66	154.91	75.36	62.8	15.07

①20℃时的电阻率，其余为 0℃时的电阻率。

（2）耐蚀性。一般而言，铜的耐蚀性低于金、铂、银和钛，而金、铂和银属于贵金属，实际应用规模很小；相比铁、锌、镁等金属，铜的耐蚀性很强。与铝相比，铜更耐非氧化性酸、碱和海水等腐蚀，但在大气、弱酸等介质中铝的耐蚀性强于铜。

铜在淡水及蒸汽中耐腐蚀性能也很好。因此，铜被广泛用于制造冷、热水的配水设备、热水泵、建筑面板、雨水管、纸浆滤网及船舰设备等。

（3）塑性成型性。铜属于面心立方晶体结构的金属，具有很强的塑性变形能力，变形抗力大于铝而远小于钢铁和钛，可以承受大变形量的冷热压力加工，如轧制、挤压、锻造、拉伸、冲压、弯曲等，轧制和拉伸的变形程度可达95%以上而不需进行中间退火等热处理。

纯铜存在中温脆性区，一般认为是低熔点杂质，特别是铅引起的。在中温脆性区，其塑性剧烈降低。杂质的种类及含量变化时，脆性区的温度范围也随之变化。杂质对铜的塑性变形性能影响极大，如万分之几的铋或铅就可以使铜的塑性变形能力恶化。

（4）磁性。铜是反磁性物质，磁化系数极低。故铜及铜合金常被用来制造不允许受磁干扰的磁学仪器，如罗盘、航空仪器、炮兵瞄准环等。影响铜磁性的主要因素是杂质，锌、铅、锡、铝、硅、磷等元素的影响较小，铁的影响最大。镍虽然也是铁磁性金属，但作为杂质而少量存在时，对磁化系数影响不大。锰是顺磁性金属，但在无磁铜基合金中应尽量避免，因为锰除了结构与铁磁性物质极为接近外，还容易带入杂质铁（锰中一般含有铁），使合金的磁性增加。对于一般的磁性仪器结构材料，电解铜即能满足要求，但对于某些特殊用途的无磁性材料，需要采用纯度更高的高纯铜。

（5）抑菌性。铜能抑制细菌等微生物的生长，水中99%的细菌在铜环境里5h内就会全部被杀灭。这对饮用水传输、食品器皿、海洋工程等领域非常重要。

（6）可焊性。铜易于采取软钎焊、硬钎焊、气体保护电弧焊等方法焊接，含少量磷的磷脱氧铜焊接性能更佳。由于铜的导热性能好，因此铜材焊接需要大功率、高能束的焊接设施，最好用气体进行保护，一般不推荐点焊。

（7）可镀性。铜的可镀性很好，可以电镀高熔点金属如镍、铬等，也可以热浸镀低熔点金属如锡、锌等。

（8）色泽。紫铜固态下呈紫红色，又称橙红色，液态铜表面呈绿色，当白光透射极薄的铜薄膜后，变成绿色。紫铜表面被 Cu_2O 薄膜覆盖时，呈紫红色，被 CuO 覆盖时，表面呈黑色。铜合金则有各种美丽的色泽，如金黄色（H65 黄铜）、银白色（白铜、锌白铜）、青色（铝青铜、锡青铜）等，很受人们的喜爱。

铜是除钢铁和铝之外世界上使用最多的金属材料，其应用范围几乎涉及人类生活的各个领域。铜的主要用途见表1-6。

表1-6 铜的主要用途

特 性	应 用
高导电性	各种电力、电信传输电缆；各种开关、接插件、汇流排、电刷、整流器；发电机、电动机和变压器、感应器等绕组；各种电极、电阻器、电容器、晶体管元件、微波器件、波导管；印刷滚筒、印刷电路板、集成电路引线框架等

特　性	应　用
高导热性	电站、化工、冶金、建筑采暖、海水淡化、汽车水箱等各种换热器、冷凝器的管、板、片；高炉冷却壁板、金属铸造结晶器、感应器水冷线圈、航天推进器燃烧室喷嘴等
适宜的强度	螺栓、螺母、垫片、容器、铰链、铆钉、罩、盖、齿轮等各种构件
良好的耐蚀性	各种输油、气、汽、水或溶液管道；建筑雨水集水管、屋面板、阀；容器；水坝防渗板、硬币
典雅的色泽	建筑装饰板、灯具、雕刻、雕塑、奖杯、牌匾、器皿、服饰、乐器
优越的抑菌性	饮用水管道、管件；餐具、炊具、生活器皿、冰糕模、海运船舶护板
无磁性	屏蔽罩、U 形壳

6　铜合金的基本类别?

国内外关于铜合金分类中，中国和俄罗斯把铜及铜合金划分为：紫铜、黄铜、青铜、白铜。其中，紫铜因呈紫红色而得名，按其所含杂质及微量元素的不同可以分为普通纯铜（T1、T2、T3、T4）、无氧铜及脱氧铜（TU1、TU2、TUP、TP1、TP2）和特种铜（砷铜、银铜、碲铜）等几大类；黄铜是以锌为主要添加元素的铜合金，因颜色呈现为黄色而得名，主要有铅黄铜、铝黄铜、锡黄铜、铁黄铜、硅黄铜、锰黄铜、镁黄铜等；白铜是以镍为主要添加元素的铜合金，因其镍含量达到约 20% 后呈现银白色而得名，主要有锌白铜、铁白铜、锰白铜、铝白铜等；青铜是除锌和镍外以其他元素为主要添加元素的铜合金，因其颜色发青而得名，主要有锡青铜、铝青铜、硅青铜、镁青铜、铁青铜、钛青铜、铬青铜、锆青铜等。

美国和日本的铜合金分类直接按合金系划分，分为 C10000 系（纯铜和微合金化铜，或称低合金化铜）、C20000 系（简单黄铜 Cu-Zn 系）、C30000 系（铅黄铜 Cu-Zn-Pb 系）、C40000 系（锡黄铜 Cu-Zn-Sn 系）、C50000 系（磷青铜 Cu-P 系、含银磷青铜 Cu-Ag-P 系、锡磷青铜 Cu-Sn-P 系和含铅锡青铜 Cu-Sn-Pb 系）、C60000 系（铝青铜 Cu-Al 系、硅青铜 Cu-Si 系及其他 Cu-Zn 合金）、C70000 系（白铜 Cu-Ni 系、锌白铜 Cu-Ni-Zn 系等）、C80000 系（铸造低合金化铜，包括铍青铜 Cu-Be 系、锡锌铅铜合金 Cu-Sn-Zn-Pb 系、锰青铜 Cu-Mn 系和硅青铜 Cu-Si 系等）和 C90000 系（铸造高合金化铜合金）。

按功能划分：导电导热铜合金（主要有非合金化铜和微合金化铜）、结构铜合金（几乎包括所有铜合金）、耐腐蚀铜合金（主要有锡黄铜、铝黄铜、各种白铜、铝青铜、钛青铜等）、耐磨铜合金（主要有含铅、锡、铝、锰等多元复杂黄铜、铝青铜等）、易切削铜合金（铜-铅、铜-碲、铜-锑、铜-铋等合金）、弹性铜合金（主要有锡青铜、铝青铜、铍青铜、钛青铜等）、阻尼铜合金（高锰铜合金等）、艺术铜合金（纯铜、简单黄铜、锡青铜、铝青铜、白铜等）等。

按材料成型方法划分：铸造铜合金和变形铜合金。

7 高性能铜合金的发展趋势有哪些?

在传统的铜及铜合金材料体系基础上，目前高性能铜合金材料的研究发展方向主要有4个方面：高纯化、微合金化、复杂多元合金化和复合材料化。

（1）高纯化。高纯化的主要目的是尽可能提高材料的导电、导热性。铜合金材料向高纯化方向的发展还表现在微合金化铜合金中要求铜合金基体的高纯净化，以保证材料具备更优异的综合性能。

（2）微合金化。微合金化的目的是牺牲最少的导电导热性换取其他性能，如强度的大幅度提升等。微合金化铜合金是当前铜合金材料开发的热门之一。有氧韧铜、高强高导铜合金是最主要的微合金化铜合金。

（3）复杂多元合金化。为了进一步改善铜及铜合金的强度、耐蚀性、耐磨性及其他性能，或者为了满足某些特殊应用要求，在现有青铜、黄铜等合金的基础上添加到五元、六元等多种组元，实现材料高弹性、高耐磨、高耐蚀、易切削等不同的功能，多组元（四个或四个以上组元）合金化成为铜合金开发的另一热门课题，新的复杂多元合金层出不穷。

（4）复合材料化。铜合金材料强化方式主要有两种：一是引入合金元素强化铜基体形成合金；二是引入第二强化相形成复合材料。人工复合材料法是指人工向铜中加入第二相的颗粒、晶须或纤维对铜基体进行强化，通过向铜基体中引入均匀分布的、细小的、具有良好热稳定性的第二相颗粒来强化铜而制得的材料。另外，发展较快的是原位复合材料（自生复合材料），原位复合材料是指在铜的基体中，通过元素之间或元素与化合物之间发生放热反应生成增强体的一类复合材料。

8 铜加工产品有哪些基本类别?

铜加工产品按照加工方式和外观形状习惯上分为两大类：板带条箔材和管棒型线材。但是，国家和行业统计分类为：板、带、排、箔、管、棒、型、线、其他及盘条。而海关进出口统计的分类为：铜粉、条杆形型材、丝、板带、箔、管及管件。

板带箔材类产品按照外形尺寸又细分为板材、带材、条材和箔材。

（1）板材。板材按照成品前最后一道轧制状态分为热轧板材和冷轧板材。

热轧板材的常用尺寸范围为：（4～150）mm（厚度）×（200～3000）mm（宽度）×（500～6000）mm（长度）。冷轧板材的常用尺寸为：（0.2～12）mm（厚度）×（100～3000）mm（宽度）×（500～6000）mm（长度）。

（2）带材。带材尺寸范围为：（0.05～3）mm（厚度）×（10～1000）mm（宽度），成卷供货。

（3）条材。条材厚度介于板材和带材之间，尺寸范围一般为：（0.2～10）mm（厚度）×（50～100）mm（宽度）×（1500～2000）mm（长度）。

（4）箔材。国内铜加工箔材指厚度在 0.05mm 以下的板材和带材；国外指厚度在 0.10mm 以下的板材和带材，均属轧制铜箔（压延铜箔），不包括电解铜箔。箔材尺寸范围为：（0.006～0.05）mm（厚度）×（40～600）mm（宽度），成卷供货，长度一般不小于 5000mm。

管棒线材按照产品形状细分为管材、棒材、线材和铜盘条。

（1）管材。管材分圆形、梯形、三角形、矩形管和方形管，其尺寸范围为：（0.5～360）mm（外径）×（0.1～50）mm（壁厚），直条或成卷供货。

（2）棒材。棒材分为圆形棒、六角棒、方形棒、矩形棒和异形棒，其尺寸范围为：（3～120）mm（直径）×（500～5000）mm（长度），直条供货。

（3）线材。线材分圆线、扁线和异形线，其尺寸范围为：（0.02～6）mm（直径），或（0.5～6）mm（厚度）×（0.5～15）mm（宽度），成卷供货。

（4）铜盘条。铜盘条是指生产线材的坯料，也称铜线杆，分光亮杆和黑杆。盘条的直径在 6～20mm，由连铸连轧或上引（或水平）连铸法生产。

9　铜合金主要的强化方式?

铜合金强化的主要方式有加工硬化、细晶强化、固溶强化、时效析出强化、复合强化等。

加工硬化是指合金在发生塑性变形时，材料内部出现大量的位错，使得合金强度增高的现象。加工硬化与形变亚晶、位错及其他结构缺陷的产生都有不同程度的直接或间接关系，但位错密度的增加起到决定性的作用。位错密度越大，位错在滑移过程中相互交割的机会越多，相互间的阻力就越大，因而形变的抗力也随之增大。

细晶强化是指通过细化晶粒、增加界面缺陷来增加合金的强度。细晶强化效果可用屈服应力 σ_s 与晶粒平均直径 d 的关系式表示，即 Hall-Petch 公式。对于非固溶强化型合金而言，在冷变形过程中，会伴随着晶粒细化的过程。

固溶强化是指合金元素固溶于基体造成一定程度的晶格畸变，有效阻碍位错的运动，使得滑移难以进行，从而提高合金强度和硬度的现象。在溶质原子浓度适当时，可有效地提高合金的强度和硬度，但韧性和塑性有所降低。影响固溶强化效果的因素主要有以下几种：（1）溶质原子分数，一般溶质原子分数越大，强化作用越明显；（2）溶质原子与基体的半径差，差值越大，强化作用越大；（3）溶质原子的取代类型，通过对比间隙型溶质原子和置换型溶质原子强化效果可知，前者的强化效果要大于后者，但间隙原子的固溶度有限，所以实际强化效果也有限；（4）溶质原子与基体原子的价电子数，两者的数值相差越大，固溶强化效果也越明显。

时效强化是指合金通过采用某种方法使得基体存在大量细小、弥散分布的第二相质点而引起强度提高的现象。这些质点可以是富溶质区（G. P. 区）、析出相、原位生成的金属间化合物和机械合金化生成的硬质颗粒。沉淀强化的机制是通过质点颗粒阻碍位错的运动来实现合金强度增大的目的。

纤维原位复合强化是指向铜合金中添加过量的合金元素，且以枝晶的形式存在凝固态的合金中，形成两相的复合体，而引起强度提高现象。随后对合金进行大变形量的拉拔变形，迫使枝晶状的组织转变成纤维状，从而获得与基体呈均匀相间、定向整齐排列的纤维状第二相。纤维状第二相的存在能有效地阻碍位错运动，提高材料的强度。

10　高强高导铜合金的开发途径?

高强高导铜合金的主要用途包括集成电路引线框架、发电机用集电环、电动工具换向器、电阻焊电极、缝焊滚轮、焊矩喷嘴、电气工程开关触桥、连铸机结晶器内衬、高速铁路电力机车接触导线和高速列车异步牵引电动机转子等领域。

高强高导铜合金的开发途径主要有：

（1）加入适量恰当的合金元素强化铜基体来提高强度，同时尽可能地减小对电导率的不良影响。合金化强化的一般途径是添加适量合金元素实现固溶强化，通过塑性变形达到形变强化，通过时效析出或晶粒细化进一步强化。单一固溶强化、沉淀强化及形变强化的效果往往有限，因而常常将几种强化方法综合使用。

（2）引入第二相形成复合材料，通过复合强化取长补短，达到高强高导的目的。复合强化能同时发挥基体和强化相的协同作用，又具有很大的设计自由度，因此不会明显降低铜基体的导电性，同时强化相还改善了基体的室温及高温性能，成为获得高强高导铜合金理想的强化手段。

11　耐磨铜合金的开发途径?

铜合金在具有磨损及冲蚀的环境中使用时，合金设计需要考虑其耐磨性能。理想的耐磨材料结构是由含有软相的基体和硬质的颗粒相两部分组成。

（1）合金元素的选择：例如铁在黄铜中的溶解度极小，超过溶解度的铁以富铁相微粒析出，作为"人工晶核"细化铸锭组织，并可抑制退火时再结晶晶粒的长大，提高合金的力学性能和工艺性能。锰在黄铜中的溶解度较大，锰还可与硅结合，生成硬度相当高的具有六方结构的 Mn_5Si_3，从而提高了合金的耐磨性。

（2）加工工艺与热处理制度：当合金铸成锭坯后，加工工艺和热处理制度的制订就成为决定材料是否合格的关键因素，需要根据合金的成分、性能参数的要求、相组织的变化等几方面因素并结合相图来制订上述制度。

12　什么是黄铜脱锌？

黄铜脱锌是一种典型的选择性腐蚀，当铜锌合金在水溶液中应用时，一部分表面锌被浸蚀而留下一团红色多孔的海绵状铜，这种现象称为黄铜脱锌。黄铜在脱锌过程中，锌被选择性地去除而留下相对多孔易脆的铜和氧化铜层。性质相同的腐蚀在初始腐蚀层下面继续发生，结果正常的黄铜逐渐被易脆多孔的铜取代，除非加以抑制，否则合金分解过程将最终渗透整个合金，使其在结构上变得多孔、脆弱并使液体或气体通过残留结构中的多孔物质泄漏出来。

黄铜脱锌的表现形式有均匀的层状脱锌和不均匀的带状或栓状脱锌两种。其结果是前者的合金表面层变为力学性能脆弱的铜层，强度下降；后者脱锌的腐蚀产物为丧失强度的疏松多孔的铜残渣，容易早期穿孔，危害性更大。一般而言，简单黄铜（铜和锌的二元合金）常发生层状脱锌；而耐腐蚀的复杂黄铜（铜和锌再加其他组分的多元合金）常发生栓状脱锌。在腐蚀性强的介质如弱酸、弱碱或海水中易发生层状脱锌，而在腐蚀性弱的介质如河水中反而容易发生栓状脱锌。

为了防止黄铜脱锌，从材料方面，可采用低锌（如小于 15%Zn）黄铜，或在黄铜中加入 0.03%~0.05%As 或 P、Sb。此外，针对上述简单黄铜的特点，合金设计时可在黄铜合金中加入少量 Sn、Al、Mn、Fe、Si、Ni 等元素提高其耐蚀性。如常用锡黄铜含 1%Sn，但含锡过多会降低合金塑性，锡的重要作用是抑制脱锌，提高黄铜的耐蚀性。

13　各类合金元素对紫铜电导率的影响？

合金元素均不同程度地降低铜的导电性和导热性。固溶元素（除 Cd、Ag 以外）对铜的电导率和热导率影响最大，呈第二相析出的元素影响相对较小。在理想的相互不发生反应的情况下，各种合金元素或杂质对铜导电性的影响相当于单个元素影响的总和。铜的导电性能、导热性能与各种元素含量的关系，见图 1-1。

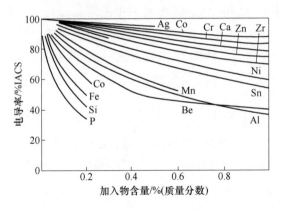

图 1-1　各种元素对铜导电性能的影响

14　氧对铜的性能有哪些影响?

　　氧几乎不固溶于铜。含氧铜凝固时，氧以（Cu+Cu₂O）共晶体的形式析出，分布于铜的晶界上。氧与其他杂质共存时则影响极为复杂，例如微量氧可氧化高纯铜中的微量杂质 Fe、Sn、P 等，提高材料的电导率，若杂质含量较多，则氧的这种作用表现不出来。氧能部分削弱 Sb、Cd 对铜导电性的影响，但不改变 As、S、Se、Te、Bi 等对铜导电性影响。有些紫铜还特意保留一定量的氧，一方面对铜的性能影响不大，另一方面 Cu₂O 可与 Bi、Sb、As 等杂质起反应，形成高熔点的球状质点分布于晶粒内，消除了晶界脆性。适当的氧含量对铜的力学性能有一定影响，因此在某些特殊用途的铜合金中，会保留一定的氧含量用来补充纯铜的力学性能。氧对铜的性能的影响见表 1-7。

表 1-7　氧对铜性能的影响

状态	氧含量/%	抗拉强度 /MPa	延伸率 /%	断面收缩率/%	电导率 /%IACS	密度 /g·cm³	疲劳强度 (5×10⁷次)/MPa	备注
700℃ 退火 30min	0.016	228	54	77	101.4	8.91	77	由表可知，氧稍微提高铜的强度，但降低铜的塑性和疲劳极限。氧对铜的电导率影响不大
	0.040	225	50	72	101.6	8.90	94	
	0.060	228	56	70	101.5	8.90	91	
	0.090	232	53	65	100.6	8.88	84	
	0.170	242	49	57	99.0	8.84	77	
	0.360	260	55	39	96.2	8.76	77	
冷拉态	0.036	263	30	73	99.6	—	130	
	0.049	263	29	68	98.9	—	123	
	0.094	267	27	63	97.9	—	134	
	0.220	288	27	49	94.6	—	120	

可采用 P、Ca、Si、Li、Be、Al、Mg、Zn、Na、Sr、B 等作为铜的脱氧剂。P 是最常用的，但当含磷达 0.1%时，虽不影响铜的力学性能，却严重地降低了铜的电导率，对于高导铜，磷含量不得大于 0.001%。脱氧铜在浇铸过程中，如不采用气氛保护，仍可吸收 0.01%的氧。

15 什么叫作"氢气病"？

含氧铜在氢气气氛中退火（俗称"烧氢"）时，氢在高温下渗入铜中，氢可在高温下与 Cu_2O 反应，产生高压水蒸气（$Cu_2O+H_2 \rightarrow 2Cu+H_2O$）造成气孔和裂纹，使铜破裂，这种现象称为"氢气病"。

氢对含氧铜的危害性与温度有关。在 150℃时，因水蒸气处于凝聚状态，不产生氢对含氧铜的危害，含氧铜在 150℃的氢气中可放置十年不裂，在 200℃的氢气中需经一年半，在 400℃的氢气中只经 70h 就裂。以 Mg 或 B 脱氢的铜不发生氢气病。

16 常用普通纯铜的牌号？

高导电用普通纯铜含铜量的质量分数不低于 99.97%，工业最常用的牌号是T1、T2、T3，常用普通纯铜的牌号见表 1-8。

表 1-8 常用普通纯铜的牌号

国别	GB（中国）	ISO	ASTM（美国）	JIS（日本）	DIN（德国）	BS（英国）	NF（法国）	ГOCT（前苏联）
牌号	T1 T2 T3	Cu-ETP Cu-FRTP	C11000 C12500	C1020 C1100	E-Cu58	C101 C102 C104	Cu/a1 Cu/a2 Cu/a3	M0 M1 M2

17 常用磷脱氧铜的牌号？

磷脱氧铜是以元素磷精炼后残留微量磷的铜。由于磷强烈地降低铜的导电性，因此磷脱氧铜通常作为结构材料使用，若作为导体，则应选用低残留磷的脱氧铜。磷脱氧铜牌号见表 1-9。

表 1-9 常用磷脱氧铜牌号

国别	GB（中国）	ISO	ASTM（美国）	JIS（日本）	DIN（德国）	BS（英国）	NF（法国）	ГOCT（前苏联）
牌号	TP1 TP2	Cu-DLP Cu-DHP	C12000 C12200 C12300	C1201 C1220 C1221	SW-Cu SF-Cu	— C106	Cu-b2 Cu-b1	M1P M1Φ

18 常用无氧铜的牌号?

1 号、2 号无氧铜 TU1、TU2 是含氧量极少的铜,具有纯度高、导电、导热性高的特点,无"氢气病"或极少"氢气病"。含磷量极低的无氧铜,与玻璃封结性好,加工性能、焊接性、耐蚀性、耐寒性均较好。常用的无氧铜牌号见表1-10。

表 1-10 常用无氧铜牌号

国别	GB (中国)	ISO	ASTM (美国)	JIS (日本)	ГОСТ (前苏联)	DIN (德国)	BS (英国)	NF (法国)
牌号	TU0 TU1 TU2	Cu-OFE	C10100	C1011	M00Б MO_6		C103	Cu-C2
		Cu-OF	C10200	C1020	M00Б Ml_6	OF-Cu	C110	Cu-C1

19 弥散强化无氧铜牌号及生产方法?

弥散强化无氧铜是弥散相粒子(多为熔点高、高温稳定性好、硬度高的氧化物、硼化物、氮化物、碳化物)以纳米级尺寸均匀弥散分布于铜基体中,形成的一类电导率较高,并且具有较高强度和耐磨耐蚀性能的无氧铜。

目前,弥散强化无氧铜主要采用 Al_2O_3 弥散强化生产,合金牌号根据 ASTM(美国)主要有 C15710、C15720、C15735、C15715、C15760 等。

弥散强化无氧铜主要的生产工艺为内氧化法、机械合金化法、化学沉淀法、自蔓延高温合成法、喷射沉淀法、复合铸造法、液相合金混合原位反应法等。

20 黄铜分为哪几类?

黄铜具有良好的力学性能、工艺性能和耐蚀性能,有的还有较高的导电性能,或切削性能、耐磨性能,是铜合金中用途最广泛的材料。

黄铜包括铜-锌二元合金(称普通黄铜)和铜-锌中加有其他组元的多元合金(称为特殊黄铜或复杂黄铜)。按组织分,普通黄铜有 α 单相黄铜(H96、H90、H85、H80、H70、H68),α+β 两相黄铜(H63、H62、H59)和 β 相黄铜;复杂黄铜有铅黄铜、锡黄铜、铁黄铜、锰黄铜、硅黄铜、镍黄铜和铝黄铜等。

21 为什么两相黄铜中铅的含量允许比单相黄铜高一些?

铅在简单黄铜中是有害杂质,常以颗粒状分布在晶界上的易熔共晶中,当α黄铜中的含铅量大于 0.03%时,使黄铜在热加工时呈热脆性,但对冷加工性能无明显影响。两相黄铜中铅的允许含量可以高一些,因为这种合金在加热和冷却过程中会发生固态相变（α+β→β），β相具有较好的高温塑性，同时铅在β相中的溶解度较在α相中大，可使铅分布于晶粒内部而不是在边界上，减轻其危害。

22　什么是"海军黄铜"，常用的牌号有哪些？

少量锡可提高黄铜强度和硬度，但锡含量超过 1.5%（质量分数）后反而会降低黄铜的性能。锡的另一个重要作用是抑制黄铜脱锌，提高黄铜的耐蚀性能。锡黄铜在海水中的耐蚀性较好，故有"海军黄铜"之称。常用锡黄铜的牌号及对应化学成分见表 1-11。

表 1-11　常用锡黄铜的牌号及对应化学成分　　　　%（质量分数）

合金牌号	Cu	Sn	Fe	Pb	Ni	As	Zn	杂质总和
HSn90-1	88.0~91.0	0.25~0.75	0.10	0.03	0.5	—	余量	0.2
HSn70-1	69.0~71.0	0.8~1.3	0.10	0.05	0.5	0.02~0.06	余量	0.3
HSn62-1	61.0~63.0	0.7~1.1	0.10	0.01	0.5	—	余量	0.3
HSn60-1	59.0~61.0	1.0~1.5	0.10	0.30	0.5	—	余量	1.0

23　为什么铝黄铜的强度和耐腐蚀性能较好？

和其他合金元素相比，铝最能显著提高黄铜的强度和耐蚀性。在黄铜中加入铝，会使 α 相区明显地移向铜角。当铝含量高时会出现硬脆的γ相，提高合金的强度和硬度，同时大幅度降低其塑性。铝的锌当量系数高，形成 β 相的趋势大，强化效果好。

在铝黄铜中，铝的表面离子化倾向比锌大，优先形成致密而坚硬的氧化铝膜，可以防止合金进一步氧化。同时，向铝黄铜中加入 Sn、Sb、Bi、Te、Si、Ni 等元素都可以进一步提高其耐蚀性。因此，一般铝黄铜的强度和耐蚀性能较好。

24　青铜的主要类别及应用？

在我国，除纯铜、铜-锌系（黄铜）、铜-镍系（白铜）合金以外的铜合金统称为青铜。青铜有高的强度、硬度、弹性、耐热性和良好的导电性，它们被广泛地应用于汽车、机械和电子行业。青铜主要包括锡青铜、锡磷青铜、铝青铜、铍青铜、铬青铜、锆青铜、铬锆青铜、铁青铜、镍青铜、镉青铜、镁青铜、硅青铜、钴铬硅青铜、钛青铜和银锆青铜等。

锡青铜主要用于制造汽车及其他工业部门中承受摩擦的零件，如汽车活塞销衬套、轴承和衬套的内衬、副连杆衬套、圆盘和垫圈等。

锡磷青铜广泛用于制造弹性元件、精密仪器仪表中的耐磨零件和抗磁零件。

铝青铜主要用作齿轮、摇臂、衬套、轴套、圆盘接管嘴、轴承、固定螺母等高强度和高耐磨的结构零件。

　　铍青铜用于制造电机中的弹簧片，接触电桥、螺栓、紧固件及仪器仪表中的弹簧、开关部件、电接插件和电阻点焊电极、缝焊电极盘、模铸塞棒头、塑料模具等。

　　铬青铜广泛用于电气设备的高温导电耐磨零件。

　　锆青铜用于要求电导率高、强度适中、弯曲成型性能和抗应力松弛性能好的场合。

　　铬锆青铜、铁青铜和镍硅青铜是大规模集成电路引线框架关键材料。

　　镉青铜广泛用于制造电工装置的导电、耐热、耐磨零件。

　　镁青铜主要用作制造电缆、飞机天线等导电元件。

　　硅青铜可用作弹性元件及航空上工作温度较高、单位压力不大的摩擦零件。

　　钴铬硅青铜可用于加工电阻焊电极、滚轮、电极块和水平连续浇铸的结晶器等。

　　钛青铜可用于制造高强度、高弹性、高耐磨性的零件等。

　　银锆青铜是航天飞行的液体火箭发动机燃烧室内壁理想的高强导热材料。

25　QSn4-4-2.5 合金在不同介质中的耐腐蚀性如何？

　　QSn4-4-2.5 合金的化学成分见表 1-12。

表 1-12　QSn4-4-2.5 合金的化学成分　　　%（质量分数）

Sn	Zn	Pb	Cu	Fe
3.0~5.0	3.0~5.0	1.5~3.5	余量	≤0.05
Sb	Bi	P	Al	杂质总和
≤0.002	≤0.002	≤0.03	≤0.002	≤0.2

　　QSn4-4-2.5 合金在大气，淡水和海水中有良好的化学稳定性，在不同介质中的腐蚀速度见表 1-13。

表 1-13　QSn4-4-2.5 合金在不同介质中的腐蚀速度

介　质	θ/℃	腐蚀速度/mm·a^{-1}
天然海水		0.028
人造海水	20	0.031
	40	0.07
10%硫酸溶液	20	0.242
30%乙酸溶液	20	0.03
10%盐酸溶液	20	7.39

26　锡磷青铜的特点及磷的作用?

磷是铜合金的有效脱氧剂，磷元素的加入，能提高合金的强度、硬度、弹性极限、弹性模量和疲劳强度，改善耐蚀性能和铸造时的流动性。但过多的磷会促进铸锭的反偏析，含磷的锡青铜称为锡磷青铜。加工锡磷青铜的磷含量一般不超过 0.45%。合金中的磷含量大于 0.3% 时，组织中会出现铜与铜的磷化物（Cu_3P）组成的共晶体。磷含量大于 0.5% 时，在 637℃ 会发生共晶-包晶反应 $L+\alpha\rightarrow\beta+Cu_3P$，引起热脆。锡磷青铜的特点如下：

（1）在液态时，Sn 易与氧形成 SnO_2，这是一种硬脆的化合物。因此应充分脱氧，以避免形成 SnO_2，降低合金的力学性能。

（2）锡磷青铜在凝固时会产生严重的晶内（枝晶）偏析，在压力加工之前须进行均匀化退火，但由于 Sn 在 Cu 中的扩散缓慢，需经过多次均匀化退火与加工才能完全消除这种偏析。β 相为体心立方晶格，当合金在高温下处于 α+β 相区，塑性明显提高。

（3）含 1%~7%Sn 及 20%~25%Sn 的锡磷青铜有相当好的热加工性能，可在约 600℃ 热轧，可在 800~850℃ 热挤压。

（4）锡磷青铜对过热与气体不敏感，可焊性能良好。

（5）锡磷青铜无磁性，无低温脆性，耐磨性和耐腐蚀性能好。

27　反偏析及其预防措施?

反偏析指合金铸锭在表层一定范围内溶质浓度由外向内逐步降低或上部溶质浓度高于底部的内部缺陷。反偏析时溶质浓度的分布与一般偏析相反，因此也叫反常偏析。产生反偏析的原因是在柱状晶能够向液体纵深伸展枝晶的条件下，由于各柱状晶只有尖端孤立深入正面液体中，柱状晶之间仍残留有大量液体，这时柱状晶的成长主要依靠柱状晶之间的液体向与晶轴相垂直方向的扩散而进行，使导致正常偏析的纵向扩散降为次要地位，柱状晶之间溶质浓度逐步增高。有时柱状晶前端已经深入到铸锭的中区，而铸锭边缘还没有完全被柱状晶封严，柱状晶之间仍断断续续地留有未凝固的"隧道"或"暗流"，由于外部冷却收缩或凝固收缩而产生负压，柱状晶之间富集着溶质或杂质的液体向外倒流。凝固后，即形成铸锭中心部分组织致密，比较纯净，而边缘组织疏松、杂质含量较高的反偏析。

锡青铜是一种极易出现反偏析的合金，细化晶粒是防止锡青铜出现反偏析的最为有效的措施；细化晶粒的手段主要有：（1）提高冷却强度；（2）电磁搅拌，加强金属熔体流动；（3）变质处理技术。

28 常用锡磷青铜的性能及应用?

QSn4-0.3 合金是低锡含量的锡磷青铜,具有较高的强度、硬度、弹性,优良的耐蚀性和疲劳性能。还有良好的冷、热加工性。这种合金主要制成各种尺寸的扁管和圆管,供作弹性敏感元件使用。

QSn6.5-0.1 合金有高的强度、弹性、耐磨性和抗磁性,有良好的冷加工性、耐蚀性、焊接性和切削加工性,被广泛用于制造弹性元件、精密仪器仪表中的耐磨零件和抗磁零件。在航空工业中主要用于制造各种高度表、升降速度表的弹簧、连杆、垫圈、小轴,测压表的膜片、膜盒及波纹管等。

QSn6.5-0.4 合金具有高的强度、硬度、弹性和耐磨性,在淡水和海水中抗腐蚀性能良好,易于焊接。作为高强度、高弹性材料和耐磨材料在仪器仪表制造业中得到了广泛的应用,主要用于制造弹性元件、耐磨零件及金属网等。在航空工业中主要用作组合空速表、进气压力表膜片、弹簧片等。该合金组织中会出现磷化物 Cu_3P 组成的共晶体,是造成合金热加工时热裂的根源。

QSn7-0.2 合金具有很高的强度、硬度、弹性和耐磨性,在大气、淡水和海水中有优异的耐蚀性,易于焊接,主要用于制造在中等载荷和中等滑动速度下工作的耐磨零件和结构零件,如抗磨垫圈、轴承、轴套、涡轮等,还可以制造弹簧、簧片及其他机械、电气零件。该合金 α 相固溶体中会产生少量的 $(\alpha+\delta)$ 共析体,δ 相是一种硬脆相,含量多时会降低合金的塑性和力学性能。

29 常用锡磷青铜的耐腐蚀性能如何?

锡磷青铜的抗氧化性能优于纯铜,在大气、淡水和海水中有较优异的耐腐蚀性能,QSn4-0.3、QSn6.5-0.1 和 QSn6.5-0.4 在天然海水中的腐蚀速度分别为 0.03mm/a、0.03mm/a 和 0.04mm/a。QSn7-0.2 合金在海水中腐蚀速度小于 0.0018mm/a,对稀硫酸、有机酸等也有好的耐蚀性。部分锡磷青铜在不同环境中的腐蚀速度见表 1-14。

表 1-14 锡磷青铜对酸的耐腐蚀性能

合金	酸类	浓度/%	温度/℃	腐蚀速度	
				质量/$g \cdot m^{-2} \cdot h^{-1}$	深度/$mm \cdot a^{-1}$
QSn6.5-0.4	硫酸	10	20	0.213	
		10	80	0.746	
		55	20	0.040	
		55	80	0.217	

合金	酸类	浓度/%	温度/℃	腐蚀速度	
				质量/g·m^{-2}·h^{-1}	深度/mm·a^{-1}
QSn6.5-0.1	硫酸	0.5	190（1.2~1.4MPa）①	0.17	0.19
		12.5（发烟硫酸）	190（1.2~1.4MPa）①	0.58	0.55
		浓的	20	0.06	0.06
			40	0.13	0.13
	醋酸酐	生产过程中获得的冰醋酸		可用	可用
	硝酸铵	结晶			有爆炸危险
	安叶林	纯的			不可用
	氟化铵	溶液			不可用
	乙炔	潮湿的			（在 480℃试验）不可用
	苯胺	纯的			不可用
	硫	熔体			不可用
	甲醇				可用
	乙醇	96			可用
	丁醇				可用
	苯	纯苯			可用
	砷酸	溶液			可用

①指溶液蒸气压。

30　铍青铜的特点及常用牌号？

铍青铜是典型的时效强化型铜合金。这种合金除了具有高的强度、弹性、硬度、耐磨性和抗疲劳等优点外，还具有优良的导电性、导热性、耐腐蚀性、耐高低温、无磁、冲击时不产生火花等特性。固溶处理（或低温退火）后，铍青铜有非常好的加工性能，可采用各种成型方式加工成复杂的形状。铍青铜的弹性极限及耐应力松弛稳定性很高，用铍青铜制造的弹性元件，弹性滞后以及其他弹性不完整性较小。

高强度型：TBe2、TBe1.9、TBe1.7、TBe1.9-0.1；中等强度型：TBe0.6-2.5、TBe0.4-1.8。

TBe2：该合金经常用于部件需要经受剧烈变形过程又要求有高强度、高滞弹性、抗疲劳和抗蠕变的场合，如各种弹簧、金属软管、夹子、垫圈、扣环；要求高强度或高抗磨，同时又要求良好的导电或低磁性时，该合金应用于航空航天导航仪表、无火花工具，撞针、衬套、阀泵、轴、机械部件等。

TBe1.9：是在 TBe2 基础上添加少量钛（0.1%~0.25%），加入 Ti 能细化晶粒，从而改善合金组织的均匀性，提高疲劳强度，使时效处理后的合金具有良好的弹性稳定性和小的弹性滞后。

TBe1.9-0.1：在 TBe1.9 中添加 0.1%的镁，能有效抑制固溶温度升高时的晶粒长大，其疲劳强度、循环松弛稳定性及静态应力松弛都有所提高。

TBe1.7-0.1：合金铍含量控制在 1.6%~1.85%并含 0.1%~0.25%的 Ti，强度略低于其他铍青铜，应用于力学性能要求略低的仪器、仪表等领域。

TBe0.6-2.5：具有中等屈服强度（时效后约为 980MPa），电导率为纯铜的 45%~65%。一般应用在熔断器、紧固板、弹簧、开关部件、电接插件、导线、电阻点焊电极、缝焊电极盘、模铸塞棒头、塑料模具等。

TBe0.4-1.8：添加了 Ni 元素，合金的导热性在铍青铜合金中最高，具有中等屈服强度，与 TBe0.6-2.5 合金应用大致相同，但 Ni 元素的加入降低了合金的成本。

31　常用锆青铜的化学成分及 Zr、Ag、As 对性能的影响?

按 GB/T 5231—2012 规定，常用锆青铜 TZr0.2 和 TZr0.4 的化学成分见表 1-15。

表 1-15　锆青铜的化学成分　　　　　　%（质量分数）

	元素	Sn	Al	Zn	Mn	Fe	Pb	Sb	Bi	Si	Ni
TZr0.2	最小值										
	最大值	0.5				0.05	0.01	0.005	0.005		0.2
	元素	S	Mg	Cr	Zr	As	Cd	P	Cu	杂质总和	
	最小值				0.15						
	最大值	0.01			0.30				余量	0.5	
TZr0.4	元素	Sn	Al	Zn	Mn	Fe	Pb	Sb	Bi	Si	Ni
	最小值										
	最大值	0.5				0.05	0.01	0.005	0.005		0.2
	元素	S	Mg	Cr	Zr	As	Cd	P	Cu	杂质总和	
	最小值				0.30						
	最大值	0.01			0.50				余量	0.5	

　　锆青铜是含 0.15%~0.30%锆的高铜合金。在共晶温度 965℃下，锆在铜中的最大固溶度约为 0.15%。随着温度的降低，锆在铜中的固溶度急剧减少。在时效过程中，从固溶体中析出弥散分布的质点相（Cu_5Zr 相），产生沉淀强化效果。锆的加入使铜的导电性略有下降，时效态合金的电导率约为 90%IACS。锆能大幅度提高合金的再结晶温度和高温强度，其耐热性优于铬青铜。

　　当锆青铜中添加 3%~7%（质量分数）Ag 时，能显著提高合金的蠕变强度和抗高温热低周疲劳性能，但稍微降低铜的导热性能，是航天飞行的液体火箭发动机燃烧室内壁理想的高强导热材料。

　　砷能将 Cu-Zr 合金的共晶温度提高至 1000~1020℃，增加锆在此温度时的溶解度，但降低其在低温下的溶解度。砷还可与锆形成锆砷化合物，细化锆青铜的晶粒，抑制合金在加热时的晶粒长大。

32　铁青铜 TFe2.5 的化学成分、高温力学性能及应用？

　　列入 GB/T 5231—2012 标准中的铁青铜为 TFe2.5，其成分相当于美国的 C19400 合金，具体成分见表 1-16。

表 1-16　TFe2.5 的化学成分　　　　　%（质量分数）

元素	Fe	Zn	P	Pb(max)	Cu
含量	2.1~2.6	0.05~0.20	0.015~0.15	0.03	余量

其高温力学性能见表 1-17。

表 1-17　TFe2.5 合金带材的典型高温力学性能

试验温度/℃	抗拉强度/MPa	屈服强度/MPa	抗蠕变强度/MPa[①]	断裂应力/MPa[②]
常温	341	150		
65	324	144		
95	313	144		
120	300	144	190	
150	289	139	171	171
175	276	135	143	148
205	266	131	124	25
230	253	131	110	105
260	235	127	96	82
290	219	123	84	65
315	203	116	74	47

①在 10000h 试验中，每 1000h 产生两次蠕变 0.01%的应力。

②100000h 中产生断裂的应力（由 10000h 的数据外推得到）。

TFe2.5 铁青铜适用于要求冷热加工性能良好，且强度和电导率高的场合，如断路器元件、接触弹簧、电气用夹具、弹簧和端子、挠性软管、保险丝夹、垫圈、插头、铆钉、冷凝器焊管、集成电路引线框架、电缆屏蔽等。

33　镉青铜 TCd1 的化学成分、性能及应用？

根据 GB/T 5231—2012 规定，铬青铜 TCd1 的化学成分见表 1-18。

表 1-18　TCd1 的化学成分　　　　　　%（质量分数）

成分	Cd	Fe	Cu	杂质总和
含量	0.7~1.2	最大 0.02	余量	≤0.5

镉青铜中加有 0.7%~1.2% 的镉，高温时镉与铜形成 α 固溶体，随温度的降低，镉在铜中的固溶度急剧下降，在 300℃ 以下时为 0.5%，并析出 β 相（Cu_2Cd）。由于镉的含量低，析出相质点强化效果不明显。因此，合金不能通过热处理时效强化，只能采用冷变形加工强化。由于镉的加入，使铜的电导率略有下降，但强度、再结晶温度和抗高温软化能力明显提高，合金的耐热性不如铬青铜和锆青铜好，一般在 300℃ 以下工作。

镉青铜材料有板、棒、线三种，镉青铜具有高导电性和导热性，良好的耐磨性、减磨性、耐蚀性和加工性，广泛用于制造电工装置的导电、耐热、耐磨零件。主要用途有：电机整流子、开关元件、弹簧接点、波导腔、较高强度的传输线、接头及接触焊机电极和滚轮等。

34　硅青铜 QSi3-1 的化学成分、用途及特点？

按 GB/T 5231—2012，QSi3-1 合金的化学成分见表 1-19。

表 1-19　QSi3-1 加工硅青铜的化学成分　　　　　　%（质量分数）

元　素	Sn	Al	Zn	Mn	Fe	Pb	Sb	Si
最小值				1.0				2.7
最大值	0.25		0.5	1.5	0.3	0.03		3.5

元　素	Ni	Ti	Mg	Be	P	As	Cu	杂质总和
最小值							余量	
最大值	0.2							1.1

QSi3-1 硅青铜合金力学性能好，耐磨，耐腐蚀，可焊接，无磁性，冲击时不起火花，冷、热成型性能好，无低温脆性，多用于制造弹性零件、抗磨件和低温装备等，还可用于制作各种弹性元件和在腐蚀条件下工作的零件以及涡轮、蜗

杆、齿轮、衬套、制动销和杆等耐磨零件。航空工业主要用作弹性元件和高强度的小型结构零件，如组合空速表，升降速度表和高度表的撑、杆、轴、弹簧环等。

QSi3-1 是铜-硅-锰三元合金。含有 3% 硅和 1% 锰，高温呈单相 α 固溶体状态。当冷却到 450℃ 以下后，有少量脆性相 Mn_2Si 析出，但强化效果极弱，不能进行热处理强化。QSi3-1 合金拉制的棒材会在贮存期间由于析出 Mn_2Si 相产生的相变应力，导致棒材发生自裂现象。合金的 Si 含量越高，沉淀的 Mn_2Si 越多，发生自裂的倾向也越大。把硅含量控制在 3% 以下，同时对材料进行低温退火后可消除自裂现象。

35　常用白铜合金牌号的化学成分？

常用白铜的化学成分见表 1-20。

表 1-20　常用白铜的化学成分　　　%（质量分数）

	Ni+Co	Fe	Mn	Zn	Pb	Al	Si
B0.6	0.57~0.63	0.005			0.005		0.002
	P	S	C	Mg	Sn	Cu	杂质总和
	0.002	0.005	0.002			余量	0.1
	Ni+Co	Fe	Mn	Zn	Pb	Al	Si
B5	4.4~5.0	0.20			0.01		
	P	S	C	Mg	Sn	Cu	杂质总和
	0.01	0.01	0.03			余量	0.5
	Ni+Co	Fe	Mn	Zn	Pb	Al	Si
B25	24.0~26.0	0.5	0.5	0.3	0.005		0.15
	P	S	C	Mg	Sn	Cu	杂质总和
	0.01	0.01	0.05	0.05	0.03	余量	1.8
	Ni+Co	Fe	Mn	Zn	Pb	Al	Si
B19	18.0~20.0	0.5	0.5	0.3	0.005		0.15
	P	S	C	Mg	Sn	Cu	杂质总和
	0.01	0.01	0.05	0.05		余量	1.8
	Ni+Co	Fe	Mn	Zn	Pb	Al	Si
B30	29~33	0.9	1.2		0.05		0.15
	P	S	C	Mg	Sn	Cu	杂质总和
	0.006	0.01	0.05			余量	2.3

BFe5-1.5-0.5	Ni+Co	Fe	Mn	Zn	Pb	Al	Si
	4.8~6.2	1.3~1.7	0.30~0.8	1.0	0.05		
	P	S	C	Mg	Sn	Cu	杂质总和
						余量	1.55
BFe10-1-1	Ni+Co	Fe	Mn	Zn	Pb	Al	Si
	9.0~11.0	1.0~1.5	0.5~1.0	0.3	0.02		0.15
	P	S	C	Mg	Sn	Cu	杂质总和
	0.006	0.01	0.05		0.03	余量	0.7
BFe30-1-1	Ni+Co	Fe	Mn	Zn	Pb	Al	Si
	29.0~32.0	0.5~1.0	0.5~1.2	0.3	0.02		0.15
	P	S	C	Mg	Sn	Cu	杂质总和
	0.005	0.01	0.05		0.03	余量	0.7
BMn3-12	Ni+Co	Fe	Mn	Zn	Pb	Al	Si
	2.0~3.5	0.20~0.50	11.5~13.5		0.02	0.2	0.1~0.3
	P	S	C	Mg	Sn	Cu	杂质总和
	0.005	0.02	0.05	0.03		余量	0.5
BMn40-1.5	Ni+Co	Fe	Mn	Zn	Pb	Al	Si
	39.0~41.0	0.50	1.0~2.0		0.005		0.10
	P	S	C	Mg	Sn	Cu	杂质总和
	0.005	0.02	0.10	0.05		余量	0.9
BMn43-0.5	Ni+Co	Fe	Mn	Zn	Pb	Al	Si
	42.0~44.0	0.15	0.10~1.0		0.002		0.10
	P	S	C	Mg	Sn	Cu	杂质总和
	0.002	0.01	0.10	0.05		余量	0.6
BZn15-20	Ni+Co	Fe	Mn	Zn	Pb	Al	Si
	13.5~16.5	0.5	0.3		0.02		0.15
	P	S	C	Mg	Sn	Cu	杂质总和
	0.005	0.01	0.03	0.05		62~65	0.9
BZn15-21-1.8	Ni+Co	Fe	Mn	Zn	Pb	Al	Si
	14.0~16.0	0.3	0.5		1.5~2.0		0.15
	P	S	C	Mg	Sn	Cu	杂质总和
						60~63	0.9

	Ni+Co	Fe	Mn	Zn	Pb	Al	Si
BZn15-24-1.5	12.5~15.5	0.25	0.05~0.5		1.4~1.7		
	P	S	C	Mg	Sn	Cu	杂质总和
	0.02	0.005				58~60	0.75
BAl13-3	Ni+Co	Fe	Mn	Zn	Pb	Al	Si
	12.0~15.0	1.0	0.50		0.003	2.3~3.0	
	P	S	C	Mg	Sn	Cu	杂质总和
	0.01					余量	1.9
BAl6-1.5	Ni+Co	Fe	Mn	Zn	Pb	Al	Si
	5.5~6.5	0.50	0.20		0.003	1.2~1.8	
	P	S	C	Mg	Sn	Cu	杂质总和
						余量	1.1

注：BZn15-20 中 As 应小于 0.01%、Sb 应小于 0.002%、Bi 应小于 0.002%。

36　常用铅黄铜的优缺点有哪些?

铅黄铜具有优良的易切削、力学、物理等性能，是广泛使用的一种铜合金。易切削铅黄铜为两相黄铜，铅以细小颗粒弥散分布于晶内和晶界，铅黄铜废弃物中的铅极易进入土壤，如被焚烧还会进入大气，特别是当铅黄铜用作水龙头、管接头等饮用水管道配件时，铅会在水中物质的作用下浸出而进入水中，严重危害人体健康，因而其应用日益受到严格限制。为了降低铅的有害作用，科研人员对铅黄铜的腐蚀性能进行了系统研究，并采取了多种措施，如添加锡、镍等合金元素来提高铅黄铜的耐蚀性能，或将可溶性的铅去除等，但这些方法无法从根本上消除铅的有害作用。

37　铅对黄铜的易切削性能的影响?

铅几乎不固溶于 Cu-Zn 合金，存在于固溶体晶界处，经过压力加工，呈游离状态的孤立相分布于固溶体中，有相当强的润滑与减磨作用，使合金具有极高的可切削性能，切屑易断，工件表面光洁。H59 黄铜的可切削性能随铅含量的增加而增强，当铅含量大于 3% 后，不会进一步改善合金的可切削性能，反而会使合金的力学性能全面下降。黄铜的切削性能以含 57.92% 铜、2.95% 的铅、0.05% 的铁，其余为锌的铅黄铜最为优异。

38 稀土元素在黄铜中的作用?

由于稀土元素具有独特的物理和化学性质,对黄铜的脱锌腐蚀性能有显著影响。一般认为稀土在黄铜中有以下作用:(1)消除黄铜基体中的杂质,减少原电池数目。黄铜中含有 O、S 等杂质元素,容易和基体形成原电池,加速腐蚀。稀土与杂质元素之间具有很高的亲和力,能与 O、S 生成高熔点、低密度稀土化合物,容易上浮到渣中,从而净化基体,降低腐蚀速度。(2)在黄铜表面形成致密的氧化层,阻止铜锌原子扩散。稀土加入黄铜中,在其表面氧化层下形成一层极薄但致密的含稀土氧化层,能阻止 Zn、Cu 原子向外扩散,从而延缓了腐蚀,提高了合金的耐腐蚀性能。(3)在电化学腐蚀中,合金的电位越低越容易被腐蚀,提高黄铜的电位有利于提高耐蚀性能。稀土元素的加入可以提高黄铜的电位,因为 H70 黄铜在正常冷却条件下只有 α 相,但在快速冷却条件下有可能出现 P 相。P 相中含锌量较高,电极电位较低,在腐蚀介质中将首先被腐蚀。微量稀土的加入会使合金中的 P 相减少,提高合金的耐腐蚀能力。当稀土加入过量时,则形成的稀土化合物增多,并引起金属熔体黏度增大,使净化熔体作用减弱,不能消除 O、S 等杂质的影响;另外,稀土元素主要富集于晶界处,而稀土元素的电极电位较低,如 La 和 Ce 的电极电位分别是 $-2.522V$ 和 $-2.483V$,Cu 的电极电位为 $0.337V$,稀土的过量加入降低了晶界的电极电位,增加了晶界腐蚀的程度,从而降低了黄铜的耐蚀性能。

39 二元铜合金相图的类型?

二元铜合金相图大致可分为以下几种类型:

(1)液态产生混溶且无中间相生成的二元系,属于此类型的有 Cu-Cr、Cu-Pb、Cu-Ti、Cu-V 等二元系。

(2)形成连续固溶体或大范围固溶体的二元系,属于此类型的有 Cu-Au、Cu-Mn、Cu-Ni、Cu-Pd、Cu-Pt、Cu-Rh 等二元系。

(3)产生共晶反应但无中间相的二元系,包括 Cu-Ag、Cu-B、Cu-Bi、Cu-Li 等二元系。

(4)产生包晶反应但无中间相的二元系,包括 Cu-Co、Cu-Fe、Cu-In、Cu-Nb 等二元系。

(5)生成中间相的二元系。其中,相图铜侧发生共晶反应的有 Cu-Al、Cu-As、Cu-Ca、Cu-RE、Cu-Mg、Cu-O、Cu-S、Cu-P、Cu-Se、Cu-Sb、Cu-Pu、Cu-Th、Cu-U、Cu-Zr 等二元系;相图铜侧发生包晶反应的有 Cu-Ba、Cu-Be、Cu-Cd、Cu-Ga、Cu-Ge、Cu-In、Cu-Si、Cu-Sn、Cu-Sr、Cu-Ti、Cu-Zn 等二元系。

(6)相图铜侧发生偏晶反应且生成中间相的二元系为 Cu-Te 系。

（7）第二组元在液态和固态铜中仅有极微溶解度的二元系有 Cu-C 及 Cu-H 系。

40　黄铜的加工性能？

黄铜的凝固温度范围小，偏析小，流动性好，易形成集中缩孔。高锌黄铜的凝固温度较宽，若冷却速度快，铸锭中心部含锌量可能高一些，会出现少量 β 相。

单相 α 黄铜有良好的加工性能，其塑性随着锌含量的增加而增加，出现 β′ 相之前达到最大值。热轧前的加热一方面能提高铸锭的塑性，另一方面能消除其大部分偏析，达到接近平衡结晶的状态。α 黄铜尤其是含 32%~33%Zn 的黄铜具有很好的冷加工性能；两次中间退火之间的冷加工率可达 70%（板材）~90%（线材）。α 黄铜的再结晶温度随其锌含量的增加而降低，可在 350~450℃ 完成再结晶过程，生产中采用的退火温度为 500~700℃，组织为等轴的 α 晶粒，晶粒越细硬度越高。热轧 α 黄铜板的组织虽与冷加工和退火材料的相似，但晶粒大小参差不齐，不宜深冲。冷加工黄铜长期存放或在低于 250℃ 的温度下退火时，会出现强度性能多峰值的异常硬化现象，并且材料的晶粒越细硬化现象也越显著。

β 黄铜于室温下既硬又脆，但在高温有良好的塑性，比 α 黄铜更易加工。黄铜在 200~700℃ 温度区间均存在脆性区。因此，应避免在脆性区进行热加工。脆性区大小与高低决定合金的锌含量。脆性的出现十分复杂，主要决定于微量杂质铅、锑、铋等的含量。

双相黄铜组织中存在硬而脆的 β 相，强度高，塑性低，但在高温下 β 相的软化速度比 α 相快。因此，它们的热轧温度为 β 相区范围。不过，又不宜离（α+β）/β区分界线太远，组织中仍有少量 α 相为宜，以防止 β 相过分长大，降低热轧性能。α+β 黄铜的加工硬化比 α 黄铜的快，且其塑性随着 β′ 相的增加而急剧下降，应严格规定冷加工率。加工率大的双相黄铜在退火时 α 相在 300℃ 左右开始再结晶，而 β 相的再结晶温度则高一些。生产中的退火温度为 600~700℃，最好采用快速加热法，以获得细晶组织。

冷加工黄铜应在 270~350℃ 进行应力消除退火，以消除应力腐蚀开裂。退火黄铜板多用于深冲工件，深冲性能主要取决于晶粒大小。

41　黄铜中杂质及其对性能的影响？

简单黄铜中不可避免的杂质主要有铁、铅、铋、锑、砷等。

（1）铁。铁在固态铜中的溶解度很小，呈富铁相质点分布于 α 基体中，有细化晶粒作用。向 H60 黄铜添加 0.3%~0.6%Fe，有较强的晶粒细化作用，但抗磁铜材的含铁量应小于 0.3%。杂质铁对黄铜的力学性能无明显影响。

（2）铅和铋。铅和铋在简单黄铜中属于有害杂质，铋的危害比铅的大 4~9 倍。铅呈颗粒状存在于晶界上，α 黄铜的含铅量若大于 0.03% 时会出现热脆性，对冷加工性能无明显影响。铅对双相黄铜的加工性能无大的影响，其允许含量可稍高一些。

铋在黄铜中呈连续的脆性薄膜分布于晶界上，使黄铜在冷、热加工时出现脆性。

含铅、铋量超过允许限度的冷轧简单黄铜在退火过程中若加热速度过快，会产生"火裂"即突然爆裂。因此，材料需要缓慢加热。

向含铅、铋的简单黄铜中添加少量锆元素，会形成 $Zr_x Pb_y$（2000℃）、$Zr_x Bi_y$（2200℃）高熔点化合物。

（3）锑。锑在铜中的溶解度会随着温度的下降而急剧减小，在其含量还不到 0.1% 时，就会形成性脆的 $Cu_2 Sb$，呈网状分布于晶界，使黄铜的冷加工性能大幅度下降。锑还会使铜合金产生热脆性。向黄铜中添加微量锂元素可形成高熔点（1145℃）化合物 $Li_3 Sb$，呈细小颗粒均布于晶粒内，从而消除锑的不利影响。高温环境下，锑在铜中的溶解度较大，固溶处理后可提高含锑黄铜的冷加工性能。

（4）磷。磷在 α 铜中的固溶度甚小，少量磷有细化晶粒作用，能提高黄铜的力学性能。黄铜中磷含量大于 0.05% 时，就会形成脆性的 $Cu_3 P$，降低黄铜的加工性能。

（5）砷。砷在室温黄铜中的溶解度小于 0.01%，含量高时则会形成脆性 $Cu_3 As$ 化合物，分布于晶界，降低黄铜的加工性能。含 0.02%~0.05% As 黄铜的耐腐蚀性能得到提高，不会产生脱锌现象。

42 简单黄铜的基本特性及主要用途？

简单黄铜的基本特性及主要用途见表 1-21。

表 1-21 简单黄铜的基本特性及主要用途

合金	基 本 特 性	主 要 用 途
H96	具有优异的加工性能，塑性好，易成型；焊接与镀锡性能良好，耐腐蚀性能好，无应力腐蚀开裂倾向	散热管及片、波导管、冷凝管、导电零件等
H90	加工成型性能、力学性能和耐腐蚀性能好	水箱带、供排水管、电阻帽、奖章奖牌、双金属件等
H85	加工成型性能优良，力学性能高，耐腐蚀性能好	波纹管、蛇形管、散热管、冷冻设备零部件等

合金	基 本 特 性	主 要 用 途
H80	加工成型性好，力学性能高，对大气、海水、淡水有相当强的耐腐蚀性能	造纸网、各种薄壁管及波纹管、建筑材料等
H75	性能介于 H80 及 H70 之间，力学性能、工艺性能与耐腐蚀性能优异	低负载板簧等
H70	加工成型性好，强度较高，易焊接，耐腐蚀性能好	弹壳、热交换器、纸网、机电零件等
H68	塑性良好，强度较高，可切削性良好，易焊接，耐腐蚀性能优异	各种复杂的冷冲压件和深拉件，散热器外壳、波导管、波纹管等
H65	力学性能相当好，加工成型性能好，性能在 H68 及 H63 黄铜之间	各种小五金件、小弹簧、网、造纸管、机械零部件等
H63	力学性能、加工成型性能良好，耐腐蚀性能中等	各种浅冲压件，制糖机械及船舶部件，多以棒材形式应用
H62 H60	具有很高的强度，热加工性好，冷加工性中等，可切削性好，易焊接，耐腐蚀性能优异	导管、夹线板、环形件、热交换器零件、制糖机械、船舶，造纸机械等零部件，乐器等

43 合金元素及杂质元素对铝青铜性能的影响？

（1）铁。少量 Fe 可固溶于 Cu-Al 合金的 α 固溶体，若过量则会形成针状 $FeAl_3$，使合金的力学性能与耐腐蚀性能降低。因此，合金中的 Fe 含量不应超过 5%。若合金中的 Ni、Mn、Al 含量增多，会进一步降低 Fe 在固溶体中的溶解度。铁可使铝青铜中的原子扩散速度减慢，增加 β 相稳定性，因而能抑制引起合金变脆的"自退火"现象，使合金的脆性大大下降。适量铁能细化铝青铜铸造与再结晶晶粒，提高力学性能，加 0.5%~1% 的 Fe 就有明显的细化晶粒效果。

（2）镍。Ni 在 Cu-Al 合金中有一定的固溶度，当 Ni 含量超过最大固溶度时会有 K 相 NiAl 相形成。Ni 一方面能提高铝青铜的共析转变温度，另一方面又使共析点成分向升温方向移动，还能改变 α 相的形态。Ni 含量低时，α 相呈针状，Ni 含量达 3% 时转变为片状。向 Cu-Al-Ni 合金中添加 Mn，发生共析转变时有形成粒状组织的倾向。Ni 能显著提高铝青铜的强度、硬度、热稳定性与耐腐蚀性能，含有一定量 Ni 的 Cu-Al-Ni-Fe 合金在热加工后不需要另行固溶处理与淬火，即可直接时效。向铝青铜中同时添加 Ni 和 Fe，可获得更优异的综合性能。在 Cu-Al-Ni-Fe 合金中，K 相的析出形态对其力学性能的影响甚大。Ni 与 Fe 的最佳含量比为 0.9~1.1。

（3）锰。Mn 在 Cu-Al 合金 α 固溶体中有较大的溶解度，却又降低铝在 α 中的固溶度。Mn 对 β 相分解起稳定作用，降低相变开始温度，推迟共析转变。铝青铜中的含 Mn 量不超过最大溶解度极限时，有利于合金力学性能与耐腐蚀性能的提高。含 0.3%～0.5%Mn 的二元铝青铜有非常好的热加工性能，热轧时的开裂倾向显著降低。向含 Mn 的铝青铜添加一定量 Fe 时，合金的性能得到进一步改善，但降低了 Mn 对 β 相的稳定作用。

（4）锡与铬。向简单铝青铜合金中添加不高于 0.2%Sn 时，能提高合金在蒸汽和微酸性气氛中抗应力腐蚀开裂的能力。铬能提高 Cu-Al 二元合金的力学性能，抑制合金退火时的晶粒长大，提高退火材料的硬度。

（5）锌与硅。Zn 在 Cu-Al 合金中，会减少 Cu-Al-Ni-Fe 合金的富铁相质点，使耐磨性能下降。加工铝青铜杂质锌的最大含量不超过 1.0%。

硅是铝青铜的杂质，其含量不得超过 0.1%，否则会降低合金的力学性能与工艺性能，但能改善合金的切削性能。

（6）磷、硫、砷、锑、铋。这些元素都是铝青铜中的有害杂质，能明显降低合金的力学性能、加工性能及其他性能，必须严格控制在标准范围之内。

44 合金元素及杂质元素对硅青铜性能的影响？

除硅元素外，硅青铜的主要合金元素有锰、镍，杂质元素有 As、Sb、Sn、Al、Pb 和 P 等。

（1）锰。适量 Mn 对硅青铜的力学性能、耐腐蚀性能与加工性能是有益的。含量小于 3%Si、1%Mn 的合金在高温下为单一的 α 固溶体，当冷却到 450℃ 以下时，会析出脆性相 Mn_2Si，但几乎无强化效果。QSi3-1 合金拉制棒材在贮存期间由于 Mn_2Si 相析出产生相变应力，导致棒材自裂。把硅含量控制在 3% 以下时，对材料进行低温退火时可消除自裂现象。

（2）镍。含 Ni 的硅青铜具有良好的力学性能、耐腐蚀性和导电性。Ni 与 Si 可形成 Ni_2Si 化合物，共晶温度为 1025℃ 时，在 α 固溶体中的固溶度可达 9%，而室温时的固溶度几乎为零。因此，当合金中的 Ni_2Si 含量比为 4：1 时，理论上可以全部形成 Ni_2Si，会产生较强的时效硬化作用，使合金具有良好的综合性能。当合金中的 Ni/Si 比值小于 4 时，虽有高的强度与硬度，但其电导率与塑性会降低，不利于压力加工。向 Cu-Ni-Si 合金添加少量（0.1%～0.4%）Mn 元素后，可改善合金的综合性能。

（3）铬。Cr 与 Ni 的作用相似，能形成固溶于 α 的硅化铬，但没有时效硬化效果，是硅青铜的有害杂质之一。

（4）钴。钴与硅可形成能溶于 α 中的 Co_2Si，并且其溶解度随着温度的下降而减少，具有时效强化效果。固溶温度为 1000～1050℃，时效温度 500～550℃。含少量钴的合金，已得到了广泛的应用。

（5）锌。Zn 能固溶于 Cu-Si 合金的 α 相中，提高合金的强度与硬度，缩小合金的凝固温度范围，提高合金的流动性，改善其铸造性能。

（6）铁。虽然 Fe 在 α 固溶体中的溶解度随着温度的降低而显著减少，在室温下溶解度几乎为零，但时效强化效果甚微。Cu-Si 合金中的 Fe 含量不能大于 0.3%，否则，会形成单独的相，大大降低合金的耐腐蚀性能。但少量 Fe 可降低 QSi3-1 合金棒、线材的自裂倾向。

（7）钛。Ti 对硅青铜有明显的晶粒细化效果，同时能增强 Cu-Si 合金的时效硬化效果，提高材料的强度与硬度。

（8）铅、铝、铋、砷、锑、硫、磷。这些元素都是硅青铜中的有害杂质，必须严加控制。Pb 能提高合金的抗磨性和可切削性能，但会引起热裂。Al 可以提高硅青铜的强度和硬度，但会使焊接性能变差。

45　硅青铜的基本特性及典型用途？

硅青铜的基本特性及典型用途见表 1-22。

表 1-22　硅青铜的基本特性及典型用途

合金	材料种类	基 本 特 性	典 型 用 途
QSi3-1	板、带、棒、线	具有高的强度和弹性，塑性好，耐磨性好，热处理效果差，通常在退火或加工硬化状态下使用，能很好地与其他青铜、钢和其他合金焊接，易于钎焊，撞击时不产生火花，抗大气、淡水和海水腐蚀	各种弹性元件和在腐蚀条件下工作的零件以及蜗轮、蜗杆、齿轮、衬套、制动销和杆等耐磨零件
QSi1-3	棒	具有高的力学性能、减摩性，合金经 800℃淬火后塑性良好，可进行压力加工，随后进行 500℃时效，能使合金强度、硬度大大提高，抗大气、淡水和海水腐蚀，可切削性好	发动机的各种重要零件，例如在较高温度（300℃以下）工作。润滑不良、单位压力不大的摩擦零件，排气门和进气门的导向套等

46　合金元素及杂质元素对锰青铜性能的影响？

（1）锌。Zn 在 Cu-Mn 合金中的固溶度很大，具有一定的固溶强化作用。

（2）镍。Ni 可固溶于 Cu-Mn 合金的 α 固溶体中，有固溶强化作用，同时能提高合金的耐腐蚀性能。Cu-20Ni-20Mn 合金是一种时效硬化型铜合金，其硬态的力学性能为：抗拉强度 1200～1300MPa，屈服强度 1150～1250MPa，延伸率 1%～4%，维氏硬度 370～410kgf/mm^2，弹性模量 157GPa。

（3）锡。Sn 是锰青铜中的杂质元素之一，其含量不超过 0.1%，溶于 Cu-Mn 固溶体 α 中，Sn 扩大锰青铜的凝固温度范围。

（4）铝、砷、硅、锑、铅、磷、硫、铁、铋。这些元素都是锰青铜中的杂质，含量应控制在标准范围内。但是，含 2%Al 的 56Cu-42Mn 合金是一种可热处理强化的合金，经固溶处理与时效后，其强度几乎与结构钢相当，并具有很强的吸震能力，比灰铸铁还高 30% 左右，是一种既可以压力加工又可以铸造成型的合金，该合金还具有良好的焊接性能，可用于制造垫片、齿轮、锯片之类的减震零件。

47 铬青铜及镉青铜的基本特性及典型用途？

加工铬青铜及镉青铜的基本特性及典型用途见表 1-23。

表 1-23 加工铬青铜及镉青铜的基本特性及典型用途

合　金	材料种类	基　本　特　性	典　型　用　途
TCr0.5	板、棒、线	在室温及 400℃ 以下均具有较高的强度和硬度，导电性和导热性好，耐磨性和减摩性好，经时效处理后硬度、强度、导电性及导热性均显著提高，易于焊接，在大气和淡水中耐蚀，高温抗氧化性强	电机整流子和电焊机电极，以及其他在高温要求高强度、硬度、导电性和导热性的零件等，还可制成双金属用于刹车盘和圆盘
TCr0.5-0.2-0.1	棒	耐热、耐蚀性比 QCr0.5 好	点焊、滚焊机电极
TCd1.0	板、棒、线	具有高的导电性和导热性，良好的耐磨性、减磨性、耐蚀性和加工成型性	电机整流子等

48 合金元素及杂质元素对锆青铜性能的影响？

在锆青铜标准中，锆是唯一的合金化元素。但实际应用中，开发的含有 Cr 的锆青铜应用十分广泛。

（1）铬。在锆青铜中添加少量 Cr 元素后，能在铬锆青铜合金同时析出单质的 Cr 相和面心立方结构的 Cu_5Zr 相。由于 Cr、Zr 元素存在相互作用，各元素会对析出相的析出序列、晶体结构、尺寸大小等有着显著的影响，使得铬锆青铜合金具有比铬青铜和锆青铜更加优异的综合性能，也是高端引线框架、大电流端子连接器、高速铁路接触网系统理想用铜合金材料。

（2）砷。As 可与 Zr 形成固溶于铜固溶体的 Zr-As 化合物。As 可把 Cu-Zr 合金的共晶温度提高到 1000~1020℃，增加锆在此温度时的溶解度而降低在低温下的溶解度，细化锆青铜的晶粒，抑制合金在加热时的晶粒长大。

（3）锑、锡、铅、硫、铁、铋、镍等。这些元素都是锆青铜中的有害杂质，不得超出标准规定的极限值。

49　Cu-Fe 合金的种类，典型产品性能?

铜铁合金因同时具有铜的导电性、热传导性、延展性、弹性等性质和铁的耐磨性、强度、硬度、磁性等性质，表现出独有的特点，如电磁波屏蔽性、弹性、导电性、散热性、耐磨性、抗菌性等，并且铜铁合金可以被加工成棒材、板材、管状、丝材、薄膜、粉末等多种物理形态，可以广泛应用于制备大规模集成电路引线框架、高速电气化铁路列车架空导线、电器工程开关电桥、电阻焊电极等。典型铜铁合金种类及其与其他铜合金性能对比，分别见表 1-24 和表 1-25。

表 1-24　Cu-Fe 合金的种类及对应合金的密度

名称	Cu/%	Fe/%	密度/g·cm^{-3}
CFA 10	10	90	7.98
CFA 20	20	80	8.07
CFA 30	30	70	8.18
CFA 40	40	60	8.29
CFA 50	50	50	8.39
CFA 60	60	40	8.49
CFA 70	70	30	8.61
CFA 80	80	20	8.72
CFA 90	90	10	8.84
CFA 95	95	5	8.87

表 1-25　铜铁合金与典型合金性能对比

合金牌号及成分	C19210		C19400		CuFe5		CuFe10	
状态	1/4H	H	1/4H	H	1/4H	H	1/4H	H
抗拉强度/MPa	300~360	≥390	320~400	410~490	350~420	500~600	380~460	550~650
伸长率/%	≥20	≥5	≥15	≥5	≥15	≥5	≥12	≥4
硬度/HV	90~115	115~135	100~120	125~145	100~135	140~180	110~140	150~190
电导率/%IACS	≥85		≥60		≥65	≥60	≥60	≥55

50　美国白铜的典型用途?

常见美国白铜的典型用途见表 1-26。

表 1-26　美国白铜的典型用途

合　金	典　型　用　途
C70250	用于制造需要良好成型性能又有高耐应力松弛能力和适度导电性能的高强度零件，如触点弹簧、接插件和引线框架等
C70400	用于制造冷凝器、蒸发器和热交换器零部件、套圈、舰船冷凝器入口系统等
C70600	制造冷凝器、冷凝器板、蒸馏器管、蒸发器、套圈、舰船体结构等
C71000	制造通信中继站构件、冷凝器、电器弹簧、套圈、电阻器等
C71500	制造冷凝器、冷凝器厚板、蒸馏器管、蒸发器和热交换器管、环圈
C71900	用于制造热交换器管、水箱零件、环圈等
C72200	制造冷凝器和热交换器管等
C72500	制造继电器和开关弹簧、接插件、引线框架、控制与传感波导管等
C74500	制造金属构件、铆钉、螺钉、拉链、光学仪器零件、电镀件等
C75200	制造铆钉、螺钉、餐具、桁架线、拉链、光学仪器、镀银底板等
C75400	制造光学仪器及照相机零件、蚀刻基板、首饰等
C75700	制造拉链、照相机与光学仪器零件、蚀刻基板、铭牌等
C77000	制造光学仪器零件、弹簧、电阻件等
C78200	制造键盘坯料、表盘、手表零件等

第 2 章　熔炼铸造技术

51　铜加工常采用的熔炼炉及其适用范围?

目前，铜加工产品的熔炼一般采用感应炉熔炼，也有的采用反射炉熔炼和竖式炉熔炼。

感应电炉熔炼适用于各种铜及铜合金，具有洁净熔炼，利于保证熔体质量的特点。感应电炉根据炉型结构分为有芯感应电炉和无芯感应电炉。有芯感应电炉具有生产效率高、热效率高的特点，适用于连续化熔炼单一品种的铜及铜合金，如紫铜、黄铜。无芯感应电炉具有加热速度快、容易更换合金品种的特点，适用于熔炼高熔点、多品种的铜及铜合金，如青铜、白铜等。

真空感应电炉是感应电炉配置真空系统，适用于熔炼容易吸气、氧化的铜及铜合金，如电真空用无氧铜、铍青铜、锆青铜、镁青铜等。

反射炉熔炼可以对熔体进行精炼去杂，主要应用于废杂铜熔炼。

竖式炉是一种快速连续熔化炉，具有热效率高、熔化速率高、停开炉方便的优点。可采用天然气、液化石油气等作为燃料，烧嘴分层安装在炉膛壁上，炉内气氛可以控制，没有精炼过程，因此要求原料绝大多数为阴极铜。竖式炉一般配合连续铸造机进行连续铸造，也可以配合保温炉进行半连续铸造。

52　生产铜及铜合金常用的铸造技术有哪些?

铜及铜合金的铸造一般分为：立式半连续铸造、立式全连续铸造、水平连续铸造、上引连续铸造及其他铸造技术。

立式半连续铸造具有设备简单、生产灵活的特点，适用于铸造各种铜及铜合金的圆、扁锭。目前，铜及铜合金的铸锭生产广泛采用半连续铸造方法。

立式全连续铸造具有产量大、成品率高（98%左右）的特点，适用于大规模、连续生产品种和规格单一的铸锭。正成为现代大型铜板带生产线熔铸工序的主要选择方式之一。

水平连续铸造的优点在于其工序短，制造成本低，生产效率高，同时也是一些热加工性能不佳的合金材料所必需的生产方式。其缺点是适用于合金品种比较单一，结晶器内套（石墨材料）的消耗较大，锭坯横断面的结晶组织上下均匀性不易控制。锭坯下部因重力作用紧贴结晶器内壁受到持续的冷却，晶粒较细；

上部因气隙的形成及由于熔体温度较高而造成锭坯凝固滞后现象，使冷却速度减慢，而使结晶组织较粗，这一特征对于大尺寸的锭坯尤为明显。水平连续铸造可以生产带坯和管棒线坯。

上引连续铸造利用真空吸铸的原理，采用停-拉技术实现连续多头铸造，具有设备简单、投资小、金属损耗少、环境污染程度低等特点。上引连铸一般适宜于紫铜、无氧铜线坯的生产。近年来发展的新成就是其在大直径管坯和黄铜、白铜、铜铬系合金方面的推广和应用。

其他铸造技术主要有：（1）下引连续铸造技术。该技术克服了上引连续铸造技术由于停-拉过程在铸坯外表面形成的竹节痕等缺陷，表面质量优良。而且由于其近乎定向凝固的特点，内部组织更加均匀纯净，因而产品的性能也更加优异。（2）轮带式连续紫铜线坯生产技术。该技术已在万吨级以上的大型生产线上普遍应用。（3）电磁铸造技术。电磁场对熔体的搅拌作用可促进排气、除渣，可获得含氧量低于 0.001% 的无氧铜，该技术近年来得到了长足的发展。

从长远来看，铜及铜合金的铸造将会是半连续铸造技术与全连续铸造技术共存，并且连续铸造技术的应用比重将会不断增加。

53 在合金熔炼过程中影响液态金属氧化的因素？

在合金熔炼过程中，金属自身的热力学和动力学条件、合金的组成、熔炉的热交换方式、炉料状态、熔炼气氛、熔炼温度等合金及冶金条件都会使熔体发生氧化。实际影响熔体氧化的因素有很多，例如：

（1）合金中含有能够强烈影响液体金属氧化过程的元素，如各种黄铜尤其是高锌黄铜及镉青铜，由于其中的锌、镉元素大量挥发逸出时，总是将熔池表面的金属氧化物保护膜冲破，熔体表面直接暴露在空气或含氧量较高的炉气中，促进了氧化反应进行。含有铝、铍、硅等合金元素的各种青铜，由于熔池表面常常被一层坚固的 Al_2O_3、BeO、SiO_2 等氧化膜保护着，熔池内部熔体可以免受进一步的氧化。

（2）熔炼气氛对液体金属氧化反应的影响比较复杂。炉气性质取决于其平衡体系中氧的分压与金属氧化物在该条件下分解压的相对大小。炉气中往往含有不同比例的 O_2、H_2O、CO_2、CO、H_2、C_mH_n、SO_2、N_2 等气体。同一组成的炉气，对某些金属是氧化性的，而对另外一些金属则可能是还原性的。实际上若金属与氧亲和力大于碳、氢与氧的亲和力，则含有 CO_2、CO 或 $H_2O(g)$ 的炉气就会使金属氧化，炉气属于氧化性的。否则是还原性的或中性的。CO_2 和 $H_2O(g)$ 的炉气对铜基本上是中性的，但对含有铝、锰的铜合金则是氧化性的。

（3）低温时，金属多按抛物线规律氧化。高温时，金属多按直线规律氧化。因为高温下扩散传质系数增大，氧化膜强度降低，加之氧化膜与金属的线膨胀系数差异容易引起氧化膜破裂。所以，一般情况下，温度越高，氧化损失越大。

（4）凡是可以加快氧在熔体内部扩散速度的因素，都可能提高氧化反应速度。

除了扩散之外，影响氧化速度的还有对熔体的搅拌强度等其他因素。

54　铜冶炼和熔炼过程中的主要化合物有哪些?

在铜的冶炼和熔炼过程中，铜的主要化合物有以下几种。

（1）氧化铜（CuO）。氧化铜呈黑色。温度高于 350℃ 时，可生成氧化铜 CuO。氧化铜属于不稳定化合物，加热时按下式分解：

$$4CuO \Longequals 2Cu_2O + O_2$$

当温度高于 1060℃ 时，氧化铜全部转化为氧化亚铜。

氧化铜容易被氢、碳、一氧化碳等还原。冶金过程中，氧化铜也可被硫化物及较负电性的金属，例如锌、铁、镍等还原。

（2）氧化亚铜（Cu_2O）。氧化亚铜的颜色为两种：组织致密时呈紫红色，组织为粉状时呈洋红色。

氧化亚铜的熔点为 1235℃，只在 1060℃ 以上时才是稳定的。低于该温度时，可被氧化成氧化铜。当在 800℃ 下长时间加热时，氧化亚铜可全部变成氧化铜。氧化亚铜只有在加热到 2208℃ 以上时才会按式 $2Cu_2O = 4Cu + O_2$ 完全分解，因此可以认为氧化亚铜是高温下唯一稳定的氧化物。

氧化亚铜可大量溶解于铜液中。在铜的氧化精炼过程中，向高温铜液内吹入空气过程中所形成的氧化亚铜，在几秒的时间内即可传播至整个熔池的熔体中。

氧化亚铜和氧化铜一样，容易被氢、碳、一氧化碳及与氧亲和力较大的金属，例如锌、铁、镍等元素还原。

（3）硫酸铜（CuSO_4）。五水硫酸铜（CuSO_4·5H_2O）俗称胆矾，呈天蓝色的三斜晶系结晶，长久暴露于空气中即逐渐风化分解，失去结晶水变成白色粉末。在干燥空气中加热：27~30℃ 时，变成蔚蓝色的三水硫酸铜（CuSO_4·3H_2O）；93~99℃ 时，变成藏蓝色的一水硫酸铜（CuSO_4·H_2O）；150℃ 时，变成白色的无水硫酸铜（CuSO_4）。

硫酸铜溶解于水，并且随着温度的升高而溶解度增加。用铁和锌可以从硫酸铜溶液中置换出金属铜。

（4）硫化铜（CuS）。硫化铜为绿黑色或棕黑色无定形物。硫化铜是不稳定化合物，在中性或还原性气氛中加热时，按下式分解：

$$4CuS \Longequals 2Cu_2S + S_2$$

硫化铜不溶于水，不与稀硫酸和苛性钠发生作用，但可溶于热硝酸和氰化钾溶液中。

55　铜合金熔体中气体的溶解度与哪些因素有关?

铜合金熔体中气体的实际溶解度与以下因素有关:

(1) 在一定温度下气体的溶解度随着分压增大而增大。

(2) 随熔炼温度上升而加大。

(3) 与气体亲和力较大的合金元素,会使合金中的气体溶解度增大。图 2-1 为合金元素对铜合金中氢溶解度的影响。

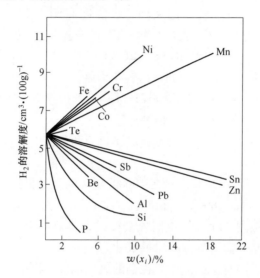

图 2-1　合金元素对铜合金中氢溶解度的影响

(4) 熔炼气氛,如采用燃气炉且同时采用木炭作覆盖剂,熔炼 HSi80-3 黄铜时,熔体中的氢含量通常会增加 $0.5 \sim 1.5 cm^3/100g$;熔炼锡青铜时,氢含量从 $0.8 \sim 2.4 cm^3/100g$ 增加到 $1.76 \sim 3.9 cm^3/100g$。同样的合金,如采用感应炉熔炼时,采用木炭覆盖与否不影响氢的含量。一般认为,还原性气氛有助于水蒸气的分解,并增大氢在金属中的溶解度。

(5) 加料顺序,如熔炼铝锰镍青铜时,首先加铝,随后加锰镍,可降低液体中的吸氢倾向。

56　熔化与溶解的区别是什么?

合金在熔炼过程中,存在熔化和溶解两个同时进行的过程。当合金被加热到一定的温度时就开始熔化,其热力学条件是过热。溶解是指固体金属被金属熔体侵蚀而进入溶液,实现固体到液体的转变过程。溶解无须过热,但温度越高,溶解速度越快。

57 熔炼合金时是否一定首先熔化熔点高的难熔合金?

熔炼合金时不一定要先熔化熔点高的难熔合金。例如，Cu 的熔点为 1084℃，Ni 的熔点为 1451℃，熔制 80% Cu 和 20% Ni 的 Cu-Ni 合金时，由于固相线为 1140℃，液相线为 1200℃，从理论上讲，只要温度高于 1140℃，镍即开始溶于铜中，当温度达到 1200℃时，只要保持足够时间，镍则可以完全溶于铜中。根据相图原理，可以降低合金的熔化温度，但并非在所有情况下都可采用。如对 70% 铜和 30%Zn 的黄铜熔炼，固相线为 915℃，液相线为 955℃，如果先熔化锌，并把温度提高到合金熔化温度，必将造成大量锌的挥发，甚至沸腾，因为锌的熔点仅 907℃。

58 熔炼铜合金时对中间合金有何要求?

熔炼铜合金时，某些金属采用中间合金的形式加入对合金化过程有很多益处，例如:

(1) 可以降低合金的熔炼温度，缩短熔炼时间;

(2) 可以减少合金元素的熔炼损失，提高合金元素的熔炼收得率;

(3) 有利于提高合金化学成分的稳定性和均匀性;

(4) 为某些合金的熔炼过程提供了安全保证条件。

作为中间合金，应尽可能满足以下要求:

(1) 采用较纯金属或非金属元素作原料，尽可能提高添加元素的含量;

(2) 熔化温度低于或者接近合金的熔炼温度;

(3) 化学成分均匀，添加元素和杂质元素含量都应符合相应的标准;

(4) 中间合金铸块具有一定的脆性，可以较容易地破碎成小块。

59 常用铜中间合金锭的化学成分及其性质?

表 2-1 和表 2-2 分别为常用铜中间合金锭化学成分及铜合金用中间合金的成分与性质。

表 2-1 铜中间合金锭化学成分（YS/T 283 —2009）

牌号	化学成分（质量分数)/%											物理性能	
	主要成分		Cu	Si	Mn	Ni	Fe	Sb	P	Pb	Zn	Al	熔化温度/℃	特性
	合金元素						杂质含量，不大于							
	名称	含量												
CuSi16	Si	13.5~16.5	余量				0.50				0.10	0.25	800	脆
CuMn28	Mn	25.0~28.0	余量				1.0	0.1	0.1				870	韧

牌号	化学成分（质量分数）/%											物理性能	
	主要成分			杂质含量，不大于									
	合金元素		Cu	Si	Mn	Ni	Fe	Sb	P	Pb	Zn	Al	熔化温度/℃	特性
	名称	含量												
CuMn30	Mn	28.0~31.0	余量				1.0	0.1	0.1				850~860	韧
CuMn22	Mn	20.0~25.0	余量				1.0	0.1	0.1				850~900	韧
CuNi15	Ni	14.0~18.0	余量				0.5				0.3		1050~1200	韧
CuFe10	Fe	9.0~11.0	余量		0.10	0.10							1300~1400	韧
CuFe5	Fe	4.0~6.0	余量		0.10	0.10							1200~1300	韧
CuSb50	Sb	49.0~51.0	余量				0.2		0.1	0.1			680	脆
CuBe4	Be	3.8~4.3	余量	0.18			0.15					0.13	1100~1200	韧
CuP14	P	13.0~15.0	余量				0.15						900~1020	脆
CuP12	P	11.0~13.0	余量				0.15						900~1020	脆
CuP10	P	9.0~11.0	余量				0.15						900~1020	脆
CuP8	P	8.0~9.0	余量				0.15						900~1020	脆
CuMg20	Mg	17.0~23.0	余量				0.15						730~818	脆
CuMg10	Mg	9.0~13.0	余量				0.15						750~800	脆

注：作为脱氧剂的 CuP14、CuP12、CuP10、CuP8、其杂质 Fe 的含量可允许不大于 0.3%。

表 2-2　铜合金用中间合金的成分与性质

名称	符号	化学成分（质量分数）/%	熔点/℃	物理性质
铜-磷	Cu-P	8~15 磷，余量为铜	780~840	脆
铜-镁	Cu-Mg	9.7~15 镁，余量为铜	722~819	脆
铜-锰	Cu-Mn	27 锰，余量为铜	860	韧
铜-铁	Cu-Fe	3.8~20 铁，余量为铜	1091~1390	韧
铜-镉	Cu-Cd	50 镉，余量为铜	780	脆
铜-铬	Cu-Cr	3~5 铬，余量为铜	1150~1180	韧

名称	符号	化学成分（质量分数）/%	熔点/℃	物理性质
铜-钛	Cu-Ti	28 钛，余量为铜	875	韧
铜-铍	Cu-Be	4~4.5 铍，余量为铜	900~1050	韧
铜-锆	Cu-Zr	8~15 锆，余量为铜	965~1050	韧
铜-砷	Cu-As	30 砷，余量为铜	770	脆
铜-钴	Cu-Co	10 钴，余量为铜	1110~1240	韧
铜-硅	Cu-Si	15~25 硅，余量为铜	800~1000	脆
铜-铈	Cu-Ce	15 铈，余量为铜	875~880	脆
铜-锑	Cu-Sb	50 锑，余量为铜	680	脆
镍-镁	Ni-Mg	20 镁，余量为镍	520	脆
镍-铌	Ni-Nb	15 铌，余量为镍		韧
铝-铁	Al-Fe	59 铁，余量为铝	1165~1175	脆
锌-钛	Zn-Ti	5 钛，余量为锌		韧
锌-铁	Zn-Fe	1~4 铁，余量为锌	420~530	韧
锌-铜	Zn-Cu	20 铜，余量为锌	1000	韧

60　铜中间合金的主要制备方法有哪些？

中间合金制备方法主要有熔合法、热还原法、熔盐电解法及粉末法四种。其中，前两种较为常用。

（1）熔合法。用两种和多种金属或元素直接熔化制成中间合金的方法，称为熔合法。根据熔合工艺不同，熔合法又分三种类型：

1）先熔化易熔金属，并过热至一定温度后，再将难熔金属或元素分批加入。这种工艺操作简单，热损失较小；

2）先熔化难熔金属，后加易熔金属或元素；

3）首先将两种金属分别在两台熔炉内进行熔化，然后将其混合。

熔合法工艺简单，不需要复杂的熔炼和铸造设备，因此适于大量生产。实际上，铜合金采用的大多数中间合金，例如铜-磷、铜-镁、铜-锰、铜-铁等中间合金，通常都是采用熔合法制备的。

（2）热还原法。热还原法又称置换法，铜-铍中间合金可用这种方法熔制。铜-铍中间合金以 BeO 作原料，以碳作还原剂，使铍从 BeO 中还原出来，熔于铜中而成中间合金，又称碳热法。

（3）熔盐电解法。熔盐电解法多用于铝合金中，在铜合金中应用较少。比如，铝合金中制取铝铈中间合金时，其工艺为：以电解槽的石墨内衬为阳极，用钼插入铝液中作阴极，以 KCl 和 CeCl$_3$ 熔盐作电解液。将铝液加热至 850℃ 左右时，通电进行电解，即可制得 10%~25%Ce-Al 中间合金。当然也可用铝热法制取铝-铈中间合金。

（4）粉末法。将两种不易熔合的金属分别制成粉末，混合压块，然后加热扩散制成中间合金。此法优点是合金元素含量高，相对均匀。

某些中间合金在熔铸车间的熔制方法见表 2-3。

表 2-3　中间合金的熔制方法

名称	熔炼用炉	覆盖剂或熔剂	制 作 方 法
铜-磷	坩埚炉	木炭或木炭粉、焦炭粉等	方法 A：采用赤磷为原料，需用两个坩埚 1. 在第一个坩埚内先熔化铜，熔体表面用木炭覆盖； 2. 在第二个坩埚内装入赤磷粉，并用木锤捣实，赤磷粉上面盖上 50mm 左右厚的木炭或焦炭粉； 3. 当第一个坩埚内的铜液温度达到 1250~1300℃ 时，将其浇入第二个盛有赤磷的坩埚中； 4. 将盛有磷和铜的坩埚继续加热 15~20min，直到成分均匀； 5. 捞渣后，将铜-磷合金熔体浇入模中 方法 B：采用赤磷为原料，需用两个坩埚 1. 在第一只坩埚内熔化铜，在第二只坩埚内放入赤磷； 2. 将铜液缓缓浇入盛赤磷的坩埚中，边浇铸边搅拌，直至赤磷全部熔化； 3. 捞渣后将铜-磷合金熔液浇入模中 其他方法： 1. 铜和赤磷同时装埚一次熔化法； 2. 气化磷和铜液混合法
铜-镁	坩埚炉	32%~40%KCl 38%~46%MgCl$_2$ 5%~8%BeCl$_2$ 3%~6%CaF$_2$	1. 在坩埚内熔化镁，熔体表面用熔剂覆盖； 2. 分批把预热的小块铜加入镁中并继续加热，直至铜全部熔化。 3. 搅拌熔体使其成分均匀，然后浇入模中
铜-锰	坩埚炉或中频炉	木炭、冰晶石等	1. 在木炭覆盖下，先将铜熔化； 2. 分批向铜液中加入锰，并使其迅速熔化； 3. 搅拌熔体，用冰晶石清渣，然后将熔体浇入模中
铜-铁	坩埚炉或中频炉	木炭、冰晶石等	1. 在木炭覆盖下，先将铜熔化； 2. 提高铜液温度后，分批加入铁并使其迅速熔化； 3. 搅拌熔体，用冰晶石清渣，然后将熔体浇入模中

名称	熔炼用炉	覆盖剂或熔剂	制 作 方 法
铜-镉	坩埚炉	木炭	需用两个坩埚： 1. 在第一个坩埚炉内先把铜熔化，熔体表面用木炭覆盖； 2. 在第二个坩埚炉内加入小块镉，上面盖 50mm 厚的碎木炭； 3. 当第一个坩埚炉内的铜液温度达到 1250℃ 时，将其浇入盛有镉的第二个坩埚中； 4. 搅拌熔体，成分均匀后即可浇入模中
铜-铬	中频炉 真空炉	木炭	1. 在木炭覆盖下，先将铜熔化； 2. 当铜液温度达到 1400℃ 左右时，把铬加入并使其迅速熔化； 3. 搅拌熔体，成分均匀后即可浇入模中
铜-锆 铜-钛	真空炉		1. 铜和钛、锆同时装入电炉的坩埚内熔化； 2. 两种金属都熔化完毕且又搅拌均匀时，可浇入模中
铜-砷	坩埚炉	木炭	1. 预热坩埚 1→铜+木炭→熔化→升温至 1250℃； 2. 预热坩埚 2~100℃→砷+木炭→将坩埚 1 铜水浇入→搅拌→浇铸
铜-铍	电弧炉	炭粉	炭热还原法：（10%~13%）BeO+（3%~7%）炭粉于球磨机中混匀并磨碎，一层铜一层 BeO 与炭粉混合料分批装入电弧炉→通电熔化→化完后停电搅拌→扒渣→冷却到 950℃→浇铸
铜-硅	坩埚炉 中频炉	木炭	铜+木炭→熔化→加硅→搅拌→浇铸
铜-锑	坩埚炉	木炭	铜+木炭→熔化→升温至 1250℃→坩埚→加锑→搅拌→浇铸
铜-钴	中频炉 真空炉	木炭	铜+木炭→熔化→加钴→搅拌→浇铸
铜-铈	坩埚炉	木炭	铜+木炭→熔化→升温至 1200~1250℃→加铈（或混合稀土）→搅拌→浇铸（也可采用铜-镁中间合金的配制方法）

61　铜合金配料需要遵循的基本原则？

铜合金熔炼前，配料时需要遵循下列基本原则：

（1）生产高品质产品时，应该选用高品位的金属原料。生产普通产品时，在保证质量的前提下应尽可能地选用成本较低的原料。

（2）在合金化学成分允许的范围内，可适当调整某些贵重金属或合金元素的配料比，以节约原材料成本。

（3）确定合金的配料比时，应充分考虑到熔炼过程中各元素可能的熔损情况，例如熔损量比较大的合金元素，配料时应适当提高其配料比。采用废料配料时，应对某些容易熔损的合金元素进行适当的预补偿。

（4）合金中某些难熔或易挥发、易氧化的合金元素，应选用中间合金。

（5）配料时应该遵循新料和废料、一级料和二级料，以及大块料和小块料合理搭配的原则。

（6）化学废料，应按其实际化学成分经严格计算，并在留有余地的情况下使用。为了确保所熔合金的化学成分，在使用化学废料的同时，一般情况下应有足够数量的新金属或高品位旧料与之搭配。在生产纯金属时，一般不应使用化学废料。

62　铜合金配料计算举例。

铜合金的配料计算举例如下。

例1：全部使用新金属时，合金配料的计算。试计算出每炉投料量为300kg，并全部使用新金属时的Cu-20Ni-20Mn合金的配料。假设Cu-20Ni-20Mn合金的配料比为：Cu 60%，Mn 20%，Ni 20%。

计算：

Ni：$300 \times 20\% = 60(kg)$

Mn：$300 \times 20\% = 60(kg)$

Ni：$300 - 60 - 60 = 180(kg)$　或　$300 \times 60\% = 180(kg)$

合计：300kg

例2：使用中间合金时，合金配料的计算。试计算出每炉投料量为1000kg的QCr0.8合金配料。原料要求：铬以含5%铬的铜-铬中间合金形式使用，其余元素均用纯金属。假设QCr0.8合金的配料比为：Cr：0.8%，Cu：99.2%

（1）配料中需要的铜-磷中间合金数量为：

$$1000 \times 0.8\%/5\% = 160(kg)$$

在160kg铜-铬中间合金中，包括有：

铬：$160 \times 5\% = 8(kg)$

铜：$160 - 8 = 152(kg)$

（2）需另配纯金属的数量为：

铜：$1000 \times 99.8\% - 152 = 864(kg)$

由此得配料组成为：

铜：864kg，铜-铬中间合金160kg

合计：1000kg

例3：由一种合金旧料改做另一种合金配料时的计算。在熔制主要组成元素不相矛盾的同类型合金时，较高品位的合金旧料，可以改做较低品位合金的配料。

试计算出每炉投料量为1000kg，以H96合金旧料改做H70合金配料的配料量。假设：

（1）H96旧料的平均含铜量为96%，余量为锌；

（2）H70合金的配料比为Cu70%，Zn余量；

（3）在H96合金旧料重熔及H70合金熔炼时，锌的熔损率为合金旧料总重的1.5%。

计算：

在1000kg H70合金的配料中，能够使用H96合金旧料的最大量：

$$1000 \times 0.7/0.96 = 729.2(\text{kg})$$

在1000kg H70合金的配料中，当使用729.2kg的H96合金旧料时，还需另配锌：

$$1000 - 729.2 = 270.8(\text{kg})$$

另外，需要补偿锌：$1000 \times 1.5\% = 15(\text{kg})$

由此可得出总的配料组成为：H96合金旧料792.2kg，锌285.8kg。

例4：欲将炉内1000kg H70合金熔体变为HPb59-1时，试求出应补加的金属料量。

假设：

（1）炉内H70合金熔体的平均含铜量为70%，余量为锌；

（2）HPb59-1合金的配料比为：Cu 57.5%，Zn 41.3%，Pb 1.2%。

计算：

1000kg H70熔体中，铜的总含量：

$$1000 \times 70\% = 700(\text{kg})$$

700kg铜可构成HPb59-1合金的重量：

$$700/0.575 = 1217.4(\text{kg})$$

为构成1217.4kg HPb59-1合金熔体，应补加：

铅：$1217.4 \times 1.2\% = 14.6(\text{kg})$

锌：$1217.4 \times 41.3\% - 1000 \times 30\% = 202.8(\text{kg})$

由此可得出应补加：铅14.6kg，锌202.8kg

63　在反射炉中"氧化-还原"精炼过程的作用?

在反射炉中熔炼纯铜时,除了采用阴极铜作为原料外,通常还采用大量废杂铜,"氧化-还原"精炼可去除铝、锰、锌、锡、铁、砷、铅等杂质。氧化过程通常是直接向铜液中吹送压缩空气,生成的各种氧化物进入熔渣。还原过程向铜液中直接插木棒或吹送重油、木屑、炭粉等方式进行,去除气体,还原氧化亚铜。

64　如何实现还原性熔炼的气氛?

通常,还原性熔炼气氛,可通过熔体表面覆盖固体碳质材料,或以还原性气体介质保护的方法实现。

木炭和一氧化碳气体是被广泛采用的介质。炭黑、石墨粉、米糠、稻壳等也是可以利用的覆盖剂材料。不过,熔炼铜采用米糠作为覆盖剂时,须注意防止磷增高的现象。

65　用木炭作为覆盖剂时需要注意的问题?

木炭作为覆盖剂,具有对熔体保温,防止吸气、脱氧,减少某些元素蒸发、氧化、熔损等作用。选用作为覆盖剂用的木炭,其中的硫、磷含量要比较低;木炭应仔细挑选,须将未烧透的夹生木炭及混入的树枝树皮、杂草、泥土和碎炭末等挑出,块度应大于40mm,含水率应小于7%。木炭技术条件(GB/T 17664—1999)见表2-4。木炭使用前应煅烧,煅烧温度800~900℃,时间不少于4h,煅烧过的木炭仍需密封,防止燃烧及重新吸气。现场存放时间不宜过长,覆盖层应有一定厚度,而且需要定期更新。

表 2-4　木炭技术条件 (GB/T 17664—1999)

指 标 名 称	硬阔叶木炭		阔叶木炭		松木炭	
	优级	一级	优级	一级	优级	一级
全水分/%	≤7	≤7	≤7	≤10	≤7	≤10
灰分/%	≤2.5	≤3.0	≤3.0	≤4.0	≤2.0	≤2.5
固定碳/%	≥85	≥80	≥78	≥73	≥75	≥70
小于12mm 的颗粒/%	≤5	≤5	≤6	≤8	≤6	≤8
炭头及其他杂物/%	≤1	≤3	≤1	≤3	≤1	≤3

66　哪些铜合金熔炼过程中可采用敞开式熔炼?

敞开式熔炼,即熔炼过程中金属熔池完全敞开,不采用任何介质保护。原则上铝青铜、硅青铜、铍青铜等都可采用这种熔炼方式，这是由于熔炼过程中溶池表面会生成 Al_2O_3、SiO_2、BeO 等氧化膜，保护溶池内部免于氧化和吸气。此外，硅、铝、铍是铜合金良好的脱氧剂，在熔体得到良好脱氧的同时，需注意防止氢的吸入。但在实际铍青铜熔炼过程中，由于铍的化合物均具有毒性，所以不推荐完全敞开式的熔炼，一定要对人员进行安全防护的同时，进行半保护或者保护性的熔炼方式。

67　铜合金常用熔剂的分类及用途?

按照实际应用，可分为保护型熔剂和精炼型熔剂。

玻璃和硅砂之类，属于纯保护型熔剂，无精炼作用。玻璃熔点 $900 \sim 1200℃$，性能稳定，吸附性很低，与有色金属一般不产生化学反应，也不易吸收空气中的水分及气体。高温下，熔融的玻璃将熔池表面覆盖，将熔体与炉气完全隔开，熔炼一些青铜和白铜时，可选用玻璃作为覆盖剂，其缺点是熔点高，黏度大，不利于搅拌、捞渣等炉前操作，且金属损耗较大。同时，从熔体中析出的气体不易逸出，故覆盖层不宜过厚，以免因导热性能差而凝结生壳，影响覆盖效果。

精炼型熔剂，多为金属及碱土金属的氯盐或氟盐，例如氯化钠、碳酸盐、氟化钠、萤石、冰晶石、苏打、硼砂和硅砂等物质中的一种或几种的混合物。此类熔剂除了可以起到保护作用外，同时具有精炼熔体和清渣的作用。

铜合金熔体中产生的金属氧化物几乎都属于碱性的，可通过酸性渣（如采用石英砂或硼酸等材料）造渣排出。碱性氧化物和酸性熔剂，或酸性氧化物和碱性熔剂，在一定温度下可以相互作用形成体积较大、熔点较低、易于与金属分离的复盐式炉渣，由于多数炉渣的密度都比铜熔体低，因此较容易从熔池表面除去。

68　常用铜合金熔炼的熔剂配方

铜合金覆盖和精炼用熔剂配方及用途举例见表 2-5。

表 2-5　铜合金覆盖和精炼用熔剂配方及用途举例

序　号	适用合金	用途	熔剂材料名称及配比/%
1	铜及铜合金	精炼	冰晶石 40，食盐 60
2	铜及铜合金	精炼	碳酸钙 55，食盐 30，硅砂 15
3	青铜、白铜	精炼	苏打 50，冰晶石 50
4	锡青铜、硅青铜	精炼	萤石 50，冰晶石 20，硼砂 10，氧化铜 20
5	锡青铜、硅青铜	精炼	萤石 33，苏打 60，冰晶石 7
6	青铜、白铜	精炼	萤石 50，碳酸钙 50

续表 2-5

序　号	适用合金	用途	熔剂材料名称及配比/%
7	青铜、白铜	精炼	萤石 33，碳酸钙 42，冰晶石 25
8	青铜、白铜	精炼	硼砂 60~70，玻璃 30~40
9	铬青铜	覆盖	玻璃 50，苏打 25，冰晶石 25
10	铜合金	脱硫	玻璃 40，苏打 20，萤石 10，硅砂 20，氧化锰 30
11	铜合金	脱硫	硅砂 20，苏打 20，氧化铜 30，氧化锰 30
12	铝青铜	精炼覆盖	冰晶石 80，氟化钠 20
13	铝青铜	精炼覆盖	冰晶石 50，萤石 15，食盐 35，氟化钠 15
14	黄铜	精炼	硅砂 54，苏打 40，冰晶石 6
15	铜合金	精炼覆盖	玻璃 60，冰晶石 10，食盐 15，氟化钠 15

69　真空熔炼的特点及适用合金?

真空熔炼是在真空条件下进行金属与合金熔炼的特种熔炼技术，由于很难做到绝对真空，实质是在相对大气压小得多的气氛下进行的熔炼。

优点：真空熔炼可以最大程度地避免合金元素氧化损失和吸气，而且有利于熔体中气体的析出；不需要采用任何覆盖剂；不仅熔体免受污染，甚至在某种程度上可以提高纯度，有利于提高金属材料的某些力学或物理性能。

缺点：真空熔炼易造成某些沸点低、蒸气压较高的合金元素的大量挥发，此时可以先抽真空，然后向熔室中充入某种惰性气体进行熔炼。真空熔炼受设备能力限制，适合于小批量生产某些纯度及质量要求比较高，或合金中含有某些极易氧化元素的高铜合金、铜镍合金等。

70　什么叫作电渣重熔?

电渣重熔，是指首先将初步合金化的合金熔体制成棒状锭坯，即自耗电极，然后进行再次精炼的一种特殊二次熔炼方法。电渣重熔过程中，自耗电极即是电渣重熔的原料，水冷金属坩埚同时也是结晶器。通过电弧及渣料的电阻热熔化自耗电极，熔体通过炉渣时得到精炼，然后熔体在水冷结晶器中凝固结晶。电渣重熔不仅可提高纯度，保证化学成分的稳定，同时可以减少气体含量和某些杂质元素含量，而且由于同时采用了相当于无流浇铸的水冷模铸造方式，因此获得的铸锭结晶组织比较致密。

电渣重熔过程的质量，是通过熔渣即熔剂对熔体进行过滤和精炼的质量。电渣重熔所用渣料，应具备以下条件：（1）熔渣具有较高电阻，有利于渣中的电热交换过程，从而产生足够的热量。（2）具有与熔体相适应的熔点和沸点。较低的熔点有利于提高渣的流动性，较高的沸点有利于避免挥发现象。（3）具有良好的脱氧、排气、吸附、去硫和去除其他夹杂物的作用。

电渣重熔所用渣料分为起熔渣料（有的称引弧渣或引燃渣、导电渣）和工作渣料两类。前者在开始引弧即起熔期间使用，需要在熔炼前炼好。后者在正常工作即整个重熔精炼期间使用，需要在使用前仔细烘烤。氟化钙粉，三氧化二铝等是铜合金重熔精炼广泛使用的熔渣材料。由于工艺复杂、成本高，仅适用于要求特别严格的合金的生产。

71　铜合金熔炼装料和熔化一般要遵循哪些原则？

装料及熔化顺序原则：

（1）炉料中比例最大金属，应首先装炉熔化。

（2）炉料中易蒸发、易氧化的合金元素，如锆、锌、铬等，一般最后装炉。

（3）合金化过程中有较大热效应的金属，不应单独加入。例如熔炼铝青铜时，预留一部分铜作为冷却料。

（4）熔点高于合金熔炼温度的某些元素，通过溶解的办法使之熔化，不必将熔化温度提高到熔点较高的合金元素的熔点。例如熔炼熔点为 1170~1230℃ 的 B30 时，若采用先熔化镍的办法，由于镍的熔点为 1453℃，所以必须把炉温提高到 1453℃ 以上才行，但采用在铜液中溶解镍的办法，熔炼温度 1300℃ 左右就可以使镍全部熔化。

（5）能够减少熔体大量吸气的合金元素，应先加入熔化。例如在熔炼硅锰青铜时，若将硅和锰两种元素先熔在熔体中，所得合金熔体的含气量可以大大降低。

（6）为了安全，还需注意以下几点：1）熔炼黄铜时，采取低温加锌和逐块加锌原则，高温加锌可能引起锌的剧烈沸腾和大量熔损。当大量的锌集中加入铜液中时，要吸收大量的热，结果可能导致周围熔体急剧降温，甚至会造成熔池的局部表面凝固现象。此时，如果熔池深处仍有大量锌蒸气继续产生，当具有一定压力的锌蒸气冲破凝壳时，立刻能造成铜液喷溅。2）较大块炉料，应在先加入一定数量的小块料后再装炉，以防引起金属液的喷溅和砸坏炉衬。3）屑料应在炉内始终保持有一定数量熔体的情况下加料和熔化，并且在熔化过程中应及时搅拌、捞渣，避免炉料搭桥和损坏炉衬。4）含有水、油或乳液等潮湿炉料不能直接装炉熔化。因为湿炉料将会引起熔体大量吸气，严重者甚至会引起爆炸事故。

72　减少熔炼损耗的措施有哪些？

熔炼过程中的金属损耗，主要是指挥发、氧化损耗和扒渣过程中的机械损耗。避免和减少熔炼损耗的途径主要有以下几个方面：

（1）合理选用熔化炉炉型，工频有芯感应电炉熔池表面积较小，熔炼纯铜时熔炼损耗约为 0.4%~0.6%。而采用反射炉熔炼时，氧化性气氛加大，同时熔池表面积也较大，熔炼损耗可达 0.7%~0.9%。无铁芯工频感应电炉，由于具有强烈的熔体搅拌功能，可加快炉料熔化速度，有利于减少细碎炉料熔化过程中的烧损。

（2）尽可能实行快速熔炼：1）合理的原料加工，包括大块原料的破断加工，以及干燥、打包或制团等，保证投炉料的装炉密度。2）预热炉料等。3）采用合理的装料和熔化顺序，包括在感应电炉内熔炼时要保持必要的起熔体数量。4）尽量减少打开炉门次数，保证炉子始终在较高功率下运行。

（3）合理选择和控制炉子气氛：1）尽可能避免采用强氧化性气氛熔炼。2）对于易氧化的合金元素，采用熔剂覆盖或真空熔炼。3）避免频繁搅拌熔体。

（4）合理控制炉温和减少扒渣过程中的机械损耗。在保证金属熔体流动性及精炼工艺要求的条件下，应尽可能地采用较低的熔炼温度，避免长时间在高温下保温等。

（5）尽可能采用连续熔炼作业方式，不轻易更换熔炼的合金品种。

（6）对少数极易发挥和氧化的合金元素采取特殊的添加方式，如制备成中间合金连续地加入、在保温炉或中间包分批加入等。

73　气体在熔体中的存在形式及来源？

气体在熔体中三种存在形式：固溶体、化合物和气孔。气体和其他元素一样，多以原子状态溶解于金属晶格内，形成固溶体。超过溶解度的气体及不溶解的气体，则以气体分子吸附于固体夹渣上，或以气孔形态存在。若气体与金属中某元素间的化学亲和力大于气体原子间的亲和力，则可与该元素形成化合物。在熔炼过程中，最常与金属熔体接触且危害最大的是水蒸气，其次是 SO_2、CO、CO_2 等。水蒸气与金属反应产生的氢和氧易于为金属所吸收。SO_2 能与铜、镍及铁等元素反应，使金属中的含硫量和含氧量增加。

在熔炼过程中，金属中往往溶解有各种气体，这些气体是造成铸锭气孔、气眼、夹渣缺陷的主要根源。能溶解于铜中的气体，主要是氢和氧。在熔炼过程中，气体主要来源有：

（1）炉气。非真空熔炼时，炉气是金属中气体的主要来源。炉气中除氮和氧外，还有一氧化碳、二氧化碳、二氧化硫、碳氢化合物、氢和水等。另外，炉气成分随炉型、燃料及燃料燃烧情况不同而变化。如在燃煤、石油、天然气的反射炉中，水蒸气和一氧化碳较多，而电炉中一般不含一氧化碳。

（2）炉料。铜的新金属一般为电解铜板，其表面残留电解液；加工车间返回的厂内废料一般表面沾有油、水、乳液等；外来废料大都有锈蚀，表面氧化物；在潮湿季节或露天堆放时，炉料表面都吸附有水分。这些因素使得熔炼过程中熔体吸氢增多。

（3）熔剂。许多熔剂都带有水分。熔炼铜及铜合金时常用的木炭、米糠含有吸附的水分，而有些熔剂（硼砂等）本身带有结晶水。所以，一般熔剂使用前要进行干燥和脱水处理。

（4）耐火材料及操作工具。新砌熔炉的耐火材料中含有大量水，即使烘炉也不能完全除去；熔炼操作工具使用时常涂有涂料，涂料未彻底烘干或放置时间较长，表面吸附水分，入炉使用也会造成金属吸气。

74　铜合金熔体中杂质元素的主要来源有哪些？

（1）混料是造成金属或合金中杂质含量高，成为废品的主要原因。

（2）熔炼过程中，当高温炉体中的某些元素与炉衬之间发生化学反应，而且反应产物又能被熔体吸收时，则会造成金属或合金熔体中相应杂质元素的含量增高。为防止熔体与炉衬之间发生化学反应，根据熔制的金属或化学性质的不同选择不同性质炉衬材料。例如紫铜、黄铜、硅青铜、锡青铜等宜选用硅砂炉；铝青铜和低镍白铜宜在高铝砂炉或镁砂炉衬中熔炼；熔点较高的合金宜在镁砂炉衬中熔炼。熔炼化学活性强的钛、锆等金属时，由于它们可与所有耐火材料反应而吸收杂质，故只能用水冷铜坩埚代替耐火材料坩埚。

（3）从炉气中吸收夹杂，当使用含硫的煤气或重油燃料时，会生成硫化物。

（4）从覆盖剂材料中吸收杂质。若覆盖剂选择不当，不仅没有精炼的作用，有时会出现相反的结果，即覆盖剂中的某些元素可能通过物理或化学作用进入熔体，使杂质增加。如在米糠或麦麸等覆盖下熔炼紫铜，随重熔次数增加，磷含量也随之增高。

（5）添加剂残余及积累。在熔炼多数铜及铜合金时，大都需要向熔体中加入一定数量的脱氧剂、变质剂等添加物，当旧料往返使用时，这类添加剂残余量会积累。

（6）在同一熔炉内，先后熔炼不同的金属或合金时，中间需要变料，变料前，如果炉内残留的熔体或炉壁上黏结的残料、残渣过多时，那么在变料后的最初几个熔次中，就有可能发生杂质明显增加的现象。

为了避免此类现象发生，在变料时应进行洗炉，即用纯净的金属熔体清洗炉衬。由于炉内熔体不能全部倒出，必然造成杂质元素增高。因此，一般的方法是：尽量将炉内的熔体倒出，然后投一炉或数炉紫铜料将熔体中某些元素冲淡至要求的范围内。在大型的熔铸车间里，可根据金属或合金的化学成分不同，分别固定在专门的炉子中熔炼；化学成分复杂、产量不大的各种青铜和白铜等，应该在坩埚式感应电炉内熔炼，因为这类炉子的洗炉和变料均比较方便。

75 溶于金属中的气体种类及除气途径?

为获得含气量低的金属熔体,一方面要精心备料,严格控制快速熔化,采用覆盖剂等措施以减少吸气;另一方面必须在熔炼后期进行有效的除气精炼,使溶于金属中的气体降低到尽可能低的水平。气体从金属中脱除的主要途径有:

(1) 气体原子扩散至金属表面,然后脱离吸附状态而逸出。

(2) 以气泡形式从金属熔体中排除。

(3) 与加入金属中的元素形成化合物,以非金属夹杂物形式排除。这些化合物中除极少数(如 Mg_3N_2 等)较易分解外,大多数不在金属锭中产生气孔。当铜合金中含有一定数量的锌、铝、硅等对氧有较大亲和力的元素时,由于这些元素本身就是良好的脱氧剂,因此合金中主要存在的气体是氢,而不会是氧。溶于金属中的气体,在铸锭凝固时析出最易形成气孔,这些气孔中的气体主要是氢气,故一般所说的铜合金吸气,主要是指吸氢。金属中的含气量,也可以近似地视为含氢量。

76 熔体除气精炼有哪些基本方法?

(1) 氧化除气法:利用铜液中氢和氧存有一定比例关系的原理,有意识增加铜液中的氧含量,以降低氢的含量。凡氧化物能熔于金属中、最后又能脱氧的金属,均可采用氧化除气法。氧化铜液的方法:用风管直接向熔池深处吹送氧和氮的混合气体;采用氧化性熔剂等在氧化铜液的过程中,应不断从熔体中取样检查熔体被氧化的程度,当认定铜液中的含氧量已达到要求时,应立即停止氧化,另外,经氧化处理的铜液,出炉前应该对铜液进行脱氧处理,以除去铜液中多余的氧化亚铜。

(2) 沸腾除气法:利用金属本身在熔炼过程中产生的蒸气泡内外气体分压差来除气。这是在工频有芯感应电炉熔炼高锌黄铜时常采用的一种特殊方法。在工频有芯感应电炉熔炼黄铜时,熔沟上部的金属液温度低,在气泡上浮过程中,可能有部分蒸气冷凝下来,只有那些吸收了氢及来不及冷凝的蒸气泡,才能顺利逸出熔池。随着熔池温度的升高,金属蒸气压也逐渐增大。当整个熔池温度升高到接近或超过沸点时,大量蒸气从熔池喷出,形成"喷火"现象。这种喷火程度越强烈,喷的次数越多,则熔体中的氢进入蒸气泡也越多,除气效果越好。由于蒸气自上而下分布比较均匀,所以沸腾除气的效果较好,一般喷火 2~3 次即可达到除气的目的。含锌低于 20% 的黄铜,不能利用沸腾除气。沸腾除气的缺点是低熔点元素(如锌)的损耗较大。

(3) 惰性气体除气法:用钢管将氮气、氩气等通入金属熔体,气泡内氢气分压为零,而溶于气泡附近熔体中的氢气分压远大于零,基于氢气在气泡内外分压之差，使溶于熔体中的氢气不断向气泡扩散，并随着气泡上升和逸出而排到大气中，达到除气的目的。为提高除气精炼的效果，应注意控制气体的纯度。研究表明，若氮气含量分别为 0.5% 和 1% 时，除气效果分别下降 40% 和 90%。故精炼气体中氧含量不得超过 0.03%（体积分数），水分不得超过 3.0g/L。

（4）真空除气法：在真空条件下，由于熔池表面的气压极低，原来溶于铜液中的氢等气体，很容易逸出，除气速度和程度高，活性难熔金属及其合金、耐热及精密合金等，采用真空熔铸法除气效果较好。

（5）熔剂除气法：使用固态熔剂除气时，将脱水的熔剂用干燥的带孔罩压入熔池内，依靠熔剂热分解或与金属进行置换反应，产生不溶于熔体的挥发性气泡而将氢除去。为提高除气效果，也可采用干燥氮气将粉状熔剂吹入熔池罩，熔剂在除气的同时，还可去渣。

（6）预凝固除气法：在大多数情况下，气体在金属中的溶解度随温度降低而减少。预凝固除气法就是利用这一规律，将熔体缓慢冷却到固相点附近，让气体按平衡溶解度曲线变化，使气体自行扩散析出而除去大部分气体，再将经过预先凝固处理的金属快速升温重熔，即可得到含气量较少的熔体。

（7）振荡除气法：金属液受到高速定向往复振动时，处于振动面上的质点很快跟着振动，但距振动面较远的质点，由于惯性作用不能及时跟上去，因此在它们之间瞬时出现空穴。溶于金属中的气体，便进入该空穴，且复合成分子气体。当振动改变方向时，空穴消失。但充有气体的空穴仅被压缩，其中的分子气体不会重溶于金属中。由于这种快速往复振动的结果，气体便可连续不断地从金属扩散到空穴中，并逐渐长大成气泡，而后浮出金属液面。振动方法有机械振动和超声波振动两种，超声波振动的频率大，除气效果较机械振动好，并且可以细化晶粒。

（8）直流电解除气法：用一对电极插入金属液中，其表面用熔剂覆盖，或以金属熔体作为一个电极，另一电极插入熔剂中，然后通直流电进行电解。在电场作用下，金属中的氢离子趋向阴极，取得电荷中和后聚合成氢分子并随即逸出，金属中的其他负离子则在阳极上释放电荷，然后留在熔剂中化合成渣而被除去。此法不仅能除气，还能除去夹杂。

77　铜及铜合金熔炼常用的脱氧剂是什么?

常用表面脱氧剂有：木炭、硼化镁、碳化钙、硼渣等；沉淀脱氧剂有磷、硅、锰、铝、镁、钙、钛、锂等；凡在操作条件下，能从熔融金属中取得氧的任何物质，即氧化物的分解压比被脱氧金属氧化物分解压低的元素，称为脱氧剂。脱氧剂应满足的条件：

（1）脱氧剂与氧的亲和力明显大于基体金属与氧的亲和力。它们相差越大，

其脱氧能力越强,脱氧反应进行得越完全、越迅速;

(2) 脱氧剂要有适当的熔点和密度,通常多用基体金属与脱氧元素组成的中间合金作为脱氧剂;

(3) 脱氧剂在金属中的残留量应不损害金属性能;

(4) 脱氧产物不溶于金属熔体中,易于凝聚、上浮而被除去;

(5) 脱氧剂材料资源丰富,且无毒。

78 铜及铜合金常用的脱氧方法有哪些?

(1) 扩散脱氧:采用表面脱氧剂,如木炭,不溶于铜液中,脱氧反应主要在熔池表面进行,熔池内部的脱氧,主要靠氧化亚铜不断向熔池表面扩散实现:一是因为氧化亚铜密度较铜密度小,可以向熔池表面浮动;二是因为脱氧反应在熔池表面进行,熔池表面的氧化亚铜不断被还原,其浓度不断降低,由于浓度差的作用,熔池深处的氧化亚铜就不断上浮。表面脱氧速度较慢,达到完全脱氧需要较长的时间。但是由于脱氧反应仅在表面进行,所以熔池内部的熔体不会受到污染。

(2) 沉淀脱氧:熔于金属的脱氧剂,能在整个熔池内与熔融金属渣的氧化物相互作用,脱氧效果显著得多。它的缺点是剩余的脱氧剂会形成夹杂,影响金属性能。铜及铜合金常用的沉淀脱氧剂有磷、硅、锰、铝、镁、钙、钛、锂等,以纯金属或中间合金形式加入,脱氧结果形成气态、液态或固态生成物。沉淀脱氧的缺点是脱氧反应所生成的细小固态氧化物,使金属黏度增大或成为金属中分布不均匀的夹杂物。两类脱氧剂各有利弊,生产中可综合使用扩散脱氧和沉淀脱氧,如低频感应电炉熔炼无氧铜时,先用厚层木炭覆盖进行表面脱氧,然后加磷铜进行溶池内部脱氧。也可采用以下措施:精选炉料,用足够厚度的煅烧木炭覆盖铜液,密封炉盖,尽量少开启炉盖,浇铸时流柱尽可能短,并用煤气保护。

(3) 复合脱氧:采用两种或两种以上脱氧方式时,称为复合脱氧。如在利用木炭扩散脱氧的同时,再通过加磷或镁等进行沉淀脱氧的方法进行复合脱氧的工艺。"木炭-氩气"复合脱氧,指传统的木炭覆盖熔体的基础上,同时向熔体中吹入惰性气体,从而达到脱氧的目的。

79 如何对熔体的化学成分进行调整?

(1) 补偿计算:当炉前分析结果中,如果某元素含量低于规定出炉范围的下限时,需要对该元素进行补料。

1) 采用纯金属作为原料补偿可采用以下公式计算:

根据 $(Q \times b\% + x)/(Q + x) \times 100 = a\%$,可推导出补偿公式:

$$x = [(a - b)/(100 - a)] \times Q$$

式中　x——应补料量，kg；

　　　a——某元素的要求量，%；

　　　b——该元素的炉前分析结果，%；

　　　Q——熔体总量，kg。

　2）采用中间合金作原料进行补料时可采用以下简易公式计算：

$$X = [(a - b) \times Q + (x_1 + x_2 + x_3 + \cdots) \times a]/(d - a)$$

式中　　　X——应补料量，kg；

　　　　　a——某元素的要求量，%；

　　　　　b——该元素的炉前分析结果，%；

　　　　　Q——熔体总量，kg；

x_1，x_2，x_3——应补充的不同料各自的加入量，kg；

　　　　　d——补料用中间合金或该金属中该元素的含量，%。

（2）冲淡计算：当炉前分析结果中，某元素含量高于规定的出炉范围的上限时，应对该元素进行冲淡。

　　根据 $(Q \times b\%)/(Q + x) \times 100 = a\%$，可推导补偿公式：

$$X = [(b - a)/a] \times Q$$

式中　X——应补加的冲淡料数量，kg；

　　　a——某元素的要求量，%；

　　　b——该元素的炉前分析结果，%；

　　　Q——炉内原有熔体总量，kg。

　　如果需要补加的炉料应由不同的元素组成，每种元素的量可通过以下公式计算：

$$x_1 = n_1(Q + X) - n_1' \times Q$$

$$x_2 = n_2(Q + X) - n_2' \times Q$$

$$\vdots$$

$$x_n = X - (x_1 + x_2 + x_3 + \cdots)$$

式中　　　　　　　X——应补加的冲淡料数量，kg；

x_1，x_2，x_3，$\cdots$，x_n——应补加的冲淡料分量，kg，其中 x_n 为余量元素；

n_1，n_2，n_3，$\cdots$，n_n——应补加的各元素的配料比。

　　炉前分析结果中，如果除被冲淡元素外，其余各元素含量均符合要求时，上述公式可简化为：

$$x_1 = n_1 X$$

$$x_2 = n_2 X$$

$$\vdots$$

$$x_n = X - (x_1 + x_2 + x_3 + \cdots)$$

80　确定出炉温度需遵循哪些原则?

通常,在各种感应电炉中熔炼时,都以熔体出炉时的温度作为铸造温度。确定出炉温度的原则:

(1) 保证金属液在出炉和浇铸过程中的流动性,确保浇铸过程正常进行;

(2) 保证熔体充满铸型过程中的流动性,避免铸锭产生表面冷隔、夹渣等缺陷;

(3) 保证熔体凝固过程中的气体析出,以及各种夹杂能够顺利地从液穴中上浮并排出;

(4) 在满足以上条件的前提下,应尽量采用较低出炉温度。

感应电炉内炉料温度控制,分为间接控制和直接控制两种方式。温度的间接控制,通常改变加于感应器的电压、电流或功率实现,即采用电压、电流或功率的自动调节系统。温度的直接控制,即以炉料温度作为直接控制对象进行的自动控制系统。通常是在电压或功率自动控制的基础上,增加温度调节器、温度变送器和温度设定器等单元。最简单的温度自动控制系统,是把测温热电偶信号送到XCT 动圈式温度指示调节仪,由调节仪输出信号到接触器,从而实现温度自动控制。

81　铜及铜合金熔炼常用的变质剂及其作用有哪些?

变质剂的主要作用有:

(1) 细化铸锭的结晶组织,使粗大柱状晶转变为细小等轴晶;

(2) 减少晶界上某些低熔点物,或促使其球化;

(3) 改变某些有害元素在铸锭结晶组织中的分布状况;

(4) 具有脱氧和除气的双重效果;

(5) 提高铸锭的高温塑性。

选择、使用变质剂的原则:

(1) 变质剂元素应具有至少与合金中的一种组元形成化合物的能力,最好能通过包晶反应形成大量的化合物质点。为了达到最大的变质效果,变质剂元素能与合金中的主要组元形成化合物最为理想。

(2) 变质剂元素成为晶核或所形成的化合物质点,其熔点应高于合金熔点。在合金结晶之前,应以分散的质点均匀地分布于熔体中。

(3) 变质剂元素具有较强的变质能力,加以较小的添加量即能达到变质的目的。有的变质剂添加量过多,可能引起其他的负面影响。

(4) 变质剂在临出炉前加入炉内或加入浇铸包内,但应避免加入时间过早而烧损。

铜及铜合金熔炼常用变质剂见表 2-6。

表 2-6　铜及铜合金熔炼常用变质剂

合　金	变质剂及添加量/%	加入方法	实际效果
纯铜	1. 锂：0.005~0.002； 2. 钛：0.05	以纯金属形式加入炉内	1. 细化铸锭组织； 2. 提高合金塑性
H62	铁：0.3~0.5	以铜-铁中间合金形式加入炉内	1. 细化铸锭组织； 2. 提高冷加工塑性
HPb59-1	1. 铈：0.1； 2. 混合稀土：0.1	以铜基中间合金形式加入炉内	1. 细化晶粒； 2. 提高高温塑性； 3. 提高切削性能和耐磨性能
QAl7	锰：0.3	以纯金属形式加入炉内	1. 细化晶粒； 2. 提高高温塑性
B30	1. 钛：0.05~0.1； 2. 锆：0.1	1. 以纯金属形式加入炉内； 2. 以铜-锆中间合金形式加入炉内	1. 细化晶粒； 2. 提高高温塑性

82　普通纯铜采用反射炉熔炼的基本工艺及注意事项？

反射炉适合熔炼韧铜，即具有一定氧含量的纯铜，主要工艺是：

（1）装料：装料前，需将炉温提高到 1300℃ 以上，并向炉内加入适量的木炭，木炭可以保护炉底，后来的上浮又可以作为判断炉料是否彻底熔化的标志。装料应尽可能尽快进行，以减少炉温大幅下降。料要致密，有利于充分利用炉膛的有效面积，并可以减少加料次数。其基本原则是：1）正确安排装料的位置，一般先装炉子的高温区，再装低温区，最后补装高温区。2）炉料整齐排列，充分利用炉子的有效空间。3）力求一次将料装完，若无法一次装完，余料应在炉料未全部熔化前加入炉内，不宜把炉料直接加入铜液中。装料结束后应及时封闭炉门，防止冷空气进入炉膛。

（2）熔化：熔化期间，炉内保持微氧化气氛和正压，尽量提高燃料供给量并控制空气过剩系数，使炉温保持在 1300~1400℃。炉料全部熔化的标志：1）整个金属溶池液面翻动、沸腾冒气；2）炉底木炭全部浮至液面。

（3）氧化：氧化过程可以通过向金属熔体中吹送压缩空气的方式实现，操作时，风管头部插入金属溶池深度的 2/3 为宜。氧化过程中，随着铜液中氧化亚铜数量增加，某些杂质，例如铝、锰、锌、锡、砷、锑、铅等，将按其与氧亲和力大小顺序被氧化。生成的氧化物都将进入熔渣。氧化时，铜液中的氢和硫均可被去除，生成气态 H_2O 和 SO_2。氧化期间，铜液保持适当温度，并尽可能加大压缩空气吹入强度，是促进氧化过程快速进行的基本条件。氧化后期，应不断地取样，即通过观察试样断口特征的变化来判断氧化过程的终点。试样断口上的结晶组织，由开始氧化时的细丝状逐渐转变为较粗的柱状，试样断面的颜色逐渐向近似砖红色转变。当采用阴极铜为原料时，呈砖红色部分达断口总面积的 30% ~ 35% 时，可停止氧化；当以其他紫杂铜为原料时，呈砖红色部分达断口总面积的80% 以上时停止氧化。氧化过程中，应及时去除熔池表面的熔渣。氧化结束，彻底扒渣，封闭炉门，提升炉温，铜液温度以 1180~1200℃ 为宜。

（4）还原：其目的是去除铜中气体和还原氧化亚铜。可作为还原剂的主要有木材、重油、天然气、氨气、木屑、炭粉、煤粉等，都含有大量的碳和碳氢化合物，其主要反应有：

$$Cu_2O + C =\!=\!= 2Cu \uparrow$$
$$4Cu_2O + CH_4 =\!=\!= 8Cu + CO_2 + 2H_2O \uparrow$$
$$Cu_2O + CO =\!=\!= 2Cu + CO_2 \uparrow$$

插木还原一般分两次进行，第一次俗称"小还原"，主要目的是除气。通过化学反应所产生的大量不溶于铜的水蒸气和一氧化碳等气体强烈地洗涤熔体时，可将铜液中大部分气体带走。第一次还原结束，熔池表面采用木炭覆盖。第二次还原，主要目的是还原氧化亚铜。还原后期，应及时取样观察其表面收缩和断口结晶组织变化情况。当试样表面呈细致皱纹，断口呈红玫瑰色且具有丝绢光泽时，表明氧含量在 0.03% ~ 0.05% 之间，可以停止还原了。氢在铜中溶解度随氧含量降低而增加，当氧含量过低时，有可能造成熔体的重新吸气。还原结束，通常控制铜液温度为 1160~1180℃。

83 采用竖式炉熔炼韧铜时悬料的产生及危害？

竖式炉比较适合于韧铜的熔炼，与反射炉相比，竖式炉的最大优点是熔炼速度快，且可实现连续熔炼。竖式炉通常采用弱还原性熔炼气氛，不能通过熔炼而除去某些杂质元素。竖式炉内的弱还原性气氛不大可能使氧化亚铜还原，但竖式炉熔炼属于逆流方式作业。阴极铜表面附着的某些有机物和硫酸盐等，可在预热阶段被分解，进而挥发。竖式炉通常采用天然气或煤气作为燃料，以阴极铜为原料。正常情况下，由于竖炉的熔化速度快，铜液受到杂质元素污染的几率应该相对减少。可是，在熔炼过程中，由于某些原因尤其是当使用某些尺寸不规则的回炉料时，可能产生炉内悬料现象。此时，炉内熔化段的局部温度可能会升到1200℃ 或更高。高温下，不但会加速耐火材料的热损失，同时加速炉料氧化，还可能使铜液吸收大量气体。由于悬料，熔化段出现较大的空间，在集聚一定压力和温度后，气体产生较集中的上升气流，使竖炉出现烟囱效应，并从竖炉出铜口吸入空气，这些都可能成为熔体吸气的直接原因。竖炉内温度过高不利于获得高质量的铜液，但温度过低则无法提供足够的铜液流量。竖炉内衬材料的正常损耗无法避免，但可控制熔化温度和增加铜液流量来减少对单位重量的铜液的化学污染，即提高竖炉的熔化速度是保证熔化质量、防止污染、增加产量的关键环节。增大受热面积、提高热负荷是实现高速熔化的手段。

84 采用竖式炉熔炼韧铜时如何控制铜液中的氧含量？

韧铜产品的氧含量为几万分之一，韧铜产品的氧含量是通过铜液中含氧量控制来保证的。熔炼过程中，避免大气侵入炉膛和正确控制烧嘴的空燃比是实现氧含量控制的基本手段。在炉区控制氧含量，一般采取调节混合气体中燃气比例的办法，并采用"CO"分析仪或"H"分析仪等辅助设备进行监控。燃烧不充分，会导致铜液中氧含量降低；燃烧过充分，会导致铜液中含氧量升高。

阿萨克竖式炉有一套完整的燃烧控制系统，该烧嘴的主要特征是：燃料和空气能够完全均匀混合，烧嘴喷管断面内氧含量差值比较小，混合气体可微调成弱还原性并保持短火焰，未燃氧对铜液的污染非常小。采用该燃嘴并按照以下调节方法调节烧嘴混合气体的空燃比，可以较准确地控制熔体中的氧含量，具体如下：

（1）点火前混合气的均匀性。进入炉内的燃气和空气的混合气体，在烧嘴喷管内氧含量的最大值和最小值之差越大，则熔融铜被氧污染的程度越大。混合气体通入炉内以前，烧嘴喷管断面内混合气体的氧含量之差应尽量小并满足如下试验值 K：

K 值的定义：$K = 0.0623A/(B+0.01A)$

式中　A——燃烧空气中氧体积分数；

　　　B——标准状态下燃料完全燃烧所需的纯氧的质量分数。

各种燃料的 K 值见表 2-7。

表 2-7　各种燃料的 K 值

燃料名称	K 值		B 值
	对空气	对氧	
天然气（CH_4）	0.6	2.11	2
丙烷（C_3H_8）	2.555	1.051	5
甲烷（CH_3OH）	0.776	2.53	1.5
乙烷（C_2H_5OH）	0.414	1.58	3
煤油（$C_{12}H_{24}$）	0.071	0.324	18.5

K 值与铜熔体中含氧量的关系应该满足以下条件：

铜熔体中氧含量（质量分数）	混合气体的最大与平均氧含量之差
0.050%以下	$<K$
0.035%以下	$<2/3K$
0.010%以下	$<1/3K$

（2）防止炉内燃烧火焰的氧污染。在竖式炉熔炼过程中，炉料与高温的燃烧火焰直接接触。若满足以下条件，基本上可避免未燃氧的污染，即距炉壁152.4mm 处，燃烧火焰中已用于燃烧的氧量和铜液中氧含量的关系：

铜液中氧含量（质量分数）	用于燃烧的氧量
0.050%	>25%
0.035%	>70%
0.010%	>85%

为达到上述要求，需采取下列措施：1）燃料和燃烧空气都要预热至一定温度以上；2）采用富氧空气；3）空燃比应调节成弱还原性气氛。

以天然气为燃料与空气混合燃烧时，熔体中氧含量与气氛之间的关系：

铜液中氧含量（质量分数）	燃烧前混合气中氧含量（容积体积分数）
<0.050%	18.50%~18.95%
<0.035%	18.65%~18.95%
<0.010%	18.70%~18.85%

通常，当烧嘴的混合气氛比例调整为燃烧平衡比例的 1.2 倍左右，即保持弱还原性气氛时，燃烧可保持为短火焰，未燃氧对铜液的污染比较小。在竖式炉中熔炼韧铜时，通常控制铜液在出炉时氧含量为 0.01%~0.02%。这主要与浇铸方式和产品最终的氧含量要求有关。在控制竖炉出铜的氧含量时，应该充分考虑到铜液随后在流槽或保温炉中氧含量将有所变化的实际情况，即对竖炉熔炼的熔体中氧的含量控制应该留有充分的余地。如果竖炉熔炼的铜液中氧含量不足，可通过在流槽或保温炉中的气氛进行调整。如果氧含量过高，也可以在保温炉中进行适当的还原，例如插木还原。

85　连续铸造磷脱氧铜时为什么需定期补加一定数量的磷？

磷脱氧铜几乎可以在所有类型的炉子中熔炼，例如在工频有芯感应电炉、中频无芯感应电炉等熔炉中熔炼。当采用竖式炉熔炼及电弧炉熔炼时，磷应该在保温炉或流槽、中间浇铸包等中间装置加入。磷的熔点和沸点都远低于铜的熔炼温度，而且熔体中的磷又可能被脱氧反应所消耗，因此磷含量的控制是个比较突出的工艺问题。按照惯例，13%左右的磷都以 Cu-P 中间合金形式配料和投炉进行熔化。只有知道铜液中氧的含量，即在添加合金元素磷的同时，考虑到可能在熔炼过程中由于脱氧被消耗的量，才有可能保证最终熔体的磷含量。实际上，铜液中的磷含量是熔炼结束时最终剩余的量。熔炼磷脱氧铜和熔炼无氧铜类似，铜液都需要严密保护。当有磷存在时一般都可使铜液免受氧的污染，但在熔炼过程中，如果铜液保护不当，则很容易造成磷的大量烧损，而且当磷与铜等元素之间发生某些化学反应而产生大量熔渣时，可能影响到铜液的流动性，进而影响合金的铸造性能。在合金的连续铸造时，由于持续时间比较长，必要时应考虑在铸造过程中定期向熔体补加一定数量的磷，或者从浇铸一开始就连续不断地在流槽或中间包中不断添加磷。球状的小颗粒 Cu-P 中间合金，更适合于浇铸过程中连续加磷的精确控制。

86　无氧铜的熔炼应注意哪些问题？

无氧铜分为普通无氧铜和高纯无氧铜，普通无氧铜可以在工频有芯电炉中进行熔炼，高纯无氧铜的熔炼则应在真空感应电炉中进行。熔炼无氧铜的感应电炉应具有良好的密封性。熔炼无氧铜应该以优质阴极铜作为原料。熔炼高纯无氧铜应该以高纯阴极铜作为原料，阴极铜在进入炉膛之前，如果先经过干燥和预热，可以去除其表面可能吸附的水分或潮湿空气。熔炼无氧铜时炉内溶池表面上覆盖的木炭厚度，应该比熔炼普通纯铜时加倍，并需要及时更新木炭。木炭覆盖具有保温、隔绝空气和还原作用，但木炭易吸潮，从而成为可能使铜液大量吸收氢气的渠道。木炭在加入炉之前，应仔细挑选和煅烧。在熔炼、转铸、保温及整个铸造过程中，对熔体采取全面的保护是无氧铜生产的必要条件。许多现代化的无氧铜熔炼铸造生产线，不仅熔炼，包括炉料的干燥预热、转铸流槽、浇铸室等都采用了全面保护。现代化大型无氧铜生产线，有些以发生炉煤气作为保护性气体，而煤气发生炉则大都以天然气为燃料。

真空熔炼是熔炼高品质无氧铜的最好选择，可使氧含量大大降低，同时也可使氢以及某些其他杂质元素含量大大降低。在真空中频无芯感应炉内熔炼时，多采用石墨坩埚和选用经过两次精炼的高纯阴极铜或重熔铜作为原料。与阴极铜一起装入炉内的，还包括用以脱氧的鳞片状石墨粉。通过真空熔炼获得的无氧铜，其氧含量可低于 0.0005%，氢含量低至 0.0001%~0.0003%。实际上，只有在一定的真空度下熔炼和铸造的铜，才可能获得完全不含氧和其他气体的铸件，因此生产电子管用铜材所用真空度应在 10^{-6} 以上。

87　普通黄铜在熔炼时采用的覆盖剂及优缺点？

熔炼普通黄铜时通常用木炭作为覆盖剂。实际上，由于熔池上总有一定数量的氧化锌，浮在液面上的木炭是经常被氧化锌紧紧包裹的。若不及时更换木炭，木炭的覆盖效果就会受到影响。为避免熔体金属由于氧化、挥发和成渣而造成大量的金属损失，现代生产中已越来越多地采用各种由盐类组成的溶剂覆盖剂。例如：组成为 60%NaCl、30%NaCO$_3$、10%Na$_3$AlF$_6$的混合溶剂，已经在黄铜的熔炼过程中取得了比较好的保护效果。

88 普通黄铜在熔炼时需注意的问题?

（1）合理的原料选择。原料品位应该随着黄铜品种品位的提高而提高。加入少量的磷，可以在熔池表面形成由 2ZnO·P$_2$O$_5$组成的较有弹性的氧化膜。加入少量的铝，例如 0.1%~0.2%，可以在熔池表面形成 Al$_2$O$_3$保护膜，有助于减少锌的挥发和改善浇铸条件。大量采用废料熔炼黄铜时，对一些熔炼损失比较大的元素应进行适当的补偿。

（2）合理的加料和熔化顺序。熔炼黄铜的一般加料顺序是铜、废料和锌。以纯的金属配料熔炼黄铜时，应首先熔化铜。通常，当铜熔化后并加热到一定温度时应进行适度的脱氧（例如用磷），然后熔化锌。当炉料中含有黄铜时，装料顺序可适当地依据合金组元特征和熔炼炉型等实际情况做适当的调整。因为废料中本身含有锌，为了减少锌元素的熔损，黄铜废料通常应该在最后加入和熔化。但是大块炉料不宜最后加料和熔化。

（3）合理的熔炼温度。温度越高，蒸气压越高，锌的挥发损失越大，因此黄铜的熔化一般应在较低的温度下进行，只有在需要精炼和浇铸时才适当提高温度。

（4）低温加锌。低温加锌几乎是所有黄铜熔炼过程中都必须遵循的一项基本原则。低温加锌不仅可以减少锌的损耗，也有利于熔炼操作的安全进行。

89 常用复杂黄铜的熔炼工艺及技术条件是什么?

常用复杂黄铜的熔炼工艺及技术条件见表 2-8。

表 2-8 常用复杂黄铜的熔炼工艺技术条件

组别	合金名称	出炉温度/℃	脱氧剂	覆盖剂	加料与熔化操作顺序
铅黄铜	HPb63-0.1	喷火（1060~1100）	铜-磷 新料：0.006%P 废料：0.003%P	木炭、米糠或其他熔剂	铜+（废料）+覆盖剂→熔化→铅+锌→熔化→搅拌，捞渣→取样分析→升温→铜-磷→搅拌→出炉
	HPb63-3	喷火（1060~1100）			
	HPb62-0.8	喷火（1030~1080）			
	HPb61-1	喷火（1030~1080）			
	HPb59-1	喷火（1030~1080）			

续表 2-8

组别	合金名称	出炉温度/℃	脱氧剂	覆盖剂	加料与熔化操作顺序
铝黄铜	HAl67-2.5	喷火（1060~1100）		木炭、冰晶石	铜+（废料）+Cu-Mn+Cu-Fe+Cu-Ni+覆盖剂→熔化→铝+锌→熔化→冰晶石，搅拌，捞渣→取样分析→升温→搅拌→出炉
	HAl60-1-1	喷火（1080~1120）			
	HAl59-3-2	喷火（1080~1120）			
	HAl66-6-3-2	喷火（1080~1120）			
镍黄铜	HNi65-5	喷火（1100~1150）	铜-磷 新料：0.006%P 废料：0.003%P	木炭或其他熔剂	铜+（废料）+Cu-Ni+覆盖剂→熔化→锌→熔化→搅拌，捞渣→取样分析→升温→铜-磷→搅拌→出炉
	HNi56-3	喷火（1060~1100）			
加砷黄铜	H68A	喷火（1100~1160）		木炭、冰晶石	铜+（废料）+覆盖剂→熔化→（锡）+（铝）+锌→熔化→搅拌，捞渣→取样分析→冰晶石→升温→铜-砷→搅拌→出炉
	HSn70-1	喷火（1150~1180）			
	HAl77-2	喷火（1100~1150）			
锡黄铜	HSn90-1	（1180~1220）	铜-磷 新料：0.006%P 废料：0.003%P	木炭、米糠	铜+（废料）+覆盖剂→熔化→锡+锌→搅拌，捞渣→取样分析→升温→铜-磷→搅拌→出炉
	HSn62-1	喷火（1060~1100）			
	HSn60-1	喷火（1060~1100）			
锰黄铜	HMn58-2	喷火（1040~1080）	铜-磷 新料：0.006%P 废料：0.003%P	木炭、冰晶石	铜+（废料）+Cu-Mn+Cu-Fe+覆盖剂→熔化→锌+（铝）→熔化→冰晶石，搅拌，捞渣→取样分析→升温→铜-磷→搅拌→出炉
	HMn55-3-1	喷火（1040~1080）			
	HMn57-3-1	喷火（1040~1080）			

组别	合金名称	出炉温度/℃	脱氧剂	覆盖剂	加料与熔化操作顺序
铁黄铜	HFe59-1-1	喷火（1040~1080）		木炭或其他熔剂	铜+（废料）+Cu-Mn+Cu-Fe+覆盖剂→熔化→锌+（铝）→熔化→冰晶石，搅拌，捞渣→取样分析→升温→铜-磷→搅拌→出炉
	HFe58-3-1	喷火（1040~1080）			
硅黄铜	HSi80-3	喷火（1150~1180）	铜-磷 新料：0.006%P 废料：0.003%P	木炭、米糠或其他熔剂	铜+（废料）+覆盖剂→熔化→Cu-Si 锌→熔化→搅拌，捞渣→取样分析→升温→铜-磷→搅拌→出炉

90 熔炼铅黄铜时元素铅的加入方法？

熔体中铅的密度比较大，容易发生密度偏析。采用多台熔炼炉联合作业时，可以将铅加在熔炼炉的转炉流槽中，使其在高温铜液的冲刷下逐渐熔化。若采用单台熔炉并且是小型炉子熔炼时，可以采用涮铅的熔化方法，即将铅块用钳子夹住并放在铜液中反复浸涮直至其熔化。

91 铝黄铜熔炼时选择覆盖剂应注意什么问题？

铝黄铜熔炼时，熔体表面上若存在铝的氧化物薄膜，可对熔体有一定的保护作用，熔化时可不加覆盖剂。从理论上分析，在有 Al_2O_3 膜保护的熔池中加入锌时，可以减少锌的损失。实际上，由于锌的沸腾可能使氧化膜遭到破坏，需采用合适的熔剂，熔体才能得到可靠的保护，减少锌的损失。冰晶石是熔炼铝黄铜所用熔剂中不可缺少的组分，且铝黄铜不允许过热，防止氧化和吸气。

92 铝黄铜熔炼时的加料顺序是什么？

复杂铝黄铜中含有高熔点合金元素，例如铁、锰、硅等，都应该以 Cu-Fe、Cu-Mn 等中间合金形式使用。通常，大块废料和电解铜首先加入熔化，细碎料直接加入，锌在熔炼末期加入。采用纯金属作炉料时，应在它们熔化后先用磷脱氧，接着加入锰（Cu-Mn）、铁（Cu-Fe），然后加铝，最后加锌。熔炼温度1000~1050℃为宜，应尽可能采用较低的熔炼温度。

93　硅黄铜熔炼时的加料顺序是什么？

采用全新金属作为炉料并采用木炭覆盖下熔炼时，硅黄铜熔炼的加料顺序一般为：先加铜，铜熔化后加入 0.01%~0.03%磷脱氧，然后加硅或铜-硅中间合金，最后加入锌并熔化。如果配料中含有废料，大块炉料应该与铜一起加入并熔化，然后加硅，再加废料，最后加锌。

94　为什么铝青铜熔炼一般不采用工频有芯感应电炉？

采用工频有芯感应电炉时，熔沟壁上容易粘挂由氧化铝或氧化铝与其他氧化物组成的渣，使得熔沟的有效断面不断减小，直至最后熔沟整个断面全部被炉渣阻断。故铝青铜在中频无芯感应电炉中熔炼比较合适。

95　常用铝青铜和硅青铜的熔炼工艺技术条件？

常用铝青铜和硅青铜的熔炼工艺技术条件见表2-9。

表 2-9　常用铝青铜和硅青铜的熔炼工艺技术条件

合金名称	加料与熔化操作程序	溶剂	熔炼温度/℃
QAl5			1200~1240
QAl7			1200~1240
QAl9-2	冰晶石+镍+铁+锰+2/3 铜+（废料）→熔化→		1200~1240
QAl9-4	铝→熔化→1/3 铜→熔化→冰晶石→升温，搅拌，扒渣→取样分析→升温出炉	冰晶石	1200~1240
QAl10-3-1.5			1200~1240
QAl10-4-4			1200~1260
QSi3-1	镍+锰+硅+铜+（废料）+木炭→熔化→搅拌→取样分析→升温→出炉	木炭	1140~1220
QSi1-3			1180~1220

96　常用复杂青铜的熔炼工艺技术条件？

常用复杂青铜的熔炼工艺技术条件见表2-10。

表 2-10　常用复杂青铜的熔炼工艺技术条件

合金名称	熔炉类型	加料及熔炼操作顺序	覆盖剂	脱氧剂	熔炼温度/℃
TCr0.5	工频有铁芯感应电炉	铜+硼砂+玻璃+废料→熔化→升温至1300~1350℃→Cu-P→Cu-Cr→搅拌，取样分析→出炉	硼砂玻璃	Cu-P	1300~1350

合金名称	熔炉类型	加料及熔炼操作顺序	覆盖剂	脱氧剂	熔炼温度/℃
TCd1.0	工频有铁芯感应电炉	铜+废料+木炭→熔化→Cu-P→Cu-Cd→搅拌，取样分析→出炉	木炭	Cu-P	1230~1260
TTe2.5	中、工频无芯感应电炉	废料+木炭→熔化→Cu-P→Fe→熔化→铜→熔化→Cu-Zn→搅拌，取样分析→出炉	木炭		1250~1290
TBe2.0	中频无芯感应电炉	镍（Cu-Ni）+铜+废料→熔化→Cu-Be→熔化→搅拌，取样分析→升温，出炉			1200~1250
TZr0.2	工频有铁芯感应电炉	铜+废料→抽真空→熔化→精炼→关阀门，加锆→熔化→静止，升温→出炉			1180~1220

97　熔炼白铜时为什么不能采用石英砂作为炉衬？

在白铜熔炼过程中，由于镍和铜发生了氧化，产生的 NiO 和 Cu_2O 都属于碱性氧化物，NiO 和 Cu_2O 都可以与 SiO_2 发生化学反应，使得炉衬被侵蚀。镍含量越高，熔体对炉衬耐火材料的侵蚀越严重。普通白铜，通常在工频有芯感应电炉内熔炼，炉衬应采用高铝质，甚至镁质耐火材料。复杂白铜，由于熔点高，考虑到换料方便，多在坩埚式的中频无芯感应电炉内熔炼。在中频无芯感应电炉内熔炼时，低镍白铜只要过热温度不超过 1350℃，均可以采用黏土石墨坩埚。锰白铜在中频无芯感应电炉内熔炼时，由于熔炼温度高，又因为合金中含有一定数量的锰，所以炉衬采用镁砂或电熔刚玉质耐火材料较为合适。

98　常用白铜熔炼时的熔炼工艺条件？

常用白铜在工频有铁芯感应电炉熔炼时的熔炼工艺技术条件见表 2-11。

表 2-11　常用白铜在工频有铁芯感应电炉熔炼时的熔炼工艺技术条件

组　别	合金名称	加料及熔炼操作顺序	覆盖剂	脱氧剂	熔炼温度/℃
普通白铜	B0.6 B5 B19 B30	镍+铜+（废料）+木炭→熔化→升温，搅拌，扒渣→取样分析→加镁脱氧→升温出炉	木炭	铜-镁	1160~1180 1180~1240 1280~1330 1300~1350
铁白铜	BFe10-1-1 BFe30-1-1	镍+铜+铁+（废料）+木炭→熔化→锰→熔化→搅拌，升温，扒渣→取样分析→升温，加镁脱氧→升温出炉	木炭	铜-镁	1280~1330 1300~1350

组　别	合金名称	加料及熔炼操作顺序	覆盖剂	脱氧剂	熔炼温度/℃
锰白铜	BMn3-12	镍+铜+（废料）+溶剂→熔化→硅→铁→熔化→锰→搅拌，升温，扒渣→取样分析→升温，加镁脱氧→升温出炉	硼砂		1300~1350
	BMn40-1.5 BMn43-0.5		硼砂 玻璃	铜-镁	1360~1400 1360~1400
锌白铜	BZn15-20 BZn18-18 BZn18-26	镍+铜+铁+（废料）+木炭→熔化→锰+硅→熔化→锌→熔化→搅拌，升温，扒渣→取样分析→升温，加镁脱氧→升温出炉	木炭	铜-镁 硅、锰	1180~1210
铝白铜	BAl13-3 BAl6-1.5	镍+铜+冰晶石+（废料）+木炭→熔化→铝→冰晶石→铝→搅拌，升温，扒渣→取样分析→升温出炉	木炭 冰晶石		1350~1400 1300~1350

工艺特性及操作要点：

（1）熔炼铝白铜时，冰晶石的加入量每炉为 400~500g，占炉料质量的 0.1%~0.2%，分两次加入。

（2）铝白铜可根据熔炼情况不用木炭覆盖，在铜彻底熔化前就应加入铝，以减少铝烧损和金属液过热。

（3）为提高普通白铜扁锭的热塑性，防止热轧开裂，可加入钛、锆作为变质剂，加入量分别为 0.05%~0.1%；锆约为 0.1%。

（4）炉前浇铸 BMn40-1.5 铸块时，从第二块开始每块在浇铸前酌情向炉内补加 Ni-Mg 中间合金 100~150g。

（5）BMn40-1.5、BZn15-20、B19、B25、BFe30-1-1 半连续浇铸时间长时，允许在浇铸中根据具体情况进行再脱氧，每次补加 Cu-Mg 或 Ni-Mg 不能大于 100g。如果发生故障，影响出炉时间超过 90min，则按旧料重熔补加脱氧剂。

（6）装料时如炉内残留铜水过少，镍、铁不易熔化时，允许先加入部分紫铜以加速熔化。

（7）BMn43-0.5 通常采用真空熔炼。

99　按照电流频率不同可将无芯感应电炉分为几种？

按照使用电流频率的不同，可将无芯感应电炉分为以下几种：

（1）工频无芯感应电炉，直接使用频率 50Hz 的工频电源；

（2）中频无芯感应电炉，使用频率高于 50Hz，但低于 10000Hz；

（3）高频无芯感应电炉，使用频率高于 10000Hz。

100　无芯感应与有芯感应电炉各有什么优缺点？

与有芯感应电炉相比，无芯感应电炉有以下优点：

（1）功率密度高，起熔方便；

（2）铜液可以倒空，变换合金品种方便；

（3）搅拌能力强，有利于熔体化学成分的均匀性；

（4）尤其适合熔炼细碎炉料，如加工产生的各种车屑、锯屑、铣屑；

（5）不需要起熔体，停、开炉比较方便，适于间断性作业。

无芯感应炉与有芯感应炉在熔炼铜合金时的功能及指标比较见表 2-12。

表 2-12　无芯感应炉与有芯感应炉在熔炼铜合金时的功能及指标比较

项　　目	有芯感应电炉	无芯感应电炉
能耗（1200℃）/kW·h·t⁻¹	250~280	340~380
效率/%	73~82	54~60
功率密度	中	高
熔炼损失（碎屑）	低	非常低
熔化时搅拌力（碎屑）	中等	非常低
熔化块状料的效果	非常好	中等
温度均匀性	好	非常好
连续作业	非常好	中等
非连续作业	不合适	非常合适
交换合金	复杂	简单
筑炉作业	复杂	简单

101　铜合金熔炼配料过程金属原料的分类？

在熔铸车间，使用的原料主要是各种新金属、旧料、外来废料、二次重熔料、中间合金等。

（1）新金属。新金属是指由冶炼厂供给的纯金属。某些非金属如硅、磷、砷，也常用作合金原料。

不同方法制得的新金属的品位不同。一般情况下，用电解方法制得的金属如电解铜、电解镍等比用火法冶炼得到的金属品位高。

新金属的化学成分标准，由国家标准（GB）或行业标准（YB，YS）统一规定。

（2）旧料。旧料包括熔铸车间的铸锭切头、切尾、锯屑及除化学成分废品以外的所有废锭。加工车间返回的制品边角料、加工废品及压余、脱皮及锯屑等。从厂外收集起来的废零件、弹壳等当其牌号能辨认清楚时，也可以当作旧料使用。

所有成分合格旧料，必须按合金品种分类保管，堆放处设明显标志。不得混有泥土、爆炸物，其他金属及非金属夹杂物。如旧料中含有油泥、乳液、水分等，在配料前必须进行处理。

（3）外来废料。外来废料如废导线、冲剪边角料，只要不混其他合金，也按本厂旧料使用；杂料如钱币、机械零件、日用器皿等，如批量大，品种单一，可通过取样分析确定化学成分，才可以配料使用；如批量小且品种杂乱，一般应经重熔处理。

（4）二次重熔料。某些合金的残料，如含油量大，直接投料易使铸锭产生气孔，一般均应进行二次重熔处理，再根据其实际成分进行配料，这些合金有铝青铜、硅锰青铜、铍青铜及部分镍合金等。

（5）中间合金。有色金属合金配制有两种方法：一种方法是将合金元素的纯金属直接加入到熔炼炉，另一种方法是预制成中间合金再加入熔炼炉。具体采用哪一种方法，应按金属元素的性质而定。一般在下面两种情况下，采用配制中间合金的方法。

1）合金元素的熔点远远高于基体金属熔点时，应将合金元素制成中间合金。

2）合金元素本身极易氧化烧损时，应先制成不易氧化烧损的中间合金，以防止该元素加入熔体时的严重烧损。

中间合金应尽可能满足下列要求：含有适量的合金元素；化学成分均匀，夹杂物少；熔点温度低于或接近于合金基体的熔化温度；有足够的脆性，易破碎；长期存放不发生化学成分变化，不应在大气作用下粉化。

102　铜合金熔炼时原料的配料原则?

按照一定的配料原则，合理进行配料，对于确保熔体质量、节约贵重金属、提高金属收得率，降低成本都有重要的意义。

配料原则是：

（1）熔炼品位较高的金属及合金时，应该选较高品位的金属做原料。熔炼一般品位的金属及合金时，在不影响产品质量前提下，可以采用品位较低的金属，另外，尽可能少用新料，以扩大旧料的使用量。

（2）为保证某些制品的特殊要求，在国家标准范围内可制订生产中实际控制的内部标准。

（3）在合金化学成分允许范围内，可适当地调整某些合金元素的配料比，以节约贵重金属。

（4）确定合金的配料比时，应考虑各元素在熔炼过程中的烧损情况，提高配料比及确定补偿量。

（5）合金中某些难熔或易挥发、易氧化的元素应制成中间合金进行配料。

103　熔炼合金对装料及熔化顺序的要求?

在熔炼合金时，采用合理的装料及熔化顺序的目的是保证熔体品质、加快熔化速度、减少金属的熔炼损失、提高劳动生产率。

各种炉料在装炉前必须达到以下要求：

（1）炉料入炉前应检验化学成分及杂质含量；

（2）炉料应该清洁干燥、无尘土、油污、腐蚀物；

（3）为方便装炉，有利于机械化作业，锭块要堆垛整齐，边角废料要打包制团，散料应装入料斗等，以减少装炉时间。

装料顺序的基本原则是：

（1）炉料中总质量最多的金属应最先入炉，即基体金属首先入炉。如熔炼铜合金时，先熔铜。

（2）易氧化，易挥发的合金元素，应留到最后装炉和熔化。

（3）合金熔化时放出大量热量的金属，不应单独加入熔体中，而应与预先留下的基体冷却料同时加入。如将铝单独加入铜液中，所放出的热量，可使局部熔体温度升高 200℃ 以上，引起熔体的大量吸气和烧损。加入冷却料，就可将放出的热量大部分消耗在这些固体料的熔化上，避免熔体过热。

（4）一般两种熔点相差较大的金属，应先装入易熔金属，然后再加入难熔金属，利用难熔金属的熔解作用，使其逐渐溶解于低熔点金属中。例如熔炼白铜（含 80%Cu，20%Ni）时，铜的熔点是 1083℃，镍的熔点是 1451℃。先熔铜，铜熔化后加入镍，只需在 1250~1270℃，镍将会全部熔化。这样的装料顺序，可降低熔炼温度，减少熔解吸气，提高熔化速度，延长炉衬寿命。

（5）能够减少熔体大量吸收气体的合金元素，应先入炉熔化。如熔炼硅锰青铜时，将硅和锰先熔化在感应炉起熔体中，可以减少合金熔体含气量。

104　传统的铜及铜合金的晶粒细化剂有哪些?

工业上传统采用的铜及铜合金晶粒细化剂见表 2-13。

表 2-13 工业上传统采用的铜及铜合金晶粒细化剂

合金	细化剂及用量	加入方法	细化效果	备注
紫铜	1. Li 0.005%~0.02%； 2. Ti 0.05%	纯金属，出炉前加入	1. 细化晶粒； 2. 提高塑性	加锂前应加磷预脱氧
无氧铜	1. Y 0.1%； 2. 混合稀土 0.1%	铜基中间合金，出炉前加入	1. 细化晶粒； 2. 提高抗氧化性； 3. 提高电导率	
H 62	Fe 0.3%~0.6%	铜铁中间合金加入炉内	1. 细化晶粒； 2. 提高冷加工塑性	特殊用途时采用
HPb59-l	1. Ce 0.05%； 2. 混合稀土 0.05%	铜基中间合金，出炉前加入	1. 细化晶粒； 2. 提高高温塑性，加热温度可提高到 830~840℃； 3. 切削性和耐磨性有所提高	适于生铁模、水冷模铸锭
QSn6.5-0.1	1. Ce 0.1%； 2. 混合稀土 0.1%	铜基中间合金，出炉前加入	1. 细化晶粒； 2. 提高高温塑性，铸锭中 Ce 含量>0.014%可进行热轧开坯； 3. 强度随添加量增多而增高	生铁模浇铸
铝青铜（Al>10%）	B 0.0025%~0.03%	铜硼中间合金，出炉前加入	细化晶粒	
QAl 7	Mn 0.3%（旧料不加）	纯金属，出炉前加入	1. 细化晶粒； 2. 提高高温塑性，消除热裂纹	
B19 B30 BMn40-1.5	1. Ti 0.05%~0.1%； 2. Zr 0.1%	纯金属，临近出炉前加入	1. 细化晶粒； 2. 提高高温塑性，消除热裂纹	加钛、锆前要预脱氧

105 铜及铜合金熔炼时稀土添加剂的作用及机理？

稀土细化晶粒的作用机理大致有以下几种：

（1）形成新的晶核。稀土在铜及铜合金中能形成多种高熔点化合物，这些化合物的微细颗粒，常悬浮于熔体之中，成为弥散的结晶核心。由于晶核数目显著增多，晶粒因此得到细化。

（2）微晶化。稀土使金属和合金产生微晶化作用的机理，一般认为与稀土元素的原子半径和离子半径性质有关：由于稀土元素的原子半径（0.174~0.20nm）比铜的原子半径（0.125nm）要大 36%~60%，故稀土原子很容易填补正在生长中的铜或铜合金晶粒新相的表面缺陷，生成能阻碍晶粒继续长大的膜，从而使晶粒微细化；熔体在冷却凝固时，往往由于位错而引起空穴性缺陷，稀土离子半径较大（0.085~0.106nm），这与晶格位错形成的空穴大小相当。在金属和合金熔炼时加入稀土，则在凝固过程中，半径合适的稀土离子将填补空穴，使晶体不易继续生长。故所得晶粒不是粒度较大的碎晶，而是以微晶粒为主。

（3）表面活性物质的选择性吸附。加入稀土能使金属或合金熔体的表面张力有所降低，根据 Gibbs 吸附理论，降低表面能的活性组元将更多地富集在晶界或其他界面。故作为表面活性物质的稀土元素，能优先在金属或合金新相结晶面上生长，作选择性的吸附，使晶体的继续长大受到阻碍。由于晶体生长的线速度下降，因而当晶核总数增多时，将伴随着晶粒的细化。

（4）增加过冷能力，降低浇铸温度。稀土元素对某些合金具有增大过冷能力的作用，利用稀土以降低其铸造温度，这对消除枝晶组织有良好作用，并可达到细化晶粒的目的。

（5）反应气体的搅拌作用。某些金属和合金熔体，在加入稀土时产生大量的反应气体，引起熔体的剧烈翻腾和搅动。这种搅拌作用会促使熔体中成为新相晶核的微细质点增多，并呈极均匀的弥散分布，从而使结晶组织得到细化。

106　铜及铜合金熔炼过程中怎样降低熔炼损耗？

熔炼过程中，熔体在挥发、氧化及机械扒渣时金属损失的总和，称作熔炼损耗。在熔炼时应采取各种措施，尽量减少熔损。

（1）选用熔池面积小的炉子，如工频感应炉熔炼紫铜时，熔炼损耗为 0.4%~0.6%；用反射炉熔炼时，熔炼损耗增至 0.7%~0.9%。所以熔炼铜及其合金尽量选用感应电炉。

（2）制订合理的操作规程。包括合理的装炉、熔化顺序，高温快速熔化，缩短熔炼时间。

（3）严格控制熔炼气氛或对熔体进行适当保护，炉气一般控制微氧化性气氛较好。在熔炼纯铜及黄铜时，可覆盖一层木炭，以减少铜和锌的烧损，而熔炼铬青铜时，可覆盖一层熔融玻璃，熔铸锰青铜时可用无水硼砂覆盖。

（4）尽量减少扒渣时的机械损失，采用高温扒渣工艺。熔炼某些合金时，若在扒渣前先用适量的熔剂清除渣，不仅可以减少渣量，而且能减少渣中裹带的金属量。

107　铜及铜合金熔炼过程中的除渣方法？

熔体中的夹渣主要是氧化渣。这些氧化渣有的是熔炼过程中氧化生成，有的是由炉料带入，有的是炉气中的灰尘及炉衬和工具带入的夹杂物等。由于来源不同，氧化渣存在的状态、性质、分布情况也不同，若不在浇铸前除去，将会影响合金的加工和力学性能。

在铜及铜合金熔炼过程中，除渣方法主要有以下三种：

（1）静置澄清法。静置澄清过程一般是让熔体在精炼温度下，保持一段时间，使氧化及熔渣上浮或下沉而除去。氧化渣的浮沉速度或静置时间，取决于氧化物颗粒大小、与金属的相对密度和熔体的黏度。熔炼过程中的固体氧化物往往细小分散，单纯采用静置除渣效果不理想。一般是在一定的过热温度下，用熔剂搅拌结渣，然后再静置除渣。

（2）浮选除渣法。浮选除渣法是将气体通入熔池底部或加入熔剂发生反应而产生气泡，气泡在上升过程中将遇到的悬浮氧化物带至表面。当气泡上升到表面而破裂时，氧化物留于表层而被去除。

（3）熔剂除渣法。熔剂除渣法是在熔体中加入熔剂，通过对氧化物的吸附、溶解、化合造渣，将渣除去。铜及铜合金熔体密度较大。一般固体氧化物密度都小于金属熔体密度，主要聚集于熔池表面层，自下而上逐渐增加。选择的除渣熔剂密度也要比金属液小，熔池表面的熔剂与氧化物接触而进行吸附、溶解和化合造渣，于是就出现了一层干净的金属层，向下沉降，直到熔池底部；同时，含氧化物较多的金属层上升与熔剂接触，重复吸附、溶解、造渣过程，直到整个熔池内氧化物的绝大部分为熔剂吸收为止。

108　铜合金熔炼炉筑炉常用的耐火材料及注意事项？

筑炉耐火材料包括砌炉用料和捣筑炉衬用料。砌炉用料主要指各种耐火砖，如镁砖、硅砖、高铝砖及黏土砖。捣筑炉衬用料主要指各种耐火散料，其中包括硅砂、镁砂、高铝砂等。

根据耐火材料的化学性质，可以将其分为酸性料、碱性料、中性料三种。通常，把以 MgO 为主的耐火材料称为碱性料，把以 SiO_2 为主的耐火材料称为酸性料。把以 Al_2O_3 为主的耐火材料称为中性料。

耐火材料大部分是由氧化物所组成，它在氧化气氛中有较高的稳定性。耐火材料除应满足化学成分外，还需要具备以下特点：

（1）耐火度高：耐火材料耐高温的能力称为耐火度。根据耐火材料耐火度的高低，可分为普通耐火材料、高级耐火材料和特种耐火材料。普通耐火材料耐火度 1580~1770℃，高级耐火材料的耐火度为 1770~2000℃，特种耐火材料的耐火度大于 2000℃。工业上常用耐火砖的耐火度分别是黏土砖 1580~1770℃，硅砖 1710~1730℃，铝砖 1750~2000℃。

（2）抗渣性能好：抗渣性能指的是耐火材料在高温下抵抗炉渣侵蚀的能力。

（3）耐急冷急热性能好：炉衬经常承受急剧加热和急剧冷却，如在急冷急热情况下能够不破裂或剥落，就可以延长炉子的使用寿命，说明其耐急冷急热性能好。

（4）较小的膨胀系数：耐火材料在被加热和冷却过程中，其体积的变化要小，这样才能不致于由于耐火材料体积的变化而造成炉衬寿命的降低。

（5）热导率小：热导率小，即导热能力差，在加热过程中通过炉衬而散去的热量少，从而可以提高熔炉的热效率，加快熔炼速度。

109 采用工频有芯电炉熔炼紫铜的工艺及操作要求？

采用工频有芯电炉熔炼紫铜工艺特性及操作要求如下：

（1）紫铜吸气性大，在还原性气氛中熔炼时不能从熔体中直接去除氢及某些杂质，所以在熔炼时，必须注意减少气体的来源。

（2）电炉熔炼时，木炭作用特别重要。对熔体兼有保温、脱氧和防止吸气等多方面的作用。为减少气体来源，木炭必须经煅烧处理。

（3）为保证无氧铜质量，要做到选用的电解铜含铜量应大于 99.97%，含锌量应小于 0.003%；电解铜中含氧量约 0.004%~0.01%，氢含量约 0.002%~0.0025%，若表面铜豆多时，氢含量可高出 3 倍以上。因此，要求电解铜表面致密，还要切除挂耳及四边并切成小块。对表面附有少量电解液的电解铜，可用含 1%~2%NaOH 的热水将其煮沸，用清水冲洗并干燥然后使用；第一次装料完毕后，立即往炉内加入足够的煅烧木炭，覆盖层厚度在 100mm 以上，直到浇铸完成，不再向炉内补加木炭；熔炼过程中炉盖要盖严，尽量避免打开炉盖。

（4）磷脱氧铜（TUP）的熔炼操作及工艺特点同无氧铜。脱氧剂磷以中间合金形式加入，磷的加入量为：新料 0.06%~0.07%，旧料 0.03%。

（5）有些工厂生产紫铜和无氧铜时，加少量磷脱氧，加入量为 0.002%~0.003%。

110 铜合金熔体保护和铸锭润滑方法有哪些？

（1）炭黑覆盖和润滑。在纯铜中，大多数青铜和白铜铸造时广泛使用炭黑覆盖和润滑。炭黑主要成分是碳，结晶器中铜液表面的炭黑层被加热烧红。红热的炭黑层除了对熔体保温外，具有还原性质的碳及其产生的一氧化碳气体，还能够有效保护熔体不被氧化和吸气。可以在炭黑中混入一定比例的石墨粉，以提高其润滑性。

（2）气体保护和油润滑。铜及铜合金常用的铸造用保护性气体有煤气、氮气等，保护性气体中的氧含量需要严格控制，当氧含量超过一定限度时，会造成铜液的氧化。润滑油的作用是将铸锭与结晶器之间的干摩擦变为液体摩擦，以减少铸锭滑动阻力，同时冷却摩擦表面。润滑油应有一定的闪点，不易燃烧，与液体金属接触燃烧时不留下妨碍导热和铸锭表面质量的残留物。油润滑最早在铸造黄铜铸锭时应用，同时需要用煤气保护结晶器内的金属液面。闪点较高的变压器油常用于黄铜铸造润滑。

（3）熔剂保护和润滑。铸造保护用的熔融熔剂，应满足以下几个条件：1）熔剂熔点低于铸造合金熔点；2）熔融熔剂流动性好，能将合金熔体严密覆盖；3）熔融熔剂密度小于铸造合金熔体密度。用于铝黄铜铸造的84%NaCl，8%KCl 和8%Na_3AlF_6复合熔剂，可改善铝黄铜铸锭的表面质量。常用的保护性熔剂材料的物理性能见表2-14。

表 2-14　保护性熔剂材料的物理性能

熔剂材料	化学式	密度/g·cm^{-3}		温度/℃	
		固态	液态	熔点	沸点
硼　砂	$Na_2B_4O_7$	2.37		741	（1575℃分解）
氯化钾	KCl	1.99	1.53	772	1500
氯化钠	NaCl	2.17	1.55	805	1439
苏　打	Na_2CO_3	2.5		851	（960℃分解）
冰晶石	Na_3AlF_6	2.95	2.09	995	

111　铸锭中气孔的形成及分类?

铸锭中最终是否有气孔出现，取决于很多因素。即使在凝固过程中析出了气体，并且形成了气泡，最终也并非都能在铸锭内部留下气体，只有在其凝固过程中来不及排除时才有可能产生气孔。气孔可分为：析出性气孔和反应性气孔。析出性气孔一般比较小，并且大面积分布，有的在作为气核的微小的疏松及杂物周围集结长大。反应性气孔指的是高温下，受水蒸气的影响，发生系列化学反应生成的气孔。铸造过程中，液体金属中的某些元素或者某些元素的化合物，与结晶器内金属液面上的覆盖物、润滑剂，或者因为铸造工具潮湿，包括从结晶器壁与铸锭表面之间的间隙中返上来的水或水蒸气等，都可能引起化学反应。当化学反应产生的气体压力增大到超过半凝固状态的铸锭凝壳强度时，气体便有可能突破凝壳成为铸锭的皮下气孔。

112　铸态铜合金的组织及性能特征?

由于铸态铜合金组织偏离平衡态，因此其性能表现如下特征：

（1）若枝晶偏析使组织中出现非平衡脆性相（如 Cu-Sn-P 合金中出现的非平衡共析体及 Cu_3P 相），则合金塑性降低明显，特别是枝晶网胞间生成连续的粗大脆性化合物网状壳层时，合金塑性将急剧下降。

（2）枝晶芯部与网胞间化学成分不同，可形成浓差微电池，降低材料的电化学腐蚀抗力，当出现非平衡第二相时一般易降低抗蚀性。

（3）铸锭加工变形时，具有不同化学成分的各显微区域被拉长并形成带状组织，将会导致材料各向异性及增加晶间断裂的倾向（如层状断口）。

（4）固相线温度下移，使工艺过程的一些参数难以掌握，如热变形前的加热温度不能超过因非平衡凝固固相线下移导致的最低固相点温度，以免造成过烧现象。

对于加工材而言，铸锭塑性是至关重要的。为了保证铸锭具有良好的塑性，除防止铸锭中的一些缺陷外，不希望铸锭组织处于非平衡凝固状态。

113　普通纯铜（T1、T2、T3）的熔炼和铸造工艺？

熔炼和铸造工艺：纯铜可采用反射炉熔炼或工频有芯感应电炉熔炼。反射炉熔炼时，通过氧化、还原精炼工艺，采用铁模或铜模浇铸，可获得致密的铸锭，也可经保温炉采用半连续或连续铸造。工频有芯感应电炉熔炼多采用硅砂炉衬。由于纯铜吸气性强，熔炼过程应尽可能减少气体来源，并使用经煅烧过的木炭作覆盖剂，也可添加微量磷作脱氧剂。浇铸过程在煤气或氮气保护或烟灰覆盖下，采用半连续铸造工艺浇铸铸锭，建议铸造温度为 1150~1230℃。

114　磷脱氧铜（TP1、TP2）的熔炼和铸造工艺？

熔炼与铸造工艺：磷脱氧铜通常使用工频有芯感应电炉熔炼。高温下纯铜吸气性强，熔炼时应尽可能减少气体来源，并使用经煅烧过的木炭作为覆盖进行磷脱氧铜的熔炼。采用煤气保护、氮气保护或烟灰覆盖下的半连续铸造工艺浇铸铸锭，铸造温度为 1150~1180℃。磷脱氧铜在浇铸过程中，如不用保护气氛，仍可吸收 0.01% 氧。

115　无氧铜（TU1、TU2）的熔炼和铸造工艺？

熔炼与铸造工艺：无氧铜主要使用工频有芯感应电炉熔炼。为保证无氧铜质量，要做到"精料密封"，即原料选用表面无结瘤、无锈的电解铜，并剪去四边。熔炼时必须注意减少气体来源，并使用经煅烧过的木炭覆盖，也可添加微量磷作脱氧剂。采用煤气或氮气保护或烟灰覆盖下的半连续铸造工艺浇铸铸锭。

116　怎样提高 HPb59-1 铸锭表面质量？

HPb59-1 连续铸造扁锭加入 0.1% Al 或半连续铸圆锭加入 0.04% Al，均可改善铸锭表面质量，增大热加工温度范围。铁模铸造时加入 0.005% 混合稀土金属，可细化晶粒，使铅分布更加均匀，同时可提高热轧上限温度（由 650℃ 提高到 800℃），扩大热加工范围。

117　铬青铜 TCr0.5 的化学成分及熔铸需要注意的问题？

按 GB/T 5231—2012 规定，TCr0.5 合金的化学成分见表 2-15。

表 2-15　TCr0.5 合金的成分　　　　　　%（质量分数）

成分	Cr	Cu	杂 质		
			Fe	Ni	杂质总和
含量	0.4~1.1	余量	≤0.1	≤0.05	≤0.5

合金通常采用中频感应电炉熔炼。熔池用 60%~70% 的硼砂加 30%~40% 玻璃组成的熔剂覆盖，也可采用煅烧木炭覆盖，采用磷铜脱氧。铬以 Cu-Cr 中间合金或金属铬的形式加入。在烟灰覆盖下进行半连续铸造，浇铸温度 1300~1360℃。

118　锆青铜的熔炼铸造工艺及需要注意的问题？

锆元素易氧化，熔体吸气性较强，合金宜采用真空熔炼。将原料铜同底炭（石墨块）一起装炉，以利于铜熔体脱氧，熔体需静止精炼，浇铸前加锆，采用真空浇铸铸锭，铸造温度为 1150~1250℃。

119　镉青铜的熔炼铸造工艺及需要注意的问题？

镉青铜通常采用工频有芯感应电炉熔炼，熔池用经煅烧的木炭覆盖。在用磷铜预脱氧后，镉以 Cu-Cd 中间合金的形式加入。镉烟对人体有害，应尽可能减少镉的氧化挥发。用烟灰覆盖在半连续铸造条件下铸造，铸造温度为 1230~1270℃。

120　银锆青铜熔炼铸造工艺及需要注意的问题？

Cu-Ag-Zr 合金中含贵金属 Ag，其中 Zr 极易氧化和吸气，此外，这种合金对杂质控制要求严，为了减少氧化和提高铸锭质量，熔炼铸造通常在真空感应炉内进行，熔炼温度 1250~1300℃。

121　连续和半连续铸造过程中对结晶器尺寸的要求？

在连续和半连续铸造过程中，铸锭在结晶器有效高度内受到冷却水的一次冷却，然后在结晶器的出口处受到二次冷却水的强烈直接水冷。在半连续铸造技术刚刚出现时，考虑到安全性，结晶器较长。后来由于短结晶器有利于晶粒细化，采用短结晶器。当产量较大，生产率问题提高到首要位置时，结晶器又开始往中长方向发展。结晶器的有效高度一般在 500mm 以下，结晶器过高，一是不利于直接水冷功能，二是铸锭凝壳收缩产生的间隙危害将变得突出，因而不利于铸造过程。

122　如何选择铜及铜合金结晶器内套材质？

铸造过程中，结晶器水室中的水通过工作壁冷却铸锭。铜、银铜、铬青铜等都是很好的结晶器工作壁材料。选择结晶器工作壁材料时，不能只考虑选用导热系数高的纯铜，还应该考虑到浇铸合金的性质。如果浇铸的不是纯铜，结晶器材质可选用 H90、TP2 等导热系数不同的合金材料，以达到强化铸锭冷却的目的。

123　铜及铜合金结晶器水室通道的设计要求？

实践表明，水室通道宽度适宜即可，水室过宽不仅会浪费水，而且不能达到提高冷却强度的目的，见图 2-2。图中狭窄水槽通道仅为 5mm。实验还表明，通过狭窄水通道结晶器设计，可以把 $\phi175mm$、$\phi250mm$、$\phi300mm$ 和 $\phi400mm$ 的 H62 铸锭，以及 $\phi250mm$ 和 $\phi300mm$ 的 HPb59-1 铸锭的铸造速度分别提高 50% ~ 70%。

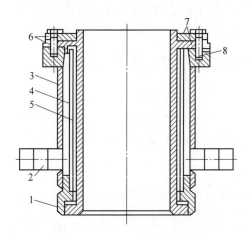

图 2-2　狭窄水通道双室结构结晶器

1—下法兰；2—输水连接管；3—外壳；4—内套；
5—隔板；6—上法兰；7—密封垫圈；8—螺钉

124　铜及铜合金结晶器的二次冷却装置及优缺点？

最简单的二次冷却装置，由与结晶器水室下缘相同，并呈等距离分布的若干与铸锭表面成一定喷射角度的小水孔构成。这样，经过结晶器水室的全部冷却水都直接转换成了直接喷射向铸锭表面的二次冷却水。尽管这种结构不利于二次冷却强度的调节，但对于大多数导热性能及高温强度好的铜及铜合金而言，由于铸锭产品质量基本上能得到保证，因此这种结构一直被工厂广泛使用。还可以把二次冷却装置做成独立装置，可以自由调节冷却强度，不受一次冷却强度的限制，直接水冷铸造的二次冷却水，应该在铸锭离开结晶器下缘后立即喷到铸锭表面。喷射水流不能在与铸锭表面接触的瞬间全部反射出去，至少应该有一部分水流能够平稳地包围着铸锭表面流下，以对铸锭连续地进行冷却。

125　铜及铜合金铸锭冷却可采用的冷却剂及适用范围？

铜及铜合金不仅可以采用水冷冷却，还可以采用冷却剂冷却，即在结晶器内通过金属液面上覆以冷却剂材料进行的冷却。例如对 T2ϕ250mm 铸锭的试验中，向液穴中添加尺寸为 0.05~1.0mm 的铜粉，加入铜粉后，液穴温度明显下降，柱状晶区大大缩小。在铸造纯铜和 H96 黄铜锭时，向结晶器内金属液面上加入硼硅酸盐熔剂，覆盖于金属液面的熔融硼硅酸盐既是液体金属的保护剂，同时又作为热交换介质，冷却液穴中的熔体。这种冷却方式是自上而下的，可降低熔体温度，使液穴变浅，铸锭晶粒大大细化。这种方法适合于某些裂纹倾向性大的铜合金的铸造。

126　直接水冷铸造的优缺点？

直接水冷连续铸造最重要的凝固与结晶特征，就是具有自下而上的方向性。其液穴较浅，铸锭中的柱状晶容易长大。方向性凝固与结晶，对液穴中气体和某些夹杂异物的排出、凝固收缩时的熔体补充都非常有利。从经济角度分析，直接水冷连续铸造可以充分利用某些导热性较好且无裂纹倾向的合金特性，尽可能地提高铸造速度，提高生产效率。直接水冷铸造主要的缺点在于，它不适合铸造某些热裂倾向较强的合金，以及导热性能差，化学成分复杂，尤其在凝固过程中有硬脆相生成的某些合金。当铸锭横截面温度梯度较大时，铸造应力容易集中在铸锭最后凝固的区域，并在那里产生裂纹。

127　常用的非直接水冷铸造装置有哪些？

含磷的铜、含硅的铜及某些含铝较高的复杂黄铜，当采用直接水冷连铸时，铸锭裂纹很难避免，而采用小冷却强度和铸造速度时，铸锭的表面质量又难以得到保证。如果把二次冷却水直接喷射到铸锭表面的强烈冷却方式改为分散的、缓慢的柔性冷却方式，可避免铸锭裂纹的发生，见图 2-3。可设计独立的二次水冷却装置，由若干个小喷嘴组成，小喷嘴按三个层面安置，每个层面上的喷嘴到铸锭表面的距离不同，而且喷嘴与铸锭垂直中轴线有不同的夹角，使铸锭受到比较分散的水幕冷却。这种分散的、柔弱的二次冷却方式，容易加大液穴深度，某些铜合金采用这种红锭铸造方式时，液穴深度高达 800mm 以上。这种非直接二次水冷铸造的主要优点是能够避免某些合金的热脆裂纹。例如 HAl66-6-3-2 和 HAl59-3-2 等复杂合金铸锭，采用这种冷却方法进行连续铸造时，裂纹缺陷可得到有效控制。同时，这种方法还可以有效消除铸锭内的残余应力，有利于后续压力加工。

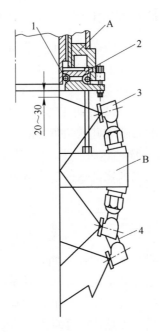

图 2-3　喷雾冷却系统（三层喷雾）

A—结晶器；B—二次冷却装置；
1—密封衬垫；2—下压紧环；3—喷雾器；4—伸出臂

128　如何选择铜合金振动铸造的振动工艺参数？

对于铜合金的振动铸造，主要的形式（图 2-4）有：（1）标准荣汉斯（Junghans）振动形式；（2）有滑动的荣汉斯；（3）正弦振动形式。选择工艺参数时，较多采用实际经验，而且大多数装置在铸造过程中不改变振幅。不同合金的铸造性质和铸锭品质，其适应的振幅和振动频率有所区别，需要采用实验的方法确定。

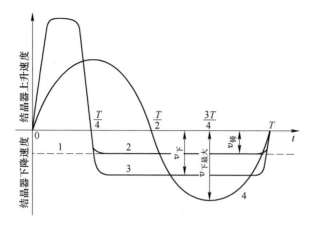

图 2-4　振动速度与时间关系曲线

1—铸造速度；2—标准容汉斯振动形式；

3—有负滑动的容汉斯振动形式；4—正弦振动形式

129　铜合金结晶器的水平振动铸造的方式及特点？

水平振动铸造指的是结晶器振动的方向与铸锭滑动方向垂直。在结晶器垂直振动方式中，铸锭表面与结晶器壁间的接触部分摩擦力大，对某些高温强度较差的合金而言，强度不高的凝壳部分有时会被拉裂，甚至造成拉漏事故，在上下振动过程中，如果金属液面上的浮动渣块落入铸锭表面与结晶器的间隙中，就可能造成铸锭的表面夹杂缺陷，于是出现了水平振动铸造方式。水平振动铸造过程示意图见图 2-5。把结晶器按垂直对称轴分成两半组合结构。图 2-5（d）和（e）中沿工作腔的对角线分开。铸造过程中，通过机械使两半组合的结晶器沿 7—7′和 8—8′的水平方向，按照设计的振幅和频率有节奏地做闭合和分开运动。显然，铸锭和结晶器之间不存在引拉摩擦力。结晶器内金属液面上，以及结晶器与铸锭之间，同样需要有保护剂和润滑剂，当结晶器分开时润滑剂充填到间隙中去。振动过程中，其中一半结晶器与另外一半结晶器之间组合时的间隙，闭合状态时为 1mm，分开时最大为 3mm。由于两半结晶器的开闭振动是高频率的，而且有润滑物质始终充填着间隙，因此熔体是不可能从间隙中流出去的。为防止结晶器内金属液面波动，振动频率以 5~30 次/s 为宜。振动频率过高，可能会由于润滑剂供给不足而发生拉漏现象。振动频率过低，相当于没振动，仍旧会发生夹渣等缺陷。结晶器水平振动振幅以 0.2~2.0mm 为宜。结晶器对正在凝固的铸锭水平方向开闭振动，对液穴有一定程度的挤压作用，避免了垂直振动时铸锭通过结晶器时表面受到的摩擦，水平振动同样也将结晶器内金属液面上的浮动渣块推离结晶器壁，从而减少铸锭的表面夹渣缺陷。试验表明，采用结晶器水平方式振动，铸锭表面质量大为提高。与采用结晶器垂直振动相比，水平振动使铸锭表面缺陷减少 70%。

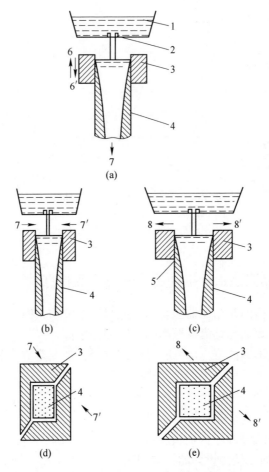

图 2-5　水平机械振动铸造示意图
1—中间包；2—浇铸口；3—结晶器；4—铸锭凝壳；5—铸锭表面与结晶器的间隙

130　什么叫作间歇铸造？

间歇铸造即在连续铸造过程中加入了中间停顿的程序。加入停歇工序的目的同振动铸造一样——改善铸锭的表面质量，有利于清理结晶器的工作表面。停歇期间，凝壳的生长没有停止，只是结晶器内的液体金属液面将逐步提高。此时，铸锭与结晶器之间没有相对运动，结晶器工作壁连续地对铸锭进行一次冷却，其冷却作用比铸锭在结晶器内滑动时大。因此，凝壳厚度增大迅速，新的凝壳形成时把原来附在结晶器上的氧化物凝渣等牢牢地凝固在其表面上，待停歇结束开始引拉时，结晶器壁被清理干净。间歇铸造，在液压传动的铸造机上容易实现。间歇铸造工艺，通常由拉铸速度、拉铸时间和停歇时间等参数组成。

131 常用热顶铸造结晶器有哪些结构形式?

热顶铸造是结晶器顶部有一段具有良好保温性能区域的铸造形式。其根本目的在于减缓结晶器上部的一次冷却，而不是减缓整个结晶器的一次冷却。热顶铸造有利于改善铸锭表面质量，有利于铸锭从自下而上的方向凝固和补充收缩，如果在热顶区同时增加过滤板，则可防止熔渣进入铸锭中。

常用热顶铸造结晶器的结构形式如下:

(1) 石棉衬型热顶结晶器，见图 2-6 和图 2-7。

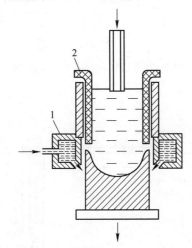

图 2-6　圆铸锭热顶结晶器
1—铜结晶器；2—石棉隔热衬

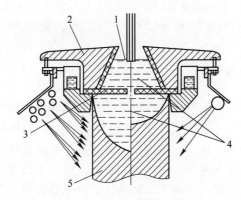

图 2-7　扁铸热顶结晶器
1—覆盖剂；2—结晶器；3—过滤器；4—液体金属；5—铸锭

（2）整体石墨型热顶结晶器，见图 2-8。

（3）镶嵌石墨型热顶结晶器，见图 2-9。

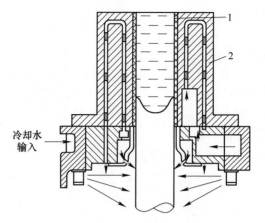

图 2-8　带石墨内衬的整体结晶器

1—石墨套；2—铜水冷套

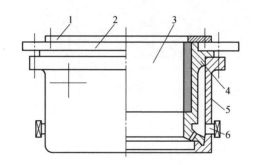

图 2-9　镶嵌石墨衬的圆铸锭结晶器

1—压紧石墨套的法兰；2—压紧铜套的法兰；3—石墨；

4—结晶器内套（铜套）；5—结晶器外壳；6—放水槽

132　热模铸造及其特点?

热模铸造不仅仅是顶部被保温，而是结晶器整体被加热的铸造形式。铸造过程中，铸模始终保持一定的温度（金属熔点以上），热模铸造因此而得名。热模铸造工艺原理见图 2-10。由于铸模内中心温度低于模壁温度而首先形核结晶。靠近模壁的金属熔体只能在离开铸模时才会凝固，形成了与普通铸造方法相反的液穴形状，即中间凸起的抛物线而不是倒锥体。由于热传导主要在轴向进行，晶粒的径向生长受到约束，因而可以实现定向凝固。

热模铸造单相结晶的生长过程，见图 2-11。热模铸造时结晶只能通过铸锭头部的晶体向前生长，单晶可以变得无限长。日本学者大野笃美研发的 OCC 法是热模铸造的典型实例。

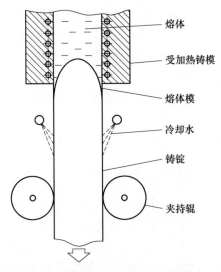

图 2-10　热模铸造的工艺原理

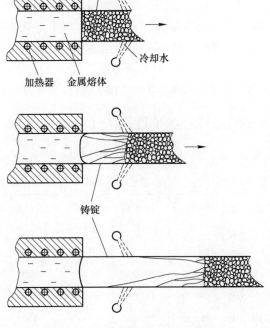

图 2-11　单相结晶的生长过程

133 电磁铸造及其特点?

在连续及半连续铸造装置中,以一个感应器代替结晶器作为铸模的铸造方法,称为电磁铸造法。其特点是:(1)液体金属与模壁间始终没有接触。(2)液体金属柱上表面至直接水冷区的距离,已经减小到最低程度,相当于结晶器高度为零。(3)由于电磁力的作用,液穴中的熔体在一种有规则的运动状态下结晶。

该方法可改善铸锭表面质量,改善铸锭结晶组织,消除铸锭表面反偏析缺陷,适合于锡磷青铜等结晶温度区间大的合金的铸造,还可以改善铸锭力学性能,减少铸锭表面后续加工的铣削量。

134 铜棒材水平连铸过程中常采用的引拉工序?

小断面铸锭连铸通常采用步进式引拉,即带有间歇的引拉方式及带有反推程序的引拉方式铸造,目的在于克服模壁与铸锭表面之间的摩擦力,防止铸锭表面被拉裂。铸锭断面越小,铸锭与结晶器之间的收缩间隙越小,铸锭越容易被拉断。铸造复杂成分合金时,铸锭表面析出物对结晶器壁的黏着力、铸锭与结晶器壁之间的摩擦力及阻碍其收缩的拉应力,同时作用在铸锭表面上。当拉应力超过铸锭表面层强度时,将会造成裂纹。

微引程引拉不仅可以减小引锭阻力及"冷热节"裂纹,同时有利于促进液穴中晶核的形成及晶粒的细化。增加引锭频率和减小引锭行程,有利于晶粒的细化。反推时,不仅可以清理结晶器表面上黏结的金属氧化物凝渣,同时结晶前沿附近半固态状金属也将受到强烈的挤压而使结晶更加致密。试验表明,在水平连铸 HPb59-1ϕ78mm 铸锭的过程中,采用微引程引拉和反推程序后,铸锭结晶组织细致而均匀,抗拉强度提高了 30%~40%,甚至相当于压力加工材的水平。

135 常用铜合金小断面棒坯水平连铸的工艺条件?

铜合金小断面铸锭水平连续铸造的工艺条件见表 2-16。

表 2-16 铜合金小断面铸锭水平连续铸造的工艺条件

合金牌号	铸锭直径/mm	浇铸温度/℃	瞬时速度/m·h⁻¹	平均速度/m·h⁻¹	链振频率/次·min⁻¹	结晶器长度/mm	冷却水压力/MPa	
							一次冷却	二次冷却
H80	40	1130~1160	15~25	10~15	50~80	190	0.20~0.30	0.05~0.10
H68	40	1050~1100	23~30	15~20	50~80	190	0.20~0.30	0.05~0.10
H65	40	1000~1050	23~30	15~20	50~80	190	0.20~0.30	0.05~0.10
H62	40	1000~1050	25~32	15~20	50~80	190	0.20~0.30	0.05~0.10

合金牌号	铸锭直径/mm	浇铸温度/℃	瞬时速度/m·h⁻¹	平均速度/m·h⁻¹	链振频率/次·min⁻¹	结晶器长度/mm	冷却水压力/MPa	
							一次冷却	二次冷却
HPb59-1	40	990~1040	25~30	15~20	50~80	190	0.20~0.30	0.05~0.10
QSn6.5-0.1	12	1160~1200	110~120	40~80	105~135	120	0.10~0.25	
QSn6.5-0.4	12	1160~1200	90~100	40~80	105~135	120	0.10~0.25	
QSn7-0.2	12	1160~1200	100~110	40~80	105~135	120	0.10~0.25	
QSn4-3	12	1200~1250	90~110	40~80	80~100	120	0.10~0.25	
QSn3-1	35	1180~1230	10~15	4~6	40~50	190	0.15~0.20	0.10

136　铜合金管坯水平连铸过程中如何抑制拉裂现象？

在铜合金管坯水平连铸开始引拉时，与石墨内套和引锭器接触的铜液受到激冷很快形成凝壳，铸锭凝壳收缩产生的间隙有利于铸锭的引出。随后，当管坯凝固收缩，且管坯和石墨内套之间产生间隙时，由于重力效应，管坯下沉并使其下侧外表面贴紧石墨套工作表面，见图 2-12 （a）。显然，引拉时下侧阻力大于上侧阻力，因此铸锭的下表面可能产生裂口，俗称"拉裂"。采用带停歇的铸造程序，裂口可能被下次停歇时跟进的金属液所填充，并与留在模壁上的凝壳残余或凝结渣连接起来，凝固成新的较厚的凝壳，并在下一次引拉时被一道拉出。如果每次裂口只能部分地被结晶前沿熔体所填充，铸锭表面将在那里留下结疤。同时由于高温下裂口附近受到氧化而变色，铸锭将会每拉停一次出现一道表征节距的环状斑纹。

通过适当的工艺调整，如适当提高铸造温度，以保证熔体能够有效地将微小的裂口"焊合"；适当调整引拉程序，以保证得到足够强度的铸锭凝壳而不被拉裂；铸造过程中，向石墨模内充以保护性气体，如氮气，可防止裂口氧化而有利于重新焊合。

通过改进结晶器设计可以在很大程度上克服重力效应对管坯凝固过程的不良影响。图 2-12 （b） 所示为石墨内套中设置水冷铜塞装置，以及在结晶器出口端附加支撑辊的示意图。

熔融金属通过结晶器时，通过设置在石墨内套中的水冷铜塞伸入深度的调整，可以达到精确控制结晶前沿凝固界面的位置和形状的目的。当位于石墨模内套下侧壁中的水冷铜塞伸入深度比上侧壁中的水冷铜塞伸入深度浅时，就能纠正凝固前沿界面的不对称行为，从而可以建立稳定的凝固过程。沿结晶器横断面基本对称的凝固界面的建立，可以有效地减少乃至完全消除铸锭下部表面的裂纹。

此外，可通过改进铜液进入结晶器的方式和铜液在结晶器中的分配方式而达到调节液穴和凝固界面形状的目的。例如，将上下均匀或者对称的分配方式，改为上下非均匀或者非对称的分配方式。调整得当，不仅可以减少或者避免铸锭表面拉裂缺陷，同时也可以获得上下均匀的结晶组织。

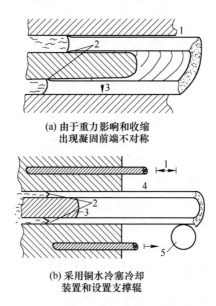

(a) 由于重力影响和收缩
出现凝固前端不对称

(b) 采用铜水冷塞冷却
装置和设置支撑辊

图 2-12　B10 空心铸锭凝壳形成过程
（a）1—不对称的收缩间隙；2—不对称的结晶前沿；3—重力效应方向；
（b）1—可调的水冷铜塞装置；2—对称的结晶前沿；3—石墨芯棒；
4—对称并极小的收缩间隙；5—承受管坯重力下落的支撑辊

137　为什么铜带坯水平连铸时炉膛内金属液面应保持稳定？

铜带坯水平连铸机列中，通常以立式的工频有芯感应电炉作为保温炉。这种电炉具有优良的保温功能，安装结晶器也比较方便。其炉膛结构见图 2-13。

上炉体与结晶器对接的前窗口，应具有与带坯宽度和厚度相适应的尺寸。结晶器与感应体熔沟口相互对应的位置，可能影响到进入结晶器的铜液温度分配。进入结晶器的铜液温度不均匀，可能导致带坯结晶组织不均匀。

随着铸造过程的进行，炉膛内熔池液面将不断降低。熔池的最低液面高度，不应少于有效高度的 2/3。一方面，一定高度的金属液柱有利于熔池内金属温度的均匀；另一方面，一定的金属静压力有利于填充结晶器及结晶速度的稳定。同时，也可以促使炉内液面的浮动渣进入结晶器，不会因铜液不足造成带坯上表面凹心或引起其他缺陷。另外，炉内始终保持一定高度的金属液水平，可以防止熔炼炉转注铜液时，金属液湍流波及结晶器进口。

保温炉内的有效容量应该足够大，一般以生产线生产率的 1~1.5 倍为宜，保温炉的功率设置，应充分考虑到新开炉，即第一次从熔炼炉注入铜液时，能够很快达到并保持铸造所需温度。

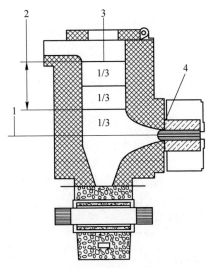

图 2-13　保温炉的上炉体结构

1—结晶器入口位置；2—熔池液面的波动范围；3—熔池最高液面；4—与结晶器前端对接的炉前窗口

某些铜合金带坯水平连铸保温炉的配置见表 2-17。

表 2-17　某些铜合金带坯水平连铸保温炉的配置

序号	合金品种	带坯规格/mm	炉子总容量/kg	有效容量/kg	额定功率/kW
1	QSn6.5-0.1	12×220	1700	800	150
2	HPb59-1	(25~50)×150	2500	1500	150
3	QSn6.5-0.1	14×650	3000	1500	150
4	QSn6.5-0.1	15×420×2	4000	2000	200

138　铜带坯水平连铸开始铸造前如何调整炉体位置？

由于结晶器安装在保温炉体上，炉体的三维调整即是结晶器安装位置的三维调整，在铜带坯水平连铸生产机列中，牵引装置的水平位置一般不轻易调整。如果结晶器的水平和引拉机的牵引辊不在同一水平上，带坯可能在结晶器中滑动不畅，甚至卡住带坯造成拉停，或者因为结晶器石墨模各工作面受力不均而造成石墨模的损坏。因此，每次开炉前，都需要将炉体、结晶器和牵引拉机的牵引辊三者水平调整一致。

由于牵引装置的水平位置已经相对固定，因此要求保温炉的炉体位置包括炉体的升降、前后倾、左右移动等多个方位的自由调整和锁定，即炉体位置可实现三维自由调整。

139　为什么铜带坯水平连铸时石墨模不能设计成绝对平面？

石墨模的工作腔横断面尺寸决定了铜带坯的横断面尺寸。由于凝固过程中的收缩，铜带坯的实际断面尺寸将小于模腔的断面尺寸，而带坯在宽度方向的绝对收缩量远大于厚度方向的绝对收缩量。如果石墨模的大面壁设计成绝对平面，那么带坯的大面表面可能出现凹心现象，因为带坯宽向的中心，即液穴的中心最后凝固，随后发生的凝固收缩量不同。因此常常在设计时将工作腔中间部位的厚度尺寸适当加大。石墨模的内腔工作表面应该精细加工，并进行抛光。

140　如何选择石墨模的材质？

国内外结晶器用高纯高密度石墨材料的主要性能见表 2-18。

表 2-18　国内外结晶器用高纯高密度石墨材料的主要性能

制造商	牌号	密度/g·cm^{-3}	硬度(HS)	比电阻/μm	抗弯强度/MPa	抗压强度/MPa	弹性模量/MPa	线膨胀系数/10^{-6} K^{-1}	热导率/W·(m·K)$^{-1}$	最大粒度/mm	气孔率/% (≤)
德国 Linzdof	EK462	1.75	45	13.0	45.0	99.0	11000	2.5	100	0.090	14
	EK463	1.83	65	13.0	45.0	110.0	15000	3.8	100	0.063	8
美国 UCAR	CGW	1.82		12.5	28.5	80.0	12000	3.4		0.15	
	ATJS	1.83		8.3	36.0	87	10000	1.7		0.15	
日本 东洋 炭素	IG11	1.77	55	11.0	39.2	78.4	9800	4.6	116		
	IG-11P	1.83	60	11.0	46.1	93.1	11300				
	IG-15	1.90	60	9.5	49.0	103.0	11800	4.8	139		
	IG-43	1.82	55	9.0	53.0	85.3	10800	4.8	139		
	IG-70	1.85	65	10.0	51.9	98.0	11800	4.6	128		
中国 上海 炭素	SMF-650	1.80		15		70					17
	SMF-800	1.80		15		74					17
	SIFB	1.80		15		74					17
	试制品	1.80			33.0		12000	4.5		0.15	

某些推荐使用的石墨材料见表 2-19。

表 2-19　某些推荐使用的石墨材料（。 表示推荐）

合金 \ 石墨	EK462	EK463	CGW	IG-43	IG-70	IG-11P	IG-15
青铜	○	○	○	○	○		
黄铜		○	○		○	○	○
白铜		○	○			○	○

141　铜合金水平铸造过程常采用的引拉程序有哪些？

铸造过程中，带坯通过结晶器时，主要受到来自带坯大面与结晶器大面之间的摩擦阻力。带坯宽厚比越大，带坯与结晶器之间的摩擦阻力越大。当带坯与结晶器之间的摩擦阻力大到一定程度，尤其是采用匀速引拉时，带坯通过结晶器可能不畅，甚至可能发生带坯在结晶器内滞留或被拉裂现象。因此，引拉铜带坯时常采用如下程序：

（1）拉-停；

（2）拉-停-反推-停。

引拉程序通常由引拉长度（mm）、引拉速度（mm/min）、停歇时间（s）、反推长度（mm）等参数组成。至于具体采用何种程序，主要取决于合金的铸造性质。例如铸造黄铜时，由于可能有氧化锌等凝结物黏附在石墨工作面上，容易引起带坯的表面龟裂。采用第（2）类工序可将石墨模工作表面上的氧化锌等物质清除掉。通常的做法是：正常铸造采用第（1）类程序，待石墨模表面黏附的氧化锌凝结物较多时，加入第（2）类程序。石墨模工作表面上的黏附物被清除后，重新恢复第（1）类程序。当引拉程序中的停歇时间大于引拉时间时，称为清理程序。含锌 20% 以上的黄铜，往往都在正常引拉程序中加入清理程序。

142　纯铜和高铜合金带坯水平连铸生产常采用的引拉工序？

由于纯铜和含合金元素很少的高铜合金，熔体中的杂质含量低。凝固过程中，由于很少有氧化物等物质析出并黏附到石墨模上，带坯与石墨模之间的摩擦力不大，简单的"拉-停"程序已足够。只有当带坯表面析出物增多，甚至影响表面质量时，才有必要引入清理程序，以清理结晶器。

由于纯的金属在凝固过程中液-固两相区区间狭小，大行程引拉易促进大柱状晶形成，故宜采用小行程。为了不减低平均引拉速度，可采用小行程、低瞬速的高频率程序。纯度高的金属，易于氧化和吸气，纯铜在凝固过程中，石墨模材料自身的碳和铜液中的氧化亚铜发生化学反应时，消耗碳，石墨模表面可能会出现凹坑，变得粗糙，增大带坯引拉阻力。在此情况下，适当提高铸造温度和引拉速度，可使相对于石墨模某一恒定的带坯凝固前沿位置后移，从而改善带坯表面质量。

143　低锌和高锌黄铜带坯水平连铸生产常采用的引拉工序?

含锌 10%以下的低锌黄铜，铸造性质接近于纯铜，宜采用接近纯铜带坯引拉的程序。随着引拉过程的进行，视带坯表面质量状况可适当增加反推动作，或采取降低铸造温度或降低引拉速度等措施。

高锌黄铜由于其中锌含量高，锌易挥发并随即氧化，产生大量氧化锌等物质，结晶在石墨模工作表面上。可能黏结有由氧化锌等物质与结晶过程中析出的其他物质组成的混合物。因此，铸造高锌黄铜时，宜采用"拉-停-反推-停"的程序。

144　锡磷青铜带坯的水平连铸生产常采用的引拉工序?

锡磷青铜结晶温度范围大，树枝状结晶发达，带坯表面容易产生反偏析。带坯宽厚比越大，带坯在宽度方向上的绝对收缩量越大，带坯小面与石墨模壁工作面之间的间隙自然增大，因此带坯侧面表面上的富锡偏析物比较多。带坯表面如果有裂口，一般先从四个角开始。

锡磷青铜带坯在通过石墨模时，带坯表面不光滑的富锡物"凸瘤"会影响石墨模的工作表面，宜采用"拉-停-反推-停"的程序。石墨模工作表面被不断磨损后，可能引起铸造带坯断面尺寸的变化。一般情况下，引拉行程不宜过大，引拉瞬时速度不能过快，引拉速度启动曲线不宜很陡，停歇时间应足够。停歇时间是带坯凝固完成不可缺少的环节。

145　常用铜合金带坯水平连铸的引拉程序?

常用铜合金带坯水平连铸的引拉程序见表 2-20。

表 2-20　常用铜合金带坯水平连铸的引拉程序

序号	合金	带坯规格 /mm×mm	均速 /mm·mm⁻¹	拉程 /mm	停歇时间 /s	反推 /mm	停歇时间 /s
1	CuZn38Pb2	16×540	210	20.0	0.5	2.0	1.5
2	CuNi18Zn20	18×660	95	18.0	4.6	3.0	
3	QSn6.5-0.1	16.5×430	180	14.0	3.0	2.5	
4	CuSn5.0	16×500	135	12.5	3.0	2.5	0.5
5	QSn6.5-0.1	15.5×650	150	13.0	3.2	2.0	0.01

146 铜合金铸锭的立式连铸系统包括哪些装置？

铜合金铸锭的立式连铸除结晶器和冷却系统外，还包括熔炼炉、保温浇铸炉、铸锭牵引装置、铸锭锯切和排屑装置、接受和倾翻铸锭装置，以及出锭辊道等一系列设备。此外，一般还有以下附属设备：熔炼炉熔化进程、保温炉内熔体液位、温度等监测控制系统；结晶器内金属液面自动控制系统；结晶器及其二次冷却装置中冷却强度的监测控制系统；铸造程序和铸造工艺参数的控制和监视系统；按规定长度自动锯切铸锭，收屑和快速更换锯片系统；将锯切的坯锭自动下线，以及其称重和打印系统等。

147 普通纯铜铸锭生产常采用的铸造工艺？

普通纯铜铸造多采用工频有铁芯感应电炉作为熔炼和保温设备，采用半连续或连续铸造的方法生产铸锭。由于铜导热性好，冷却和凝固速度比较快，开始浇铸的铜液容易在浇铸系统的流道中凝固，造成浇铸失败。高温下，铜液也极容易从空气中吸收氧和其他气体。因此，浇铸系统设计应注意尽量缩短流道，保证浇铸过程在密封条件下进行。

在保温炉的前室（俗称浇铸头或分流箱）内安装液流调节装置，熔体通过导流管进入结晶器，可实现全封闭铸造。浇铸前，应对保温室前室，以及液流控制系统中的所有石墨组件进行充分预热。

纯铜浇铸温度一般在 1150～1200℃ 之间，在保证铸造过程顺利进行的前提下，应尽可能降低浇铸温度。铸锭规格越小，越需要较高的浇铸温度。铸造速度的极限是铸锭内部不产生裂纹。极限铸造速度与结晶器高度的关系也很大，当 190mm×620mm 铸锭的结晶器高度从 250mm 提高到 330mm 时，铸造速度提高 20%。规格越大，结晶器应越高。纯铜裂纹倾向不明显时，可采用较大的冷却强度。半连续铸造时，通常都采用二次水直接冷却铸锭的铸造方式。立式全连续铸造时，由于结晶器下方安装有其他设备，因此在结晶器下方需要设置专门用于收集二次冷却水的水箱。

铸造纯铜时，通过结晶器水室的冷却水，可以全部转换成二次冷却水，也可以独立各自控制。结晶器中冷却水的压力可以达到 0.5～0.6MPa。铸锭规格小时，冷却水的压力应该相应降低。

可采用全纯铜质结晶器，也可采用带石墨内衬的结晶器。带石墨内衬的结晶器有利于改善铸锭表面质量，但铜中氧含量高时，石墨易氧化而破坏工作表面。

148 不同规格纯铜铸锭的半连续铸造工艺条件？

纯铜铸锭的半连续铸造工艺条件见表 2-21 和表 2-22。

表 2-21　纯铜铸锭的半连续铸造工艺条件（一）

铸锭规格/mm	结晶器高度/mm	浇铸温度/℃	覆盖及润滑剂	铸造速度/m·h⁻¹
φ150	275	1170~1200	炭黑	12.0~13.0
φ185	275	1170~1190	炭黑	9.5~10.5
φ220	275	1165~1185	炭黑	7.5~8.5
φ250	275	1165~1185	炭黑	6.5~7.5
φ300	275	1165~1180	炭黑	5.5~6.5
φ400	275	1165~1180	炭黑	4.5~5.5
140×400	290	1165~1180	炭黑	8.0~10.0
160×600	290	1150~1170	炭黑	5.5~6.5
160×700	290	1150~1170	炭黑	5.0~6.0

表 2-22　纯铜铸锭的半连续铸造工艺条件（二）

铸锭规格/mm	结晶器高度/mm	浇铸温度/℃	冷却水压力/MPa	覆盖及润滑剂	铸造速度/m·h⁻¹
φ85	150	1180~1200	0.08~0.10	炭黑或煤气、氮气	16.0~18.0
φ245	160	1180~1200	0.08~0.10	炭黑或煤气、氮气	10.0~14.0
φ245	200	1150~1180	0.10~0.15	炭黑或煤气、氮气	6.0~7.0
753×30	200	1160~1180	0.10~0.12	炭黑或煤气、氮气	7.0~7.6
170×620	250	1150~1180	0.12~0.15	炭黑或煤气、氮气	4.0~5.0
170×620	330	1150~1180	0.12~0.15	炭黑或煤气、氮气	5.0~6.0

149　磷脱氧铜铸锭的生产常采用的铸造工艺?

连续或半连续铸造磷脱氧铜铸锭时，可采用工频有铁芯感应电炉或无芯感应电炉作为浇铸设备。磷脱氧铜的铸造裂纹倾向明显，故宜采用较低的浇铸温度。为了实现在较低温度下浇铸，又不至于造成开始浇铸的第一股铜液流凝固在出铜口或者导流管中，开始浇铸时可先稍高于正常浇铸温度。

随含磷量的增加，极限铸造速度急剧降低。例如，普通纯铜 φ150mm 铸锭的铸造速度可达 10m/h，而 TP2 同样规格铸锭，当铸造速度在 3~4m/h 时，就可能产生裂纹。

为改善磷脱氧铜铸锭的表面质量，可在增加结晶器高度的同时，适当减缓结晶器上部的冷却，有助于避免裂纹、改进铸锭的表面质量。采用直接水冷方式铸造时，同时降低浇铸温度、铸造速度和结晶器冷却强度，可降低铸锭裂纹率。当采用石墨结晶器铸造时，当浇铸温度为 1130~1150℃、浇铸速度为 4.0~5.0m/h，冷却水压为 0.01~0.05MPa 时，铸锭中已无裂纹产生。

采用非直接水冷的铸造方式，可提高极限铸造速度。表 2-23 为 $\phi 360mm$ 规格的 TP2 铸锭的极限铸造速度和冷却强度之间的关系。可以看出，对于这种大断面的铸锭，极限铸造速度随着冷却强度的降低而增大，采用喷雾分散冷却和水气混合分散冷却时，极限铸造速度可达 2.78mm/s；水幕分散冷却时，极限铸造速度为 1.94~2.08mm/s；而直接水冷时，极限铸造速度只有 1.67~1.80mm/s。

表 2-23　TP2ϕ360mm 铸锭极限铸造速度与冷却强度的关系

铸锭冷却方式	水耗量/dm³·s⁻¹	极限铸造速度/mm·s⁻¹
直接喷水冷却	7.5	1.67~1.80
水幕分散冷却	1.28~2.75	1.94~2.08
水气混合分散冷却	1.28~2.75	2.78
喷雾分散冷却	1.28~2.75	2.78

注：1. 铸锭冷却方式中除直接冷却方式外，其余三种分散冷却方式中的一次冷却装置和二次冷却装置都是分开的，即一次冷却水和二次冷却水的流量可分别进行调整。

　　2. 试验的其他条件为：结晶器高度 350mm，浇铸温度为 1160~1190℃。

150　无氧铜铸锭生产常采用的铸造工艺?

由于工频有芯感应电炉易于密封，利于避免铜熔体的氧化和吸气，因此该炉型一般都作为无氧铜熔炼设备的首选。更高品质的无氧铜，如电真空器件用铜，可采用真空熔炼和铸造的方式生产。

工频有芯感应电炉，同时又是生产无氧铜较理想的保温和铸造设备，铜液通过炉前室的锥形出铜口和导流管进入结晶器，流量可以进行调节。

铸造过程中，需要对浇铸过程进行严密保护。炭黑、煤气或氮气等经常被用作无氧铜熔体的保护介质，氩气则是更好的保护介质。

带石墨内衬的结晶器，比全铜质结晶器具有更好的冷却效果和润滑效果，铸锭表面质量好，比较稳定。

某些规格的无氧铜铸锭铸造工艺参数见表 2-24。

表 2-24　某些规格的无氧铜铸锭铸造工艺参数

铸锭规格/mm	浇铸温度/℃	结晶器高度/mm	铸造速度/m·h⁻¹	冷却水压力/MPa	结晶器内熔体保护介质
ϕ 85	1160~1180	150	16.0~18.0	0.05~0.15	炭黑
ϕ 145	1140~1160	160	9.0~10.0	0.08~0.15	炭黑
ϕ 195	1160~1180	330	10.0~11.0	0.20~0.30	炭黑或煤气、氮气
75×360	1160~1170	260	10.0~12.0	0.10~0.15	炭黑或煤气、氮气
170×620	1180~1200	350	6.0~8.0	0.20~0.30	炭黑或煤气、氮气
100×100	1170~1190	900	约 36.0	约 0.25	炭黑或煤气、氮气

151 如何控制无氧铜铸锭的氧含量?

氧含量控制是无氧铜锭生产技术的关键。国标规定 TU0 的氧含量在 0.0005% 以下,TU1 的氧含量在 0.002% 以下。无氧铜的氧含量主要与铜熔炼过程相关。如果希望在保温炉内继续降低含氧量,也可采用向熔池中吹入氮气,或者氮气和一氧化碳的混合气体来除气。

半连续铸造的无氧铜铸锭中,有时会发生氧含量不均匀的现象,氧含量较高的点大部分分布在铸锭浇口和底部的表面和表层。这是由于在半连续铸造开始时,从开始放流到进入铸造正常状态,需要一个过渡过程。浇铸前,浇铸系统的水口座、导流管和结晶器、引锭器等铸造工具的干燥程度,以及使用的保护介质材料的干燥程度,都可能引起铸锭开头一段的氧含量偏高,或者局部氧含量偏高的现象发生。这就要求在生产前对铸造工具保护介质等进行充分干燥。

152 普通黄铜铸锭生产常采用的铸造工艺?

普通黄铜连续或半连续铸造生产中,一般采用工频有铁芯感应电炉,工频有铁芯感应电炉的前室比较适合安装熔体流量调节系统。对于某些大型铸造生产线,数台熔炼炉同时向一台保温炉供给铜液,一台保温炉通过长流槽同时向数台铸造机供给铜液,每台铸造机都有自己的分流装置。

高锌黄铜浇铸温度较低,熔体流量调节系统中的塞棒、出铜口和导流管,除可采用石墨材质外,也可采用耐热铸铁或耐热铸钢材制造。

结晶器金属液面覆盖剂目前一般采用熔融硼砂型覆盖剂,较之以往的采用煤气保护同时采用变压器油等润滑的方法,可减少锌的挥发,同时可以减低液穴内熔体温度,减小液穴深度,有利于细化晶粒;在结晶器壁表面上形成一层玻璃状润滑剂,改善铸锭表面质量。

工频有铁芯感应电炉熔炼锌含量高于 20% 的黄铜时,可以喷火作为达到出炉温度的标志。对于锌含量低于 20% 的黄铜,仍需要用热电偶实际测量温度。普通黄铜的沸点以及浇铸温度见表 2-25。铸锭规格越小,铸造速度越快,各种规格铸锭的铸造速度见表 2-26。

在保持冷却水流量不变的条件下,提高结晶器高度,有助于铸造速度的提高。例如,铸造 H63 黄铜 160mm×610mm 时,结晶器高度从 300mm 增加到 400mm 时,铸造速度由原来的 8.0m/h 提高到 10m/h。

铸造时采用硼砂覆盖剂,可改善结晶器的一次冷却强度。例如,铸造 H62ϕ195mm 铸锭时,在其他铸造条件和工艺参数基本相同的情况下,测得的液穴深度不一样。以硼砂作为覆盖剂时,液穴深度为 285~305mm,采用气体保护和变压器油润滑铸造时，液穴深度为 300~350mm。

表 2-25　黄铜沸点与其锌含量的关系

合金牌号	沸点/℃	浇铸温度/℃
H96	1600	1275~1300
H90	1400	1225~1250
H80	1240	1175~1200
H70	1150	1125~1150
H65	1135	1100~1180
H60	1080	1060~1080

表 2-26　H68 各种规格铸锭的铸造速度

铸锭规格/mm	结晶器高度/mm	冷却水压力/MPa	铸造速度/m·h^{-1}
ϕ 85	170	0.05~0.10	14.0~16.0
ϕ 145	200	0.05~0.10	9.5~10.5
ϕ 195	225	0.06~0.12	9.0~10.0
ϕ 245	250	0.06~0.12	7.0~8.0
ϕ 295	280	0.08~0.15	4.5~5.5
ϕ 360	280	0.08~0.15	4.0~5.0

153　铅黄铜铸锭生产的铸造方式?

生产多规格、多品种铅黄铜时，宜采用半连续铸造的方法。如果产品品种单一、产量规模较大时，例如生产各种棒材坯料，可采用水平连续铸造的生产方式。

立式半连铸，大多采用工频有芯保温炉的前室作为导流箱，通过其中的液流调节装置控制流量。水平连铸则直接将结晶器水平安装在保温炉的前室上。在炉前室和结晶器之间可以安装液流调整装置，也可以完全不用液流调整装置。不安装液流调节装置时，炉前室中的熔体直通结晶器。水平连铸用保温炉的炉膛深度很重要，只有一定高度的液柱熔体，才能保持一定的静压力，以保证结晶器中始终被熔体所充满。

铅黄铜熔炼过程中容易氧化生渣，转炉和铸造之间都需要对熔体进行清渣。同时，可以在浇铸前室或导流箱内设置挡渣的隔板，使液面上的浮渣不能流动到前室或导流箱中去。如果铸造期间前室或导流箱中的熔体不断得到补充，将有利于避免或减轻铅的密度偏析。有时候在保温浇铸炉之间，再配置一台混合炉，目的在于使熔体中的铅分布更均匀。

铅黄铜铸造时，对于小容量的炉子，往往需要较高的浇铸温度，一般"喷火"2~3次。对于大容量的炉子，"喷火"会造成较大的金属损失，一般不能等到"喷火"现象发生。实际上，感应器电流表指针出现摆动现象，表明熔沟熔体已发生锌沸腾现象，即已达到了浇铸温度。

154　铅黄铜大铸锭生产中为什么要采用"红锭铸造"？

如果采用直接水冷方式铸造铅黄铜大规格铸锭，铸锭内部易产生裂纹，这是因为合金内部存在一定数量的铅所致。为了避免裂纹，如果一再降低铸造速度，铸锭的表面质量又难以保证。

铸造铅黄铜所采用的结晶器一般一次冷却和二次冷却强度可分别控制。铸造过程中，一次冷却仅形成铸锭表层的凝壳，离开结晶器后即进入微弱的二次冷却区，铸锭被缓慢冷却甚至在一定时间内保持红热状态，故称为"红锭铸造"。"红锭铸造"时，保证一次冷却强度尤为重要，结晶器工作腔断面尺寸的锥度设计，是为了减少铸锭与结晶器之间的空气间隙，强化一次冷却，"红锭铸造"提高了铸造速度，同时改善了铸锭表面质量。

某些 HPb59-1 合金铸锭的铸造技术条件见表 2-27。

表 2-27　某些 HPb59-1 合金铸锭的铸造技术条件

铸锭规格/mm	结晶器高度/mm	浇铸温度/℃	铸造速度 /m·h^{-1}	冷却水压力/MPa	覆盖及润滑剂
φ245	285	喷火	10.0~10.5	0.04~0.10	硼砂
φ295	285	喷火	8.5~9.0	0.04~0.10	硼砂
φ360	285	喷火	5.5~6.0	0.04~0.10	硼砂
φ410	285	喷火	4.0~4.5	0.04~0.10	硼砂

155　铝黄铜铸锭生产常采用的生产方式？

HAl77-2 常采用带有前室的工频有铁芯感应电炉作为保温铸造炉，铜液通过导流管进入结晶器，实行封闭式铸造。某些小断面铸锭，有的采用了水平连续铸造的方式生产。化学成分复杂的多元铝黄铜，如 HAl59-3-2、HAl66-6-3-2 等，一般产量较小，为变料方便，可采用工频无芯感应电炉熔炼兼保温方式生产。半连续铸造时，通常在炉前要附加中间浇包，中间浇包设置液流调节装置。

铝黄铜宜采用非直接水冷半连续铸造，结晶器的一次冷却和二次冷却分别独立控制，铸锭离开结晶器后受到水的分散冷却，铸锭保持红热状态。红锭铸造过程中，铸锭横向温差小，有利于减小铸锭内部铸造应力，避免裂纹。

156　铝青铜铸锭生产中采用敞流铸造时的注意事项?

　　铝青铜吸气性强、易氧化生渣，凝固收缩量大。铸造铝青铜圆铸锭时，由于金属液面上形成一层氧化铝薄膜，故结晶器的金属液面可不用任何保护，采用敞流方式铸造。此时，可在结晶器内的金属液面上，放置一个与结晶器工作腔截面尺寸相当的黏土石墨漏斗，熔体通过漏斗底部的孔进入结晶器。漏斗孔径的设计要满足两个条件：一要保证与铸造速度相匹配的流量；二要保证漏斗中始终保持一定高度的液位，使液面上的浮渣不能从漏斗孔流出去。

　　铸造过程中，漏斗底部外缘与结晶器壁之间的距离 20~30mm，此敞露金属液面完全被一层坚固的氧化铝薄膜所保护。漏斗底埋入液面下 10~15mm，使铜液在保持一定静压力的情况下进入结晶器。氧化铝薄膜具有比较大的表面张力，而且与结晶器壁和漏斗材料都不浸润，因而敞露液面始终保持向上的凸拱形状。在液流的推动下，由氧化铝薄膜保护着的凸拱液面，不停地向着结晶器壁的方向滚动。原来液面上的氧化铝薄膜即成为后来铸锭的表面，铸锭表面呈微波浪形状，但比较光滑。

157　QAl10-3-1.5 圆铸锭的铸造工艺参数?

　　QAl10-3-1.5 圆铸锭的铸造工艺参数见表 2-28。

表 2-28　QAl10-3-1.5 圆铸锭的铸造工艺参数

铸锭规格/mm	结晶器高度/mm	浇铸温度/℃	铸造速度/m·h^{-1}	覆盖及润滑剂
φ145	260	1160~1200	5.0~5.5	炭黑
φ175	260	1160~1200	4.0~5.0	炭黑
φ200	260	1140~1180	4.0~4.5	炭黑
φ250	260	1140~1180	3.3~3.7	炭黑
φ300	260	1120~1160	3.0~3.3	炭黑
φ400	260	1120~1160	2.4~2.6	炭黑

158　如何消除镉青铜铸造时的"皱褶"缺陷?

　　由于镉青铜熔体表面张力较小，镉青铜熔体对铜质结晶器材料有良好的浸润性。因此，用水冷铜质结晶器直接冷却半连续铸造镉青铜铸锭时，铸锭表面会产生冷隔，也就是"皱褶"。试验表明，采用石墨结晶器，同时引入结晶器振动工艺，可改善铸锭表面质量，同时可消除铸锭内部裂纹。

159　铬青铜铸锭生产过程中需要注意的问题?

铬熔点高,在高温下易氧化,熔体内容易产生炉渣,增加了半连续浇铸难度。带浇铸前室的工频有铁芯感应电炉,比较适合铬青铜的铸造。导流管直接将熔体导入结晶器,减少了中间环节,减少了铬的氧化,同时可采用较低的浇铸温度。

如果采用无芯工频电炉作为熔炼设备,通过中间包进行浇铸时,需要对中间包进行良好保护,如采用惰性气体及炭黑、石墨粉等,都可以用作保护介质。避免铸锭表面夹渣和使内部组织中的铬均匀分布,是铬青铜铸锭质量控制比较重要的两个方面。通常,只要铜液供给流畅、结晶器内金属液面稳定,铸锭表面质量就不难控制。结晶器经常保持光滑,选用优良的炭黑作为覆盖和润滑剂都很重要。

160　TFe2.5 扁铸锭半连续铸造工艺条件?

铁青铜中含有铁、磷和锌等元素,高温下易氧化,铸造性能差,当采用半连续铸造直接水冷时,铸锭易产生裂纹。目前一般采用非直接水冷的立式半连铸生产方式,铸锭离开结晶器后仍保持红热状态,即"红锭铸造"。

TFe2.5 扁铸锭半连续铸造工艺条件见表 2-29。

表 2-29　TFe2.5 扁铸锭半连续铸造工艺条件

序号	铸造规格/mm×mm	结晶器高度/mm	铸造速度/mm·min⁻¹	覆盖剂
1	140×600	240	50~60	炭黑
2	180×640	330	80~100	炭黑
3	220×650	485	约 100	炭黑
4	200×820	500	80~100	炭黑

161　如何控制白铜铸锭内部的气孔缺陷?

白铜熔体易吸气,倘若吸气过多或脱氧不良,铸锭内部易产生气孔缺陷。因此,浇铸过程中需要对熔体进行严密保护。

带浇铸前室的工频有铁芯感应电炉是理想的浇铸装置。采用无芯感应电炉作为熔炼设备,通过中间包进行浇铸时,中间包内应始终储存一定数量的熔体,同时采取适当的防氧化保护和温度保护措施。碳是白铜熔炼过程中一种良好的脱氧剂,白铜熔体中如果氧含量比较高时,浇铸系统中的石墨组件可能遭到熔蚀而过早损坏。浇铸过程中,石墨组件被不断熔蚀的同时,铜液中的碳含量不断增加。

当白铜中含碳量增加到一定程度时，将会严重恶化加工性能。因此，白铜熔炼过程中，需要采用耐高温、热强度高、抗氧化能力强，尤其是使用不与镍等元素发生反应的材料制造浇铸系统组件。

采用较低的浇铸温度，可减少铸锭中的气孔。白铜铸造期间，需对炉内熔体进行严密覆盖，可通入保护性气体进行防氧化保护。同时还可以对熔体进行适当的补充脱氧，镁和硅是普通白铜理想的脱氧剂。

162 B19 和 B30 扁铸锭半连续铸造的工艺参数?

常用规格的 B19 和 B30 扁铸锭半连续铸造的工艺参数见表 2-30。

表 2-30 B19 和 B30 扁铸锭半连续铸造的工艺参数

合金牌号	铸造规格 /mm×mm	结晶器高度 /mm	浇铸温度 /℃	铸造速度 /m·h^{-1}	冷却水压力 /MPa	覆盖及润滑剂
B19	70×330	200	1280~1330	5.5~6.5	0.06~0.10	炭黑
B19	150×450		1280~1330	3.0~3.5	0.01~0.15	炭黑
B19	140×640	240	1280~1330	3.5~4.0	0.05~0.15	炭黑
B30	75×330	200	1300~1350	4.0~4.5	0.06~0.10	炭黑
B30	140×640	240	1300~1350	3.0~4.0	0.05~0.15	炭黑

163 如何防止铝青铜铸锭表面的冷隔缺陷?

铝青铜铸锭表面产生冷隔的直接原因是结晶器内金属液面温度较低。铸造铝青铜的过程中，随着金属液表面温度的不断降低，金属液表面张力越来越大。当金属液表面膜向结晶器壁的移动不能与铸造速度同步时，表面膜厚度开始增加甚至出现冷凝现象。在随后的内部液体金属静压力的推动下，几乎呈半凝固状态的液面表面膜才被迫向结晶器壁方向滚动，此时，表面膜已无法平展开来，形成冷隔。

防止冷隔可采用如下措施：

（1）适当提高浇铸温度或铸造速度；

（2）保持结晶器内金属液面稳定，避免液面波动；

（3）适当降低导流管或漏斗埋入结晶器内金属液面下的深度；

（4）适当提高结晶器内金属液面的高度；

（5）保持结晶器内金属液面一定的温度，如采用炭黑保护结晶器内的金属液；

（6）改进结晶器设计，适当增加结晶器高度，或加大结晶器上部的缓冷带。

164　如何避免铸锭表面夹渣缺陷的产生?

铸锭表面夹熔渣、金属氧化物、保护介质残留物等异物的现象,称为表面夹渣。当合金组元中易氧化的元素含量较高时,铸造时熔体中易大量氧化而生渣,导致流动性降低,引起液面波动,因此造成铸锭表面夹渣缺陷。另外,当铸造时采用熔融硼砂作覆盖剂时,如果硼砂质量不好,就会导致硼砂夹杂。

避免表面夹渣可采用如下措施:

(1) 浇铸系统应保证熔渣不进入结晶器;

(2) 给予结晶器中液态金属良好保护,防止氧化和造渣;

(3) 保持结晶器内金属液面的稳定;

(4) 及时清除结晶器内金属液面上的浮渣;

(5) 采用新型保护性铸造熔剂,如熔融硼砂;

(6) 采用结晶器振动铸造技术。

165　如何避免铸锭表面流爪及表面凸瘤缺陷的产生?

铸造过程中,由于漏铜而形成的铸锭表面凝瘤,称为流爪。由于凝壳重熔致使局部凝壳厚度减薄不足以支持内部铜液静压力时,铸锭局部表面出现的隆起、结疤,称为凸瘤。

尽量减小铸造过程中由于收缩而产生的铸锭与结晶器之间的间隙,是避免流爪和凸瘤的根本办法。此外,还可以适当降低结晶器内液面高度,或降低铸造速度。

166　铸锭表面横向裂纹缺陷产生的原因及防止措施?

产生铸锭表面横裂纹的直接原因是:铸锭通过结晶器时,铸锭表面受到的摩擦阻力大于铸锭表面强度。

铸锭表面和结晶器工作表面粗糙度高,以及铸锭自身材料的高温抗拉强度低,是导致铸锭表面横裂产生的主要原因。铸锭表面的氧化物夹渣,会增大铸锭在结晶器内滑动的阻力。

水平连铸过程中,铸锭自重效应的结果,使得铸锭下表面与结晶器之间的间隙小于铸锭上表面与结晶器之间的间隙,铸锭的表面裂纹多发生在铸锭的下表面。

水平连铸铜带坯的一种典型的三角形裂口缺陷是由横裂引起的。此种形状的裂口通常起源于石墨模破裂点。当石墨模破损后,破损点的石墨间隙中有铜凝固,带坯在石墨模内滑动时,上述裂缝中凝铜与铜带坯局部凝结在一起,在引拉力作用下局部带坯被撕裂。

避免铸锭表面横裂有以下主要措施:

（1）保持引锭器与结晶器的同一中心性；

（2）经常清理结晶器，保持光滑的工作表面；

（3）加强润滑，保证铸锭通过结晶器通畅；

（4）采用结晶器振动技术。

167　铸锭表面纵向裂纹缺陷产生的原因及防止措施？

铸锭表面产生纵向裂纹的直接原因是铸锭表面局部温度过高。当铸锭在结晶器内滑动时，由于铸锭表面的某一局部温度高于其他部位，致使该局部表面抗拉强度将低于其他部位抗拉强度。铸锭表面温度不均匀分布，在温度最高点形成了裂纹发生的条件。

避免铸锭表面纵向裂纹的主要措施有：

（1）适当降低浇铸温度，或降低结晶器内金属液体控制水平；

（2）强化结晶器的一次冷却强度，减小铸锭表面与结晶器之间的间隙；

（3）清除结晶器铜套外表面水垢，提高导热效率；

（4）及时清理结晶器的出水孔，结晶器局部出水孔阻塞，二次冷却水不均匀，将会造成铸锭断面上温度场的不均匀；

（5）调整导流管或漏斗孔偏斜造成的液穴形状异常；

（6）改进结晶器设计。

168　如何防止铸锭内部气孔和皮下气孔缺陷的产生？

铸造中产生气孔的原因是熔体中含气量过多。熔体中气体来源除可能来自熔炼外，铸造过程也可能造成气体的增加。

避免气孔的办法有：

（1）改善熔体质量，强化熔体脱氧和除气；

（2）铸造开始前，烘烤中间包、导流管或漏斗及结晶器、引锭器等铸造工具；

（3）烘烤铸造用覆盖剂或熔剂；

（4）适当降低浇铸温度；

（5）适当降低导流管或漏斗埋入液面下的深度；

（6）适当减少覆盖物层厚度，及时捞除结晶器内金属液面上的浮渣。

铸锭皮下气孔，一般是由于铸锭与结晶器壁之间的缝隙中返水所致。避免这类气孔的主要方法是适当减小冷却水的压力，或改进结晶器设计，缩小结晶器二次冷却水的喷射角度。

169　如何避免铸锭内部缩孔缺陷的产生？

由于凝固收缩而在铸锭中留下的宏观孔洞，称为缩孔。缩孔是在半连续或连续铸造过程中，自下而上冷却并凝固出现的缺陷，如果有缩孔出现，一般位于铸锭的浇口部位，通常称为集中缩孔。如果操作不当，也可能在铸锭内部产生分散缩孔。

避免铸锭内部缩孔的主要措施有：

（1）适当降低浇铸温度和铸造速度；

（2）合理分配结晶器内液体金属，例如减少导流管埋入液体中深度，或采用多孔分流熔体形式；

（3）避免补口不当，如铸造结束前，应当适当降低铸造速度、冷却强度；停止引拉铸锭后，应及时向铸锭浇口中补充高温熔体，直到浇口中熔体完全凝固为止；

（4）改进结晶器设计，如降低结晶器高度可有效防止缩孔产生的概率。

170　如何防止铸锭内疏松缺陷的产生？

由于凝固收缩而在铸锭内留下的微观孔洞，称为疏松。

疏松缺陷产生的原因，除与铸造工艺相关外，主要与合金的性质有关。合金的结晶温度范围大，树枝状结晶倾向明显时，产生疏松的可能性也大。例如锡磷青铜，采用铁模或水冷模铸造时，疏松缺陷很难避免；而采用直接水冷半连续铸造时，疏松缺陷大大降低。

避免铸锭疏松缺陷的主要措施：

（1）强化铸锭的冷却，细化铸造结晶组织；

（2）促进顺序化凝固和结晶条件，创造良好补缩条件；

（3）采用振动结晶器铸造技术，或电磁搅拌结晶器内液穴中的液态金属，破坏树枝晶的形成条件。

171　如何防止铸锭中心裂纹缺陷的产生？

中心裂纹指的是铸锭中心部位附近发生的宏观裂纹。产生中心裂纹的主要原因是铸锭内外温差大，铸造应力集中到了最后凝固的部位。

避免中心裂纹的主要措施：

（1）适当降低浇铸温度或铸造速度；

（2）严格控制化学成分，防止某些有害杂质元素含量增高；

（3）改进结晶器设计，适当提高结晶器高度或减小铸锭冷却强度。

172　如何避免铸锭劈裂缺陷的产生？

由热应力及残余热应力引起铸锭碎裂的现象，称为劈裂。劈裂多在低温下发生。产生劈裂的主要原因在于合金自身性质，化学成分复杂，导热性能差，或中温塑性差的合金，在直接水冷铸造时可能发生劈裂。可降低冷却强度、铸造速度，或采用红锭铸造等方法防止劈裂的产生。

173　常用立式半连续铸造机的传动方式及特点？

（1）丝杠传动式半连续铸造机。丝杠传动式半连续铸造机（图 2-14）具有

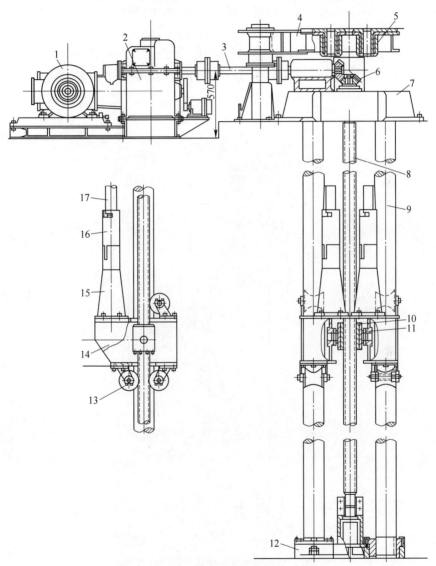

图 2-14　丝杠传动式半连续铸造机

1—电动机；2—减速机；3—传动轴；4—结晶回转盘；5—结晶器；6—伞齿轮；
7—上部固定架；8—传动丝杠；9—导向杆；10—螺母座；11—对开螺母；12—下部固定架；
13—导向轮；14—升降台车；15—引锭器固定座；16—引锭器；17—引锭

控制系统简单、铸造速度稳定、运行可靠、牵引力大，利于克服铸造过程中铸锭的悬挂现象等特点。最主要的优点是，铸造过程中的铸造速度不受铸锭自身重量逐渐增加的影响。其缺点是：主要设备安装在深井中，工作条件不好，维护不方便。此外，丝杠传动比钢丝绳传动平稳，但不如液压传动平稳。

（2）钢丝绳传动式半连续铸造机。钢丝绳传动式半连续铸造机（图 2-15）的主要优点是结构简单，容易制造，成本低廉，一般不需要安装在深井中，维护方便。主要缺点是在升降台车运行过程中，容易出现摇晃现象，不如丝杠传动式铸造机运行稳定。当钢丝绳出现打滑现象时，铸造速度将可能发生失控现象。此外，由于钢丝绳长期在与冷却水接触的环境中工作，容易磨损、生锈，直至发生断股。

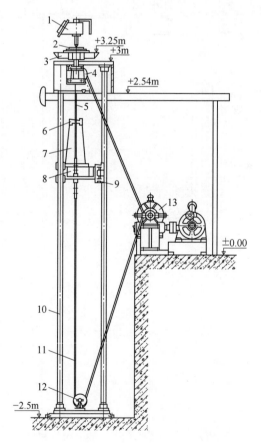

图 2-15　钢丝绳传动式半连续铸造机

1—浇铸箱；2—结晶器；3—回转盘；4—上部滑轮；5—向上牵引台车的钢丝绳；

6—引锭器；7—引锭座；8—升降台车；9—滑瓦；10—导向杆；

11—向下牵引台车的钢丝绳；12—下部滑轮；13—卷扬机

（3）液压传动式半连续铸造机。现代液压传动式半连续铸造机（图 2-16），不仅得到了新的高精度和长行程液压缸制造技术的支持，且普遍采用了通过比例流量阀等较先进的技术控制液压传动系统，以及可编程控制器 PLC 为控制核心的电气控制系统。最长铸锭可达 12m，铸造过程可实现高度自动化。铸造速度调节范围较宽，运行稳定，构造简单，应用越来越广泛。其最大缺点是液压缸安装在较深的地下，需要一倍于有效行程的深度，并要求较高的垂直精度。

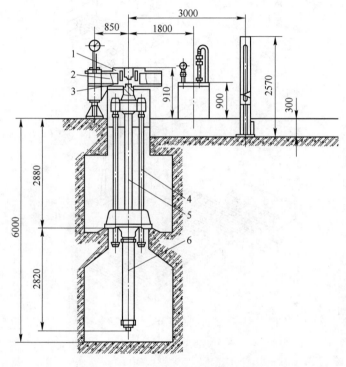

图 2-16　液压传动式半连续铸造机

1—结晶器；2—回转台；3—引锭器；4—导杆；5—柱塞；6—柱塞缸

174　圆断面铜铸锭大型立式连续铸造机组的结构及特点？

现代化的铸造圆断面铜铸锭的大型立式连铸机组见图 2-17。大型立式连续铸造机组，需要有相应容量及生产率的熔炼炉组与之配套。铸造机的机架通常为坚固的钢结构，铸造机可以建在地上，也可以建在地下或半地下。

该铸造机由结晶器平台及振动装置、铸锭牵引装置、锯切装置、铸锭接收和倾翻装置、输送装置及铸锭引拉程序、浇铸炉的出铜流量控制、结晶器内金属液面控制和冷却水系统等组成。大型立式全连续铸造机组，通常都配置有自动打印机和电子称重等装置。大型立式全连续铸造机组，铸造程序包括浇铸的铜液流

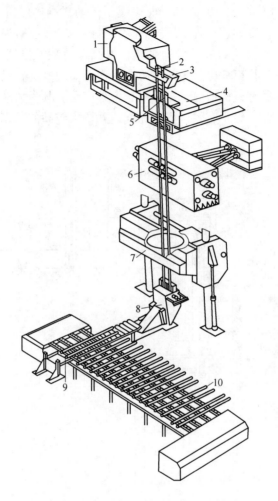

图 2-17　大型立式连续铸造机组

1—浇铸炉；2—液体金属流量控制系统；3—浇铸炉前室；4—结晶器平台及振动装置；5—结晶器；
6—铸锭拖动（牵引）装置；7—随动锯；8—铸锭接收筒及倾翻装置；9—打印机；10—铸锭输送辊道

量、结晶器内金属液面、冷却强度、铸锭锯切长度、锭坯接收和翻锭等主要工作，一般采用 PLC 及工业计算机自动控制，有的在比较重要的部位还设置摄像机和监视器。

立式全连铸机组最大的优点是机械化和自动化程度高，生产能力高，成品率高，适合于大规格，单一品种和规格铸锭的生产。工人劳动条件也比较好。其缺点是机组占地面积和空间都比较大，例如一台生产宽度 1200mm，锭坯长度 8m 的机组，仅铸造机设备的高度就近 20m。其投资和建设周期都远远超过相同铸锭规格的半连续铸造设备。

175　铜棒坯和管坯水平连铸机组结构及特点?

简单的铜棒坯及铜管坯水平连铸机组见图 2-18。通常由保温浇铸炉、结晶器装置、引锭装置和锯切装置等组成。水平连铸机适合于铸造中、小规格断面的铸锭，一般棒坯直径 $\phi15 \sim 500\text{mm}$，管坯外径 $\phi25 \sim 500\text{mm}$，最小壁厚为外径的 10%。

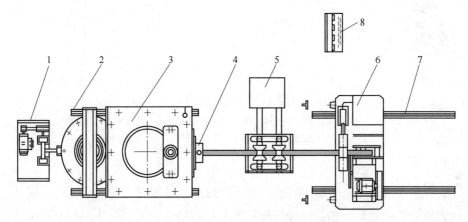

图 2-18　铜棒坯及管坯水平连铸机组
1—振动装置；2—保温炉行走轨道；3—浇铸炉；4—结晶器装置；
5—铸锭牵引装置；6—自动锯切装置；7—锯床行走轨道；8—操纵台

较大规格铸锭在水平连铸过程中由于自重效应，在铸锭和结晶器之间往往出现不均匀的间隙。铸锭规格越大，间隙也越大，阻碍热交换越严重，使铸造速度受到限制，进而可能影响到铸锭的表面质量。另外，上述间隙的不均匀，也导致铸锭组织的不均匀。故目前水平连铸工艺只对生产中小规格的棒坯和管坯比较成熟。

176　铜带坯水平连铸生产线的组成及特点?

图 2-19 为现代铜带坯水平连续铸造生产线示意图。现代铜带坯水平连铸机列通常包括熔炼炉、保温铸造炉、牵引装置、双面铣床、剪床、卷取机、结晶器、冷却系统、铣屑收集和输送系统等。有的机列中不包括双面铣床，铸坯下线后在另外的铣床上进行铣面加工。有的机列还包括退火炉及微型压延设备，对需要进行退火和微量压延的带坯连续地进行加工。

由于铜带坯通常采用反推的微程引拉程序，因此在线的双面铣床、剪切机、卷取机等设备应是随动设备，能与铸造程序中的"拉-停-反推"等动作保持同步移动。

现代铜带坯水平连铸机列，通常都把保温铸造炉内铜液温度、结晶器冷却系统参数、铸坯表面温度和铣床、剪切机和卷取机等运行信息，以及生产统计信息等和带坯铸造程序参数等纳入引拉机操作台及计算机的管理中。

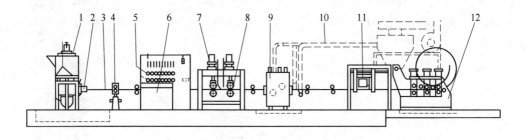

图 2-19　现代铜带坯水平连续铸造生产线

1—保温炉；2—结晶器装置；3—铸造带坯；4—托辊；5—冷却水分配器及控制系统；

6—保温炉和牵引装置的操作台；7—压紧辊；8—牵引辊；

9—双面铣床；10—抽吸铣屑系统；11—液压剪装置；12—卷取机

铜带坯水平连铸机列的主要优点在于：解决了某些铜合金（如锡磷青铜、锌白铜和高铅黄铜等）采用厚断面铸锭热轧开坯困难的工艺难题，同时节省了热轧需要预先加热铸锭所需的大量能源。铜带坯水平连铸机列适合于单一合金品种和单一铸锭规格带坯生产，所生产的带坯产品质量稳定，成品率比较高。

177　怎样进行结晶器热交换能力计算？

铸造过程中，金属在冷却及凝固过程中所放出的总热量 q 为：

$$q = (t_1 - t_2)c_1 m + Qm + (t_3 - t_4)c_2 m$$

式中　t_1——铸造金属熔体的温度，℃；

　　　t_2——铸造金属开始结晶温度，℃；

　　　t_3——铸造金属结晶终了温度，℃；

　　　t_4——铸造金属铸锭离开结晶器装置（或二次冷却装置）时的温度，℃；

　　　c_1——铸造金属熔体在 t_1 与 t_2 之间的比热容，kJ/(kg·℃)；

　　　c_2——铸造金属铸锭在 t_3 与 t_4 之间的比热容，kJ/(kg·℃)；

　　　Q——铸造金属在结晶温度时的结晶潜热，kJ/(kg·℃)；

　　　m——铸锭的质量，kg。

铸造金属在冷却及凝固过程中需要的冷却水量 W 为：

$$W = q/c_3(t_5 - t_6)$$

式中　q——铸造金属在冷却及凝固过程中所放出的总热量，kJ；

　　　c_3——水的比热容，kJ/(kg·℃)；

t_5——铸锭离开二次冷却区时的温度，℃；

t_6——结晶器的进水温度，℃。

以上为铸造金属与结晶器装置之间热交换时所需冷却水的理论计算。实际设计结晶器时，对于冷却水的供给大多以经验数据作为主要参考依据。通常冷却水的温升不宜超过 35～40℃。一般设计大都采用远大于理论计算所需要的冷却水量。

178　铸造过程中提高水冷强度的主要措施?

铸造过程中，影响铸锭实际冷却强度的因素有很多，除冷却水外，还有结晶器内套材质、有效高度和锥度、浇铸温度和铸造速度等。当然，起决定性作用的因素是冷却水。

当冷却水温度一定时，提高一次冷却强度的主要措施包括：

（1）在一定限度内增加冷却水量，例如加大水路横断面积，或在一定限度内增大水的压力（即流量）；

（2）在冷却水的流量一定时，提高水在结晶器水室中，特别是贴近内套表面壁层的流速，例如采用小水缝或小水槽水路。此方法可以提高冷却水的利用率。沿结晶器内壁的水流速度慢，不但水冷强度小，而且当水质较硬时，容易结垢而降低水冷强度。

一次冷却水全部转换为二次冷却水使用时，也可以用紧靠结晶器单独的水冷套向铸锭表面喷水。

当水温一定时，提高二次冷却强度的措施包括：

（1）在一定限度内增加冷却水的流量；

（2）水流量一定时，提高水贴近内套表面壁层的流速，出水孔总横断面积等于或稍小于进水孔的总横断面积；

（3）选择合理的喷射角及出水形状。图 2-20 为结晶器二次冷却水喷射角度示意图。喷射角一般取 15°～30°。喷射角偏小，铸锭出结晶器后较长一段（图中 H）得不到冷却。喷射角偏大，二次冷却水喷射到铸锭表面之后飞溅现象严重（如图中的外层箭头所示），冷却水的利用率不高，有时，水还容易向上窜入结晶器内。

当喷射角一定时，在保证结晶器内壁翻修的加工余量和刚度的前提下，应尽量减小 S，以减小 H。当 S 较小时，喷射角

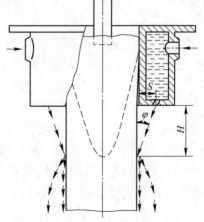

图 2-20　结晶器二次喷射角示意图

取 20°~25°，有利于提高二次冷却效果。

理想的二次冷却出水形状应该为均匀的片状水幕。但由于片状水幕对结晶器的制造、装配和维修精度要求都非常高，实际设计多将二次出水形状做成均匀分布的小水柱。

179 如何选择铜合金铸造结晶器的材料？

铜合金铸造过程中，结晶器外壳可以采用铸铁、铸钢材料或者钢结构材料制造。在结晶器所有构件中，其内套的工作环境是最恶劣的。其工作表面与高温铜液直接接触，另一侧被水室中的水冷却，两侧的最高温差达数百乃至上千摄氏度。因此，内室材料的选择是结晶器设计的要素之一。作为结晶器的内套材料，一般应该满足以下条件：（1）具有良好的导热性；（2）具有足够的强度和刚度，包括高温下强度和刚度，以避免或者减小在反复激冷激热工作条件下自身的变形，或者来自铸锭因收缩的原因引发的应力冲击；（3）具有足够的耐磨性，包括采用表面镀铬等手段获得耐磨性；（4）资源丰富，容易加工。导热性能良好的纯铜是铜及铜合金铸造结晶器内套的主要材料。铬青铜和银铜虽然比纯铜具有更优良的性能，但是由于价格比较高而受到了限制。

180 浇铸温度、浇铸速度、铸模温度对铸造过程的影响？

（1）浇铸温度。浇铸温度过高，可能造成熔体吸气及结晶晶粒尺寸粗大，还可能引起涂料过早燃烧。浇铸温度过低，可能造成涂料挥发过迟。两种情况都会恶化铸锭的表面质量。合理的浇铸温度，有利于补充凝固过程中的收缩，避免铸锭缩孔缺陷的产生。铁模和水冷模铸造时，通常浇铸温度选择在熔点或液相线以上 100~150℃。采用立模并且通过漏斗浇铸的方式，浇铸温度应该比平模采用吊包浇铸方式时稍高。当然，尽可能降低浇铸温度，是所有铸造方式中都必须遵循的原则。

（2）浇铸速度。浇铸速度取决于金属或合金的铸造性质、铸模结构、铸锭断面尺寸等因素。浇铸速度过快，凝固过程发生收缩时，补充困难，容易产生缩孔等缺陷。同时，当浇铸速度快时，液流中也容易裹进熔渣。如果涂料燃烧速度跟不上，即在液面以下仍有涂料燃烧时，还可能引起铸锭表面粗糙，或者产生铸锭皮下气孔等缺陷。浇铸速度过慢，铸锭表面容易出现冷隔，如果燃料过早燃烧，还可能使铸锭表面夹渣，而且熔体中的夹杂物也不容易上浮。

（3）铸模温度。新的铸铁模在投用之前，需要进行充分预热。即使不是新的模子，使用前也要对铸模进行适当的预热。铸模连续使用时，需要在每次脱模后进行适当的冷却，因为每次刷涂料和浇铸时，都需要模具有一定的温度。铁模铸造，主要通过模比，即铸模的壁厚设计，实现所要求对铸锭冷却的强度。水冷模铸造，通过冷却水的温度、流量调节，控制铸锭冷却强度。同样，刷涂料时，也需要水冷模内壁具有一定的温度。

181 铸模涂料的作用、分类、组成及作用原理?

铸模涂料的作用：向铸铁模和水冷模中浇铸金属或者合金液体之前，都需要在模壁表面刷以涂料。涂料的作用是保护铸模，改善铸锭表面质量。

根据涂料中挥发物质的含量，可将涂料分为三类：

（1）油脂型涂料。油脂型涂料中含挥发物质在 90% 以上。油脂型涂料的主要原料有：动物、植物及矿物油，例如猪油、豆油、蓖麻油、菜籽油、肥皂、桐油和松香，以及煤油、机油、变压器油等。

（2）耐火型涂料。耐火型涂料基本是不含有或者少量含有挥发物质，有的把此类涂料称为干性涂料。耐火型涂料的主要原料有炭黑、石墨粉、氧化镁、滑石粉和骨粉等。

（3）混合型涂料。混合型涂料中，既含有油脂成分又含有耐火质成分，俗称半油脂或半干型涂料。

耐火型涂料适合于浇铸过程中很少产生熔渣的熔体，涂料主要作用是保护铸模。当油脂型涂料中含有闪点高的油脂成分较多时，适合于浇铸熔点比较高的金属，闪点低的适合于浇铸熔点低的金属。

涂料的作用原理：模壁表面涂料挥发过程中，产生的带有一定压力的气体流，对金属液面上的浮动渣有推离作用，有利于避免或者减少浮动渣向模壁靠拢或者停留的机会。

铸模涂料的配方及制作方法见表 2-31。

表 2-31 铸模涂料的配方及制作方法

序号	配方	制 作 方 法	备注
1	骨粉：水=6：4	1. 将兽骨（例如牛骨）置于炉内，使其在 1100℃左右的温度下煅烧 4~6h，煅烧后即成为白色骨灰； 2. 将白色骨灰和水混合在一起并放到球磨机中进行研磨加工，研磨后的骨粉粒度应在 0.074mm（200 目）以上； 3. 使用前，将按此比例调好的骨粉水溶液搅拌均匀	将骨粉水溶液喷到铸模的工作表面上，待其中的水分蒸发掉以后才能进行浇铸作业
2	煤油：炭黑=(7~9)：1	1. 将煤油稍微加热至 110~120℃，以去除其中的水分； 2. 将过了筛的干燥炭黑粉分批加入脱水煤油中，边加边搅拌至均匀为止	煤油，即火油

序号	配方	制　作　方　法	备注
3	豆油∶肥皂=6∶4	1. 将切成小片的肥皂分批加入脱过水的油中慢火加热熔化，熬到油表面泡沫消失为止； 2. 以上过程须仔细进行，即待第一批肥皂化后再加第二批，依此类推； 3. 在整个熬制过程中，应不断地搅动油液，以利于豆油和肥皂的均匀混合，油液表面不再起沫时表示涂料已经熬好	豆油可以用蓖麻油替代，熬制时蓖麻油脱水的标志是油表面开始冒烟，往蓖麻油中加肥皂的方法与熬制豆油肥皂涂料时相同
4	豆油∶煤油∶炭黑=1∶（2~4）∶适量	1. 将豆油放在铁锅中用慢火加热，待油中水分全部蒸发完为止，其标志是油液表面上的泡沫消失； 2. 向脱水豆油中加入煤油； 3. 向豆油和煤油的混合物中加入干燥并过了筛的炭黑粉，仔细搅拌直到均匀为止	蓖麻油、机油都可以作为豆油的替代品，熬制方法与之相同
5	酒精∶松香=98∶2	1. 将酒精放在铁锅中稍微加热； 2. 将松香加入预热了的酒精液中，边加边搅拌，直到均匀混合为止	此涂料随用随熬，熬好的涂料不宜久放

涂料的应用：涂料的使用方法基本上有两种，即喷涂或刷涂。骨粉水溶液（俗称"骨浆"），可通过喷雾器喷涂到铸模的工作表面上。大多数油脂涂料及半油脂涂料，可用毛刷刷到铸模的工作表面上。刷涂料之前，应该用钢丝刷将铸模工作表面清理干净。刷涂料时，铸模应具有一定的温度，以使油脂涂料能够在壁模上均匀展开。模温过低时，涂料容易刷得过厚，而且不容易均匀。模温过高时，容易引起涂料的燃烧。喷涂骨粉水溶液时需要一定的模温，以保证其中的水分能够在浇铸之前彻底蒸发。

182　如何选择铁模和水冷模的铸模材料？

生产铜合金铸锭时除了常用铜作为铸模材料以外，一般都以灰口铸铁或球墨铸铁材料作为制造铸模的材料。

灰口铸铁在高温下有较好的抗氧化能力抵抗熔体冲刷、侵蚀的性能，当其被反复加热和冷却时也不容易发生扭曲变形或开裂，而且价格便宜，容易制造。如果铸铁中磷和硫的含量较高时，可能影响铸模的使用寿命。铸铁中含有一定数量的硅，有助于材料本身变形为灰口。

除对化学成分要求严格之外，铸模同时应具备以下条件：

（1）结晶组织致密，无物理缺陷，尤其内壁表面应较光滑。铸造的自然表面，往往是最理想的工作表面。

（2）尺寸准确，对开式结构铸模，不仅工作尺寸要求准确，装配尺寸也应要求准确。

新的铸模投用之前，应进行适当的退火处理，以延长其使用寿命。

183　铁模和水冷模铸造工艺有哪几类?

铁模和水冷模铸造工艺有平模铸造、立模铸造、倾斜模铸造和无流铸造。

（1）平模铸造。平模铸造主要用来铸造横截面为方形或者矩形，而厚度（高度）尺寸不大的块状铸锭，大多通过盛有铜液的浇包直接进行浇铸。浇铸时，首先将浇包悬于模子上方适当高度，并使包嘴对准所要浇铸的位置。平模铸造过程示意图见图 2-21。

浇铸过程中，既要掌握好浇铸的速度，又要不停地摆动包嘴，不断改变铜液的落点，这样可避免造成铸锭局部气孔，或者造成铸锭局部表面裂纹。浇铸结束时，迅速将模内液体金属表面上的浮渣扒除，随即盖上稻草灰或者炭黑等，对铸锭浇口部位进行保温和保护。

除铜铸锭外，平模主要用于生产一些易产生气孔及热轧易裂的合金，例如铅黄铜、锡黄铜、锌白铜等复杂合金铸锭。平模铸造的主要缺点是浇口面积大、铸锭铣面时加工量大、成品率低。

（2）立模铸造。液流的导入通常是通过漏斗进行的。其浇铸过程示意图见图 2-22。当铸锭的断面较大、铸模较高时，需要在铸模顶部附加一定高度的保温帽。漏斗的主要作用是：1）当其中储存有 2/3 左右高度熔体时，液面上的浮渣就不会从漏斗孔中流出，可避免铸锭夹渣缺陷；2）通过漏斗孔可以导正液流方向，避免液流直接冲击铸模侧壁，即可避免铸模局部温度过高，或者涂料过早燃烧现象，有助于改善铸锭的表面质量；3）通过漏斗孔径，可以控制浇铸速度。

浇铸前须将漏斗充分预热。浇铸小型铸锭时，可用黏土石墨坩埚改制浇铸漏斗；浇铸大型铸锭时，漏斗通常是钢结构或铸铁结构外壳，内部衬有耐火材料，可以多次反复使用；浇铸普通黄铜时，可以使用铸铁质材料制造的漏斗。

保温帽的作用是避免铸锭内部缩孔的产生。保温帽内衬应采用保温性能比较好的耐火材料。保温帽内熔体冷却速度应低于铸模内熔体的冷却速度。当浇铸大断面铸锭时，铸锭的凝固收缩量比较大，保温帽中的高温熔体可以对铸锭凝固过程中的收缩进行补充，而最后将缩孔移到保温帽中。

当熔体充满保温帽时，可向保温帽内的敞露液面覆盖某种保温性能好，或者能够发热的材料，以延缓保温帽内熔体的冷却。立模浇铸大规格铸锭时，浇铸后及时补口是非常重要的。所谓补口，即在通过铸锭浇口部不断地补充高温熔体，直到整个铸锭凝固过程完全结束为止。一般情况下，浇铸速度宜先快后慢。

（3）倾斜模铸造。倾斜模铸造过程示意图见图 2-23。铸造开始前，先将铸模倾斜至与水平成 10°~25° 角的位置。随着浇铸过程的进行，即模腔内熔体液面的不断升高，同时使铸模逐步向着垂直方向转动。当熔体充满模腔时，铸模刚好达到垂直位置，浇铸结束。

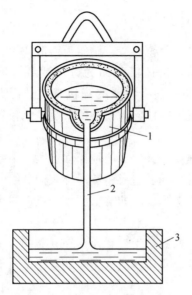

图 2-21　平模浇铸过程示意图
1—吊包；2—熔体流柱；3—铸模

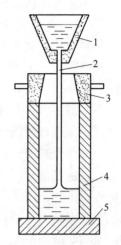

图 2-22　立模浇铸过程示意图
1—漏斗；2—熔体流柱；3—保温帽；
4—铸模；5—底垫

　　倾斜模铸造的主要特点是浇铸过程中，熔体落差小，而且熔体始终沿着铸模的一面侧壁平稳流动，从而减少和避免了液体的飞溅，以及熔体吸气和生渣的机会。实际上，由于不断上升的液面始终保持安静状态，凝固过程中析出的气体也容易排出。显然，倾斜模铸造法对于某些浇铸过程中容易吸气和生渣的合金（例如硅青铜、铍青铜等）比较合适。

　　（4）无流铸造。铸造过程中，由于铸模内流柱短得几乎看不到流动，近似无流，因此称为无流铸造。无流铸造所采用的铸模有铁模和水冷模两种，其铸造原理见图 2-24。

　　浇铸过程中，"一"形模始终呈固定位置。"Ⅱ"形模通过某种机械传动方式垂直向下移动。"Ⅱ"形模的移动速度即铸造速度。无流铸造时，模内金属液面始终不能超过"一"形模上缘。如果超过，铸造过程将可能失败。

　　无流铸造，特别是扁断面铸锭的无流铸造，沿铸锭断面长轴方向设置的液流分配槽，有利于液流的均匀分配，使得液穴趋于浅平。铸锭自上而下的方向性结晶倾向性强，因而非常有利于避免铸锭的气孔、夹杂、疏松、偏析等缺陷。另外，除了在"一"形模与铸锭模表面之间有相对运动以外，铸锭的另三个表面均与铸模不发生相对运动，有利于改善铸锭的表面质量。

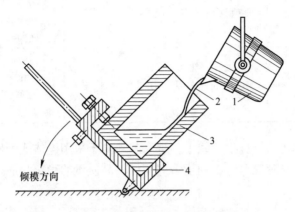

图 2-23　倾斜模浇铸过程示意图

1—浇包；2—熔体流柱；3—铸模；4—铸模倾斜装置

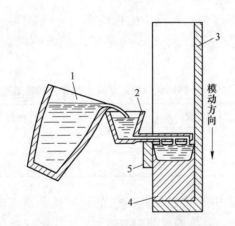

图 2-24　无流铸造过程示意图

1—浇包；2—漏斗及液体分配槽；
3—"Π"形活动槽；4—铸锭；5—"一"形活动模

184　上引式连铸装置中熔化炉和保温炉的配置方式及特点?

上引连铸中，如果从熔化炉和保温炉的配置方面区分，一种是分体式配置，即熔炼炉和保温炉分别独立；另一种是连体式配置，是指将保温炉和熔炼炉做成一体，熔化炉中的铜液通过两熔池间的通道自动进入保温炉。

熔化炉和保温炉的不同配置比较见表 2-32。

表 2-32　熔化炉和保温炉的不同配置比较

炉型	优　点	缺　点
分体式	成分控制均匀，保温炉温度波动小，铜液经过精炼质量可控制	铜液在转移过程中保护有困难，保温炉液位有较大冲击，液位跟踪器频繁启动
连体式	炉子液位稳定（生产操作熟练后可基本控制不变，不用液位跟踪器），铜液保护好，操作简便	保温炉的温度受加料影响大，精炼作用差，原料品质波动对产品质量影响明显，生产合金时成分波动大等

目前上引式铸造铜杆生产线中，越来越趋向于采用连体式配置。这是因为熔炼炉和保温炉各自独立时，不利于铸造铜杆产品质量的稳定，而且材料消耗也比较高。

185　上引连铸铜杆的工艺参数及控制要求？

上引铜杆的工艺参数及控制要求如下：

（1）铸造温度。熔炼炉与保温炉的铜液温度应该基本一致。稳定的温度控制，有利于稳定的铸造过程。表 2-33 为某工厂推荐的保温炉和熔炼炉内铜液温度。

表 2-33　推荐的保温铸造炉和熔炼炉内铜液温度

合金	保温炉温度/℃	熔炼炉最高温度/℃
纯铜	1140~1180	1160~1190
H62	950~980	喷火（约 1110）

（2）上引速度。上引连铸速度除与结晶器结构和系统的冷却能力有关外，还与上引牵引机构有关。系统的冷却能力越大，上引铜杆线径越小，上引的速度也就越快。另外，机构控制精度越高，运行越稳定，越有利于引拉速度的提高。表 2-34 为某工厂推荐的不同规格铸造铜杆的上引速度。

表 2-34　推荐的铸造铜杆的上引速度

线径 ϕ/mm	8~10	12~15	16~20	25~32
速度/m·min^{-1}	2.5~3.5	0.7~1.5	0.5~1.0	0.3~0.7

（3）冷却强度。通常，上引铜杆铸造时结晶器的进水温度可以控制在 20~32℃，水流量可以控制在 18~35L/min。上引连铸用的冷却水应硬度低，且水质清洁、无悬浮物，以保证结晶器内所有水路畅通、不结垢。可以减少对结晶器的

清理，提高设备的利用率。

（4）铜液的质量控制。由于熔炼炉常采用弱还原性气氛熔炼，因此应该以优质的阴极铜为原料。熔炼炉和保温炉内的熔池，都可以采用干燥的木炭或鳞片石墨作为覆盖剂，以隔绝空气和保护熔体。

186　铜线坯的连铸方式分类及工作原理？

铜线坯连铸技术主要有上引式连铸、轮带式连铸、钢带式连铸和浸渍成型铸造。

（1）上引式连铸原理：上引式连铸是利用真空将熔体吸入结晶器，通过结晶器及其二次冷却而凝固成坯，同时通过牵引机构将铸坯从结晶器中拉出的一种连续铸造方法。

上引铜杆所用结晶器示意图见图 2-25。由于在结晶器中铜液的冷却、凝固所散发出的热量都是通过间接方式进行的，而且铸坯发生收缩时已离开模壁，加上模内又处于真空状态，铸锭的冷却强度受到一定限制，生产效率比较低。因此，上引连铸通常都是采取多个头（即多个结晶器）同时进行生产。

（2）轮带式连铸原理：轮带式连铸是指采用由旋转的铸轮及与该铸轮相互包络的钢带所组成的铸模进行浇铸的一种特殊铸造方式。

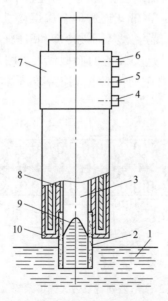

图 2-25　上引式连铸用结晶器结构示意图

1—铜液；2—石墨内衬；3—铸造杆；4—进水口；5—出水口；

6—抽真空口；7—结晶器头部；8—真空室；9—液穴；10—冷却水套

　　轮带式连铸铸造过程原理示意图见图 2-26。铸轮周边的凹槽呈船形，用一条无端钢带将铸轮和惰轮包裹起来，槽与钢之间的空间即为模腔。铸轮与钢带均采用水冷却。铸轮的温度、冷却水的温度和流量、引拉速度等都受到精确控制，从而获得稳定的结晶组织和开轧温度。

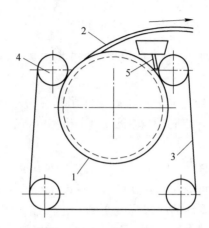

图 2-26　轮带式连铸原理示意图

1—铸轮；2—铸坯；3—带钢；4—导轮；5—浇铸口

　　轮带式连铸不仅可以铸造线坯，也可以铸造较窄的带坯。

　　(3) 钢带式连铸原理：钢带式连铸即金属熔体被浇铸入由上下环形钢带和左右环形青铜侧链组成的结晶腔，从而被冷却和凝固成坯的一种特殊铸造方法。

　　美国哈兹列特连铸机是这类装备的典型代表。图 2-27 为哈兹列特双带式连铸系统示意图。图 2-28 为哈兹列特双带式连铸结晶器。

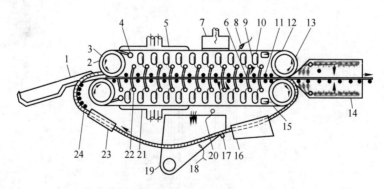

图 2-27　哈兹列特双带式连铸系统示意图

1—浇铸漏斗；2—压紧轮；3—盘圆管喷嘴；4—集流水管；5—钢带烘干器；6—回水槽；7—排风系统；
8—钢带涂层；9—分水导流器；10—集水器；11—鳍状支承辊；12—上钢带；13—后轮；14—二次冷却室；
15—下钢带；16—挡块冷却；17—下支承辊；18—挡块涂层装置；19—排风系统；20—钢带涂层；
21—钢带烘干器；22—高速冷却水喷射口；23—挡块预热器；24—挡块

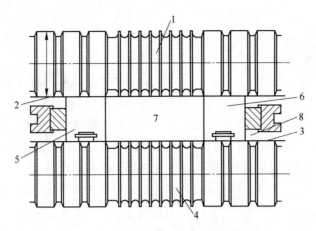

图 2-28　哈兹列特双带式连铸结晶器

1, 4—上、下鳍状支承辊；2, 3—上、下钢带；
5, 6—左右挡块；7—模腔；8—穿块带子

铸造开始前，将引锭头插入钢带与边块构成的模腔中，使结晶器封闭。金属熔体通过流槽，前箱和浇铸嘴或分配槽进入结晶器。开动连铸机的同时，必须保证钢带移动速度和金属流量之间的平衡，使液面刚好保持低于结晶器的开口处。由于金属在凝固过程中伴有收缩现象发生，因此整个冷却和凝固过程可能在结晶器总长度的 1/3、1/2 乃至全长上连续进行。采用向铸坯表面直接喷射二次冷却水的方式，可以提高铸造速度。

（4）浸渍成型铸造原理：浸渍成型铸造即浸涂成型铸造，是指通过对"种子杆"在熔体中浸渍而凝固成型的一种特殊铸造方法。图 2-29 为浸渍成型铸造原理示意图。将经过扒皮相对温度较低的芯杆（即种子杆），以一定速度沿垂直

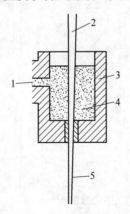

图 2-29　浸渍成型铸造原理示意图

1—保护气；2—铸造杆；3—坩埚；4—铜液；5—种子杆

方向通过盛有定量熔融铜的石墨坩埚。铸造过程中，移动的种子杆不断从熔融铜中吸热，熔融铜不断放热，即熔融铜不断在种子杆表面凝固，从而获得直径大于种子杆的铸造件。

铸造杆直径与种子杆温度、铜液温度、坩埚中铜液面高度及种子杆移动速度等因素有关。当这些因素都稳定不变时，铸造杆直径为一定值。

现代浸渍成型铸造的主要工艺特点是：（1）浸渍成型铸造是以种子杆作为铸模，因此省去了与铸模有关的设备及材料的消耗。（2）浸渍成型铸造过程中，从种子杆进入石墨坩埚起直到铸造杆生成，都不与其他介质接触，因此铸造杆不会产生夹杂等缺陷。（3）整个铸造过程都在保护气氛下封闭进行，非常适合于高品质无氧铜线坯的连续生产。（4）可以铸造断面非常小的铸造杆。

187　立式半连铸过程中结晶速度和铸造速度的关系？

立式半连铸过程，结晶前沿上任一点沿其法线方向移动的速度，称为该点的结晶线速度。结晶前沿各点在单位时间内沿各自的法线方向移动的平均距离，称为铸锭的平均结晶速度。结晶面上任一点 i 的结晶线速度 u_i 如下式所示：

$$u_i = v_{铸}\sin\varphi$$

式中　$v_{铸}$——铸锭的铸造速度；

φ——铸锭垂直中轴线与 i 点处结晶前沿的切线之间的夹角。

由图 2-30 和上式可看出平均结晶速度和铸造速度之间的关系，当液穴较深、

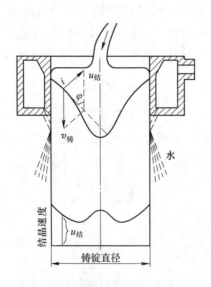

图 2-30　结晶线速度与铸造速度的关系示意图

φ 角较小时，平均结晶速度方向更趋于垂直于铸锭中轴线的方向；而 φ 角较大，液穴较平浅时，平均的结晶速度方向更趋于平行于铸锭中轴线方向。平均结晶速度方向实际上是晶粒长大的主方向。晶粒的长大是沿各个方向同时进行，但晶粒长大是以主晶轴成长方向为主方向的。

188　立式连铸过程中过渡带大小的影响因素？

立式连铸过程中过渡带大小与合金结晶温度范围、导热系数及铸造过程中的冷却速度等因素有关。连续铸造过程希望过渡带越小越好，纯铜和结晶温度范围小的合金，如某些黄铜、铝青铜等凝固时过渡带较小，过渡带小时固相在两相区移动较小，容易长成柱状。对一些结晶温度范围较大的合金，如锡青铜，由于其过渡带大，起始形成的晶核或者尚未长大的晶体有充分的时间自由生长，而不是很快彼此相遇，因此易长成等轴晶。降低结晶器高度、加大冷却强度等都会在某种程度上减小过渡带。反之，增加结晶器高度、减小冷却强度会拉大过渡带。对于某些易产生裂纹的合金采用高结晶器铸造，甚至完全没有二次直接水冷的铸造方式，以加大过渡带，减小内外温差，从而避免铸锭产生裂纹。

189　影响铸锭加热时间的因素及计算方法？

加热时间通常包括升温时间和保温（均热）时间，加热时间的确定应考虑合金的导热性、金属热容，还应考虑加热炉的传热方式、装料方法及锭坯尺寸等因素。

（1）加热时间的长短，首先要保证铸锭温度达到要求，并且锭坯各部分温度均匀，温差一般不超过 $15\sim20℃$，在此前提下，加热时间越短越好。

（2）对于导热性能较好的合金来说，快速加热可以减轻表面氧化程度，减少烧损，降低能耗，提高加热炉的生产效率。快速加热的主要方法是提高炉温或高温装炉，炉温越高，热传导越快，加热就越快。对煤气炉来说，升温的快慢还与煤气流量、炉膛压力有关。

（3）当锭坯尺寸较大、装料方法及传热方式不利于快速加热时，应适当延长加热时间；反之，可减少加热时间。

（4）加热时间必须与加热温度、合金性质等因素综合考虑，如果控制不当，出现锭坯温度过高、过低及料温不均时，在热加工中易出现板材表面裂纹、裂边、翘曲、侧弯、厚薄不均、挤制品头部开花等缺陷，甚至闷车，无法加工。

铸锭加热时间可以根据理论公式进行计算，但由于实际加热受合金热容、热导率随温度变化及炉况、传热方式、铸锭内外层温差等不确定因素的影响，计算结果并不适用，因此，生产中常采用经验公式估算，再根据实际情况进行修正。铜、镍及其合金的加热时间可按下式计算：

$$t = (12 \sim 20)H^{\frac{1}{2}}$$

式中 t——铸锭加热时间，min；

　　　 H——锭坯厚度，mm。

通常，紫铜和黄铜的加热时间取下限，青铜、白铜取中限，镍及镍合金取上限。

190 影响铜合金铸锭品质的因素？

影响铜合金铸锭品质的因素主要有浇铸时间、浇铸气氛、浇铸温度、浇铸速度和结晶方向等。

（1）浇铸时间。不同牌号的纯铜和铜合金都有其最适宜的铸造温度，高于或低于这个温度将直接影响铸锭的质量。对于锭模铸造方式来说，铸造温度的控制与浇铸时间密切相关，因为浇铸时间越长，先后浇铸的金属熔体的温度差越大。对于铸造温度范围较窄的合金来说，浇铸时间越长，浇铸温度也就越难控制。

（2）浇铸气氛。熔体从出炉至浇铸完毕的整个过程中，气氛始终对熔体的质量产生影响。影响的程度取决于浇铸方式、流柱大小与长度，通常在大气下浇铸时，熔体易受到明显的氧化，因为流柱越短，与大气接触表面积越小，氧化损失就越少。流柱越平稳，氧化机会也越少。一旦流柱保护不严密，就不可避免地产生氧化，氧化膜与液流俱下，裹入熔体，凝固后便成为夹渣。

为了减少或避免浇铸过程熔体的氧化，应尽可能缩短流程，并采用保护气体使流柱不与空气接触。

（3）浇铸温度。浇铸温度过高或过低都是不利的。采用较高的浇铸温度，势必就要使炉内熔体的温度相应地提高。这将引起铜或铜合金在熔化和保温过程中大量吸气，同时也会增加烧损，在浇铸时会使氧化加剧。此外，过高的浇铸温度也会对锭模的寿命产生不利影响，尤其是平模浇铸时模底板更容易遭到破坏。当浇铸温度偏低时，熔体流动性变差，不利于气体和夹渣上浮，也易使铸锭产生冷隔缺陷。因此，必须根据合金的性质，结合具体的工艺条件，制定适当的浇铸温度范围。

（4）浇铸速度。浇铸速度通常以锭模内金属熔体每秒钟上升的毫米数来表示。浇铸速度的选择原则是：

1）在保证铸锭产品质量前提下，适当提高浇铸速度；

2）对于某一确定的金属或合金，若合金化程度低，结晶温度范围小，导热性好，可适当提高浇铸速度；

3）若锭模的冷却强度大，铸锭直径较小，浇铸速度也可适当提高。

（5）结晶方向。结晶方向是建立铸锭顺序结晶的主要因素。在锭模铸锭方法中，应力求使铸锭结晶的顺序是自下而上的，这就必须保证铸锭的散热冷却方向尽量保持由下而上。

为了使铸锭的凝固结晶过程尽量适应其顺序结晶的条件，生产中对铸模的设计和工艺过程采取了许多行之有效的方法：改进锭模结构，增加模底厚度和模体下部壁厚以改善锭模下部的冷却条件；为了造成锭模上部缓冷条件，在锭模顶部加设保温帽；适当提高铸造温度，同时降低铸造速度以保证顺序结晶所需的铸锭上下部分之间的温度梯度。

191　半连续铸造的基本特征和工艺特点？

半连续铸造的基本特征是：将金属熔体均匀地导入通水冷却的结晶器中，结晶器中的金属熔体受到结晶器壁和底座的冷却作用，迅速凝固结晶，形成一层较坚固的凝固壳。待结晶器中金属熔体的水平面达到一定高度时，铸锭机的牵引机构就带动底座和已凝固在底座上的凝固壳一起以一定速度连续、均匀地向下移动。当已凝固成铸坯的部分脱离开结晶器时，立即受到来自结晶器下缘处二次冷却水的直接冷却，锭坯的凝固层也随之连续地向中心区域推进并完全凝固结晶。待铸锭长度达到规定尺寸后，停止铸造卸下铸锭，铸造机底座回到原始位置，即完成一个铸次。

半连续铸造的工艺特点是：

（1）铸造过程中浇铸系统与结晶器间的合理配置，减少了金属熔体的飞溅和扰动，防止了氧化膜和夹渣等有害物质的混入；

（2）可连续、稳定地将金属熔体注入结晶器中，因此可采用较低的浇铸温度进行铸造，有利于消除铸锭的气孔和疏松缺陷；

（3）以水为冷却介质，熔体的凝固结晶是在极强的过冷条件下完成的，铸锭结晶组织致密，又因为结晶始终保持顺序结晶，具有明显的方向性，有利于消除缩孔等缺陷；

（4）铸锭长度较长，可根据加工车间工艺要求进行合理切断，可减少切头、切尾损失；

（5）同铁模铸造相比机械化程度高、劳动条件好。

192　带坯水平连铸机由哪几部分组成？

带坯水平连铸机列由熔炼炉、带有石墨结晶器的保温炉、支撑辊、二次冷却装置、带坯牵引机构、在线双面铣床（包括铣屑收集装置）、液压剪及卷取机等组成。

其现代化先进水平体现在以下几个方面：

（1）引锭机构——牵引机，控制铸坯的引拉-停拉-反推-停拉-二次反推工序；

（2）由特殊的直流电机、测速发电机和编码器传动系统，通过高精度、大传动比的谐波减速器，低噪声特殊链条传动力矩（有的采用电脉冲马达和编码器传动系统）来调整冲程和整个设备之间的准确协调；

（3）采用微机控制，可存储 10 个程序、20 条生产曲线（有的公司提供 20 个程序）；

（4）整个机组设备的动作能够根据不同合金不同规格带坯的工艺要求，编制或选择所希望的铸造程序和引拉速度曲线；

（5）显示屏可显示工艺参数、设备参数、运动特性曲线、铜水和带坯表面温度、操作模型，设定/实际数据比较和故障信息、速度、参量等；

（6）带坯出口处装设有红外测温计，可将温度信号输入计算机；

（7）整个机组设有多种故障报警和设备保护连锁装置。

193　获得细晶铸锭组织的主要途径?

为了获得细晶组织的铸锭，就要抑制柱状晶的长大，这可以通过创造等轴晶形成的条件来实现，主要有以下几条途径：

（1）控制凝固时的温度，增加冷却速度和降低浇铸温度，增加冷却速度的作用是增大过冷度，提高形核率。

（2）细化处理，向熔体中添加少量的特殊物质，来保证熔体内部非均质形核，这种特殊添加剂称为晶粒细化剂。

（3）动态晶粒细化，根据动态形核机理，向处于凝固过程中的熔体施以某种物理的振动或搅动，在熔体中造成局部温度起伏，给晶体的游离和增殖创造条件。

194　铸锭主要成分不合格的原因及防止办法有哪些?

铸锭主要成分不合格的原因及防止办法见表 2-35。

表 2-35　铸锭主要成分不合格的原因及防止办法

类别	原　因	防止办法
纯金属锭	1. 原料品位不合格； 2. 熔炼时吸收了某些杂质	1. 原料的品位不应低于所熔金属的品位； 2. 避免熔体中杂质含量增高
合金锭	1. 混料； 2. 配料计算或称量错误； 3. 某些元素的熔损大； 4. 炉前调整化学成分时发生差错。例如，试样没有代表性，化学分析误差大，补偿或冲淡计算以及称料错误； 5. 化学成分发生偏析现象	1. 加强原料管理； 2. 配料计算及称量均应准确； 3. 易熔损元素的配料比应取中上限，熔炼过程中力求减少熔损，尽量缩短熔铸时间； 4. 调整化学成分时应严肃认真。例如，取样前应彻底搅拌熔体，炉前分析应准确，补偿或冲淡时应认真计算和反复核实； 5. 避免或减少化学成分的偏析现象

195　铸锭杂质含量高的原因及其防止办法有哪些?

铸锭杂质含量高的原因及其防止办法见表 2-36。

表 2-36　铸锭杂质含量高的原因及其防止办法

类别	原　因	防止办法
原料不当	1. 新金属品位低, 含杂质较高; 2. 旧料多次往返使用后, 某些杂质累积量过高; 3. 混料	1. 原料中的杂质, 不应高于所熔金属或合金的杂质限度; 2. 含杂质较高的旧料, 应与适量的新金属搭配使用; 3. 加强原料管理
熔炼工艺不当	1. 变料时洗炉不彻底; 2. 熔体中某些元素与炉衬间发生化学作用; 3. 熔体与覆盖剂之间发生化学作用; 4. 某些添加剂元素超标; 5. 工具材质不当, 熔炼时发生熔蚀现象; 6. 返炉残料中混有杂物	1. 变料时, 应彻底洗炉; 2. 炉衬材料应合适, 防止熔体温度过高; 3. 覆盖剂选用恰当, 防止熔体温度过高; 4. 尽量少加添加剂, 发现添加剂有明显积累现象时, 应立即采取措施; 5. 根据金属或合金性质不同, 应分别选用不同材质的熔炼工具, 尽量减少工具与高温熔体的接触时间; 6. 返炉残料应经过挑选

196　半连续铸锭中常见气孔的类型、产生原因及防止办法?

半连续铸锭中常见气孔的类型、产生原因及其防止办法见表 2-37。

表 2-37　半连续铸锭中常见气孔的类型、产生原因及其防止办法

类型	特　点	产生原因	防止办法
满布气孔	整根铸锭内部, 到处都有气孔	原因大都在熔炼方面, 例如: 1. 原、辅材料中含气量高, 或者炉衬及工具潮湿等。 2. 除气精炼不彻底。 3. 熔炼温度高或熔体保温时间长	1. 原、辅材料应干燥、整洁; 炉衬及所用工具等均应保持干燥。 2. 浇铸之前, 应对某些金属及合金熔体进行仔细的除氢或脱氧处理。 3. 尽可能实行快速熔炼和在低温下铸造

类型	特点	产生原因	防止办法
皮下气孔	铸锭表皮下面，分布着小气孔	1. 铸锭表面不光。例如，二次冷却水喷射到铸锭表面的夹渣、毛刺、裂口等凸出物时，就可将一部分水反射到铸锭表面与结晶器壁的间隙中；间隙中的水分蒸发成水蒸气突破铸锭凝壳并进入皮下的半凝固体层后，极易造成皮下气孔。 2. 二次冷却水量过大或喷水角度太大，致使冷却水钻到铸锭表面与结晶器壁之间的空隙中。 3. 一次冷却强度过大，铸锭表层凝壳形成过早，致使冷凝过程中析出的气体来不及去除。 4. 结晶器局部漏水或渗水。 5. 润滑油中含有水分，或者给油量过大	1. 力求铸锭表面光滑。 2. 认真控制二次冷却水的流量；结晶器下缘的喷水孔角度应适宜。 3. 适当减低一次冷却强度。例如，可适当增大结晶器内套上部的缓冷带，或者采用带有石墨衬套的结晶器。 4. 换、修结晶器。 5. 润滑油中应无水；给油量大小要适当
局部气孔	1. 底部气孔最多，向上逐渐减少。 2. 靠浇口端气孔最多，向下逐渐减少。 3. 中心气孔及环状分布的气孔。 4. 局部气孔	1. 铸锭底部的气孔，多是由于托座或中间包（炉头箱）等事先未经干燥和预热等原因造成的。 2. 铸锭浇口端的气孔，多是由于铸造时间过长、炉内熔体发生了二次氧化或吸气等原因造成的。 3. 铸锭中心或环状分布的气孔，多是由于铸造工艺条件不当等原因造成的。例如，浇铸管或坩埚底埋入液面下太深；结晶器内金属液面保温不良；结晶器内金属液面上覆盖的炭黑层太厚或积渣过多；结晶器太高，铸造速度太快等。 4. 铸锭的局部气孔，多是由于特殊原因造成的。例如结晶器漏水；铸造过程中异物落入液穴；潮湿的工具与结晶器内的熔体接触等	1. 托座应预先干燥，中间包（炉头箱），漏斗、炭黑等均需充分干燥和预热。 2. 铸造过程中，对炉内熔体应严加保护；若炉子容量较大、铸锭规格较小时，可采用一次浇铸多根铸锭的办法；若铸造时间较长时，中间可对熔体进行再次脱氧或除气处理。 3. 严格控制各项工艺条件。例如，浇铸管或坩埚底不要埋入液面下过深；结晶器内金属液面上覆盖的炭黑层厚度要适宜。积渣时应及时捞出；适当降低结晶器高度或降低结晶器内金属液面，以利于液穴中悬浮的气泡上浮至液面。 4. 注意操作中的各个环节

197　铜合金铸锭常见热裂纹的类别及产生原因？

铜合金铸锭常见热裂纹的类别及产生原因见表 2-38。

表 2-38　常见热裂纹的类别及产生原因

裂纹类别	产　生　原　因
表面纵向裂纹	1. 金属或合金的热脆本性（如紫铜、QAl 10-4-4、锡磷青铜等较易出现这种裂纹）； 2. 铸锭出结晶器下口时，局部表面温度高； 3. 局部冷却不均（如水孔堵塞处冷却较差）； 4. 结晶器内套外壁上水垢较厚； 5. 结晶器内金属液面较高或使用长结晶器； 6. 结晶器内套变形； 7. 铸造温度过高，铸造速度过快
表面横向裂纹	1. 合金本身高温强度差； 2. 结晶器（或锭模、石墨套）内表面粗糙或粘有金属，润滑不良或铸锭产生了悬挂； 3. 结晶器（或锭模）安装不正或内壁变形； 4. 结晶器内套外壁上水垢多，导热性差加上铸造速度快； 5. 石墨套与铜套配合不紧密，局部冷却缓慢； 6. 锭模卡子不紧或内壁有裂纹； 7. 铸造开始时放流快，开车早且铸造速度过快，铸锭来不及冷凝； 8. 卧式连铸时，停、拉时间不当； 9. 铸造温度低
内部裂纹	1. 铸造速度过快，铸造温度过高； 2. 水冷不均； 3. 受合金性质影响； 4. 使用了过短的结晶器； 5. 坩埚或浇铸管埋入过深

198　检查锭坯内部品质的方法有哪些?

优良的锭坯，其内部无缩孔、疏松、气孔、裂纹和夹渣等缺陷，而且其结晶组织应均匀。检查锭坯内部品质的方法很多，常采用的有肉眼检查机械加工面、低倍检查、高倍检查、断口检查和无损探伤（超声波探伤、涡流探伤）等。

（1）肉眼检查机械加工面。锯切断面平整且有一定光洁度，对于一般的气孔、夹渣、裂纹、缩孔等缺陷很容易被发现，但晶间裂纹、小的皮下气孔、疏松等缺陷很难被发现。

（2）低倍检查。低倍检查是指从铸锭上切取试样，经加工、抛光和腐蚀之后，用肉眼或用低倍放大镜来检查其断面。通过低倍检查，不仅可以看出铸锭内部的结晶组织，而且能够看出试样上较小的气孔、裂纹、夹杂及疏松等缺陷。低倍检查用试样可在铸锭的横向上截取，也可在铸锭的纵向上截取。

虽然通过低倍检查能够准确地辨别出一般的细小缺陷，但由于此种方法较复杂、周期长，所以并不宜在大量生产中采用。另外，试样反映出的问题有局限性，往往不能代表整个铸锭。此法对铜及铜合金来说，多用于试制阶段检查，也有在生产某些较重要的合金锭时采用的。例如某工厂对铁白铜铸锭、电真空用的无氧铜铸锭等就采取逐锭取试样的检查方法。

（3）高倍检查。高倍检查是在低倍检查基础上进行的。为了进一步鉴定低倍试样上的缺陷或组织构成，往往需要进行高倍检查。高倍检查是把制备好的试样在金相显微镜下用不同倍率进行观察，有时须借助偏振光、暗场斜照明等手段进行观察，必要时可测定显微硬度或进行微区分析（用电子探针或 X 射线显微分析仪、显微光谱仪等）。

（4）断口检查。将铸锭（或从铸锭取下的试片）折断，通过对其断口检查，从而鉴定铸锭内部品质的方法，称作断口检查。

断口检查特别适用于检验易生氧化夹渣的铝青铜、锆青铜等铸锭。某些重要用途的 HPb59-1 圆锭，也需要进行断口检查。由于取样负责，这种检查方法往往只在某些工厂，生产小断面且批量很少的某些合金锭（例如铍青铜扁锭）时才被采用。对于大多数金属或合金铸锭来说，只在实验室条件下偶尔采用。

（5）超声波探伤。超声波探伤是无损探伤方法的一种。它克服了高、低倍检查及断口检查的缺点，可做到既不破坏受检铸锭的完整性，又能达到全面检查的目的。超声波是波长短、频率高、指向性很强的一种弹性波。超声波探伤方法很多，归纳起来不外有三种：穿透法、反射法、共振法。

超声波探伤，可以检查出锭坯任意一点的气孔、缩孔、裂纹、夹渣、疏松等缺陷，同时丝毫不损伤锭坯。

199　铸锭生产流程的制订原则？

生产流程是从铸锭到产品所经过的一系列生产工序，也称生产工艺流程。每种产品都要根据合金的特性、品种、类型及技术条件的要求，合理选择生产方法和工序，以确保生产出品质合格的产品。

制订生产流程总的原则是：节能、高效、保质、污染少和经济。

具体如下：

（1）充分利用合金的塑性，尽可能地使整个流程连续化，尽可能地减少中间退火及酸洗工序，轧制道次少，生产周期短，劳动生产率高。

（2）产品品质满足技术条件要求，成品率高，生产成本低。

（3）结合具体设备条件，各工序合理安排，设备负荷均衡，既保证设备安全运转，又能充分发挥设备潜力。

（4）劳动条件好，对人身体无害、对周围环境污染少或无污染。

200 铸锭表面可采用的铣削方式?

铸锭表面铣削方式有两种:

(1) 热轧前铣面。将铸锭两个大面和侧面先进行铣削加工, 消除铸造缺陷, 以保证产品表面质量。设备主要是铣削机, 铸锭铣削厚度为 3~4mm。这种方法多在热轧小锭的铜带厂, 生产热轧带坯厚为 4~6mm 时使用。

(2) 热轧后铣面。生产厚为 5~6mm 的带坯, 将不铣面的铸锭热轧到 12~15mm 时, 进行双面铣削, 同时将两侧面进行铣削。这种方法可一次性将铸锭缺陷和热轧缺陷连同氧化层一起铣掉。取消了酸洗带坯工序, 改善了生产环境。带坯铣削的深度一般为 0.25~0.5mm, 当带坯的纵、横向厚度偏差控制在 0.15mm 和 0.1mm 时, 铣削深度为 0.25mm 就足以消除各种缺陷。侧面的铣削量为 3~5mm。

201 工业生产冷却条件下铸造组织不平衡特征的表现?

在工业生产的冷却条件下, 铸造组织的不平衡特征主要表现在以下几个方面:

(1) 基体固溶体成分不均匀, 晶内偏析, 组织呈树枝状;

(2) 产生非平衡共晶组织;

(3) 可溶相在基体中的最大固溶度发生偏移, 在某些情况下, 平衡组织为单相的合金可能出现非平衡的第二相;

(4) 高温形成的不均匀固溶体, 其浓度高的部分在冷却时来不及扩散, 因此可能处于过饱和状态。

第 3 章　管棒型线材生产技术

202　铜及铜合金管材的生产方法？

铜及铜合金管材的生产方法及优缺点见表 3-1。

表 3-1　铜及铜合金管材生产方法比较

生产方法	优　点	缺　点	使用范围
挤压-轧管-拉伸	1. 产品质量好； 2. 产品种类多； 3. 生产灵活性大	1. 几何废料多； 2. 设备投资大； 3. 产品成本高	适用于各种有色金属管材
斜轧穿孔-轧管-拉伸	1. 几何废料少； 2. 设备投资较挤压法少； 3. 生产率高	1. 产品品种少； 2. 管材质量差	适用于紫铜管和部分黄铜管材
连铸管坯-轧管-拉伸	1. 设备投资少； 2. 生产工序少； 3. 坯料重量大，成品率高； 4. 生产成本低	1. 产品种类少； 2. 连铸生产效率低； 3. 对铸造管坯质量要求高	适用于中小磷脱氧铜、无氧铜管材

203　型、棒材生产方式及特点？

按合金分，铜及铜合金型棒材可分紫铜、黄铜、青铜、白铜四大类。其中，黄铜棒约占铜及铜合金棒材的 90%，而黄铜棒中铅黄铜棒又占绝大多数，占 80%~85%。按断面形状，铜及铜合金棒材产品可分为圆棒、方形棒、矩形棒、六角棒等。按加工方法分，铜及铜合金棒、型材产品有挤制和拉制两大类。GB/T 4423—2020《铜及铜合金拉制棒》国家标准中拉制棒的规格范围为 $\phi 52 \sim 80mm$，YS/T 649—2018《有色金属行业标准中铜及铜合金挤制棒》规格范围为 $\phi 10 \sim 300mm$。美国、日本等国家不以产品尺寸而以交货形态划分，以直态交货的称为棒材，以盘交货的称为线材，棒材直径下限为 $\phi 1mm$，线材直径上限为 $\phi 15mm$。棒、型材生产可分为棒坯制造和棒、型材冷加工，棒坯生产采用热挤压、孔型轧制、水平连铸或上引连铸等方法供坯。冷加工采用冷轧或拉伸的方法。型、棒材的生产方法见图 3-1。

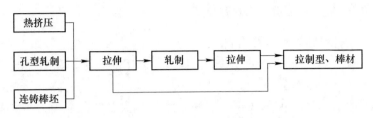

图 3-1　型、棒材的生产方法

204　线材生产方式及特点?

　　金属线材是细而长且盘绕成盘交货的制品，常用铜及铜合金线材直径在 6mm 以下，粗细不是线材的唯一标准。线材的断面以圆断面最广泛，也有非扁的、方的、异形的断面等。线材生产可分为线坯制备和线材冷加工。一般线坯直径为 6~10mm，以可以柔软盘绕起来为原则，但也应为成品线留有足够的冷变形量，以保证成品线的质量。线坯越长越好，卷重越大越好，可减少拉伸时对焊的工作量，提高拉伸生产率。线坯制备有两大类：一类是非连续生产方式，即先铸成锭坯，再采用热挤压、孔型轧制等方法加工成线坯；另一类是连续生产式，即连铸或连铸连轧成线坯，冷加工采用冷轧或拉伸的方法。线材的生产方法见图 3-2。

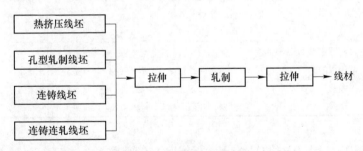

图 3-2　线材的生产方法

205　铜合金线材的制备方法?

　　铜合金线材生产一般分两个步骤：首先是制造线坯，然后进行拉伸和热处理等。

　　线坯的制备方法多样，直接铸造的线坯有上引法、浸渍法、水平连铸法等，线坯直径一般在 8~25mm；另一类方法包括锭坯挤压法、连铸连轧法。上引法、浸渍法、连铸连轧法适合于单一紫铜线的生产，而连铸连轧法特别适合大规模单一紫铜线坯的生产。挤压法特别适合多品种铜合金线坯的生产。

206　铜合金线材粗细的表示方法?

铜合金线材粗细表示方法有:

(1) 直径表示法,以 mm 为单位,是国际通用的方法,我国标准采用此法。也有用英制 (in) 为单位的。

(2) 线号表示法,也称线规表示法。线号越大,线径越细。我国曾使用过的线规有三种 (AWG、SWG 和 BWG),现已很少使用。

(3) 重量表示法,用长 200mm 的线材重量 (mg) 表示。一般用于螺旋测微计精度不够的超细线。

207　异形管的主要生产方式?

异形管的主要生产方式特点见表 3-2。

表 3-2　异形管主要生产方式特点的比较

异形管主要生产方式	适 用 范 围	产品质量
挤压法:由铸锭经挤压机直接挤压生产出所需产品的形状	尺寸规格大,壁厚或用拉伸法无法生产的场合,但长度受设备限制	表面质量稍差,尺寸偏差较大
挤压拉伸法:由铸锭经挤压机挤压生产一定形状的异形管半成品,再经拉伸机若干道次拉伸得到所需产品的形状	适用范围较广,但需要异形挤压模及异形拉伸模生产成本高	表面质量较好,尺寸偏差小
拉伸法:由过渡圆 (与成品异形管周长、壁厚近似相等的圆管坯) 经拉伸机若干道次拉伸变形得到所需产品的形状	生产成本低、能生产批量小、尺寸规格小、壁薄及挤压法无法生产的产品,是异形管生产较普遍采用的方法。但其变形过渡模设计及制作较复杂	表面质量好,尺寸偏差小

208　铜加工常用的拉伸技术及拉伸设备有哪些?

拉伸是对挤压、轧制、连铸等提供的坯料施加压力,使其通过模孔,实现塑性变形的过程,通常用于生产成品管棒线材。拉伸分减径拉伸、固定芯头拉伸、游动芯头拉伸、扩径拉伸、长芯杆拉伸等。目前采用较多的是固定芯头拉伸、游动芯头拉伸和减径拉伸。

在实际生产中,常用拉伸设备的形式很多,通常分为直条拉伸机和盘拉机两类,也可以按拉伸装置结构分类。直条拉伸机有链条式拉伸机 (单链拉伸机、双链拉伸机)、液压拉伸机、履带式拉伸机、联合拉伸机等;盘拉机有正立式圆盘拉伸机、倒立式圆盘拉伸机和卧式盘拉机。

现代化链式拉伸机包括自动上料机构、穿心杆机构、拉伸小车自动咬料、挂钩、脱钩、小车自动返回并重新咬料等机构及自动下料机构等先进的辅助装置，拉伸速度可由低到高平稳增加，拉伸速度在各段工作中是可变的，尤其是多线、高速、自动化方向的链式拉伸机，很大程度上提高了生产能力。

液压拉伸是液压驱动的拉伸机，同时具有传动平稳、拉伸速度调整简易、停点控制准确的优点，最适宜拉伸难变形合金和高精度、高表面质量的异型材，如变断面管材等。

圆盘拉伸机主要用于紫铜盘管的拉伸，该设备按照卷筒的布置方式可分为卧式、立式两种，而立式圆盘拉伸机根据其传动方式的配置可分为正立式和倒立式，根据落料方式又可分为非连续落料和连续落料两种形式。目前常用的是倒立式连续落料圆盘拉伸机，管材长度不受卷筒高度的限制，适合大卷重盘管的生产，单重已达 500kg 以上。拉伸时的最高速度可达 1500m/min，生产效率高，能充分发挥游动芯头拉伸的优点。

209　型辊轧制有何特点?

在刻有轧槽的轧辊中轧制各种型材称为型辊轧制。型辊轧制时，轧件沿其宽度上的压下量是不同的，因此变形更为复杂，与平辊轧制板材相比，不均匀变形是其显著特点之一。型材轧制的第二个特点是，坯料必须通过一系列断面尺寸和形状变化的孔型轧制成型，这就要求各道孔型中所轧制的轧件形状必须正确，过充满和欠充满对成品质量均有不良影响。过充满在下道孔型中轧制时易产生折叠或夹层等缺陷；欠充满易产生形状不正、局部表面粗糙等缺陷。

210　型辊轧制时压下量的计算方法?

平辊轧制时压下量的计算公式是 $\Delta h = H - h$，此公式对于型辊轧制时均匀压下的情况也适用。但在其他孔型中轧制时，由于压下量分布不均，故不能应用此公式计算压下量。常规的方法如下:

（1）平均高度法。用轧件轧制前后的平均高度来计算压下量的方法称为平均高度法。轧件的平均高度等于该轧件的断面积除以它的最大宽度，即

$$\overline{h} = F / b_{max}$$

式中　$\overline{h}$——轧件的平均高度;

　　　F——轧件的断面积;

　　b_{max}——轧件的最大宽度。

1）六角形轧件（或孔型）平均高度。图 3-3 为六角孔型和轧出的六角形轧件，其断面积可按两个梯形和一个矩形计算，则:

$$F = (B + b_1)h' + Bs$$

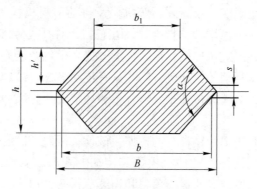

图 3-3　六角孔型及轧件图

2）椭圆轧件（或孔型）的平均高度。见图 3-4，椭圆面积可按下式求得：

$$F \approx 4Bh'/3 + Bs$$

因此，椭圆轧件的平均高度为：

$$\bar{h} \approx F/B = h'(4 + 3s)/3$$

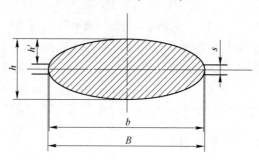

图 3-4　椭圆孔型及轧件图

3）菱形轧件（或孔型）的平均高度。由图 3-5 看出，菱形轧件的面积为：

$$F = 2l^2\cos(\alpha/2)\cos(\beta/2) = 2l^2\cos(\alpha/2)\sin(\alpha/2)$$

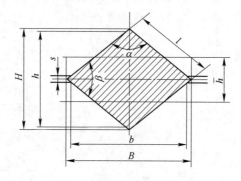

图 3-5　菱形孔型及轧件图

菱形轧件的最大宽度为：

$$b_{max} = B = 2l\sin(\alpha/2)$$

所以菱形轧件的平均高度为：

$$\bar{h} = F/b_{max} = \left[2l^2\cos(\alpha/2)\sin(\alpha/2)\right]/2l\sin(\alpha/2) = l\cos(\alpha/2)$$

4）圆形轧件（或孔型）的平均高度。
由图 3-6 可得，圆形轧件的面积为：

$$F = \pi d^2/4$$

圆形轧件的最大宽度为：

$$b_{max} = d = h$$

故圆形轧件的平均高度为：

$$\bar{h} = \pi d/4$$

（2）相应轧件法。以面积相等、尺寸相应的矩形轧件代替复杂断面的轧件，且该矩形轧件的高与宽之比等于被代替的轧件边长之比，然后按相应的矩形轧件的尺寸来计算压下量。

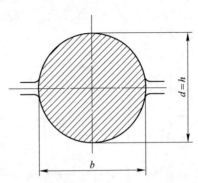

图 3-6 圆孔型及轧件图

图 3-7 示出以相应矩形轧件 *abcd* 代替孔型内椭圆轧件的相互关系。根据两个轧件对应边成比例可得：

$$\bar{h}/\bar{b} = h/B$$

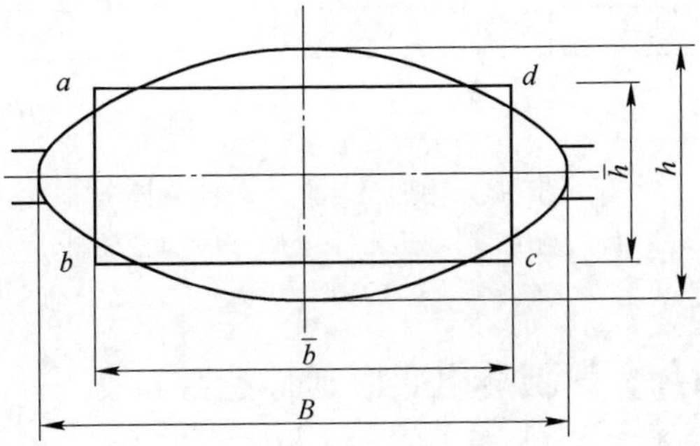

图 3-7 相应轧件法说明图

又由于相应轧件的断面积应等于被代替轧件的断面积，故有：

$$\bar{b}\,\bar{h} = F$$

式中　$\bar{b}$——相应轧件的宽度；

$\bar{h}$——相应轧件的高度。

由以上两式即可求得相应轧件的高度 $\bar{h}$ 和宽度 $\bar{b}$ 。

211　棒型材轧制工艺？

铜及其铜合金棒型材轧制直接出成品的较少，一般作为棒型材的坯料生产，经轧制的棒型材还要通过进一步的拉伸等才成为成品。棒型材轧制各工序的流程见图 3-8。

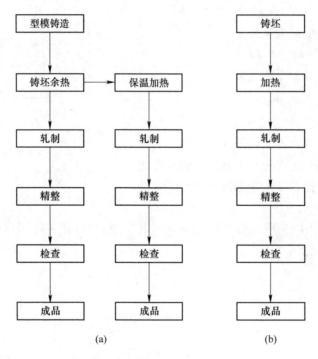

图 3-8　棒型材轧制工艺流程图

（a）利用铸坯余热轧制；（b）铸坯加热轧制

212　列举铜和铜合金轧制常用变形延伸系数？

铜及铜合金轧制常用变形延伸系数见表 3-3。

表 3-3　铜及铜合金轧制常用变形延伸系数

牌　号	道次延伸系数		
	延伸孔型	成品前孔型	成品孔型
紫铜（T2）	1.4~1.9	1.2~1.25	1.15
H90、H80	1.3~1.8	1.15~1.20	1.10

牌 号	道次延伸系数		
	延伸孔型	成品前孔型	成品孔型
H68、H62	1.25~1.6	1.15~1.20	1.08
HPb59-1	1.20~1.50	1.10~1.15	1.05
QSn4-3、QSi3-1	1.25~1.50	1.15~1.20	1.08
TBe2.0	1.20~1.45	1.15~1.20	1.06
B0.6、B5、B19	1.25~1.50	1.15~1.20	1.08
BMn3-12	1.22~1.45	1.10~1.15	1.05
BMn40-1.5	1.20~1.40	1.10~1.15	1.05
BMn15-20	1.25~1.35	1.10~1.15	1.05

213 铜及铜合金管材轧制方法的分类?

铜及铜合金管材轧制按加工方式可分为斜轧（横轧）和纵轧；按加工温度可分为热轧和冷轧；按加工产品的类型可分为普通圆管轧制、内筋管轧制、外筋管轧制、内外筋管轧制和螺旋管轧制等；按轧机轧辊的运动方式可分为连续式轧制和周期式轧制。每种轧制方法都有其自身的特点，都有其特定的适用范围。在不同的领域中，铜合金管材的各种轧制方法都获得了不同程度的应用和发展。

214 二辊周期式冷轧管技术的分类和特点?

目前，比较常用的二辊周期式冷轧管，按其工艺特点主要分为半圆形孔型轧制和环形孔型轧制两种。半圆形孔型轧制多用于老式轧管机，环形孔型轧制多用于新式高速、长行程轧管机。

（1）半圆形孔型的工作原理见图 3-9。轧制开始时，轧辊位于孔型开口最大的极限位置处，用送进机构将管坯向前送进一段距离，即一个"送给量"。随后轧辊向前滚动，对管坯进行轧制，直到轧辊位于孔型开口最小的极限位置为止，轧出一段成品管。然后，借助回转机构使管坯转动一个 40°~60°的角度，轧辊开始向回滚动，再对管坯进行均整碾轧，直到极限位置为止，完成一个周期。如此重复以实现管材的周期式轧制过程。上、下轧辊的旋转往复运动是借助图 3-10 所示的机构完成的。

半圆形孔型轧制的缺点是：

1）孔型轧槽的工作长度受到限制，可利用的轧辊有效回转角度不超过180°，故其单道次轧制加工率较低；

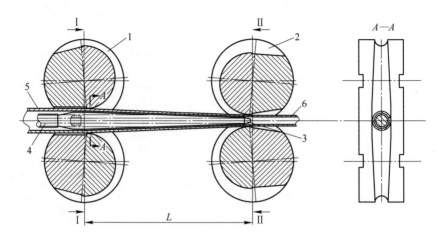

图 3-9　半圆形孔型轧管过程示意图

1—孔型块；2—轧辊；3—芯棒；4—芯杆；5—管坯；6—成品管

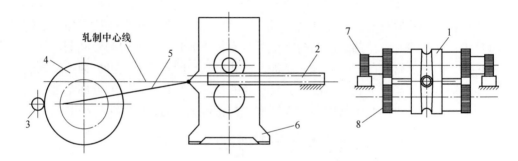

图 3-10　轧辊旋转往复运动机构示意图

1—上、下轧辊；2—齿条；3—主传动的主动齿轮；4—曲柄齿轮；5—连杆；
6—工作机架；7—轧辊的主动齿轮；8—同步齿轮

2）由于采用曲柄齿轮机构传动，轧制速度低，设备冲击载荷较大；

3）此类轧机多采用闭式工作机架，轧辊的更换和保养十分不便。

（2）环形孔型的工作原理见图 3-11。与半圆形孔型不同的是：环形孔型直接热装于轧辊轴上；孔型轧槽的工作长度几乎等于整个轧辊的周长，因此使道次轧制加工率得到了很大提高；管坯的送进和回转在孔型开口最大的极限位置和孔型开口最小的极限位置均可同时进行。环形孔型上、下轧辊的旋转往复运动是借助图 3-12 所示的机构完成的。

由于使用了平衡重锤和平衡扇块进行配重，大大降低了机架运动的冲击载荷，因此设备的轧制速度较前者有了大幅度提高。另外，新式环形孔型轧管机多

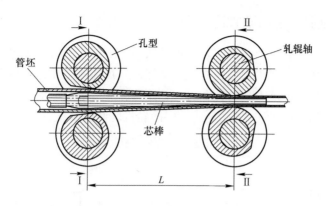

图 3-11 环形孔型轧管过程示意图

采用开式工作机架，给轧辊的更换和维修保养工作带来了很大方便。当采用刚性好的闭式机架时，配有专门的换辊小车，在短时间内把机架内的辊系整体地拉出或装入。

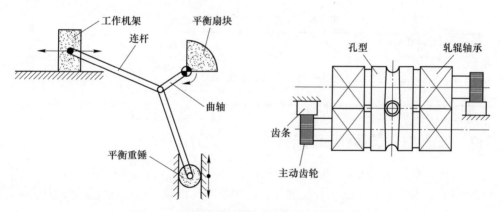

图 3-12 环形孔型轧辊旋转往复运动机构示意图

215 冷轧管时管坯回转的作用?

在二辊周期式冷轧管时，为了获得壁厚均一的管材，消除孔型开口处管壁较厚的部分，在机架返回之前将管坯回转 40°~60°，然后对工作锥进行碾轧以获得壁厚均匀的管材。在机架正行程中，工作锥由于变形不均匀所产生的附加应力，在变形结束后将以残余应力的形式保存下来。因而，经反行程碾压过的工作锥中的残余应力，将是正、反行程的残余应力的代数和。"回转"不但可以减小壁厚不均，而且附带的还减小工作锥中的拉应力，使塑性差的金属在机架正行程中不致出现裂纹。

216　如何确定二辊周期式冷轧管的轧制速度?

轧制速度主要取决于轧机传动装置的结构。小型轧机因运动部分质量轻、惯性力矩小,轧制速度高于大型轧机。大型轧机可在其传动部分增加平衡装置提高轧制速度。轧制变形抗力高的合金时,轧制速度应慢于变形抗力低的合金。低速二辊冷轧机轧制速度见表 3-4,高速二辊冷轧机轧制速度见表 3-5。

表 3-4　低速二辊冷轧管机轧制速度

机　型	双行程次数/次 · min^{-1}
LG30	90~100
LG55	75~85
LG-75C	70~80
LG80	60~65
LG-100C	60~80

表 3-5　高速二辊冷轧机轧制速度

机　型	双行程次数/次 · min^{-1}
SKW75VMRCK	50~145
ITAM 冷轧机	70~105

217　怎样进行二辊周期式冷轧管机生产能力计算?

周期式冷轧管机的生产能力一般用每小时轧出管材的长度或重量来表示。

(1) 按每小时轧出管子的长度计算。每小时轧出管子的长度可按下式计算:

$$G = 60K\eta mn\lambda / 1000$$

式中　G——每小时生产能力,m/h;

　　　K——同时轧制根数;

　　　η——轧管机设备利用系数,通常取 $\eta = 0.8 \sim 0.9$;

　　　m——轧管机送进量,mm;

　　　n——轧管机双行程次数,次/min;

　　　λ——总延伸系数。

(2) 按每小时轧出管子的重量计算。每小时轧出管子的重量可按下式计算:

$$Q = 60k_1 k_2 cfmn$$

式中　Q——每小时生产能力,kg/h;

　　　k_1——同时轧制根数;

k_2——设备利用系数，通常取 $k_2 = 0.8 \sim 0.9$；

　　c——轧制金属密度，kg/mm^3；

　　f——轧制管坯的横截面积，mm^2；

m——送进量，$mm/$次；

n——机架双行程次数，次$/min$。

218　提高轧管机生产能力的途径？

轧管机的生产能力取决于轧管机送进量、双行程次数、总延伸系数、轧机线数及轧管机设备利用系数。

（1）送进量的影响。生产中操作人员要精心操作，根据送进量选择原则及产品具体情况合理选择送进量；改进孔型设计，安全合理地增长孔型压下段长度，从而增加送进量，多段孔型大于四段孔型；环形孔型大于半圆形孔型；采取措施提高金属塑性以提高送进量，如对硬态管材进行退火等。

（2）提高双行程次数。当送进量小或轧制软合金、小直径管和厚壁管时，可适当提高双行程次数。另外，合理设计主传动装置机构，提高机架性能，如在主传动部分增加平衡装置，减轻运动部分重量等均可提高轧机速度。

（3）适当提高延伸系数。轧制最大延伸系数可超过 10。生产中应根据设备状况、合金性质、产品规格及要求进行选择。塑性好的合金可适当提高延伸系数；厚壁管的延伸系数可大于薄壁管。

（4）轧制线数。与单线轧管机比，采用双线或多线制可提高轧管机生产率。但多线轧制也有其弊端，往往 n 线轧管机的产量不是单线轧管机的 n 倍。

（5）设备利用系数。一般来说，端上料轧管机的设备利用系数大于侧上料的；连续式轧管机的设备利用系数大于间歇式的。

生产实践表明，现有轧制设备条件下，要想通过提高送进量、行程次数、延伸系数、增加轧制线数来提高生产能力，受到设备本身、金属塑性和工具等诸多条件的限制，潜力都不会很大。而加强设备的维护和保养，提高设备完好率对提高生产能力的重要影响，却往往容易在实际生产中被忽略。

219　多辊周期式冷轧管轧制原理及特点？

多辊周期式冷轧管的变形指数，应力、应变状态与二辊式周期冷轧管相同。应力状态为三向压应力，应变状态是主变形为延伸，其余两向为压缩。

多辊周期式冷轧管机工作原理见图 3-13。轧管机工作机架安装在轻便的小车上，工作机架本身就是一个厚壁套筒，滑道装在厚壁套筒内，三个互成 120° 的轧辊装在辊架中，轧辊沿滑道滚动。轧管机工作时，安装在小车套筒（机架）内的滑道，在摇杆的带动下，随小车做往复运动。

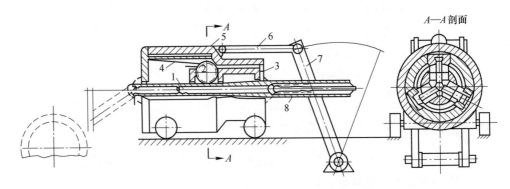

图 3-13 多辊周期式冷轧管机工作原理图
1—芯头；2—轧辊；3—辊架；4—滑道；5—工作机架；
6—连杆；7—摇杆；8—管材

辊架通过连杆和摇杆连接，而小车则通过连杆和摇杆连接，因此辊架在轧制中心线上的水平移动速度和移动距离，都小于小车（工作机架）在轧制中心线上的水平移动速度和移动距离。由于小车（工作机架）与辊架有速度差，因此轧辊在滑道的工作面上产生滚动。当轧辊位于滑道的低端时，孔型的断面最大，此时进行坯料的进送和回转；当轧辊位于滑道的高端时，孔型的断面最小，管坯被轧制到成品尺寸。在每一个轧制周期中，管坯金属在变形区内受到周期性的压缩。与二辊周期式冷轧管不同，多辊式周期冷轧管轧辊孔型是半圆形的，孔槽的半径不变；轧辊数量多，轧辊尺寸小，金属对轧辊的压力小，由此而产生的机架系统弹性变形也相应减小。

多辊式周期冷轧管的特点：多辊式周期冷轧管，金属变形较均匀，适于轧制壁厚薄的管材，其最大径厚比可高达 250∶1。轧制管材尺寸精度高，表面粗糙度低，因此可以直接生产成品管材。且轧辊数量多，轧辊直径小，总轧制力小，能耗少。

多辊式周期冷轧管工具制造简单。轧辊孔槽是半圆形的，易于加工，尺寸精度和表面粗糙度都易得到保证。由于轧辊孔槽是非变断面的，芯头是圆柱状，滑道的坡度不能太大，因此减径量小，道次延伸系数小；加之在滑道的低端（轧辊开口度大的一端）有附加拉应力的存在，送进量不大，故多辊周期式冷轧管的生产能力低。通常是在特定的条件下，如大径厚比、合金塑性较差、要求直接生产成品管材时才选用。

220 如何选择管棒材轧制设备？

现代铜管轧制用轧机的种类很多，但由于铜及其合金棒型材生产，具有多品种多规格、小批量等特点，现通常采用的轧机种类有三辊轧机和二辊轧机平、立辊轧机，三辊轧机一般采用 φ500mm 以下的中小型轧机；二辊平、立辊轧机一般采用 φ300mm 以下轧机。常用二辊、三辊轧机的技术特性见表 3-6。

表 3-6　常用二辊、三辊轧机的技术特性

轧机型号	轧辊直径/mm	辊身长度/mm	轧制速度/m·s⁻¹	最大轧制力/kN	主转动电机/kW
φ500mm	470~530	1500	2.35	1200	550
φ330mm	300~330	600	3.1~6.6	580	480
φ260mm 平辊	260~280	400	6.8~16.3	120	250
φ260mm 立辊	260~280		8.2~16.3	150	250
φ320mm	310~330	600	0.5		280
φ230mm	210~230	450	0.75		115

221　二辊周期冷轧管机主要由哪些部分组成？

二辊周期冷轧管机冷轧管机主要由下列部分组成：（1）主传动装置；（2）工作机架及底座；（3）管坯的回转和送进机构；（4）芯杆回转机构：（5）卡盘；（6）装送料系统；（7）液压系统；（8）冷却及润滑系统；（9）电气传动及控制系统等。

冷轧管机在轧制过程中，主要完成三个动作：（1）工作机架沿轧制方向往复移动；（2）轧辊在随工作机架移动的同时，围绕各自的轴心做相对转动；（3）工作机架移动到前、后两极限位置时，芯杆和管坯的回转与管坯的送进。为了实现以上三个动作，冷轧管机通过传动、控制系统把各组成部分有机地组合起来，使冷轧管机有规律、协调地完成轧制过程。

222　轧辊常见缺陷及解决办法？

轧辊常见的缺陷形式主要有：热处理不当产生的应力裂纹（图 3-14）；点状腐蚀（图 3-15）；高温作业导致的工作表面质量下降（出现细微裂纹）；工作表面出现橘皮状金属波纹等。

应力裂纹：属于制作过程中，热处理不当所致。主要是热处理应力或加工应力未能完全消除，在模具时效过程中产生组织裂纹。一般这种情况应力裂纹将导致轧辊的直接报废，可采用适当的热处理方式进行解决。

点状腐蚀：是指在使用过程中所出现的局部抛光层（或镀铬抛光层）斑块状脱落。它与制作时因加工余量不足而出现的斑块状缺陷类似。主要原因是局部金属组织强度较差或轧制乳液的腐蚀，在工具使用过程中出现金属脱落。一般情

况下可采用手动砂轮对该局部进行砂光打磨，在保证表面粗糙度的前提下，实现平滑大圆弧过渡。返修后还可以再次利用。

细微裂纹：主要表现为工作区域表面出现大面积的细微裂纹，影响该正常使用。微裂纹一般出现在三辊行星轧辊轧头或芯棒上，主要原因是在高温、高压的工作环境下，工具表面粗糙度出现下降。对于三辊行星轧辊轧头的修复必须采用专用数控车床进行小加工量的精加工修复，加工完毕后还需进行淬火处理。对于芯棒而言，可采用普通外圆磨床对该工具表面进行小加工量的磨削处理。

图 3-14　裂纹

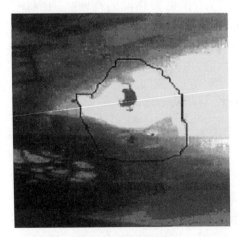

图 3-15　点状腐蚀

橘皮状金属波纹：一般这种情况出现在冷轧管机的轧辊表面。主要原因是工具在进行大加工量轧制时，因周期性承受高压导致表层金属错位堆积所致，属于疲劳损伤。该缺陷可采用小目数的砂纸对其表面进行精细砂光处理进行修复，一般每副轧辊每次使用时间不宜过长，且多副更换使用，有利于轧辊金属表面轧制应力的释放。

223　二辊周期冷轧管机生产中飞边压入的消除方法?

飞边压入是周期式冷轧管生产过程中所特有的一种缺陷，它的产生机理是：轧制时金属产生宽展，使金属流入上、下孔型的间隙中，在变形锥体的金属表面上，形成翅膀一样的金属薄层，即"耳子"。在被轧制的管材回转后，机架回轧时，又将这些"耳子"压入金属表面上，从而形成与轧制变形方式密切相关的飞边压入缺陷。

产生飞边压入缺陷的主要原因有：

（1）送进量过大或送进量不稳定，超出孔型所能包容的金属宽展量；

（2）上轧辊压下不足或孔型低于轧辊造成孔型间隙过大（仅指半圆形孔型）；

（3）孔型设计不当，开口过小；

（4）管坯回转角度不当或不转角；

（5）孔型与芯棒尺寸配合不当，当芯棒大头尺寸小于尺寸设计要求，或孔型太深及孔型宽展与高度不适应，将造成金属局部集中压下；

（6）安全垫一侧变形造成孔型间隙不一致；

（7）孔型局部严重磨损，导致金属压下量增大；

（8）管坯偏心严重，造成一侧加工率过大。

消除方法：

（1）正确设计孔型、芯棒，使之能相互匹配；

（2）正确调整管坯送进量，回转角度；

（3）调整孔型间隙，检查工作锥体；

（4）经常检查孔型磨损情况，修理或更换已磨损的孔型，加强内、外表面润滑。

另外，在生产过程中，经轧制后的挤压夹灰或深化沟所形成的缺陷往往和飞边相似。区别方法是：

（1）长度上：飞边长度有限，一般不超过送进量×延伸系数的值，而夹灰长度远超过这一数值；

（2）外形上：飞边的边缘呈细小锯齿状，并顺着转角的方向飞向侧向一边，夹灰则沿轴线方向呈一字形；

（3）用刮刀刮开检查，飞边一边较浅，刮开后内部较干净；而夹灰则比较深，由于包罗着氧化皮等脏物，刮开后内部较脏。

224　二辊周期冷轧管机生产中轧制裂纹的消除方法?

轧制裂纹一般发生于塑性较差的合金。其特点是：裂纹的方向与管材的轴线方向成 45°夹角或呈三角口状，轻微的裂纹只能看见细小的滑移线，并不裂开，用手轻触会凹凸感，经振动或存放一段时间后会开裂。45°方向的裂纹基本上出现在轧制 HSn62-1、HSn70-1 黄铜管中。

产生这种缺陷的机理是：在轧制过程中，存在着不均匀变形，不均匀变形就会产生附加拉应力，当局部附加拉应力超过金属的抗拉强度时，就会产生局部裂纹。对塑性较好的合金，如紫铜，当加工工艺不合理，使孔型开口处的附加拉应力过大时，也会出现月牙痕。

产生轧制裂纹的原因：

（1）管坯挤压温度过低或退火不均，使管坯残余应力未彻底消除而导致管坯塑性降低；

（2）轧制加工率过大，送进量过大或送进量不均，降低了轧制过程的变形分散度；

（3）孔型开口过大或孔型位错，造成管坯延伸不均；

（4）芯棒选择不当或减径量过大，造成集中压下。

消除办法：

（1）将管坯重新退火，提高退火温度或延长退火时间；

（2）重新制定加工工艺，合理控制加工率；

（3）减小和调匀送进量；

（4）设计合理的孔型开口尺寸；

（5）选择与轧辊孔型相匹配的合适芯棒，避免减径后出现瞬时加工率过大的现象。

此外，局部裂纹的出现也可能是由于管坯表面划伤或刮皮不净所引起的。对于管端的开裂主要是由于孔型间隙太小而引起的，在正轧制时被轧成椭圆形，而在回轧时，转料后的椭圆又被压回，管端由于这样反复不均匀的变形，所以会产生裂纹。一般情况下，只需抬高轧辊即可。

挤压裂纹也往往在轧制中暴露出来，可分为纵向裂纹和横向裂纹。纵向裂纹是平行于轴线的裂纹，主要是由于挤压温度过低造成的。横向裂纹是垂直于轴线的裂纹，主要是因为挤压速度过快，常见于塑性较低的合金。通常在轧制锡磷青铜时，加工率过大时极易发现。

225　二辊周期冷轧管机生产中啃伤的消除方法?

引起啃伤的机理是：当两孔型边缘没对准，互相错位，在轧制时就会在孔型的预精整段和定径段出现切割工作锥表面的情况而留下压痕，当机架回轧时若没辗平就将出现凹陷，这种缺陷特别是在轧制薄壁管时容易出现。

产生啃伤的主要原因：

（1）上、下孔型错位，孔型边缘啃伤工作锥体；

（2）孔型开口太小，金属充满孔型开口后被孔型边缘啃伤；

（3）孔型边缘损坏或磨损严重；

（4）孔型不成对，导致孔型开口不对称；

（5）安全垫变形，使孔型间隙不一致，导致间隙大的一侧孔型金属过充满；间隙小的一侧孔型边缘移近轧制中心而啃伤工作锥体。

啃伤的消除办法如下：

（1）调整孔型的位置，保证孔型对正；

（2）合理设计孔型开口尺寸，保证孔型间隙一致。

226　二辊周期冷轧管机生产中环状波纹消除方法?

环状波纹是在制品内、外表面有呈圆环状的压痕，这种缺陷可通过肉眼观察到。

产生环状波纹的原因：

（1）孔型精整段开口不圆滑或过小；

（2）送进量过大；

（3）芯棒位置调整不合适，在管内啃出一个个圆环；

（4）芯棒选择尺寸不合适或轧制时振动。

环状波纹消除方法：

（1）当发现环状波纹时就应立即停机检查，适当减小送进量；

（2）合理选择和调整芯棒的位置。

227　二辊周期冷轧管机生产中竹节痕的防止方法?

竹节痕也称环状棱，这种缺陷可用手摸到一个个等距的棱，就如同竹节，部分可用肉眼观察到。

形成竹节痕的原因：

（1）送进量过大或加工率过大，导致均整段长度不足；

（2）孔型在定径段上尺寸磨损严重，造成定径段的孔径不均匀或孔型压下段向前移位和孔型精整段长度不够所造成的精整不足；

（3）孔型开口度过大或辊缝间隙大及回转机构调整不当。轧制在制品管材时，可允许存在轻微的竹节痕，一般不作报废处理，但在轧制成品管时，过大的竹节痕会使管材尺寸超差而报废。

避免产生竹节痕的措施：

（1）适当减小送进量，合理地选择加工率；

（2）设计孔型时应合理分配孔型各段的长度及孔型开口；

（3）对出现问题的孔型及时修磨或更换。

228　二辊周期冷轧管机生产中尺寸超差的防止方法?

管材尺寸超差是指管材外径及壁厚尺寸超出规定的偏差范围。

产生原因：

（1）轧制管坯本身偏心过大，经轧制后仍无法纠偏；

（2）孔型芯棒尺寸不合或位置不当；

（3）因送进量过大而引起的竹节痕；

（4）孔型磨损严重、孔型的椭圆度过大、孔型间隙不一致、回转角不合适等。

避免措施：

（1）保证轧制管坯壁厚偏心率符合要求；

（2）合理地控制送进量；

（3）正确选择孔型、芯棒，合理调整芯棒位置、孔型间隙及回转角度等。

229　二辊周期冷轧管机生产中搭接的防止方法?

搭接是在轧制时由于新送进的毛料前端插到尚未完全轧完的管材末端产生的。

搭接的产生原因：

（1）毛料弯曲，壁厚不均匀；

（2）毛料端头没切齐；

（3）轧制时轴向力太大或芯棒脱开力度过大；

（4）成品卡爪的夹持力度过紧或工作不正常。

消除措施：

（1）对轧制管坯的壁厚和切口先行检查；

（2）对弯曲的管坯应重新矫直；

（3）采用合适的润滑油及润滑方式；

（4）高速轧制时，宜增加成品抛出机构。

230　金属挤压的基本原理与挤压的分类方法？

金属挤压的基本原理见图 3-16。金属挤压加工是通过用施加外力的方法使处于耐压容器中承受三向压应力状态的金属产生塑性变形。挤压时首先将锭坯放入挤压筒内，在挤压轴压力的作用下使金属通过模孔流出，从而产生断面压缩和长度伸长的塑性变形过程，获得断面形状、尺寸与模孔相同的制品。金属挤压加工具备以下三个条件：

（1）使金属处于三向压应力状态；

（2）建立足够的应力，使金属产生塑性变形；

（3）有一个能够使金属流出的孔，提供阻力最小的方向。

挤压的方法很多，一般可按金属流动方向、制品形状、挤压工艺等分类。几种主要分类方法如下：

按金属流动方向分为正向挤压和反向挤压。正向挤压：金属流动方向与挤压轴运动方向相同。反向挤压：金属锭坯与挤压筒之间无相对运动。

按制品形状分为棒材挤压、管材挤压、型材挤压、线材挤压等。

按挤压工艺分为连续挤压、静液挤压、润滑挤压等。

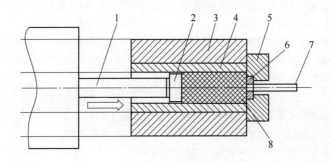

图 3-16　金属正向挤压

1—挤压轴；2—挤压垫片；3—挤压筒；4—挤压筒内衬；

5—模支承；6—挤压模；7—挤压制品；8—锭坯

231　挤压加工的优缺点？

挤压加工的优缺点见表 3-7。

表 3-7 挤压加工的主要优缺点

加工方法	优　点	缺　点
正向挤压	1. 具有比轧制更为强烈的三向压应力，金属可发挥其最大塑性，如纯铜挤压比可达 400； 2. 可以在一种设备上生产形状简单的管、棒、型、线材，也可以生产断面复杂的产品； 3. 具有较大的灵活性，一台设备可以生产出多个品种和规格的产品； 4. 产品尺寸精确、表面质量好； 5. 相对穿孔轧制、孔型轧制等一些生产管材的方法，挤压加工工艺流程简单； 6. 实现生产过程自动化较容易； 7. 挤压变形可以改变金属材料的组织，提高其力学性能； 8. 采用水封挤压产品，表面无氧化，产品晶粒度小	1. 金属的固定废料损失较大，压余残料损失一般可占铸锭重量的 10%~15%，挤压管材时还有孔头损失，切头尾损失，脱皮挤压时还有脱皮残料损失，成品率低； 2. 挤压时锭坯长度受限制； 3. 挤压制品长度方向上的组织和机械性能不够均匀； 4. 管材挤压时易产生偏心废品； 5. 空心锭坯挤压管材时，会增加锭坯大量的附加工； 6. 挤压工具处于高温高压条件下工作，工具消耗较大，工具成本高； 7. 挤压机结构复杂，投资费用大； 8. 生产效率低
反向挤压	1. 锭坯在挤压筒内与挤压筒之间基本没有相对滑动，挤压比比正向挤压小； 2. 金属流动比较均匀，挤压残料（压余）可少留，成品率高； 3. 金属流动较均匀，制品组织性能较均匀； 4. 所需的挤压力与锭坯长度无关，可采用长锭坯挤压制品； 5. 锭坯与挤压筒之间不产生摩擦热，所以变形热小，可以提高挤压速度； 6. 挤压筒和磨具的磨损小，使用寿命长，工具成本低； 7. 可生产直径超过 $\phi300mm$ 的大直径管材	1. 死区小，难以对锭坯表面杂质和缺陷起阻滞作用，制品表面质量差； 2. 工模具固定较复杂，操作麻烦，辅助时间长，生产效率低； 3. 制品尺寸受空心挤压轴（模轴）内腔尺寸限制，产品规格较少； 4. 大尺寸管材反向挤压时，管材长度受挤压轴长度限制； 5. 反向挤压时出现闷锭事故不好处理； 6. 采用专用反向挤压机，投资费用大
连续挤压	1. 可以实现真正意义上的无间断、连续挤压生产，减少非生产时间，提高生产效率； 2. 挤压轮转动与坯料间产生的摩擦大部得到有效利用，挤压变形能耗大大降低； 3. 生产成本和能耗低； 4. 可节省热挤压过程中锭坯的加热工序，设备投资小； 5. 可减少挤压压余、切头尾等几何损失，成品率高； 6. 设备紧凑，占地面积小，投资费用低	1. 挤压槽轮表面、导向块、模子等处于高温摩擦状态，因而对工模具材料的耐磨性耐热性要求较高； 2. 对坯料预处理要求较高； 3. 连续挤压法一般用于小断面的卷盘生产，生产大断面的产品时，产量远低于常规挤压法； 4. 由于连续挤压法的特点，生产高精度的产品受限； 5. 工模具的更换比常规挤压法困难； 6. 对设备液压系统、密封和控制系统要求较高

加工方法	优 点	缺 点
静液挤压	1. 坯锭与挤压筒无直接接触，无摩擦，模子的润滑条件好，所以金属流动均匀，制品的组织性能在断面和长度上都很均匀； 2. 挤压力小，一般比正向挤压力小 20%~40%，可采用大挤压比，一般挤压比可达 400 以上； 3. 可采用长锭坯及连续挤压线材，可实现高速挤压，制品表面光洁度较好； 4. 可挤压断面复杂的型材和复合材料，并可挤压高强度、高熔点和低塑性的金属材料	1. 需要进行锭坯的预先加工，挤压成才率低； 2. 挤压筒和挤压轴在工作时承受很大的压力，材料的选择和结构的设计应考虑如何保证其强度的问题； 3. 高压液体的选择和高压液体的密封等问题

232 挤压加工的适用范围？

挤压加工适用范围见表 3-8。

表 3-8 挤压加工适用范围

适用范围	挤压加工种类	主要用途	性 能
建筑五金	管、棒、型材	门、窗、扶手、五金配管、五金装饰、建筑用管，一般使用紫铜、黄铜管棒材	耐蚀性能、可成型性、杀菌性能、审美效果好
电子电力工业	管、棒、型材异型管材	各种导体、电力机车用材、微波通信、大型电子管及母线，一般使用无氧铜	冷热加工性能优良，电导传热、性能好
交通运输	管、棒、型材	电动车辆、船舰、航天、汽车等，一般使用紫铜及黄铜；	耐腐蚀，传热、电性能等优良
工业用阀件、管件	管、棒、型材	各种泵阀、垫片、各种阀芯等，一般使用紫铜、黄铜、青铜挤压棒材	耐磨，耐腐蚀，可机加工性等
热交换器	管材	工业用热交换器管、大型冷冻机用管、化工冷凝管等，一般使用紫铜、黄铜和白铜管材等	耐腐蚀性，可成型性，传热性能好等
其他方面	管、棒、型、线坯	各种切削、成型管、棒材、空心波导管，各种挤压管、棒、型、线坯料等	良好的导热性、抗腐蚀性、易切削加工性、可成型性等

233 挤压时挤压锭坯可分为哪几个区域？

挤压时整个挤压锭坯的体积可分为三个区域，即弹性变形区、塑性变形区和死区。各区域的大小受多种因素的影响，如锥模挤压时可减小死区，锭坯与挤压筒接触表面的摩擦力增大，使塑性变形区扩大、弹性变形区缩小，随挤压过程的进行，塑性变形区也会发生变化。

234 圆棒正向挤压时金属流动的特点？

圆棒正向挤压时，锭坯受到挤压轴的正压力和工模具反作用力及接触摩擦力的作用。在挤压过程中，沿制品长度方向和制品横断面上都存在明显的不均匀变形和不均匀流动。各种工艺因素都对这种不均匀流动和变形有影响，这种不均匀变形也对制品质量有很大的影响，可造成挤压制品的前后端和内外层性能不均。

235 型材挤压时金属流动的特点？

由于型材断面形状不同，金属流动失去了单孔模挤压棒材时的完全对称性。因此，金属流动更为复杂和不均匀。挤压型材时，在壁厚处，金属变形小，流动快。在壁薄处金属变形程度大，流动速度慢。因此，型材挤压时很容易产生波浪、翘曲、扭扭、裂纹、撕裂等缺陷。

236 管材挤压时金属流动的特点？

挤压管材时，可用实心锭坯穿孔挤压，也可用空心锭坯挤压。不论采用哪种挤压方法，锭坯在挤压时均可受到挤压管内衬和模子定径带及锭坯中心穿孔针的摩擦阻力，这样使整个断面上金属流动比圆棒挤压时更为均匀。

237 反向挤压时金属流动的特点？

反向挤压时，金属流动状态与正向挤压时有很大的不同。除"死区"附近的金属与挤压筒有相对滑动外，其余锭坯表面与挤压筒内衬间没有相对滑动，变形区集中在模孔附近，所以摩擦阻力较小，金属流动均匀。反向挤压时，由于变形区小，流动均匀，制品的力学性能较均匀，减少了挤压缩尾和挤压残料（压余）损失。此外，反向挤压所需挤压力小。由于反向挤压时的"死区"很小，锭坯表面的氧化皮以及杂质易流入制品表面，影响表面质量。

238 平模挤压时金属流动的几种基本类型？

根据金属流动的特点可归纳为四种基本类型（图 3-17）：A 型、B 型、C 型、D 型。

（1）A 型。金属流动均匀，这种流动模式只有反向挤压时才可获得，变形区局限在模口，变形区和死区很小，只集中在模口附近，弹性区域的体积较大，应特别注意的是，它的死区形状与正向挤压时有很大不同。

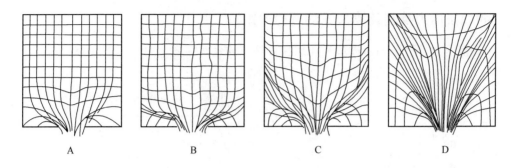

图 3-17　平模挤压时金属流动的四种基本类型示意图

（2）B 型。正向挤压时，如果挤压筒壁与金属间的摩擦阻力很小，则会获得 B 型流动，它的变形区和死区比 A 型的稍大，金属流动比较均匀。因此不易产生中心缩尾和环形缩尾。如紫铜、锡磷青铜，属于这种类型。

（3）C 型。挤压工具对金属流动摩擦阻力较大时，就会获得 C 型流动，金属流动不均匀，变形区已扩散到整个铸坯的体积，在挤压后期会出现不太长的缩尾。如 α 黄铜、白铜、镍合金等，属于这种类型。

（4）D 型。当挤压工具对金属流动摩擦阻力很大，且铸锭内外温差又很明显时，金属流动很不均匀。挤压一开始，外层金属由于沿筒壁流动受阻而向中心流动，变形区扩大到整个铸坯的体积。因此，缩尾最长。如 α+β 黄铜、铝青铜等，属于这种类型。

必须指出，这些金属与合金所属的流动类型是在通常生产条件下获得的，并非固定不变，挤压条件改变，可能导致所属流动模式也会发生变化。

239　怎样进行金属压力加工过程中变形程度的计算？

金属压力加工过程中，坯料的尺寸在三个方向都有变化，计算变形程度时则以尺寸变化最大的方向为准。变形程度也称为加工率，它是表示金属相对变形的一个参数。

$$\varepsilon = (F_t - F) \times 100\% / F_t$$

管、棒、型材生产时一般常用延伸系数（挤压比）λ 表示。根据体积不变原理：

$$\varepsilon = 1 - 1 / \lambda$$

$$\lambda = 1 / (1 - \varepsilon)$$

式中　ε——变形程度；

λ——延伸系数（挤压时称挤压比）；

F_t——挤压筒面积，mm^2；

F——挤制品面积，mm^2。

240 挤压力及其计算公式的选择原则?

挤压力是挤压轴通过垫片作用在被挤压的金属锭坯上的力 (图 3-18)。

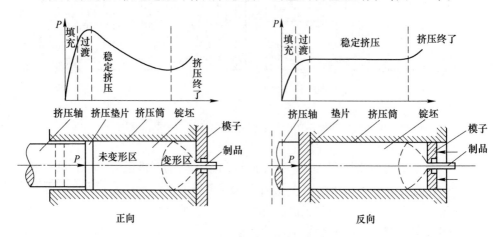

图 3-18 挤压力与行程变化

挤压力是随挤压轴的行程而变化的,挤压的第一阶段为填充阶段,随着挤压轴向前移动,挤压力不断增加。第二阶段为稳定挤压阶段,正向挤压时,金属被挤出模孔,挤压筒壁与锭坯之间的摩擦面积不断减小,挤压力由最大值开始不断下降。而反向挤压时则不同,坯锭的未变形部分与挤压筒壁没有相对运动,因此,没有摩擦力作用,挤压力基本保持稳定。第三阶段为挤压终了阶段,因锭坯温度低,挤压接近死区,这时挤压力出现回升。这里计算的挤压力是指挤压力曲线中的最大值。

金属挤压力计算公式较多,应合理选择计算公式,力求简便、迅速。挤压力计算所得结果的准确度,不仅取决于计算公式本身的精确度,而且很大程度上取决于其中参数和系数的选择,对经验公式系数的选择更为重要。可根据现场生产实践经验和实测值的比较来找出合理的系数值,作为以后计算时的使用范围。

241 卧式挤压机穿孔系统的种类及特点?

穿孔系统是用来完成铸坯穿孔挤压,生产管材的装置。穿孔系统包括穿孔横梁、缸、柱塞、针支承、连接器、限位装置等部分。卧式挤压机一般可分为内置式、侧置式、后置式三种基本形式,见图 3-19。

三种穿孔系统具有以下特点:

(1) 后置式穿孔系统,机身较长,穿孔装置也较长,易产生偏斜,容易造成挤压管材偏心。一般可实现随动穿孔挤压。

（2）侧置式穿孔系统，穿孔缸有两个，对称分布在两侧，机身也较长，该穿孔系统使用维护较方便，较难实现随动穿孔挤压，对穿孔针的使用寿命不利。

（3）内置式穿孔系统，穿孔缸装在主柱塞内部，机身长度短，刚性好，导向精确，管材挤压时同心度好，内置式穿孔系统可实现随动穿孔挤压，通过限位装置也可实现固定穿孔针挤压，目前这种挤压机使用较多。

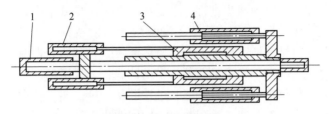

(a) 后置式穿孔系统工作缸布置

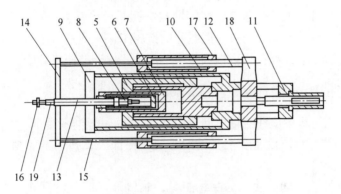

(b) 侧置式穿孔系统工作缸布置

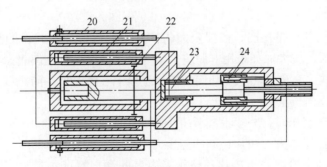

(c) 内置式穿孔系统工作缸布置

图 3-19　穿孔系统的后置式、侧置式、内置式三种基本形式

1，17，23—穿孔缸；2—穿孔返回缸；3，5，22—主缸；4—主返回缸；6—主柱塞；7—主柱塞回程缸；8—回程缸的空心柱塞；9—横梁；10—拉杆；11—主柱塞横梁；12—穿孔柱塞；13—穿孔回程的空心柱塞；14—横梁；15—拉杆；16—支架；18—穿孔横梁；19，20—进水管；21—副缸及主回程缸；24—穿孔回程缸

242 激光对中技术及其操作方法?

激光对中技术主要应用于挤压设备运动部件的对中调整,它可精确确定挤压机中心线,并在挤压过程中对挤压轴、穿孔系统、挤压筒和挤压模的同心度进行监测。该装置由激光发射、接受和检测信息处理与现实三个部分组成。

实际使用过程中分为两步进行,第一步是在挤压机处于原始状态时(安装或检修完后投入工作前),在固定横梁上安装激光发射装置,并在挤压筒两端,挤压轴和穿孔系统前端等活动部件上安装监测装置。打开激光发射,各检测装置接收信号,通过显示屏显示光束是否处于平衡位置,如果平衡,则说明挤压中心线良好,如果有问题可根据检测数据逐一进行调整。第二步,首先拆除原始状态激光装置的安装,将发射装置、检测装置分别安在挤压筒支座下部左右对称位置和挤压机活动横梁下部左右对称位置,并将激光束调至平衡,即可投入生产。

挤压开始时,由于挤压筒、挤压轴和穿孔系统,都处于已调好的正确位置,在显示屏上无显示数据。经过一段时间的挤压工作,通过显示数据来判断各运动部件的位置误差,并可根据数据调整偏移部件,保证挤压机处于良好状态。

243 脱皮挤压过程中应该注意的问题?

脱皮挤压过程中应注意以下问题:

(1)调整好挤压设备和工具的中心线,保证脱皮挤压的完整性,也可减少制品的偏心。

(2)黏性较大的金属,易黏结工具,难以形成完整的残皮,此时在金属加热温度允许的范围内尽量降低挤压温度或加强挤压垫片的冷却,以防止黏结,便于形成完整的脱皮。

(3)采用脱皮挤压时,需要较大的挤压力,一般在小吨位的挤压机上生产某些产品时难度较大。如采用非脱皮挤压方法,需要进行锭坯表面处理。可采取铸锭表面刷洗、车皮、热扒皮和锭坯加热过程中气体保护,防止氧化等措施,保证挤压制品表面质量。

(4)脱皮挤压时,一般不润滑挤压筒,保证脱皮完整性。

(5)挤压比越大,垫片边部的静压力越大,容易脱皮。

(6)要经常检查挤压垫片和挤压筒内衬的磨损情况,随时调整工具,保证配合尺寸在允许的范围内。

244 挤压方法选择的原则和方法?

最佳的挤压工艺包括:

(1)正确选择挤压方法和挤压设备。

（2）确定合理的铸坯尺寸和挤压工艺参数。

（3）选择优良的润滑条件和采用最佳的挤压工具设计。

挤压方法的选择。金属的基本挤压方法是正向挤压法和反向挤压法。在实际生产中可根据被挤金属材料的不同特性、流动不均匀性、高温塑性和产品质量要求等，来考虑挤压方法和挤压设备的选择。

（1）正向挤压。

1）正向挤压机用于所有挤压过程和挤压各种制品，根据被挤压金属材料的不同性质，可采用脱皮挤压、水封挤压、包套挤压、润滑挤压、多孔模挤压等。

2）对生产壁厚尺寸要求严格的中、小管材，如外径小于 $\phi30mm$ 的薄壁管，可考虑在立式挤压机上生产。

（2）反向挤压。

1）根据不同金属材料的流动特点，考虑哪些材料可采用反向挤压。一般采用平模无润滑反向挤压铜和铜合金的管、棒、型、线材，有利于提高挤压制品组织性能的均匀性和减少挤压制品的缩尾。

2）对需要进行润滑挤压的金属材料，可采用反向挤压。

3）对于尺寸精度要求高的挤压管材和高温塑性范围狭窄的合金，可采用反向挤压。

245　怎样解决正向挤压中的闷锭和夹轴现象？

（1）闷锭的解决方法。实际生产过程中，因某些原因，可能使锭坯在挤压筒中挤不动（闷锭）。此时应立即卸压，将挤压轴后移，待锭坯温度降低，稍停后，采用专用装置（如横向移动模座的事故接收筒），再用挤压轴将降温后的锭坯推到专用装置内取出。若推不动，可继续降低锭坯温度或同时采取升高挤压筒内衬温度的方法，稍后将其推出。处理闷锭故障时千万不可硬推，并严防挤压筒内衬同时被推出。

（2）夹挤压轴的解决方法。挤压筒内不干净，由于脏物、残屑、脱皮挤压时脱皮过厚或内有残皮清理不干净等原因，造成挤压完了挤压轴不能返回的现象（夹轴）。可采取以下步骤解决：

1）采用法兰压紧挤压轴的设备，可先将法兰螺丝卸掉，拆开挤压轴与大车的连接，大车返回使挤压轴留在挤压筒内。采用液压缸和专用装置（如卡盘）压紧挤压轴的设备先卸压，将专用装置松开，使挤压轴与大车脱离，大车返回，挤压轴留在筒内。

2）挤压筒运动离开模座一段距离，用天车吊一个凉锭坯（和原锭坯一样大或小一点），到挤压筒与模座中心位置，使凉锭坯两头端面中的一头对准筒内挤压轴断面，另一头对准模支撑断面。

3）准备两个有一定大小，能承受一定压力的方钢或圆钢，通过吊车吊运到大车与挤压筒之间的中间位置，左右对称放平，并用大车端面（不因受力而受伤的安全端面），将两个钢块或旧销键靠紧在挤压筒端面上。

4）人工控制大车逐渐上压（慢上压），利用顶在模座上的凉锭坯将挤压轴逐渐推出，直到挤压轴能够移出为止。如果一个凉锭坯长度不能完成工作，可再用一个凉锭坯接着顶出。

5）卸掉钢块，将挤压轴与大车装好并返回原始位置，清除挤压筒内杂物，再将锭坯顶出，完成准备工作后，方可继续生产。

在处理夹轴故障时，要注意各受力的部位，一定要平面接触。挤压机上压时，人工控制慢上压并控制压力不宜过高，观察挤压轴移出情况。如推不动，不能硬推，找出原因并采取措施后再按上述方法工作。

246　怎样处理反向挤压过程中的闷锭现象？

出现闷锭（挤不动）情况，应立即停车卸压，待铸坯降温后，采用专用装置来处理，一般采用两种方法处理。

（1）通过主轴处理（带滑动模架双轴反挤机）。在滑动模架另一位置上安装一个套筒（事故处理筒），将其推移到挤压中心位置，主轴施加压力将挤压筒内锭坯推入套筒内取出（图 3-20）。

（2）通过模轴处理。采用一个套筒放置在主柱塞和挤压筒之间，通过模轴将挤压筒内锭坯向后推入套筒内取出（图 3-21）。

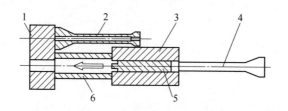

图 3-20　主轴顶出方法

1—滑动模架；2—挤压轴（模轴）；3—挤压筒；4—挤压轴（主轴）；5—锭坯；6—套筒

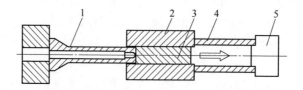

图 3-21　模轴顶出方法

1—滑动模架；2—挤压轴（模轴）；3—挤压筒；4—挤压轴（主轴）；5—套筒

247　采用堵板挤压应注意哪些问题?

（1）挤压内径大于 $\phi120mm$ 以上的紫铜、黄铜管材，采用堵板挤压。

（2）采用横向移动或旋转模座的挤压机，先将堵板工位移动到挤压中心位置，堵住挤压筒端口，进行充填挤压并穿孔到一定位置后，快速移动模座至挤压工位，然后穿孔到位进行正常挤压。使用其他形式的模座（如挤压嘴），在充填挤压后，快速去掉堵板换上挤压模进行挤压。采用堵板挤压时，应适当提高加热温度，防止温降的影响。

（3）采用堵板挤压时，锭坯在穿孔过程中，金属产生倒流，应考虑锭坯的允许长度，计算堵板挤压锭坯长度，是指堵板挤压一次穿孔锭坯产生回流后的长度。

（4）堵板挤压一次穿孔离锭坯前端的距离（不穿透），可以根据材料和规格确定，一般为 $75\sim80mm$。

（5）堵板工具应进行预热，防止锭坯降温。一般预热温度为 $250\sim300℃$。

248　连续挤压技术的工作原理?

要实现连续挤压必须满足以下条件：挤压筒应具有连续工作的长度，可以使用无限长的坯料，而且，不需借助于挤压轴和垫片的直接作用力，即能对锭坯施加足够的力，以实现挤压变形。连续挤压工作原理见图 3-22。

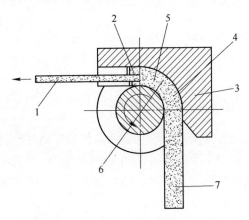

图 3-22　连续挤压工作原理示意图

1—制品；2—模子；3—导向块（挤压靴）；4—初始咬入区；5—挤压区；6—槽轮（挤压轮）；7—坯料

这种方法的工作原理是，在可旋转的挤压轮表面上带有方凹槽，其 1/4 左右的周长与挤压靴的导向块相配合，形成一个封闭的方形空腔，将挤压模固定在导向块的一端。挤压时，将比方形空腔面大一些的圆坯料端头碾细，然后进入空腔中，借助于挤压轮凹槽与坯料之间产生的摩擦力，将坯料连续不断地拉入空腔中，坯料在初始咬入区中逐渐产生塑性变形，直到进入挤压区并充满空腔的横断面。金属在挤压轮摩擦力的连续作用下，通过安装在挤压靴上的模子连续不断地挤出所需要断面形状的制品。

249 静液挤压技术的工作原理？

与正、反挤压等方法不同，静液挤压时坯锭不直接与挤压筒内表面产生摩擦，坯锭借助于筒内的高压液体压力从挤压模孔中挤出，获得所需形状和尺寸的制品。一般情况下，静液挤压是在常温下进行的，但根据需要，静液挤压也可在不同温度下进行。处于室温时的挤压过程称为冷静液挤压；在室温以上再结晶温度以下的挤压过程称为温静液挤压；而在再结晶温度以上的挤压称为热静液挤压。静液挤压工作原理见图 3-23。

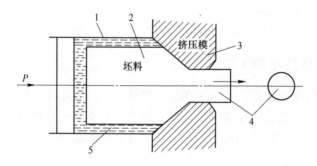

图 3-23 静液挤压工作原理示意图
1—挤压筒；2—锭坯；3—挤压模；4—挤压制品；5—高压介质

250 静液挤压采用的高压介质有哪些？

静液挤压所用的高压介质，一般有黏性液体和黏塑性液体。如蓖麻油、矿物质油等黏性液体，主要用于冷静液挤压和 500~600℃ 以下的温、热静液挤压。如耐热脂、玻璃、玻璃和玻璃混合物等黏塑性体，主要用于较高熔点金属和 700℃ 以上的热静液挤压。

251 静液挤压的工艺特点？

静液挤压时，锭坯不与挤压筒内壁接触，作用于锭坯表面的摩擦力为高压介质的黏性摩擦力，在变形区锭坯与锥形模表面接近于流体润滑状态，降低了金属与模子间的摩擦阻力。因此静液挤压时的金属变形极为均匀，产品质量好。这一特性，特别适合于各种包覆材料的挤压成型。另外，静液挤压时，锭坯周围被高压介质包围，有利于提高锭坯的变形能力，实现低温、高速、大变形加工。这一特点，适合于难加工材料成型、精密型材成型，还可以利用大变形量加工的特点简化挤压工艺。

用于静液挤压的锭坯比普通挤压时要求要高。为了挤压初期能顺利在挤压筒内建立工作压力，一般需要将锭坯头部车成与所用挤压模入口处相一致的锥体形状。为了保证挤压制品的质量，防止污染高压介质，需要对锭坯表面进行车皮处理。

252　挤压制品层状组织出现的原因及防止措施？

挤压制品的层状组织也称片状组织，表现在折断口后出现类似木质的端口。分层的断口表面不平并带有布状裂纹，分层方向近似于轴向平行。铝青铜（QAl10-3-1.5、QAl10-4-4）和含铅的黄铜（HPb59-1）等合金，容易产生层状组织。挤压制品中的层状组织对制品纵向机械性能影响不大，但制品的横向机械性能，特别是延伸率和冲击韧性会明显降低。层状组织一般分布在前端，产生层状组织的原因主要是铸造组织不均匀，如锭坯中存在气孔、缩孔或晶界上分布着未溶入固溶体的第二相质点和杂质等。采取防止挤压制品出现层状组织的措施，应从严格控制锭坯组织入手，减少锭坯柱状晶区、扩大等轴晶区、严格控制晶间杂质等。对于不同合金可采取相应措施控制层状组织，如对铝青铜，适当控制铸造结晶器的高度，可清除和减少层状组织，如对铅黄铜，可减少铸造的冷却强度、扩大等轴晶区，来减少挤压制品的层状组织。

253　消除或减小挤压缩尾的措施有哪些？

挤压缩尾是制品尾部出现的一种缺陷，生产过程中，如果控制不当，缩尾的长度有时可达制品长度的一半，一般出现在挤制棒材、型材和厚壁管材的尾部，主要产生在挤压终了阶段。挤压缩尾一般分为三种类型：中心缩尾、环形缩尾和皮下缩尾（图3-24）。

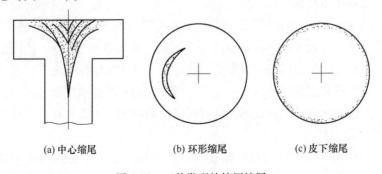

(a) 中心缩尾　　　　　(b) 环形缩尾　　　　　(c) 皮下缩尾

图 3-24　三种类型的挤压缩尾

消除或减小挤压缩尾的措施如下：

（1）保持挤压筒和锭坯表面光洁，严禁挤压垫片端面黏附润滑剂。

（2）严格按照挤压工具的预热制度进行预热。

（3）控制锭坯加热温度不要过高，防止挤压过程中锭坯内、外层温差过大或黏结工具等。

（4）对易产生挤压缩尾的合金（如 HPb59-1、H62 等），采取低温快速加热措施，减少金属流动不均匀性。

（5）采用机械加工锭坯表面或采用脱皮挤压方法。

（6）留有足够的压余。

防止和减少挤压缩尾的根本措施是改善金属的流动，一切减少不均匀流动的措施都有利于减少或消除缩尾。

254　提高挤压工具寿命的途径？

挤压生产中的一个实际问题是挤压工具损耗大，并且工具质量对挤压制品质量影响也很大。因此，提高工具的使用寿命和质量就具有重要的意义。提高挤压工具使用寿命和质量的措施主要有：

（1）优选、研制和寻找新的钢种和材料，是提高挤压工具使用寿命和质量的根本途径。

（2）改进挤压工具的结构形状。例如设计双锥模、变断面挤压轴都是为了提高挤压工具的使用寿命，采用多层挤压筒衬套，改善内衬的受力条件，也可提高其使用寿命。

（3）合理预热和冷却挤压工具，防止激冷和激热。

（4）合理润滑挤压工具。

（5）正确使用、维护和修理挤压工具，要正确安装和调整好挤压工具，严格保持挤压轴、穿孔针、挤压筒和挤压模的中心位置，避免出现因偏心载荷造成的工具折断和严重磨损。

工具经过一段时间的使用后，要卸下来进行抛光修复并进行预热后再使用，这样可以提高工具的使用寿命和质量（特别是穿孔针和挤压模）。挤压工具变形后，可进行修复，如挤压轴端面变形，挤压模支承和挤压模孔变形，挤压垫片变形等，都可在修复后继续使用，对垫片和挤压筒内衬的磨损变形，也可采用堆焊修补的方法进行修复。实践证明，堆焊挤压筒内衬的使用效果良好，可延长其使用寿命。

（6）采用表面化学处理或喷涂技术等新的加工工艺，提高挤压工具的耐磨性和抗高温能力。

255 为什么（α+β）双相黄铜挤压前后端的组织性能相差较大？

（α+β）双相黄铜挤压时前后端的组织和性能有时差异很大，这是因为前端温度高于β→α的转变温度，挤压后可从β相析出针状α相，使黄铜具有高的塑性；而后端则由于挤压温度已降至β→α的转变温度以下，挤压前就出现了两相组织，挤压后α相再结晶成带有双晶的等轴晶，而β相则未再结晶，仅被挤压成条状，使塑性降低并对后续加工带来困难。为防止发生上述现象，可采用提高铸锭加热温度，预热挤压筒和提高挤压速度等措施来解决。

256 挤压不同合金的管、棒材时的注意事项？

挤压不同金属及其合金的管、棒材时，应考虑以下几点：
（1）在选定的挤压机上实现所需工艺的可能性。
（2）确定正确的挤压工艺参数。
（3）确定合理的锭坯尺寸。
（4）选择优良的润滑条件。
（5）采用最佳的挤压工具设计。
（6）挤压过程中能否满足产品的质量要求。

257 脱皮挤压及其特点？

挤压棒材时，为防止锭坯在浇铸或加热时产生的表面缺陷或氧化皮挤入制品内，以及挤压后期容易产生挤压缩尾的现象，挤压棒材时多采用脱皮挤压。脱皮挤压的特点是：采用直径比挤压筒内径小 2~4mm 的挤压垫片进行挤压，在挤压垫片与挤压筒内径之间形成一定的间隙，使锭坯的表面部分残留在挤压筒内，每次挤压结束后，必须用清理垫片将残留在挤压筒内的脱皮清除干净，一般脱皮厚度为 1~2mm。采用脱皮挤压时，需要较大的挤压力，这将影响中小设备的生产品种范围。有些合金可以不采用脱皮挤压，但对某些黄铜和铝青铜必须用脱皮挤压以确保制品质量。

258 挤压缩尾及消除方法？

挤压缩尾是铜及铜合金棒材在挤压中容易产生的缺陷，它从制品的尾部向前延伸而逐渐消失，缩尾的长度有时可达到制品长度的一半。缩尾产生的主要原因是挤压金属流动不均匀、挤压后期产生紊乱。为减少和消除挤压缩尾，挤压时必须留有压余。根据合金、规格、锭坯直径大小等因素，压余厚度可取锭坯直径的 10%~30%。铜及铜合金棒材多采用平模挤压，为了减少模孔的磨损，防止模孔变形，一般将模孔入口处设计成半径为 2~5mm 的圆弧。

259　铜线材生产工艺的技术指标?

铜合金线材常规的生产方式有连铸连轧法、浸涂成型法和上引法,其技术指标见表 3-9。

表 3-9　三种生产工艺的技术指标

序号	项目名称	连铸连轧法	浸涂成型法	上引法
1	产品技术水平	光亮低氧铜杆	光亮无氧铜杆	光亮无氧铜杆
2	铜杆电导率（%IACS）	101～102	101～102	101～101.6
3	含氧量/%	$200×10^{-4}～400×10^{-4}$	$20×10^{-4}$ 以下	$1.5×10^{-4}～27×10^{-4}$
4	单位产品铜损耗/kg·t^{-1}	2	2	2
5	单位产品损耗（折标煤）/kg·t^{-1}	138.57～160	165.7～175.28	221.57～223.81
	其中：电力/kW·h·t^{-1}	100～150	380～400	400～420
	燃料	液化气 50kg/t	天然气 3m³/t	天然气 1m³/t
6	生产能力/t·h^{-1}	6～40	3.6～10	2
7	年产量/万吨	3.5～60	2～5	0.5～1.2
8	每班操作人数/人	6～10	6～10	2
9	铜杆卷重/t	3～8	3.5～10	2

260　连铸线坯的方法有哪些?

(1) 上引连铸线坯。一般上引连铸规格的生产范围在 ϕ8～32mm。紫铜系列常见的为 ϕ8mm、ϕ14.4mm、ϕ17mm、ϕ20mm、ϕ25mm。一般来说规格越大,要求系统(主要指结晶器能力)的冷却能力越强。对于紫铜而言,上引连铸 ϕ8mm 铜杆时直接用拉丝机拉伸至 ϕ2～3.5mm,上引连铸 ϕ8mm 以上铜杆时则用轧机轧制或拉机拉伸,加工成 ϕ8mm 的铜杆,再用拉丝机拉伸。上引黄铜杆一般是采用拉丝机拉伸加工,为保证成品线的表面质量和物理性能,上引线坯的总加工率必须达到 70% 以上。

(2) 浸渍法线坯。浸渍法各道次工序后工件的尺寸大体见表 3-10。

表 3-10　各道次工序后工件尺寸

作业线能力/t·h^{-1}	芯杆坯/mm	拉丝/mm	剥皮/mm	浸涂/mm	轧制尺寸/mm
3.5	ϕ9.5	ϕ7.7	ϕ7.2	ϕ11.8	ϕ9.6、ϕ8.0
6.0	ϕ14.0	ϕ11.3	ϕ10.7	ϕ17.5	ϕ14.0、ϕ10.2、ϕ8.0
12.0	ϕ16.0	ϕ13.6	ϕ12.7	ϕ20.8	ϕ16.0、ϕ12.7、ϕ8.0

261　连轧线坯的方法和工艺?

（1）连轧坯料由连铸坯如轮带式、双带式等提供，也有浸渍法提供的。

（2）连轧工艺：由于铸坯生产方式不同，所提供的铸坯尺寸不同，其连轧工艺也各不相同。但紫铜类线坯生产的设计基本上固化了连轧工艺，见表 3-11~表 3-14。

表 3-11　SCR-1300 型 ϕ8mm 铜杆的工艺孔型

机架号		1V	2H	3V	4H	5V	6H	7V	8H	9V
孔型		梯形	长方形	圆	弧	圆	弧	圆	弧	圆
尺寸	宽/mm	40	42	24.45	33.44	16.14	21.48	10.56	14.68	8.14
	高/mm	33	17.7	23	13.6	15.3	8.1	10.8	6.32	8.0
	孔缝/mm	2.0	2.0	2.0	2.0	1.0	2.5	1.8	2.5	1.24
	面积/mm²	982	613	394	260	175	119.1	89.6	65.3	50.27
	压缩/%	27.5	37.6	35.7	34	32.7	32	24.8	27.1	23

表 3-12　用于 1355mm² 铸坯孔型

道次	孔型	面积/mm²	λ	ε/%	线径/mm
铸坯		1355			
1H	矩	793.2	1.708	41.5	
2V	椭	573.2	1.546	35.3	
3H	圆	362.9	1.414	29.3	ϕ21.5
4V	椭	245.1	1.481	32.5	
5H	圆	139.6	1.445	30.8	ϕ14.7
6V	椭	115.9	1.463	31.6	
7H	圆	84.8	1.367	26.9	ϕ10.4
8V	椭	62.9	1.348	25.8	
9H	圆	50.3	1.251	20.1	ϕ8.0

注：线杆出口速度 4.97m/s。

表 3-13　用于 1613mm² 铸坯的孔型

道次（梯）	孔型	$h_k \times b_k$	R	D	S
铸坯（梯）					
1V	椭	19.5×593.0			2.6
2H	圆			29.2×30.9	2.5
3V	椭	15.8×42.5	39.0		2.5

道次（梯）	孔型	$h_k \times b_k$	R	D	S
4H	圆			ϕ19.6	2.0
5V	椭	10.4×30.2	28.6		2.0
6H	圆			ϕ14.3	1.5
7V	椭	8.4×17.2	16.0		1.5
8H	圆			ϕ10.3	1.5
9V	椭	6.8×14.7	15.1		1.0
10H	圆			ϕ8.0	1.0

表 3-14　用于 1935mm² 铸坯的孔型

道次	孔型	面积/mm²	λ	ε/%	线径/mm
铸坯	（梯）	1935			
1H	矩	1936	1.62	38.4	
2V	椭	715.5	1.67	40.0	
3H	圆	465.8	1.54	34.9	
4V	椭	279.4	1.67	40.0	
5H	圆	189.7	1.47	32.0	
6V	椭	123.9	1.53	34.7	ϕ15.9
7H	圆	91.9	1.35	26.2	ϕ12.7
8V	椭	64.3	1.42	29.6	ϕ9.5
9H	圆	49.5	1.28	21.8	ϕ8.0

262　线材的悬浮式连续浇铸？

悬浮式连续浇铸法是将电磁悬浮场与上引法中应用的高效热交换器联合使用的一种方法。这是一种简单而又经济的连续铸造成型方法，能克服其他浇铸技术中经常发生的模具与金属接触面上的摩擦和黏结问题。其优点是铸造速度快、铸坯可连续拉出、铸造材料的均匀性和晶粒结构良好、铸坯表面无缺陷或夹杂，还能延长与熔融金属接触件的使用周期。此方法特别适合于从各种纯金属和合金直接浇铸成小直径的细线杆。

263　电解沉淀法制备线材的工艺要点？

电解硫酸铜直接沉积出线杆，比上引法和浸涂法获得铸造铜杆的流程更短，设备更少。

（1）电解工艺。

1）电解液中含：硫酸铜 200g/L（相当于 Cu^{2+} 50g/L）、硫酸 200g/L、氯化物 30mg/L、胶（GLUE）0.25~0.75mg/L、木质磺酸钙 20~100mg/L。

2）种子板：要磨光或抛光，表面不能有尖锐的棱和刺。

3）电解条件：温度 60℃，电流密度 380~480A/m^2，电流不可中断，或短周期反向运行。电解液在阴极表面以 5~10mm/s 的速度流动，并用空气搅动，且在循环系统中过滤。

（2）控制要点。

1）线杆表面必须光滑平整，才能在轧制和拉制时不出现裂纹和断线。如表面有疤、瘤、棱角，则在加工变形时，甚至在缠绕时开裂。

2）需在电解液中添加有机物，如胶和木炭磺酸钙等，且控制好浓度和均匀性，才能沉淀出表面光滑平整的线杆。

3）添加有机物于电解液中，就把非金属杂质引入线杆中，这就导致线材电导率的下降和软化温度的上升。

从以上过程可以看出，用电解沉积法制造线杆是可行的。为了获得良好的物理性能和加工性能，必须严格控制各工艺因素和参数，和常规制备方法相比，难度比较大。

264　拉伸的分类方法有哪些？

拉伸是指在拉伸力的作用下，使加工件的尺寸（包括横断面和长度方向的尺寸）发生改变的压力加工方法。拉伸通常有以下几种分类方法：

（1）按加工产品可分为棒材拉伸、型材拉伸、线材拉伸和管材拉伸。

（2）按加工方式可分为间断式拉伸和连续拉伸；也可分为直条拉伸和盘式拉伸。

（3）按加工方式可分为有衬芯拉伸和无衬芯拉伸；有衬芯拉伸中又可细分为固定短芯头拉伸、中式芯头拉伸、游动芯头拉伸和长芯杆拉伸等。

（4）按加工性质可分为缩径拉伸和扩径拉伸。

265　线材拉伸方法有哪些？

线材拉伸的方法主要有以下三种：

（1）线材的一次拉伸：线材一次拉伸的加工率较大、生产线坯较短、构造简单、操作简便、价格便宜，但生产效率低。单模拉线机主要用于一次拉伸的设备。该机型只配备一个模座和一个绞盘，故同时只能拉某一根线的某一道次。

（2）积蓄式无滑动连续多次拉伸：多次拉伸总加工率大，拉伸速度快，自动化程度高。拉伸道次可根据被拉伸的铜线材所能允许的延伸系数、产品最终尺寸及所要求的力学性能来确定。连续拉伸道次通常为 2~25 次。这种形式的拉线机是由若干台立式单模拉线机组合而成。每个绞盘都由独自的电动机拖动，既可以单独停止和开动，也可集体停止和开动。线材从上一个绞盘的引线滑环中引出，经上导轮和下导轮，进入下一道次模子和绞盘，进行下一道次的拉制。这样就能在同一时间里拉若干道次。

相关公式：积线系数 J。

$$J_n = \mu_{n+1}/\lambda_{n+1} \quad \text{或} \quad J_{n+1} = \mu_n/\lambda_n$$

式中 μ——延伸系数；

λ——鼓轮速比。

通常 J 值可取 1.03~1.05。过大将导致某些电机频繁停转或降速，对于积线式拉丝机来说，$J>1.0$ 是必要条件。

（3）滑动式连续多次拉伸：在滑动式连续拉丝机上生产线材时，各中间鼓轮均产生滑动，滚轮上一般绕 1~4 圈线材。在拉伸过程中鼓轮各级转数不能自动调整，只有在停车时才能进行调整，但不能改变各鼓轮的速比。

266 实现稳定拉伸的条件?

实现稳定拉伸的条件如下。

（1）实现一般拉伸的必要条件：拉伸力小于被拉制品的出口端抗拉强度，即 $\sigma_b \geq \sigma_1$，否则就有被拉断的可能。

（2）实现一般拉伸的充分条件：拉伸力小于被拉制品的出口端屈服强度，即 $\sigma_s \geq \sigma_1$，否则就有在模具外变形的可能。

被拉制品拉伸后的抗拉强度 σ_b 与拉伸应力 σ_1 的比值，称为拉伸时的安全系数，用"K"表示。其关系如下：

$$K = \frac{\sigma_b}{\sigma_1}$$

安全系数与被拉制品的外形尺寸、所处状态、变形条件（如温度、速度、反拉力等）有关。一般正常拉伸过程中 K 值在 1.40~2.00 的范围内，即 $\sigma_1 = (0.7 \sim 0.5)\sigma_s$。

在实际生产中，拉伸管材时的安全系数按以下范围控制：

紫铜管		1.20~1.25
黄铜管	HSn70-1	1.10~1.35
	HAl77-2	1.10~1.25
	H68	1.10~1.55
	H62	1.25~1.55
白铜管		1.15~1.40
镍及镍合金管材		1.20~1.35

267　影响拉伸力的主要因素有哪些?

影响拉伸力的因素很多。拉伸力既受被拉伸制品的材料特性因素影响，也受拉伸过程工艺参数影响。概括起来，一般有以下几种主要影响因素：

（1）被拉伸材料的变形抗力。拉伸力与被拉伸材料的变形抗力成正比。被拉伸制品的变形抗力与其合金牌号、变形状态、热处理状态等有关。

（2）变形速度。一般情况下，拉伸力与变形速度成正比。在速度不高的情况下，提高拉伸速度，使金属的变形抗力增大，从而增大拉应力，使拉伸力增大。当速度增加到一定程度时，由于高速拉伸产生的变形热来不及散发，致使变形区内的金属温度升高，而降低金属的变形抗力，致使拉应力下降，拉伸力减小。而拉伸速度增大，在润滑剂黏度不变的情况下，可更加有效地在拉伸模具与被拉伸制品之间形成油楔，增加拉伸模具与被拉伸制品之间的油膜厚度，减小拉伸模具与被拉伸制品之间的摩擦力，从而减小拉应力和拉伸力。因此，拉伸速度对拉伸力的影响需要分析其对拉伸制品材料的强化与软化结果以及润滑等综合效果来加以判断。

（3）反拉力。反拉力对拉伸力的影响见图 3-25。临界反拉力与临界反拉应力值的大小主要与被拉伸制品材料的弹性极限和拉伸前的预先变形程度有关，而与该道次的加工率无关。弹性极限与预先变形程度越大，则临界反拉应力也越大。

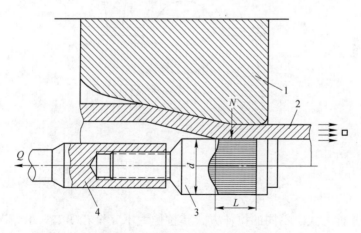

图 3-25　反拉力对拉伸力的影响
1—外模；2—管子；3—芯头；4—芯杆

（4）模具参数。一般情况下，拉伸模定径带越长，拉应力越大，拉伸力也越大。拉伸模角在一定范围内时，拉伸模角越大，拉应力越大，拉伸力也越大。

通常选择拉伸模角在 6°~15°范围内。

（5）摩擦与润滑。润滑剂的性质、润滑方式、模具材质、模具的加工方式、模具的加工精度与表面质量、模具与被拉伸制品之间接触面的状态等对摩擦力的影响很大。

（6）振动。在拉伸时，对拉伸工具施加振动可以显著降低拉伸力。图 3-26 为拉伸时振动方式的示意图。

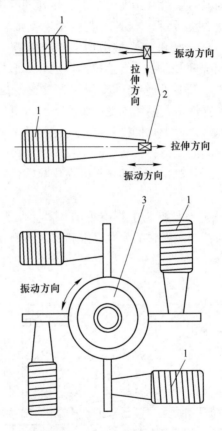

图 3-26　拉伸时的振动方式
1—振子；2—模子；3—带外套的模子

（7）拉伸方式。不同的拉伸方式其拉伸力不完全相等。一般情况下，游动芯头拉伸的拉伸力比固定圆柱短芯头拉伸力要小。

268　影响线材拉伸力的因素?

影响线材拉伸力的因素有以下几个方面：

（1）材料的抗拉强度。抗拉强度高，则拉伸力大；在其他条件相同时，拉伸力大，安全系数较低。

（2）变形程度。变形强度越大拉伸力也越大，因而增加了模孔对线材的正压力，摩擦力也随之增加，所以拉伸力也增加。

（3）线材与模孔间的摩擦系数。摩擦系数越大，拉拔力也越大。摩擦系数由线材的材质、模芯材料的光洁度和润滑剂的成分与数量决定，表面有残余的氧化亚铜细粉，也使拉伸力增加。

（4）拉线模模孔工作区和定径区的尺寸和形状。在拉线模工作区圆锥角增加，有两个因素影响着拉伸力，一方面摩擦表面减少，摩擦力相应减小；另一方面铜金属在变形区的变形抗力随圆锥角的增大而增大，使拉伸力变大。拉线模中定径区越大，拉伸力也越大。但定径区长度关系到模具的使用寿命，不能过短。

（5）拉线模的位置。拉线模安放不正和模座歪斜也会增加拉伸力，使线径及表面质量达不到标准要求。

（6）各种外来因素。如铜线材进线不直，放线时打结，拉线过程中铜杆抖动，都会使拉拔力增大，严重时引起断线，尤其拉小线时更甚。

（7）反拉力增大的因素。反拉力增大则拉拔力增加，如放线架制动过大，前一道离开鼓轮线材的张力增加等会增加后一道的反拉力。

269　拉伸的工艺流程?

拉伸是一般拉制管、棒、型、线材的最后一道塑性加工工序。坯料在拉制过程中，要进行中间热处理、酸洗和制夹头、切头切尾、定尺锯切、扒皮等辅助工序。最终拉伸后的制品还要精整、成品热处理等，最后经检查合格后才为成品。不同的产品及生产方式，选择的拉伸工艺不完全相同。几种典型的棒材及管材拉伸工艺流程框图分别见图 3-27 和图 3-28。

线材拉伸的工艺流程及特点如下。

（1）常用的铜及铜合金拉伸生产工艺流程是：线坯→轧头→拉伸→剥皮→拉伸→退火→对焊→拉伸→（成品退火）→成品线材。

（2）线材拉伸的特点：1）拉伸线材有较精确的尺寸，表面光洁，断面形状可以多样；2）多模、连续拉伸，能拉伸大长度和各种直径的线材，生产效率高；3）以冷加工为主的拉伸工艺，工具、设备简单。

（3）拉线机种类。从类型上分，有单模（头）拉线机和连续拉线机；而连续拉线机又有积蓄式连续拉线机、滑动式连续拉线机和非滑动式连续拉线机。从进出线粗细的角度，铜线拉线机分为粗拉机、大拉机、中拉机、小拉机、微拉机。从拉制的根数可分为单线拉线机和多线拉线机。从绞盘放置方向分为卧式拉线机和立式拉线机等。为使拉伸过程顺利进行，拉线机应具有放线机构和收线机构，还应配备对焊机和轧头穿模机，以及模子和绞盘的冷却与润滑系统。

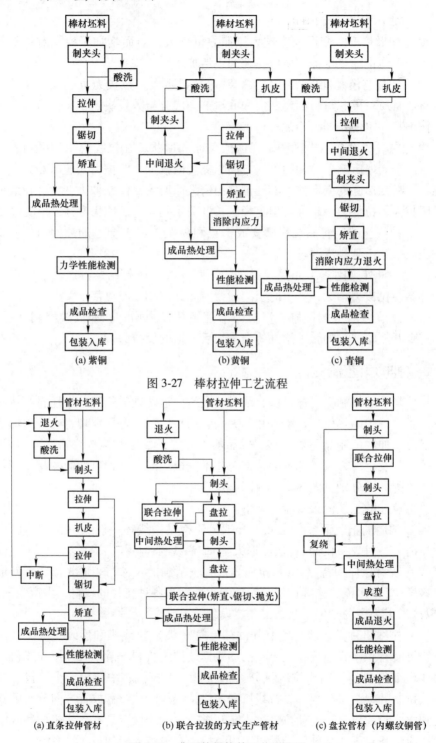

图 3-27　棒材拉伸工艺流程

(a) 紫铜　　(b) 黄铜　　(c) 青铜

图 3-28　典型管材拉伸工艺流程图

(a) 直条拉伸管材　　(b) 联合拉拔的方式生产管材　　(c) 盘拉管材（内螺纹铜管）

270　确定拉伸坯料截面尺寸的基本原则?

确定坯料截面尺寸的基本原则如下:

(1) 拉伸是冷变形,在确定坯料尺寸时,要考虑拉伸变形量对制品组织与性能的影响。

(2) 对于表面质量差的管坯,要考虑坯料在拉伸过程中进行扒皮和表面修理等精整工序对坯料尺寸的影响。

(3) 确定管坯的外径和内径尺寸时,要考虑减径量和减壁量的合理分配。

(4) 在生产中为便于管理,挤压坯料和冷轧管坯料的尺寸一般按系列化生产。因此确定坯料截面尺寸时,要考虑坯料的具体生产条件。

(5) 对于异型棒材、异型管材,在选用截面形状 (如圆形、方形或矩形) 简单的坯料时,要尽量减小拉伸过程中的不均匀变形。

271　如何计算拉伸坯料长度?

首先要根据制品长度来计算坯料的长度,同时还要考虑设备的能力、成品率和生产效率等因素。坯料长度可以用下式计算:

$$L_0 = \frac{nL}{\lambda_\Sigma} + \frac{L_1}{\lambda_\Sigma}$$

式中　L——制品定尺长,mm;

　　　L_0——坯料长度,mm;

　　　L_1——成品剪切时的切头、切尾长度,mm;

　　　n——剪切成品根数,n 取整数,可根据拉伸机允许拉伸长度确定,n 值大,说明生产效率高;

　　　λ_Σ——总延伸系数;

若坯料在拉伸过程中要经过多次中断,这时可以根据上式类推,算出坯料长度。

272　拉伸的道次和道次加工率的设计原则?

(1) 道次安全系数。在拉伸过程中,铜线材拉伸应力只有大于变形抗力时才能发生塑性变形,线材才能被连续拉伸。但是,拉伸应力 σ_L 大于模孔出口端铜合金屈服极限 σ_{SK} 时,就出现拉细或拉断现象。因此 σ_L 小于 σ_{SK} 是实现正常拉伸的一个必要条件。通常以 σ_L 与 σ_{SK} 的比值大小表示能否正常拉拔,即安全系数。

$$K_S = \sigma_{SK}/\sigma_L$$

式中　K_S——安全系数;

σ_{SK}——模孔出口端屈服极限;

σ_L——拉伸应力。

通常用抗拉强度 σ_b 代替 σ_{SK},因此安全系数为:

$$K_S = \sigma_b / \sigma_L$$

在实际生产中,安全系数 $K_S = 1.4 \sim 2.0$,如果 $K_S < 1.4$,则表示拉伸应力过大,可能出现拉细或拉断现象;$K_S > 2.0$,则表示拉伸应力和延伸系数较小,金属塑性没有充分利用。随着线径的减小,线材内部存在的缺陷,变形程度的加大,拉线模角度、拉伸速度、铜线材温度等因素的变化,对建立正常拉伸过程都有一定的影响。因此必须采用相应的安全系数,才能保证正常连续拉伸。一般安全系数与线径的关系见表 3-15。

表 3-15 安全系数与线径关系

线材直径/mm	粗线	>1.0	1.0~0.4	0.4~1.0	0.1~0.05	<0.05
安全系数	≥1.4	≥1.4	≥1.5	≥1.6	1.8	≥2.0

(2) 拉伸过程中常用参数。在多次拉伸过程中,各种参数之间的关系错综复杂,在不同形式的拉丝机上,由于工作原理的不同而有不同的计算关系,见表 3-16。

表 3-16 不同形式多次拉伸中常用参数间的关系和公式

参数关系及计算公式	非滑动式		滑动式	
	直进式	积线式	递减延伸	等延伸
延伸系数 $\mu_n = \lambda_n$,鼓轮线速度 $\lambda_n = v_K$	√	×	×	×
延伸系数 $\mu_n > \lambda_n$,鼓轮线速度 $\lambda_n > v_K$	×	√	√	√
各道次体积相等	√	×	√	√
相对前滑系数	×	×	√	√
总相对前滑系数	×	×	×	√
积线系数	×	×	×	√
反拉力	√	×	√	√
总延伸系数	√	√	√	√
总减缩率	√	√	√	√
拉伸道次	×	×	×	√

注:表中符号"√"表示适用,符号"×"表示不适用;v_K 为实际线速度。

（3）拉伸道次的计算。在设计和选择新的拉丝机时，拉伸道次的计算和设计可按下列公式进行：

1）用等延伸滑动式拉丝机时：如已知进线 d_0 和生产的成品线径 d_k 及拉丝机各道延伸系数 μ = 常数，总延伸系数公式：

$$\mu = d_0^2 / d_k^2$$

2）道次延伸系数相同的拉伸到次计算：

$$K = \lg\mu_S / \lg\mu$$

式中　K——拉伸道次；

$\lg\mu_S$——总延伸系数的对数；

$\lg\mu$——平均延伸系数的对数。

3）道次延伸系数顺次递减的拉伸道次计算：

$$K = \lg\mu_S / (C - \beta\lg\mu_S)$$

式中，C、β 与被拉伸线材尺寸有关的系数，具体数据见表 3-17。

表 3-17　不同线径的 C、β 值

被拉伸的铜线直径/mm	β 值	C 值
4.50 以上	0.03	0.20
4.49~1.00	0.03	0.18
0.99~0.40	0.02	0.14
0.39~0.20	0.01	0.12
0.19~0.10	0.01	0.11
0.09~0.05	0.00	0.10
0.04~0.03	0.00	0.09
0.02~0.01	0.00	0.08

4）采用非滑动式积线拉丝机时，根据给定的成品线径和出线线径，以及预定的各道次鼓轮间的平均速比，先求总延伸系数（取积线系数 J = 1.03），再按以上公式求得拉伸道次。

（4）拉伸道次的加工率。拉伸道次的加工率，也就是确定各道次延伸系数，也是拉伸配模过程中重要的一个环节。各道次延伸系数的分布规律一般是第一道次低一些，拉伸系数取 1.30~1.40 之间。这是因为线坯的接头强度较低，线坯弯曲不直，表面粗糙，粗细不均等因素的影响，所以安全系数要大些。第二、第三道次延伸系数可取大一些，经过第一道次拉伸后，各种安全系数的因数逐道递减，这是因为随着变形硬化程度增加和线径的减少，金属塑性下降，其内部缺陷和外界条件对安全系数的影响也逐渐增大。一般情况下，各道次延伸系数见表 3-18。

表 3-18　各道次延伸系数

线径/mm	铜丝各道次拉伸系数
≥1.0	1.30~1.55
0.1~1.0	1.20~1.35
0.01~0.1	1.10~1.25

273　线材连续拉伸的辅助技术有哪些?

(1) 放线装置。

1) 成圈放线。这种方式,每放出一圈线,线材就受一次扭转,因此不适用于成型线材。放线架高度一般在 2~2.5m。线缆行业的大拉机广泛采用成圈放线。

2) 线架放线。将成圈的线坯放在特制的线架上,靠拉丝时的拉力使线架转动放线。在高速拉丝时,为防止拉丝机停机后由于惯性转动而造成线圈松落乱线和扭结,可加装制动装置。用扁坯拉制扁线的拉丝机一般采用此放线装置。

3) 线盘放线。将拉拔的线材缠绕在线盘上放线。它可以避免因运输使线材紊乱造成放线困难。这种放线方式也存在惯性转动而造成乱线,为此可采用在放线盘轴上加装张力控制装置。

4) 越端放线。将特制的曲柄放在放线盘的孔上,靠线的运动来带动曲柄放线。这种放线方式,线材所受张力较小,停机时惯性也较小,适用于细线放线。

(2) 制头与穿模。线径较大的坯料一般用孔型碾(轧)头机制作。也可用电阻加热原理将线坯加热拉伸出细颈的方法制头。穿模机类似一个单模拉丝机,鼓轮与转轴间有一个锥度,起离合作用,将线材从模孔中拉出所需的长度。小拉、微拉的穿模,基本采用人工方法:用工具将铜线一端头锉细,穿过线模,用钳子夹住,用力拉出所需的长度。

(3) 收排线装置。

1) 鼓轮收线。将拉制的线材直接收绕在拉伸收线机的鼓轮上,用专用的吊钩取下,捆扎而成。

2) 叠绕式成圈收线。将拉伸后的线材卷绕在特制的收线盘上,待线收满后可脱卸盘盖,取下成圈线材捆扎而成。这种装置一般适用于大、中规格的铜线和铜扁线。

3) 立式连续自动收线。经过拉伸后的线材通过收线的回转导轮将线材收在圆筒上,然后连续自动落至专用的收线架上。这种收线装置容量大,可装 1000kg 的线材,适用于工序间周转,避免在运输过程中造成乱线,将拉制的线材收绕在线盘。它有单盘间隙式和双盘连续式两种。单盘式收线是每一盘绕满后都要停机换空盘。双盘式收线当一只盘绕满后，线材自动绕到另一只空盘上，自动切换线材，并卸下满盘换上空盘，因此换盘不需要停机，提高了生产效率。

4）排线装置。为了使线材在线盘上收线整齐，要有排线装置，拉丝机最常用的有凸轮排线和皮带排线。凸轮式排线通常采用"工"字形收线盘。通过调节螺杆可以改变排线密度；调整凸轮转速可改变排线节距的大小；调节排线轮在导向的位置可改变排线位置。皮带排线的工作过程是电动机通过皮带轮运转，由于电磁铁的吸力作用，夹紧元件在皮带轮一侧夹紧，皮带就带动排线导轮移动，当达到限定位置时，电磁铁释放，另一电磁铁工作，夹紧元件又在皮带轮一侧夹紧，于是排线导轮又以相反方向移动。这样反复运动完成排线。

274 线材拉伸模的种类？

广义的线材拉伸模具有下列 3 种形式，但通常都是指第 3 种。

（1）扒皮模（与管棒材相同）。

（2）辊式模。其实质是一无动力的轧机，前张力拖动工件向前运行，工件又拖动辊子旋转，辊子上的轧槽将工件轧细。理论上辊式模拉线变滑动摩擦为滚动摩擦，可以节能。但实测结果表明节能有限，好处是轧槽磨损小，寿命长；坏处的是费用较大，体积与重量也较大。在有色行业中更适合于拉扁线和异形线。辊式模有两种结构：土耳其头和钳形辊式模。

（3）拉线模。一般由模心和模套组成，模心通常为硬质合金或钻石，模套为钢或黄铜，它对模心起加固作用。

275 拉线模材料的选择？

（1）硬质合金，用于大量生产时大拉机的各种规格用模；

（2）钻石，用于生产细线的拉模；

（3）人造钻石，用于拉制中、小规格线材的拉模，也叫聚晶模；

（4）钢，用于生产小批量或大截面型线的拉模。

模心用硬质合金的性能见表 3-19。

表 3-19　模心用硬质合金的性能表

牌号	硬度 HRA	抗弯强度/MPa	密度/kg·dm⁻³	用　　途
YG3X	≥896.7	≥1078	15.0~15.3	拉制小于 φ2.00mm 线材
YG6	≥877.1	≥1421	≥14.6~15.0	拉制小于 φ20.0mm 线材
YG8	≥872.2	≥1470	14.5~14.9	拉制小于 φ50.0mm 线材
YG8N	≥877.1	≥1470	14.5~14.9	用于钢材的拉制
YG15	≥852.6	≥2058	13.9~14.2	用于钢材的拉制

276　硬质合金模的技术要求？

硬质合金模的技术要求：模孔各区内不允许有开裂、裂纹、砂眼和凹形存在。模孔内各区的连接部分应成圆弧形，不得有尖角存在。模孔内的工作区、定径区在修模后应抛光，其表面粗糙度 $R_a \leqslant 0.1\mu m$，润滑区和出口区的表面粗糙度 $R_a \leqslant 0.8\mu m$。模孔内不应有影响使用性能的缺陷。

277　钻石模和聚晶模的技术要求？

天然钻石模由于结晶尺寸、异向性结构及对切割平面的依赖关系，其性能（硬度、耐磨性）的均一性较差，且有八面劈裂的趋势。天然钻石模理论孔径可达 $\phi 2.00mm$，一般适用于小于 $0.5mm$ 的孔径。

人造钻石模又称聚晶模，聚晶模不存在天然钻石模的缺点，其具有均匀的硬度和各向耐磨性，具有很高的耐破裂性，磨损均匀而缓慢。聚晶模最适合拉制的铜合金线材直径范围为 $0.50 \sim 11.0mm$，也可用于更大或更小的线径。

对钻石模和聚晶模的技术要求：

（1）模孔各区域应光洁，不允许有棱角，各区的中心线应重合，并与钻石的端面垂直，模孔内无裂纹。

（2）定径区直径大于 $0.20mm$ 的模具，出线口处须有明显的安全角。

（3）工作区、定径区及安全角处呈亮光泽的光滑表面。

（4）进口润滑区呈细麻砂的表面。

（5）钻石应紧密牢固地镶嵌在模套内，模孔的中心线重合，并垂直于模套的端面。

278　怎样设计模孔尺寸？

模孔一般可分为进口区、工作区、定径区和出口区四个部分。

进口区又分入口区和润滑区。入口区的锥度为 $70° \sim 80°$，润滑区为 $40°$ 左右的锥角，是储存润滑剂的区域。该段长度为模心长度的 1/4 左右，至少是模孔直径的一倍。润滑区角度选择过大，润滑剂不易储存，角度过小，产生的铜屑易堵塞模孔。工作区又称变形区。它使铜线材在此进行塑性变形，以获得所需的尺寸和形状。

工作区圆锥角度的大小可根据以下原则选择：

（1）拉伸材料越硬，角度就越小；

（2）加工率大，角度也要大；

（3）拉伸线坯直径小时，角度一般也较小。

工作区的长度可按下式确定：

$$L = \frac{d_0 - d_1}{2\tan\alpha}$$

式中 L——工作区长度；

d_0——工作区的进口直径；

d_1——定径区直径；

α——工作区喇叭半角，即圆锥角的一半（铜线材通常选择 8°）。

定径区合理的形状是圆柱形，但在实际加工中，往往呈 1°~2° 的锥度。长度一般为 0.4d 左右。出口区又称出线口，分退出口和出口区。退出口是 15°~20° 的倒锥，区段长约 0.1d；出口区外端采用更大的角度，此区不再与铜线材接触，起保护定径区不被碰伤和擦伤，常为 60° 锥角，长度为 (0.12~0.20)d。模孔结构尺寸见表 3-20。

表 3-20 模孔结构尺寸

模孔区域		碳化钨模	钻石模
润滑区	长度	0.25H 或不小于工作区长度	2/3H−h
	角度	锥度 50°~70°	$\beta = 90°$、$\beta_2 = 60°$、$\beta_3 = 35°$
工作区	长度	$(1~1.4)d_k$	$1.0d_k$
	角度	16°~18°	16°
定区径	长度/mm $d_k < 1.0$	$1d_k$	0.4d_k
	$d_k = 1.0~2.0$	$(0.75~1.0)d_k$	
	$d_k = 2.0~3.0$	$(0.60~0.75)d_k$	
	$d_k > 3.0$	$(0.50~0.50)d_k$	
	形状及尺寸	圆筒形 $d = d_k$	圆筒形 $d = d_k$
出口区	形状及角度	倒锥形锥角 60° 左右	小倒锥 $r_1 = 45°$ 半球面部分：半径 $r = 0.2$mm 大倒锥 $r_2 = 70°$
	长度	$(0.2~0.5)d_k$	小锥长：0.1d_k 大锥长：$H/3-h$

注：H 为模坯高度；d_k 为出线线径；h 为定径区长度。

279 影响拉模使用寿命的因素？

影响模具使用寿命是多种因素综合作用的结果，如制模材料的质量、模孔形状和尺寸、模孔的抛光质量，特别是工作区和定径区抛光质量、道次变形程度及被拉伸金属线材的质量；润滑剂的质量及添加润滑剂的方式和冷却效果、反拉力的存在和大小及拉拔速度等。各种模具的平均寿命见表 3-21。

表 3-21　各种模具的平均寿命

制 模 材 料		拉线直径 d/mm	平均使用寿命	
			km	kg
钢	不镀铬	15.00~10.00	1	$7d^2$
	镀铬	15.00~10.00	4	$28d^2$
硬质合金		16.00~10.00	50	$350d^2$
		9.90~1.00	143	$1000d^2$
		0.99~0.70	100	$700d^2$
		0.69~0.40	71	$500d^2$
天然钻石	0.4Car	1.59~1.00	5100	$4000d^2$
	0.2Car	0.99~0.40	7200	$5000d^2$
	0.1Car	0.39~0.20	8000	$6000d^2$
	0.05Car	0.19~0.10	10000	$7000d^2$
	0.032Car	0.09~0.03	11400	$8000d^2$

280　线材的拉伸及应遵循的原则?

线材的拉伸过程实质上是材料加工硬化的过程，其硬化的过程是由合金的成分和加工率所决定。线材成品的加工，一般是加工率来控制其最终性能，不同的牌号、不同的状态，选择不同的加工率。而线材的拉伸则要依据设备和金属塑性等条件，尽量采用较大的加工率，以减少退火次数，缩短生产周期。当然还可以用退火来控制成品最终的力学性能，需要先控制好成品前的加工率，最后用退火温度和保温时间来达到需求的力学性能。各种合金的加工率推荐值及各合金牌号两次退火间的总加工率和成品加工率的推荐，见表 3-22。

表 3-22　各种合金的加工率推荐值

牌 号	两次退火间总加工率/%	成品直径/mm	成品加工率/%		
			软 性	半 硬	硬 态
T2、T3、TU1、TU2	30~99	0.02~6.0	30~99		60~99
T2、T3	30~99	1.0~6.0		5~12	
H68	25~95	0.05~0.25	25~95		46~75
		>0.25~1.0		10~25	50~75
		>1.0~2.0		15~20	45~50
		>2.0~4.0		15~25	45~50
		>4.0~6.0		20~25	40~45

牌　号	两次退火间总加工率/%	成品直径/mm	成品加工率/%		
			软　性	半　硬	硬　态
H65	25~95	0.05~0.25	25~95		35~75
		>0.25~1.0		17~20	55~75
		>1.0~2.0		18~21	50~55
		>2.0~4.0		19~24	40~50
		>4.0~6.0		22~24	40~45
H62	25~95	0.05~0.25	25~95		62~90
		>0.25~1.0		17~19	60~80
		>1.0~2.0		18~21	50~60
		>2.0~4.0		17~21	50~55
		>4.0~6.0		20~22	45~50
H62	25~75	1.0~6.0		9~17	
HPb62-0.8	25~80	3.8~6.0		13~16	
HPb62-3	20~70	0.5~6.0	20~70	17~22	40~50
HPb59-1	20~80	0.5~6.0	20~80	15~20	25~45
HSn62-1	20~70	0.5~0.6	20~80		20~55
HSn60-1					
TCd1	25~95	0.5~6.0	20~90		65~85
TBe2	25~80	0.1~0.5	25~80	17~21	64~75
		>0.5~1.1			48~61
		>1.1~2.5			38~47
		>2.5~6.0			34~37
QSn6.5-0.1	25~75	0.1~1.0	25~75		66~75
QSn6.5-0.4		>1.0~2.0			63~65
		>2.0~4.0			61~63
QSn7-0.2		>4.0~6.0			59~66
QSn4-3	35~95	0.1~1.0			91~93
		>1.0~2.0			90~92
		>2.0~4.0			86~91
		>4.0~6.0			81~88

牌　号	两次退火间总加工率/%	成品直径/mm	成品加工率/%		
			软　性	半　硬	硬　态
QSi3-1	25~85	0.1~1.0			64~84
		>1.0~2.0			64~67
		>2.0~4.0			58~65
		>4.0~6.0			60~64
BZn15-20	30~95	0.1~0.2	30~95		80~89
		>0.2~0.5			60~75
		>0.5~2.0		18~22	43~59
		>2.0~6.0		18~22	40~45

注：软态成品加工到成品尺寸后，再进行光亮退火。

281　线材生产中的扒皮工艺及模具？

为了消除成品表面的起皮、起刺、凹坑等缺陷，一般线坯表面要用扒皮模扒去一层皮。为了确保扒皮质量，在扒皮前须经一道加工率约为 20% 的拉伸，然后经过可调的导位装置，进入扒皮模。因为线坯的椭圆度较大，且材质较软，经拉一道后，线坯变圆，发生加工硬化，这样才能保证线坯四周均匀地扒去一层。如不能完全消除线坯表面缺陷，还要重复扒皮。由于被扒金属材质不同，扒皮模的一般技术参数有所区别见表 3-23。

表 3-23　扒皮模的加工表

材质	材料	定径区长/mm	刃口角度/(°)	加工顺序
紫铜	Cr12 YG6 YG8	1.5~25	59±2	1. 如采用合金工具钢，现在 970℃，保温 5~15min 后在油中淬火。除去刃口面及定径区的氧化皮。 2. 磨刃口凹圆锥。 3. 磨定径区、出口圆锥、出口区。 4. 精磨定径区、刃口凹圆锥
黄铜	YG6 YG8	1.5~2.0	88±2	1. 磨刃口圆锥。 2. 磨定径区、出口圆锥、出口区。 3. 精磨定径区、刃口圆锥
铅黄铜	YG6 YG8		86±2	1. 磨刃口工作面。 2. 出口圆锥、出口区。 3. 精磨刃口工作面、出口圆锥

材质	材料	定径区长/mm	刃口角度/(°)	加 工 顺 序
青铜、 铜镍合金	YG6 YG8	2~3	88±2	1. 磨刃口圆锥。 2. 磨定径区、出口圆锥、出口区。 3. 精磨定径区、刃口圆锥

每次金属扒皮量推荐值见表 3-24。

表 3-24　每次金属扒皮量推荐值

金属名称	紫铜	黄铜	青铜	白铜
每次扒皮量/mm	0.3~0.5	0.3~0.5	0.2~0.4	0.2~0.4

282　线材生产中的热处理方式?

（1）中间退火：为了消除在冷拉变形时产生的加工硬化，恢复塑性，以利于进一步加工，通常将合金线材加热到再结晶温度以上进行退火。退火温度的选择主要根据不同成分的合金，而加工率的大小也有一定的影响。图 3-29 为 T2、H65、HPb63-3、QSn6.5-0.1、BZn15-20 合金线坯经 50%左右的加工率后，在不同温度下保温 60min 后的软化曲线。

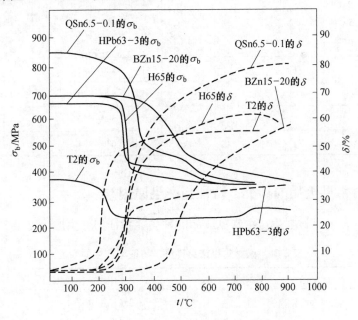

图 3-29　不同合金线坯经退火后的软化曲线

（2）成品退火：消除成品在冷加工时产生的内应力，并达到成品的力学性能所进行的退火工艺参数，见表3-25。去应力退火通常在再结晶温度以下，退火后的成品仍保持原有的力学性能。

表 3-25 成品退火工艺参数推荐表

牌　号	状　态	退火温度/℃	保温时间/min
T2、T3、TU1、TU2	软	390~480	120~150
H68、H65、H62	硬	160~180	90~120
	半硬	260~370	
	软	390~490	
HPb59-1、HPb63-3	硬	160~180	90~120
	半硬	160~180	
	软	390~430	
HSn62-1、HSn60-1	硬	160~180	90~120
	软	390~430	
TBe2	软	760~790	60~90
TCd1	软	380~400	110~130
QSn6.5-0.1 QSn6.5-0.4 QSn7-0.2	软	380~470	90~120
QZn15-20	半硬	400~420	120~150
	软	600~620	
BMn3-12	软	500~540	110~140
BMn40-1.5	软	680~730	110~140

283　线材常见废品的种类、特征与产生原因？

铜及铜合金线材在生产中常见废品的种类、特征与产生原因见表3-26。

表 3-26 线材常见废品种类、特征与产生的原因

废品种类	特　征	产 生 原 因
公差不合	线材直径全部或局部不符	1. 量具使用不当； 2. 模具变形区角度偏小，而加工率过大； 3. 线坯没理通顺

续表 3-26

废品种类	特　征	产 生 原 因
椭圆	线材横断面上各方向直径不等的现象	1. 模孔不圆; 2. 模孔中心线与绞盘的切线不一致
拉痕	线材表面沿纵向局部或全部呈现拉道	1. 模孔抛光不好或黏附金属,润滑剂质量不好或供应不足; 2. 线坯酸、水洗不彻底; 3. 加工率过大
擦伤	线材表面呈沟状划痕	1. 绞盘表面粗糙; 2. 线坯表面机械磕碰伤,润滑剂不清洁
"8"字线	线材从绞盘上卸下来呈现紊乱,扭成"8"字形现象	1. 模孔中心线与绞盘切线不一致; 2. 收线绞盘直径过大; 3. 模孔定径区过短
裂纹	线材表面出现的纵向或横向开裂现象	1. 线坯有皮下气泡,夹渣物; 2. 退火温度过低或过高; 3. 线坯没有及时消除内应力退火; 4. 加工率过大
起皮	线材表面呈"舌状"或"鱼鳞状"的翘起薄片	1. 扒皮不净; 2. 坯锭皮下气泡,夹渣物加工后破裂
竹节	线材表面沿轴线方向环状痕迹	1. 拉伸机有振动,不平稳; 2. 润滑不良,拉伸模角大,定径区短; 3. 夹丝痕,开、停车痕
毛刺	线材表面呈现局部纵向的尖而薄的飞刺	1. 扒皮不净; 2. 模具拉裂; 3. 机械磕碰伤; 4. 线坯皮下气泡,夹渣; 5. 线坯表面裂纹、压折
断口不合	线材横断面有气泡、缩孔、夹渣等	1. 坯锭带来缺陷; 2. 挤压造成缺陷
表面腐蚀	线材表面局部呈现锈蚀	酸、碱、盐等腐蚀介质侵蚀表面造成
氧化色	线材表面失去光泽,发生氧化现象	1. 退火时氧化; 2. 酸、水洗不彻底; 3. 变形量过大; 4. 放置时间过长

废品种类	特　征	产 生 原 因
凹坑	线材表面呈现的局部点状或块状凹陷现象	线材表面粘有金属或非金属压痕
麻面	线材表面呈现微细麻点粗糙面，有时连续一大片	1. 线材过酸洗； 2. 退火温度过高，时间过长； 3. 加工率过小
黑斑点	线材退火后，表面出现碳化物的痕迹	线材表面有润滑剂或脏物，退火后残留在表面上

284　线材拉伸机的工作原理？

线材拉伸机的工作原理如下：待加工的线坯经开卷装置开卷后，进入多个圆盘组合在一起的拉伸机组；在每一拉伸道次，以一个圆盘对材料施加拉伸力的作用，使材料在圆盘前面的拉伸内产生减径变形，且通过圆盘结构及受力方向的变化，使材料进入圆盘及出圆盘保持在固定位置，圆盘上始终缠有设定圈数的拉伸线材；在每一拉伸道次之间，通过自动调速的设计使每一拉伸道次速度严格匹配，从而使多道次盘拉组合在一起，组合道次根据设备所需达到的功能而定，一般可 20 个道次左右组合起来，从而使线坯实现大的变形量；经拉伸机组加工后的成品或半成品线材再通过后续组合装置进行收缩或精整。

285　拉伸机的种类及其性能？

拉伸机的分类及技术参数见表 3-27~表 3-33。

表 3-27　一次拉伸机分类表

拉伸机的类型		优　点	缺　点	拉伸范围/mm
按收线分	按拉伸形式分			
绞盘收线	卧　式	卸线方便	收线少	16~6
	立　式	绕线整齐	线材表面质量较差；卸线不方便	6~0.8
	倒立式	卸线很方便，卷重大	绕线不整，结构复杂	10~2
线轴收线	直接收线	不用复绕	在较大张力下进行绕线	1~0.1
	经过牵引绞盘收线	不用复绕	占地面积大	<10

表 3-28　典型一次拉伸机的技术参数

设 备 参 数	φ50mm 拉伸机	φ550mm 拉伸机
绞盘直径/mm	650	550
线坯直径/mm	12~7.2	8~3
成品直径/mm	10~6	7~2
电机功率/kW	55	40
最大拉伸力/kN	50	20
拉伸速度/m·s^{-1}	0.9	1.2~1.4
卷重/kg	250	150

表 3-29　多次拉伸机的分类

拉伸方法	优 点	缺 点	拉伸范围/mm
带滑动连续拉伸机	总加工率大拉伸速度快	绞盘易磨损线材表面质量较差	<16
无滑动连续拉伸机	绞盘磨损小线材表面质量优	配模严格电器复杂	6~1.5
无滑动积蓄式拉伸机	可拉伸强度较低的、抗磨性能差的线材	拉伸速度慢不适宜拉制细线	4~0.5

表 3-30　带滑动式多次拉伸机的技术性能 (一)

名　称		1级5模拉伸机	1级9模拉伸机	2级9模拉伸机	3级13模拉伸机	3级12模拉伸机	751型拉伸机
模子个数/个		5	9	9	13	12	18
阶梯型牵引绞盘数/个		5	8	4	4	4	4
阶梯级数		1	1	2	3	3	3×4+1×5
牵引绞盘各阶梯直径/mm		700	650	211-380	158-244-380	100-144-207	101-302 72-302
收线绞盘直径/mm			450	450	450	180	
线坯直径/mm		17~10	10~7.2	8~7.2	8~7.2	3.2~1.8	3.0~2.0
成品直径/mm		12~5.5	5.5~4.0	4.0~1.6	2.3~1.0	1.0~0.4	1.0~0.35
出线速度/m·s^{-1}	I	1.0	3.0	8.0	8.0	12.0	8.5
	II	1.6	4.4	10.0	10.0	15.5	12.2
	III	2.9	7.3	15.0	15.0	20.0	16.5
	IV						23.2
线盘收线质量/kg		≤3000	≤400	≤400	≤400	40	100~15

续表 3-30

名　称	1级5模拉伸机	1级9模拉伸机	2级9模拉伸机	3级13模拉伸机	3级12模拉伸机	751型拉伸机
拉伸机电动机功率/kW	100	100	100	100	36	40
转速/r·min⁻¹	1460	14600	14600	14600	1440	1450

表 3-31　带滑动式多次拉伸机的技术性能（二）

名　称		418型拉伸机	4级19模拉伸机	5级21模拉伸机	771型拉伸机	6级18模拉伸机	7~8级18模拉伸机
模子个数/个		18	19	21	18	18	18
阶梯型牵引绞盘数/个		4	4	6	4	2	2
阶梯级数		3×4+1×5	2×4+2×5	4×3+2×4	7+2×8+9	2×9	2×9
牵引绞盘各阶梯直径/mm		106-300	60-294		53-184-190-233-226	40-141	45-99
线坯直径/mm		2.5~1.9	2.5~1.8	1.8~0.4	1.0~0.6	0.4~0.2	0.15~0.05
成品直径/mm		0.68~0.32	0.39~0.2	0.3~0.1	0.3~0.1	0.09~0.05	0.04~0.01
出线速度/m·s⁻¹	I	23.8	13.0	40	30	9.5	3.5
	II		18.0			18.3	10.0
	III		25.0			30	17.6
线盘收线质量/kg		10	40~10				
拉伸机电动机功率/kW		22	29				
转速/r·min⁻¹		975	1435				

表 3-32　无滑动的连续式多次拉伸机的技术性能

名　称	3~4/φ550mm 拉伸机	6~7/φ550mm 拉伸机
形式	直线式	活套式
模子数/个	3~4	6~7
绞盘直径/mm	425/550	430/550
绞盘个数/个	3	6
线坯直径/mm	9.2	6.5
成品直径/mm	6~3	3.2~1.5

名　称	3~4/φ550mm 拉伸机	6~7/φ550mm 拉伸机
拉伸速度/ m·s⁻¹	2.5~8.5	1.6~4.8
线卷的最大质量/kg	120~150	80~120
拉伸机的电机功率/kW	55×3	40×6

表 3-33　无滑动的积蓄式多次拉伸机的技术性能

名　称		拉伸机型号				
		2/550	4/550	2/450	6/350	8/250
模子数/个		2	4	2	6	8
绞盘数/个		2	4	2	6	8
绞盘直径/mm		550	550	450	350	250
线坯直径/mm		7.0	5.0	4.8	4.5	2.0
成品直径/mm		4.0	3.5~2.0	4~2	2~1.5	0.8~0.5
拉伸速度 /m·s⁻¹	I	1.18	1.22~3.67	1.24	4.93	6.15
	II			1.69	6.70	8.31
	III			2.50	9.95	12.38
线卷的最大质量/kg		80~150	80~150	80	60~80	40~60
拉伸机的电机功率/kW				7/9/10	7/9/10	2.5/3/3.5

286　什么是固定短芯头拉伸时的"跳车现象"?

固定芯头拉伸时，当管坯壁厚不均，或润滑条件变化时，会使芯杆弹性伸长发生变化，从而引起芯头、芯杆弹性系统的振动。这就是所谓的"跳车现象"。"跳车"使管材表面产生明暗交替的环状纹或纵向壁厚不均。"跳车"时振动的频率主要与拉伸速度有关。当拉伸速度大到一定程度时，芯头、芯杆弹性系统的固有振动与外因造成的强迫振动产生共振，可能引起拉伸失败。因此，用短芯头拉伸时，管坯的长度、道次加工率和拉伸速度受到限制。

287　管材联合拉伸的优缺点?

（1）管材联合拉伸的优点。管材联合拉伸除了一般拉伸方式的优点外，还具有以下优点：

1）通过连续拉伸，可生产无限制长度的制品，目前可生产质量达 1t 左右，长度达 40000m 的制品；

2）通过连续拉伸机构的串联，可一次实现多道次的拉伸，目前有二串联、三串联和四串连拉伸机；

3）产品形式多样化，可以生产直条管材、蚊香盘管材和盘管材；

4）生产效率高，运行成本低。

（2）管材联合拉伸的缺点。管材联合拉伸除了一般拉伸方式的缺点外，还具有以下缺点：

1）产品的断面形式比较单一，目前主要是生产断面形状为圆形的管材；

2）拉伸力是靠连续拉伸的夹具（抱钳或履带块）与制品的摩擦力提供的，因而对连续拉伸夹具（抱钳或履带块）的设计、加工制造及使用调整要求较高，否则，拉伸易打滑或啃伤制品。

288　实现联合拉伸的条件?

（1）为保证拉伸过程中不发生管材断、弯、扁现象，实现稳定拉伸的条件是：

$$\sigma_{拉} < \sigma_s$$

$$\sigma_s / \sigma_{拉} = K \quad (K > 1)$$

式中　　$\sigma_{拉}$——拉伸应力，MPa；

　　　　σ_s——制品拉出后的屈服强度，MPa；

　　　　K——安全系数，一般 $K = 1.5 \sim 2$。

（2）为保证拉伸过程中不发生制品与连续拉伸夹具之间的打滑现象，则必须满足的条件是：

$$F = \mu \sum W \sum N = P$$

式中　　F——制品与连续拉伸夹具之间的摩擦力；

　　　　μ——制品与连续拉伸夹具之间的摩擦系数；

　　　$\sum W$——连续拉伸夹具与拉伸制品的接触面积之和；

　　　$\sum N$——连续拉伸夹具作用在制品上的正压力之和；

　　　　P——拉伸时需提供的最大拉力。

289　实现无痕拉伸的条件?

实现无痕拉伸需具备以下两个条件：

（1）在其他条件不变的情况下，尽可能降低 $\sum N$ 的值，即在不影响制品表面质量的情况下，尽可能提高摩擦系数。

（2）降低拉伸时最大拉力值。

290　哪些方法可以提高摩擦系数 μ?

提高摩擦系数 μ 值的方法有以下三种：

（1）提高连续拉伸夹具表面粗糙度，目前采用的有效办法是工具表面喷金刚砂；

（2）制品进入连续拉伸夹具前增加清洗工艺，去除工具表面引起摩擦系数 μ 降低的拉伸润滑油膜；

（3）在连续拉伸夹具设计时，尽可能保证足够大的接触面，即 $\sum W$ 值尽可能大。

291　管材联合拉伸道次及道次加工率的设计原则?

（1）$\lambda_{均}$ 取值推荐原则：当最后道次制品壁厚 $t \geqslant 0.5$mm 时，$\lambda_{均} = 1.50 \sim 1.65$；当最后道次制品壁厚 0.4mm$<t<0.5$mm，且第 1 道次管坯壁厚 $t_0 > 0.5$mm 时，$\lambda_{均} = 1.45 \sim 1.55$；当最后道次制品壁厚 $t < 0.4$mm，且第 1 道次管坯壁厚 $t_0 \leqslant 0.5$mm 时，$\lambda_{均} = 1.35 \sim 1.50$；一般情况下，最后制品的管坯壁越厚，$\lambda_{均}$ 取值越大。

（2）紫铜联合拉伸时，壁厚 $t \geqslant 0.5$mm 时，可采用平均延伸系数法编制工艺。

（3）紫铜联合拉伸时，壁厚 $t < 0.5$mm 时，可采用延伸系数递减法编制工艺。

（4）坯料拉伸时紫铜拉伸的延伸系数推荐值见表3-34。

表 3-34　坯料拉伸时紫铜拉伸的延伸系数推荐值

道次制品壁厚 t/mm	$\geqslant 1$	$0.50 \sim 1.0$	$\leqslant 0.5$
推荐延伸系数 λ	$1.55 \sim 1.75$	$1.55 \sim 1.65$	$1.35 \sim 1.50$

292　什么是盘式拉伸技术?

盘式拉伸技术是在直条拉伸技术基础上发展起来的生产效率更高、成材率更高的拉伸技术。盘式拉伸工艺被广泛应用于线材与管材的生产中，可以生产出大盘重供货的产品，也为实现材料使用过程中的高自动化和高效率提供了条件。盘式拉伸可分为正立式盘式拉伸（包括 V 形槽拉伸）、卧式盘式拉伸、倒立式盘式拉伸三大类。其中倒立式盘式拉伸技术最先进，应用最全面，设备设计也比较典型。

293　实现管材圆盘拉伸的条件?

实现管材圆盘拉伸的条件如下：

（1）为保证管材在拉伸过程中不发生断、弯、扁现象，实现管材圆盘拉伸的条件是：

$$\sigma_{拉} + \sigma_{弯} < \sigma_{s}$$

$$\sigma_{s} / (\sigma_{拉} + \sigma_{弯}) = K \quad (K > 1)$$

式中　σ_{s}——拉伸后管材的屈服强度，MPa；

　　　$\sigma_{弯}$——管材缠绕在卷筒上产生的最大弯曲应力，MPa，它随着卷筒直径减小而增大；

　　　$\sigma_{拉}$——管材拉伸时产生的拉应力，MPa；

　　　K——盘管拉伸时的安全系数。

（2）对靠摩擦力提供拉伸力的拉伸（如倒立式圆盘拉伸机），保证拉伸过程中不发生制品与卷筒之间的打滑现象，则必须满足的条件是：

$$F = \mu \sum W \sum N = P$$

式中　F——制品与卷筒（带压紧轮的包括压紧轮）之间的摩擦力；

　　　μ——制品与卷筒之间的摩擦系数；

　　　$\sum W$——卷筒与拉伸制品的接触面积之和；

　　　$\sum N$——卷筒作用在制品上的正压力之和；

　　　P——拉伸时需提供的最大拉力。

若 $F < P$，则发生打滑现象，而无法实现拉伸。

要实现稳定的圆盘拉伸，必须保证材料所承受拉伸力与进入圆盘切点位置的弯曲应力之和小于经拉伸后材料屈服强度所能承受的拉力。

294　倒立式盘拉法的工作过程及原理？

倒立式盘拉法的工作过程见图 3-30 和图 3-31。

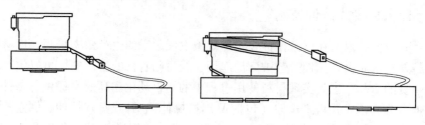

图 3-30　准备拉伸阶段　　　　　图 3-31　正常拉伸阶段

工作原理：

（1）经过预先注入内壁工艺润滑油、装入游动衬芯和碾头等准备工作的坯管，通过环形链轨输送装置的运行送到开卷位置。在此同时，操作员对管端进行穿管，碾好的夹头从拉模模孔内伸出，引入夹钳把夹头夹住。

（2）启动拉伸后，卷筒加速到引入速度。当卷筒已转过约 3/8 转时，模盒滑架以适当的速度向上移动，卷筒在穿线速度下继续转动。

（3）直到所设定缠绕圈数的管子缠在卷筒上，压辊进入并以设定的适当压力压住管子。拉入夹钳张弛机构松弛，释放张紧力。卷筒上剪切机构动作，剪断管头，管头落入料筐，从此刻开始，管材开始通过与卷筒面之间的静摩擦力进行拉伸，并开始连续落料。同时，卷筒开始加速到设定的正常拉伸速度。

（4）拉伸时，卷取机构与卷筒同步运转，成品管被收集在卷取机构上的收料框内。其开卷、卷筒拉伸速度、收卷速度根据输入计算机的工艺参数进行自动匹配，开卷速度由传感测速装置瞬时检测快慢，计算机根据检测反馈信息自动调节开卷速度。

（5）当坯管接近拉完时，机器减速到慢行速度，拉管尾以低速穿过拉模。当尾管端离开拉模时，设备开始复位，管子落到料框内。

295 管材形状缺陷产生的原因及防止措施？

管材形状缺陷产生的原因及防止措施见表 3-35。

表 3-35 管材形状缺陷产生的原因及防止措施

缺陷名称	原　因	措　施
圆管、正方、正六边形等轴对称截面单侧弯曲	1. 模子安装不良有偏斜，模孔与拉伸小车运动不在同一轴线上，管坯偏心严重； 2. 模座、模套和模子配合不良，模套或模座变形，模座偏斜，模座孔与小车钳口不对中； 3. 外模与芯头配合不良，模具设计外模和芯头制作不良； 4. 工艺设计不当，减径和减壁量配合不当，空拉不当	1. 检查和调整外模、模套或芯头； 2. 检查并改善来料管坯偏心情况； 3. 检查并调整拉伸设备； 4. 合理设计和制作工具，检查模座是否偏斜，合理安装外模，模座孔与小车钳口对中； 5. 合理设计工艺，调整减径和减壁量的配合，合理控制成品空拉
异型管的扭拧	1. 模子安装不当； 2. 模子设计不当； 3. 管坯来料壁厚不均； 4. 拉伸时外模、芯头有窜动； 5. 铜管制头不良	1. 合理设计模子，合理安装模子，外模和芯头配合要合理； 2. 改善和控制管坯来料壁厚，减少壁厚不均； 3. 检查模座、模套和外模（外套）是否有变形、不规整； 4. 改善制头质量，型材拉伸要合理设计工艺过渡，成品拉伸要采用芯杆

缺陷名称	原　　因	措　　施
拉断	1. 拉伸芯头超前； 2. 局部拉伸力过大或夹头制作不良； 3. 芯头进入空拉段； 4. 减径量过大	1. 适当向后调整拉伸芯头位置； 2. 夹头制作要实，制头要圆滑过渡，制头时不能使管头有硬伤； 3. 上杆时防止芯头进入空拉段； 4. 适当减小道次减径量，减径量和减壁量配合要合理

296　联合拉伸机的主要技术参数有哪些?

联合拉伸机的主要技术参数见表 3-36 和表 3-37。

表 3-36　联合拉伸机的主要技术参数

项　　目	主要技术参数
管坯尺寸范围/mm	$\phi40\sim65$
成品尺寸范围/mm	$\phi25\sim35$
最大拉伸力/kN	250
拉伸调速范围/m·min^{-1}	$0\sim120$
拉伸小车行程长度/mm	$800\sim1300$
主电机功率/kW	$150\sim250$
整机总功率/kW	$360\sim600$
附属设备	收卷机、飞锯、精定尺机组

表 3-37　国产联合拉伸机技术参数

设　备	A	B	C	D	E	F	G
拉伸力/ kN	120/150	60/80	40/50	20/30	40	100	150
最高速度/m·min^{-1}	60	100	120	80	100	90	90
主电机功率/kW	200/220	110/132	75/99	55/80	70	160	250
拉伸车行程/mm	580	480	450	400			
管坯最大直径/mm	52	42	32	25	22	50	60
凸缘厚度/mm	125	110	100	90			
附属设备	收卷机	收卷机、飞锯、精确定尺装置	收卷机、飞锯、精确定尺装置	飞剪、磨光、矫直装置			

297 常用的倒立式圆盘拉伸机技术性能参数有哪些?

常用的倒立式圆盘拉伸机技术性能参数见表3-38。

表 3-38 常用的倒立式圆盘拉伸机技术性能参数

项 目	技术性能参数
最大拉伸力/kN	80
拉伸速度范围/m · min^{-1}	0~1000
卷筒直径/mm	ϕ2130
卷筒工作长度/mm	450
成品尺寸/mm	ϕ4~22
每一循环卷坯数/个	7+1
整机总功率/kW	460

298 一般拉伸模和芯头的报废标准?

一般拉伸模和芯头的报废标准如下:

(1) 模套的外表面严重碰伤、氧化或变形,应予报废;

(2) 模子和芯头严重磨损,锥面存在明显的环沟槽或定径区尺寸超差,应予报废;

(3) 模子和芯头在使用过程中有粘铜现象,应及时抛光,如果抛不掉,应予报废;

(4) 模子和芯头表面有划伤、裂纹、掉块等缺陷,引起制品划伤的,应予报废;

(5) 制品表面出现花纹时,应及时调换拉伸模具,确实是由于模具同轴度、垂直度差引起的,应予报废;

(6) 由于拉伸模和芯头锥角角度不符合要求,引起断管、空拉的,应予报废;如果是芯头引向区直径过大引起的断续空拉,应进行修整或报废。

299 铜管、棒材的矫直方法有哪些?

铜管、棒材的矫直方法一般有张力矫直、压力矫直、辊式矫直、正弦矫直等。

(1) 张力矫直。是借助于卡具卡紧制品两端头后施加拉力,使制品产生微量变形达到矫直的目的,其拉伸率为1%~3%,主要用于特殊型材矫直。

(2) 压力矫直。是将制品放在两个支点上给以压力而进行矫直的方法,一般用于厚壁管和大直径棒材。

（3）辊式矫直。是通过不同的辊型经过反复的弯曲而达到矫直目的的方法，其应用较广。

（4）正弦矫直。是对直径较小的管、棒材，通过正弦矫直辊反复弯曲以达到矫直目的的方法。

300　压力矫直技术的适用状况?

压力矫直是将制品放在两个支点上，施以压力使之相反向弯曲，从而进行矫直的方法。压力应大于材料的弹性极限。一般用于对厚壁管和大直径管棒材的矫直。根据施加压力方式，压力矫直机分为机械压力矫直机、液压压力矫直机、气动压力矫直机等。

301　常用矫直机型号及选择原则?

铜管、棒材生产矫直多为成品矫直，中间制品矫直仅对轧制管坯进行矫直。不同规格、不同品种的铜管、棒材制品选择不同类型的矫直机。

（1）圆形截面的铜管、棒材直料多采用多斜辊类型的矫直机矫直。矫直中被矫圆材得到旋转矫直，可提高其成品精度。根据不同精度的要求，选择不同的辊数。铜管棒材的弯曲精度要求大多大于等于 1mm/m，采用 6 辊对辊式、7 辊对辊式矫直机矫直均可满足要求。对精度要求较高的情况，采用特殊的辊系配置和设置较多的辊数。按矫直机的用途多斜辊矫直机可分为管材矫直机、棒材矫直机、管棒矫直机。铜管、棒材生产的主要特点是批量小、品种规格多，一般希望能拥有多功能的设备，即一台精整设备能最大限度地包容一定的产品范围，因此，管棒矫直机采用较多。常用多斜辊铜管棒矫直机。

超长管棒和不允许材料旋转的场合，应选择平行辊式或旋转框架式矫直机。

（2）非圆形截面的铜管棒材矫直时不允许制品旋转，应选择平行辊式矫直机。

（3）现代化铜盘管及盘圆棒材生产中，采用联合拉伸机和重卷机进行连续矫直精整。矫直装置为平立辊式。重卷机和联合拉伸机为常用的联合精整设备。重卷机用于盘管的卷取精整，联合拉伸机将拉伸、矫直、锯切、探伤、抛光及卷取等工序在一个机列上完成，将管棒材盘料精整为直料或盘料。

常见矫直机及技术性能见表 3-39～表 3-46。

表 3-39　多斜辊铜管、棒矫直机

型号	管材直径 /mm	棒材直径 /mm	材质	屈服极限 /MPa	精度 /mm·m⁻¹	速度 /m·min⁻¹
GBJ20-7	φ5～20	φ5～10	紫铜、黄铜等	≤500	1～2	5～60
GBJ40-7	φ10～40	φ10～20	紫铜、黄铜等	≤500	1～2	5～60

型号	管材直径 /mm	棒材直径 /mm	材质	屈服极限 /MPa	精度 /mm·m⁻¹	速度 /m·min⁻¹
GBJ60-7	$\phi15\sim60$	$\phi15\sim30$	紫铜、黄铜等	≤500	1~2	5~60
GBJ80-7	$\phi20\sim80$	$\phi20\sim40$	紫铜、黄铜等	≤500	1~2	5~60
GBJ100-7	$\phi25\sim100$	$\phi25\sim50$	紫铜、黄铜等	≤500	1~2	5~60
GBJ120-7	$\phi30\sim120$	$\phi30\sim60$	紫铜、黄铜等	≤500	1~2	5~60
GBJ140-7	$\phi40\sim140$	$\phi40\sim80$	紫铜、黄铜等	≤500	1~2	5~60

表 3-40　可调辊距七斜辊铜管、棒矫直机

型号	管材直径 /mm	棒材直径 /mm	材质	屈服极限 /MPa	精度 /mm·m⁻¹	速度 /m·min⁻¹
GBJ80-7T	$\phi10\sim80$	$\phi10\sim40$	铍青铜等	≤1000	~1	5~30
GBJ180-7T	$\phi60\sim180$	$\phi60\sim80$	紫铜、黄铜等	≤500	~1	3~30

表 3-41　二辊高精度铜棒矫直机

型号	棒材直径 /mm	材质	屈服极限 /MPa	矫直精度 /mm·m⁻¹	速度 /m·min⁻¹
BJ30-2	$\phi8\sim30$	紫铜、黄铜等	≤500	1	5~30
BJ50-2	$\phi10\sim50$	紫铜、黄铜等	≤500	1	3~30
BJ90-2	$\phi25\sim90$	紫铜、黄铜等	≤500	1	3~30

表 3-42　多辊高精度铜棒矫直机

型号	管材直径 /mm	棒材直径 /mm	材质	屈服极限 /MPa	精度 /mm·m⁻¹	速度 /m·min⁻¹
BJ40-10	$\phi10\sim40$	$\phi10\sim30$	紫铜、黄铜等	≤500	1	5~50
BJ180-11	$\phi60\sim180$	$\phi60\sim100$	紫铜、黄铜等	≤500	1	3~50

表 3-43　旋转框架式管材矫直机技术性能

被矫管材/mm		矫直速度 /m·min⁻¹	矫直辊/mm			矫直辊数	旋转角度	主传动电机	
外径范围	壁厚		最大直径	最小直径	辊身长度			功率 /kW	转速 /r·min⁻¹
2-12	0.1~0.8	12~30	30	25	35	7	24~30	1.7/2.8	930/1420
2-20	0.1~1.0	22.2~82.8	30	25	35	8	20~35	1.7/2.8	940/1430

被矫管材/mm		矫直速度/m·min⁻¹	矫直辊/mm			矫直辊数	旋转角度	主传动电机	
外径范围	壁厚		最大直径	最小直径	辊身长度			功率/kW	转速/r·min⁻¹
20-60	0.25~1.0	10.6~74.7	60	50	120	10	±45	2/3/3.5/4.5	460/1425
8-30	0.35~3	5~35	124	80	240	8	26~30	7/11/13/20	500/750/1000/1500
20-60	1~4	5~25	140	100	270	8	24~30	22	132/1320
40-100	0.8~10	5~15	166	130	300	8	24~30	30	82/820

表 3-44　正弦管材矫直机主要技术性能

外径范围/mm	壁厚/mm	矫直速度/m·min⁻¹	主电机功率/kW	外形尺寸（长×宽×高）/mm
0.2~1	0.05~0.2	43.2/24/18	0.25	325×350×1180
3~8	<2.5	30	1	1175×830×620
2~12	0.1~0.8	12~30	1.7/2.8	12400×1035×1092
2~20	0.1~1.0	22.2~82.8	1.7/2.8	12400×1035×1092
15~43	0.35~1.0	8.85~28.4	7.5	13415×1866×1312
20~60	0.25~1.0	10.6~74.7	3.5/4.5	39185×1760×1280

表 3-45　压力矫直机主要技术性能

技 术 性 能	矫直机吨位/MN		
	0.63	1.6	3.15
最大压力/MN	0.63	5	5
活塞行程/mm	400	500	500
活塞距工作台最大距离/mm	550	750	800
工作台尺寸（长×宽）/mm	2500×400	3000×500	3000×600
活塞工作速度/mm·s⁻¹	2.5	1.58	1.5
管材最大外径/mm	150	200	420
管材最小外径/mm	50	80	150
棒材最大外径/mm	120	160	250
棒材最小外径/mm	30	60	80

表 3-46　辊式矫直机主要技术性能

管材最大直径 /mm	管材最小直径 /mm	管材最大壁厚 /mm	棒材最大外径 /mm	矫直速度 /m·min⁻¹	电机功率 /kW
25	5	7	20	36/72	3.2/4.2
30	6	7	30	29.5/59.2	5/7
40	5	5	—	30/60	5/7
40	6	4.5	30	33.4/60.4	5/7
40	10	8	—	30/60	10/14
50	20	6	—	150	20
65	24	12	—	30	40
75	15	7.5	50	156/278	14/20
75	25	—	50	14.6/29.5	14/20
76	21	—	—	107/201	38
80	25	—	—	107/201	38
80	35	8	—	30	40
120	40	15	100	31.4/15.6	40/70
160	60	7	100	14.7/16.6	28/40
220	85	12.5	—	—	40
325	165	15	—	21	36

302　铜材加工过程中的切断方法及其特点?

铜材加工过程中的切断方法主要有两种:锯断(锯切)和剪断(剪切)。锯切是一种机械车削加工形式。即依靠锯齿(作用与车刀相同)将金属从基体上一点一点切割下来而使基体分为两部分,锯屑即成为废料损耗。剪切则为一种冲压变形而断裂的一个过程,没有金属损耗。圆形制品(管、棒材)、型材、铸锭、特厚板一般采用锯断法;而板带材一般采用剪切法。但在处理中、小规格(φ15~40mm)管、棒废料时,也采用剪切法(鳄鱼剪),而小于φ10mm 的管、棒材则常用手工剪断法。基本的锯切方式有两种:条锯(含带锯)和圆盘锯。剪切的基本方式也有两种:直刃剪和圆盘剪。

303　剪切裂纹的形成和发展?

金属一般都能承受一定的塑性变形而不破裂,同理,剪切过程也必定是塑性变形增大到一定值时,断裂才能开始。这种极限塑性应变值(无裂纹)与应力状态及应力大小有关，随着静水压应力的增大而增加。剪切时最大应变发生在刃口附近，刃口侧面静水压应力低于端面静水压应力，且下剪刃刃口侧面的静水压应力最低，所以首先在下剪刃侧面处材料中产生裂纹，进而在上剪刃刃口侧面处产生裂纹，上下裂纹会合后材料最后分离。

304　飞剪及其剪切过程需满足的要求？

飞剪是在材料运动过程中进行的同步剪切，飞剪机在横切时应能保证良好的剪切质量，即尺寸准确、切面整齐和较宽的定尺调整范围，同时还要有一定的剪切速度。飞剪的结构和性能在剪切过程中必须满足以下要求：

（1）剪切的水平速度应该等于或稍大于带材运行速度；

（2）两个剪刃应具有最佳的剪刃间隙；

（3）剪切过程中，剪刀最好做平面平移运动，即剪刃垂直于带材的表面；

（4）飞剪要按一定工作制度工作，以保证定尺长度；

（5）飞剪的运动构件，其加速度和重量应该力求最小，以减小惯性力和动负荷。

305　简述拉伸润滑剂的种类？

拉伸润滑剂的分类见表 3-47。

表 3-47　铜及铜合金拉伸润滑剂主要种类

分　　类		品　　种	适用范围
液体润滑剂	油性润滑剂	植物油、矿物油、合成油、合成树脂	内外模
	水性润滑剂	金属皂化液（乳化液）	内外模
半固体润滑剂		金属皂类（乳膏）、牛油、软沥青	内外模
固体润滑剂		蜡膏、硬脂、二硫化钼、皂粉	外模

306　冷凝管的生产特点及使用要求？

冷凝管的生产特点：

（1）由于管材产品质量要求较高，产品须经反复的冷热加工过程才能保证最终产品质量，生产工序较长。

（2）挤压时采用低温、快速、脱皮挤压。

（3）黄铜对应力腐蚀较为敏感，拉伸后的管材必须及时进行退火，成品管材不宜空拉。

（4）成品退火前要认真进行脱脂处理，以减少最终产品的表面残碳。

（5）成品必须采用光亮退火，铜管表面要求形成均匀致密、耐腐蚀的原始氧化膜。

冷凝管具体的使用要求如下：

（1）为抑制黄铜冷凝管的脱锌腐蚀，其材料化学成分中必须含有微量砷元素。根据研究与实践表明，在化学成分中添加微量硼元素除了能提高管材耐脱锌腐蚀外，还能够提高水质中水的浊度和溶解固形物指标。

（2）不同用途的冷凝管对其性能的要求不尽相同。300MW 以上大型火力发电机组由于其管材长度较长，管材的机械性能应适中，以保证产品在安装过程能够顺利地穿过多重管板；而对于用于高低压加热器、小型冷却器的管材，其机械性能指标应根据其制作工艺的不同来选择。

307　冷凝管退火过程中的注意事项？

冷凝管退火过程有关注意事项如下：

（1）采用煤气炉、箱式电炉退火时，应根据装炉量多少、管坯规格大小和管壁的厚薄灵活掌握退火温度和保温时间。管材装炉量多、规格大、壁厚较厚时，退火温度应取上限，保温时间也应加长。

（2）采用通过式退火炉，还要根据炉膛加热区的长度来调整速度关系，加热区长、速度慢时，退火温度可取下限。

（3）冷凝管退火后的冷却速度应适中，出炉时除 H68 和 HAl77-2 允许急冷外，其余合金均应自然冷却。

（4）黄铜中的锌在高温时易蒸发，产生脱锌现象。因此，对于黄铜冷凝管材料退火时应严格控制炉温，用增加保温时间来调整温度速度的关系。对于温度不易精确控制的煤气炉，一般采用闷炉退火，即把炉温升到高于退火温度后再装料，装料后炉子停止加热，炉内保持正压。

（5）黄铜冷凝管，拉伸后72h 内要及时退火，以防止产生应力裂纹。

（6）采用通过式退火炉时，装料必须保持单层，以保证退火物料的性能均匀一致。

308　铜水（气）管的生产设计要求？

铜水（气）管是管道系统连接方式中应用最多的一种管材，诸如连接螺纹、卡套、卡压、扩张、压紧、沟槽、法兰等，各种连接方式对管材的性能要求有所不同，必须区别对待，在生产工艺的设计上要特别注意管材的机械和物理性能，充分保证管道系统安装和运行的安全可靠性。建议如下：

（1）硬态铜管要求有 5%以上的伸长率。

（2）机械式连接的铜管注意控制内外表面硬度；沟槽式连接用的铜管硬度值应偏高。

（3）软态铜管一般以盘卷状供货，应用于无连接的暖通系统。

（4）需要直接弯曲布管的铜管应选硬度值稍低的半硬态铜管，部分机械式连接的铜管选择中等硬度状态，外径壁厚与硬度性能要适当。

（5）加工工艺设计时，内外层金属的变形量应充分和适当。

309 典型空调管的规格？

典型空调管的规格见表 3-48，内螺纹铜管规格见表 3-49。

表 3-48　光面空调铜管典型规格

产品规格/mm×mm	用　途
$\phi(9\sim12.7)\times(0.3\sim0.38)$	用作房间空调冷凝器用管
$\phi7\times(0.3\sim0.35)$	用作房间空调蒸发器用管
$\phi(7\sim9.52)\times(0.41\sim0.5)$	用作房间空调冷凝、蒸发器小弯头连接管
$\phi(6.35\sim12.7)\times(0.7\sim0.8)$	用作房间空调连接管
$\phi(15.88\sim22.22)\times(0.41\sim1.0)$	用作中央空调冷凝、蒸发器用管及连接管

表 3-49　内螺纹铜管规格

产品规格/mm							用　途
外径/mm	底壁厚/mm	齿高/mm	齿条数	齿顶角	螺旋角	米克重/g·m⁻¹	
5	0.20	0.14	40	40	18	33	空调蒸发器用管
6.35	0.26	0.20	55	40	10	57.5	空调蒸发器用管
7	0.27	0.18	60	53	18	61	空调蒸发器用管
7	0.25	0.15	50	40	18	55	空调蒸发器用管
9.52	0.30	0.20	60	53	18	90	空调蒸发器用管
9.52	0.28	0.15	60	53	18	85	空调蒸发器用管
9.52	0.28	0.12	65	50	15	80	空调蒸发器用管
12.7	0.41	0.25	60	53	18		空调蒸发器用管
15.88	0.52	0.30	74	53	18		空调蒸发器用管

310 空调管常见的生产方式及特点？

空调管常见的生产方式有挤压法和铸轧法。

挤压法是传统铜管生产方式。其特点是：热状态下压缩变形，热变形量高达 95% 以上，有利于铸锭内部缺陷的焊合，组织致密；能满足最终产品各种状态下晶粒和工艺性能要求。水封作用在细化了晶粒组织的同时可免除管坯的内外氧

化；但存在挤压管坯的偏心，使最终产品精度受到影响；几何废料多，制约了成品率的提高。设备投资大、占地面积大、辅助设施多、维修费用高；工模具消耗和能耗很大；人员需求多，对操作和维护人员素质要求高。

铸轧法是 20 世纪 80 年代中期研制开发出来的精密铜管生产方式，其特点是：

（1）生产流程短，省去了铸锭加热、挤压等工序，直接由水平连铸机组生产出空心管坯，轧制后在线卷取出盘，盘卷单重可达 3000kg，有效地提高了生产效率和成品率，其综合成品率可高达 85% 以上。

（2）三辊行星轧制，变形迅速，加工率大（可超过 90%），其变形热可使管坯温度控制并维持高达 700~750℃，使铸态组织破坏后实现完全再结晶，在内、外均有气体保护和快速冷却区的冷淬作用下，得到表面光亮，内部组织细小均匀的具有等轴晶粒的管坯。根据实测资料，内部晶粒尺寸均在 30μm 以下。

（3）铸轧法管材壁厚精度可控制在 ±5% 以内，壁厚偏差小，不仅使拉伸过程减少，也满足了内螺纹成型及空调制冷行业连续流水线作业对产品性能均匀性的要求。

（4）电力安装容量小，节能效果好。设备投资相对比挤压机少。占地面积小，操作人员少。在工模具消耗方面，一套轧辊寿命平均能轧 3000T 铜管坯（含中间修模若干次），工模具费用较低。

（5）由于铸造工序采用的是石墨结晶器，故生产低氧产品比较难。

311 空调管典型缺陷形貌、产生原因和解决措施？

空调管典型缺陷形貌、产生原因和解决措施见表 3-50。

表 3-50 空调管典型缺陷形貌、产生原因和解决措施

形　貌	产生原因	解决措施
表面黑色，产品呈红、褐、灰、蓝黑等颜色变化	退火时，炉内氧含量偏高，使产品氧化	控制炉内氧含量；检查与铜管接头处是否漏气
内壁含油、变色	油品未完全挥发，或炭化	选择易挥发、残油与残炭量小的内壁油体润滑剂；退火处理时，内壁充保护性气体吹气，并延长持续吹气时间
表面出现断续性似锯齿形状	生产各环节的碰伤、压入等造成	对各种生产环节加强管理，防止磕碰；对轧制坯管进行连拉处理

312 大口径薄壁黄铜管生产控制要点及方法？

大口径薄壁黄铜管关键生产工序、控制要点及控制方法见表 3-51。

表 3-51　大口径薄壁黄铜管关键生产工序、控制要点及控制方法

关键工序	控制要点	控 制 方 法
铸锭加热 工序和挤 压工序	挤压管坯椭圆度	1. 铸锭加热温度控制在工艺加热制度的中、下限； 2. 挤压穿孔时将挤压穿孔残料顶出，避免挤压过程内膛出现负压
	挤压管坯壁厚 不均（偏心）	1. 保证挤压轴、挤压筒和挤压模在工作中位于挤压中心线位置； 2. 规范操作行为，减小挤压筒内衬前后端圆锥体与模支撑（模套）圆锥体的不均匀变形，使内衬锥体与模支撑锥体对正； 3. 调整及更换挤压筒滑板保证挤出筒保持在挤压中心线位置； 4. 铸锭锯切时，应保证锯切垂直度； 5. 铸锭加热均匀； 6. 挤压操作程序设定填充挤压； 7. 规范挤压垫片外径、内径尺寸及挤压垫两端 $R = 8 \sim 10\text{mm}$； 8. 保证挤压轴端面的垂直度
退火工序	管子椭圆度	1. 管子中间软化退火和成品退火的退火炉应采用通过式单层摆放的光亮退火炉； 2. 管子中间软化退火和成品退火的温度应控制在规定的中、下限
	退火后管子性能不均	1. 采用通过式单层摆放的退火炉和制定中低温、慢速的退火制度； 2. 对辊底式或分批式退火炉，其退火制度采用中低温退火，延长保温时间
拉伸工序	拉伸管子椭圆度不均	1. 道次拉伸力太大，适当减小道次延伸系数； 2. 改善内外润滑条件，达到均匀润滑

313　改善黄铜棒切削加工性能的方法？

为使制成的零件有精密的尺寸、准确的形状和光洁的表面，棒材大多要进行切削加工。为取得光洁的加工面、较高的生产率和低的工具消耗，要求棒材具有优良的加工性能。除了众所周知的被加工材料的切削加工性、刀具几何角度、切削用量、切削润滑液等条件是否正确外，还要掌握以下情况：

（1）为了提高挤压材的切削性，就要使结晶晶粒呈均匀细粒状，铅也要细且均匀分布，铅的分布均匀，其效果甚至比提高铅含量还要好。

（2）易切削黄铜进行拉伸加工，可使剪断力增大，加上铅的影响，两相黄铜可以大大减少切削阻力。但拉伸缩径量也不能过大，冷作硬化过大，又会增加切削阻力，故拉伸变形率掌握在 10%~15%，经低温退火后，最大屈服强度值以不超过 470MPa 为宜。

（3）单相 α 易切削黄铜在高温下和富 β 相的易切削黄铜在低温下进行加工处理，可以得到均匀的组织，并有改善切削性能的作用。

（4）易切削黄铜中含有少量杂质铁时，细化晶粒对切削无害。但存在杂质锡时，随着锡含量增加，切削阻力变大。含有少量铁、锡的合金，增加强度、硬度和耐磨性，因此要控制杂质铁和锡在合理范围。

（5）再结晶晶粒小的切削阻力小，切削加工面光洁度也好。

（6）低温退火效果对切削性能也有一定的影响。由于在低温退火过程中 β 相会分解为 α 相且呈微细晶粒析出，切削阻力也稍有降低，切削呈细碎状。

314　精密黄铜棒生产中应注意的事项？

精密黄铜棒生产中的注意事项如下：

（1）成分控制。对于精密铅黄铜棒而言，必须保证棒材质量均匀，密度严格一致，必须控制每批材料的化学成分一致，使主要成分和比重较轻或较重的元素含量波动在一个极小的范围内。例如制作天平仪砝码的 HPb59-1 铅黄铜棒，铜的含量在 58.5%~59.1%；铅的含量在 1.35%~1.60% 就较合适，否则砝码的车削就难以实现自动化，其底部的凹深就需要经常改变或返修；铅等密度较大的金属添加，在熔铸时要加强搅拌，防止发生密度偏析。

（2）铸锭组织控制。铅黄铜挤压时易出现层状断口和黄色组织，其根本原因是铸锭组织疏松。因此在铸造时要适当控制速度，不可过快。

（3）挤压温度和速度控制。铅熔点较低，铅黄铜适宜低温挤压，挤压速度也不宜过快，防止变形热过大而导致挤压开裂。

（4）挤压断口。铅黄铜铸锭表面通常都不太理想，因此挤压时制品缩尾较长。应当进行探伤检查，将缩尾切净。

（5）消除应力。一般铅黄铜棒都是高锌黄铜，拉伸变形后内应力较大，应在 18h 以内进行消除内应力的低温退火，否则易产生应力开裂。

（6）磨光。

315　同步器铜合金齿环管材的生产方式？

同步器齿环管有三种生产方式：铸锭挤压法、水平连铸法、离心铸造法。水平连铸和离心铸造的管坯精锻齿环的金属损耗多、成品率低，组织和性能控制难度大，但工序短、成本低。挤制管坯精锻齿环生产效率高，组织致密，是同步齿环普遍采用的方法。

同步器铜合金齿环的生产工艺流程：熔炼→铸造→挤压→管材→精整→切片→热精锻成型→机械精加工→齿环。

316　同步器齿环管材熔铸过程存在的缺陷?

同步器齿环管材熔铸过程中可能出现的主要缺陷有中心裂纹、表面纵向或横向裂纹、表面夹渣、冷隔和气孔。

中心裂纹、表面纵向或横向裂纹的解决办法:避免过高的浇铸温度,采用红锭铸造及较慢的铸造速度。

表面夹渣、冷隔的解决办法:出炉前,注意除渣。浇铸时,保持液面和速度的平稳和冷却强度。

气孔的解决办法:气孔的出现,与溶液吸气有关,应避免长时间高温吸气、保温,熔炼时应注意覆盖,浇铸前可适当提高温度,喷火后再回到操作温度,还应注意新、旧料的搭配。

317　铜合金管棒型线材热处理常用的退火炉及其特点?

在生产中常用的退火炉分为间歇式和连续式。间歇式退火炉有箱式炉、井式炉、罩式炉;连续式退火炉有辊底式炉、网带式炉、通过式感应炉等。

间歇式退火炉装炉量很小,退火周期较长,生产能力小,现在仅用于小规模、多品种的生产线。

新型辊底式退火炉被用于生产量大的铜管生产线,生产效率高,能耗低。该炉既可进行氧化退火,也可在惰性气体的保护下进行光亮退火。

网带式光亮退火炉主要用于直条管材,尤其是冷凝管的退火,设备简单、气密性好,容易保证管材表面质量。

连续感应退火炉用于完成内螺纹空调管光面管坯的中间光亮退火,实现了"料筐"到"料筐"的连续退火。该设备带有履带式张力器,可为壁厚管材提供正确的张力,避免管材断裂。精确的控制系统也能确保设备功率根据管材尺寸和相应的速度成比例变化。该设备最大速度可达 600m/min,带有气体保护和清洗系统,质量可靠。

第4章　板带箔材生产技术

318　铜合金板带材主要产品的分类、规格及标准？

铜及铜合金板带材主要产品以合金分类有纯铜产品、黄铜产品、青铜产品和白铜产品；以规格分类有厚板、宽板、薄板、宽带和窄带等；以生产方法分类有热轧和冷轧产品；以产品分类有普通板带和特殊板带等；以性能和状态分类有热轧产品（M20）、软状态产品（O60）、1/4 硬产品（H01）、半硬产品（H02）、硬产品（H04）、特硬产品（H06）、弹硬产品（H08）和热处理产品（TB、TD、TF、TH）等。其中，TB 代表软状态，即固溶处理状态；TD 表示硬状态，即固溶处理后冷轧状态；TF 代表固溶处理+沉淀热处理状态；TH 代表固溶处理+冷加工+沉淀热处理。

板带材的产品在出厂时，都要按照国家制定的产品技术要求进行全面的检验。表 4-1 为铜合金板材产品的品种、规格及标准，表 4-2 为铜合金带材产品的品种、规格及标准。

表 4-1　铜合金板材产品的品种、规格及标准（GB/T 2040—2017）

分类	牌号	代号	状　态	规格/mm		
				厚度	宽度	长度
无氧铜	TU1、TU2	T10150	热轧（M20）	4~80	≤3000	≤6000
		T10180				
纯铜	T2、T3	T11050、T11090	软化退火态（O60）、1/4 硬（H01）、1/2 硬（H02）、硬（H04）、特硬（H06）	0.2~12	≤3000	≤6000
磷脱氧铜	TP1、TP2	C12000、C12200				
铁铜	TFe0.1	C19210	软化退火态（O60）、1/4 硬（H01）、1/2 硬（H02）、硬（H04）	0.2~5	≤610	≤2000
	TFe2.5	C19400	软化退火态（O60）、1/2 硬（H02）、硬（H04）、特硬（H06）	0.2~5	≤610	≤2000

分类	牌号	代号	状　态	规格/mm		
				厚度	宽度	长度
镉铜	TCd1	C16200	硬（H04）	0.5~10	200~300	800~1500
铬铜	TCr0.5	T18140	硬（H04）	0.5~15	≤1000	≤2000
	TCr0.5-0.2-0.1	T18142	硬（H04）	0.5~15	100~600	≥300
普通黄铜	H95	C21000	软化退火态（O60）、硬（H04）	0.2~10	≤3000	≤6000
	H80	C24000	软化退火态（O60）、硬（H04）			
	H90、H85	C22000、C23000	软化退火态（O60）、1/2 硬（H02）、硬（H04）			
	H70、H68	T26100、T26300	热轧（M20）	4~60	≤3000	≤6000
			软化退火态（O60）、1/4 硬（H01）、1/2 硬（H02）、硬（H04）、特硬（H06）、弹硬（H08）	0.2~10		
	H66、H65	C26800、C27000	软化退火态（O60）、1/4 硬（H01）、1/2 硬（H02）、硬（H04）、特硬（H06）、弹硬（H08）	0.2~10	≤3000	≤6000
	H63、H62	T27300、T27600	热轧（M20）	4~60	≤3000	≤6000
			软化退火态（O60）、1/2 硬（H02）、硬（H04）、特硬（H06）	0.2~10		
	H59	T28200	热轧（M20）	4~60		
			软化退火态（O60）、硬（H04）	0.2~10		
铅黄铜	HPb59-1	T38100	热轧（M20）	4~60		
			软化退火态（O60）、1/2 硬（H02）、硬（H04）	0.2~10		
	HPb60-2	C37700	硬（H04）、特硬（H06）	0.5~10		
锰黄铜	HMn58-2	T67400	软化退火态（O60）、1/2 硬（H02）、硬（H04）	0.2~10		
锡黄铜	HSn62-1	T46300	热轧（M20）	4~60		

续表4-1

分类	牌号	代号	状　态	规格/mm		
				厚度	宽度	长度
锡黄铜	HSn62-1	T46300	软化退火态（O60）、1/2 硬（H02）、硬（H04）	0.2~10	≤3000	≤6000
	HSn88-1	C42200	1/2 硬（H02）	0.4~2	≤610	≤2000
锰黄铜	HMn55-3-1、HMn57-3-1	T67320、T67410	热轧（M20）	4~40	≤1000	≤2000
铝黄铜	HAl60-1-1、HAl67-2.5、HAl66-6-3-2	T69240、T68900、T69200				
镍黄铜	HNi65-5	T69900				
锡青铜	QSn6.5~0.1	T51510	热轧（M20）	9~50	≤610	≤2000
			软化退火态（O60）、1/4 硬（H01）、1/2 硬（H02）、硬（H04）、特硬（H06）、弹硬（H08）	0.2~12		
	QSn6.5-0.4、Sn4-3、Sn4-0.3、QSn7-0.2	T51520、T50800、C51100、T51530	软化退火态（O60）、硬（H04）、特硬（H06）	0.2~12	≤610	≤2000
	QSn8-0.3	C52100	软化退火态（O60）、1/4 硬（H01）、1/2 硬（H02）、硬（H04）、特硬（H06）	0.2~5	≤610	≤2000
	QSn4-4-2.5、QSn4-4-4	T53300、T53500	软化退火态（O60）、1/4 硬（H01）、1/2 硬（H02）、硬（H04）	0.8~5	200~600	800~2000
锰青铜	QMn1.5	T56100	软化退火态（O60）	0.5~5	100~600	800~2000
	QMn5	T56300	软化退火态（O60）、硬（H04）			
铝青铜	QAl5	T60700	软化退火态（O60）、硬（H04）	0.4~12	≤1000	≤2000
	QAl7	C61000	1/2 硬（H02）、硬（H04）			
	QAl9-2	T61700	软化退火态（O60）、硬（H04）			
	QAl9-4	T61720	硬（H04）			

分类	牌号	代号	状 态	规格/mm		
				厚度	宽度	长度
硅青铜	QSi3-1	T64730	软化退火态（O60）、硬（H04）、特硬（H06）	0.5~10	100~1000	≥500
普通白铜	B5、B19	T70380、T71050	热轧（M20）	7~60	≤2000	≤4000
铁白铜	BFe10-1-1、BFe30-1-1	T70590、T71510	软化退火态（O60）、硬（H04）	0.5~10	≤600	≤1500
锰白铜	BMn3-12	T71620	软化退火态（O60）	0.5~10	100~600	800~1500
	BMn40-1.5	T71660	软化退火态（O60）、硬（H04）			

表 4-2　铜合金带材产品的品种、规格及标准（GB/T 2059—2017）

分类	牌 号	代 号	状 态	厚度/mm	宽度/mm
无氧铜	TU1、TU2	T10150、T10180	软化退火态（O60）、1/4 硬（H01）、1/2 硬（H02）、硬（H04）、特硬（H06）	>0.15~<0.50	≤610
纯铜	T2、T3	T11050、T11090			
磷脱氧铜	TP1、TP2	C12000、C12200		0.5~5.0	≤1200
镉铜	TCd1	C16200	硬（H04）	>0.15~1.2	≤300
普通黄铜	H95、H80、H59	C21000、C24000、T28200	软化退火态（O60）、硬（H04）	>0.15~<0.50	≤610
				0.5~3.0	≤1200
	H85、H90	C23000、C22000	软化退火态（O60）、1/2 硬（H02）、硬（H04）	>0.15~<0.50	≤610
				0.5~3.0	≤1200
	H70、H68、H66、H65	T26100、T26300、C26800、C27000	软化退火态（O60）、1/4 硬（H01）、1/2 硬（H02）、硬（H04）、特硬（H06）、弹硬（H08）	>0.15~<0.50	≤610
				0.5~3.5	≤1200
	H63、H62	T27300、T27600	软化退火态（O60）、1/2 硬（H02）、硬（H04）、特硬（H06）	>0.15~<0.50	≤610
				0.5~3.0	≤1200
锰黄铜	HSn62-1	T46300	软化退火态（O60）、1/2 硬（H02）、硬（H04）	>0.15~0.20	≤300
铅黄铜	HPb59-1	T38100		>0.20~2.0	≤550
	HPb59-1	T38100	特硬（H06）	0.32~1.5	≤200
锡黄铜	HSn62-1	T46300	硬（H04）	>0.15~0.20	≤300
				>0.20~2.0	≤550

分类	牌　号	代　号	状　态	厚度/mm	宽度/mm
铝青铜	QAl5	T60700	软化退火态（O60）、硬（H04）	>0.15~1.2	≤300
	QAl7	C61000	1/2 硬（H02）、硬（H04）		
	QAl9-2	T61700	软化退火态（O60）、硬（H04）、特硬（H06）		
	QAl9-4	T61720	硬（H04）		
锡青铜	QSn6.5-0.1	T51510	软化退火态（O60）、1/4 硬（H01）、1/2 硬（H02）、硬（H04）、特硬（H06）、弹硬（H08）	>0.15~2.0	≤610
	QSn7-0.2、QSn6.5-0.4、QSn4-3、QSn4-0.3	T51530、T51520、T50800、C51100	软化退火态（O60）、硬（H04）、特硬（H06）	>0.15~2.0	≤610
	QSn8-0.3	C52100	软化退火态（O60）、1/4 硬（H01）、1/2 硬（H02）、硬（H04）、特硬（H06）、弹硬（H08）	>0.15~2.6	≤610
	QSn4-4-2.5、QSn4-4-4	T53300、T53500	软化退火态（O60）、1/4 硬（H01）、1/2 硬（H02）、硬（H04）	0.8~1.2	≤200
锰青铜	QMn1.5	T56100	软化退火态（O60）	>0.15~1.2	≤300
	QMn5	T56300	软化退火态（O60）、硬（H04）		
硅青铜	QSi3-1	T64730	软化退火态（O60）、硬（H04）、特硬（H06）	>0.15~1.2	≤300
普通白铜	B5、B19	T70380、T71050	软化退火态（O60）、硬（H04）	>0.15~1.2	≤400
铁白铜	BFe10-1-1、BFe30-1-1	T70590、T71510			
锰白铜	BMn40-1.5	T71660			
锰白铜	BMn3-12	T71620	软化退火态（O60）	>0.15~1.2	≤400

分类	牌　号	代　号	状　态	厚度/mm	宽度/mm
铝白铜	BAl6-1.5	T72400	硬（H04）	>0.15~1.2	≤300
	BAl3-3	T72600	固溶热处理+冷加工（硬）+沉淀热处理（TH04）		
锌白铜	BZn15-20	T74600	软化退火态（O60）、1/2 硬（H02）、硬（H04）、特硬（H06）	>0.15~1.2	≤610
	BZn18-18	C75200	软化退火态（O60）、1/4 硬（H01）、1/2 硬（H02）、硬（H04）	>0.15~1.0	≤400
	BZn18-17	T75210	软化退火态（O60）、1/2 硬（H02）、硬（H04）	>0.15~1.2	≤610
	BZn18-26	C77000	1/4 硬（H01）、1/2 硬（H02）、硬（H04）	>0.15~2.0	≤610

注：经供需双方协商，也可供应其他规格的带材。

319　铜及铜合金板带材生产流程的制订原则和分类?

为了确保生产出质量合格的铜及铜合金板带材产品，每种产品都要根据合金的特性、品种、类型及给出的技术要求，合理的选择生产方法和工序，也就是常说的制订生产工艺流程。生产工艺流程就是指从铸锭到产品所经过的一系列生产工序。

制订生产流程总的原则是：节能、环保、高效、保质、污染少、排放少和经济。具体如下：

（1）充分利用合金的塑性，尽可能地使整个流程连续化，尽可能地缩减中间退火及酸洗工序，减少轧制道次，缩短生产周期，提高劳动效率。

（2）结合具体设备条件，合理安排各工序，设备负荷均衡，既保证设备运行安全，又能充分发挥设备潜力。

（3）产品质量满足产品技术要求，成品率高，生产成本低。

（4）劳动条件好，对人身体无害、对周围环境污染少或无污染，实现绿色制造。

常用的生产流程，按轧制方式可以分为块式法和带式法。按铸锭的开坯方式分为热轧法和冷轧法。

块式法：将锭坯经过热轧或冷轧，再剪切成一定长度的板坯，直至冷轧出成品的一种比较传统的生产方法。其特点是设备简单、投资少、操作方便、灵活性大且容易调整；其缺点是生产效率低、劳动强度大、中间退火次数多、生产周期长、能耗大、成品率低且产品质量不易控制。因此，可以在产量少、品种多、建设周期短的中、小型工厂中采用。

带式法：将锭坯经过热轧开坯，卷取成卷进行冷轧，最后剪切成板或分切成带的一种大型生产方式。其特点是可采用大铸锭进行高速轧制，易于连续化、机械化生产，生产效率高、单位产品能耗少、劳动强度小、生产条件好、可采用高度自动化控制。缺点是设备复杂、一次性投资大、建设周期长、灵活性差。适用于产量大、规格大、产品质量要求高的生产，是大型工厂主要采用的生产方法。

热轧法：对铸坯加热后进行轧制的生产方法。该方法充分利用金属的高温塑性和低变形抗力，采用大压下率来提高生产率，达到高效、节能的目的。其缺点是热轧产品的尺寸偏差大，表面质量差、性能不易控制。所以，热轧法多用来生产板或带坯，以及精度要求不高的产品。

冷轧法：采用较小尺寸的锭坯或热轧板坯，在锭坯不加热的情况下进行轧制的一种方法。它用于不能在热状态下成型的合金，以及各种硬状态、软状态和热处理状态的产品，一般都要经过冷轧。尽管冷轧加工率小、中间需要多次退火，生产率不如热轧高，但仍然是现在生产中广泛采用的主要方法。

320　铜及铜合金板带材的生产工艺流程?

铜及铜合金板带材典型的生产工艺流程见图 4-1。

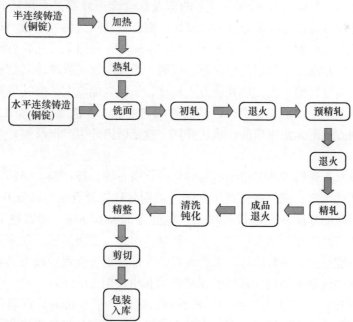

图 4-1　铜及铜合金板带材典型生产工艺流程图

321 如何确定铜合金铸锭宽度?

铜合金铸锭的宽度主要由成品的宽度来决定。通常选择宽度时要考虑轧制时的宽展量和切边量,然后取成品宽度的整数作为铸锭的宽度,可由 Gobkin 公式计算。

$$\Delta B = (1 + \varepsilon) \cdot \varepsilon \left(\mu \sqrt{R \Delta h} - \frac{\Delta h}{2} \right)$$

$$B = nb + \Delta b - \Delta B$$

式中 b——成品宽度;

n——成品宽度的倍数;

Δb——总切边量,包括锭坯的铣侧面、切边和剖条次数等;

ΔB——热轧时的宽展量。

322 铜合金带坯常用生产方法及适用范围?

铜合金带坯常用生产方法有热轧带坯、水平连铸带坯、冷轧铸锭带坯、热挤压带坯和连续挤压带坯等。

热轧开坯是充分利用合金的高温塑性好和变形抗力小的特点,生产率高,能耗小,可提供大卷重、长尺寸的带坯。带坯厚度为 4~18mm,宽度为 200~1250mm。除少量不宜热轧的锡磷青铜、锡锌铅青铜和高铅黄铜外,可生产所有的铜及铜合金。目前世界上 90% 以上的铜及铜合金带坯都是采用热轧开坯生产的。热轧开坯可将铸锭的部分缺陷如疏松、缩孔和晶间微裂等焊合。对于需要固溶热处理的合金,如 Cu-Be、Cu-Fe-P、Cu-Ni-Si 等,只因采用热轧后淬火,才将高温相保留到常温,呈单相组织分布,以利于后续冷加工或改善其物理性能。热轧开坯生产板带材的工艺,与其他方式相比,虽然耗能略大,但其可生产的合金牌号品种齐全、生产适应性广,产品晶粒均匀度,深冲性能、再加工性能优越,是其他生产方式所无法比拟的,热轧开坯一直是国内外生产铜及铜合金板带材的主要方式。

石墨模水平连铸带坯多用于不易热轧的锡磷青铜、锌白铜、锡锌铅青铜和铅黄铜等带坯的生产,或小规模地生产普通黄铜带坯以及含氧量低于 0.005% 的紫铜带坯。带坯的厚度一般为 12~20mm,宽度为 320~650mm,最宽达 1600mm。

冷轧铸锭开坯轧制时变形抗力大、轧制道次多、需要经过多次中间退火,生产效率低,能耗大。随着冶炼技术的发展,大部分铜合金逐步改为热轧开坯。必须冷轧开坯的仅是不易热轧开坯的锡磷青铜和铅黄铜等带坯。

热挤压开坯带坯的厚度为 5.0~8.5mm,宽度小于 600mm。挤制带坯的表面和尺寸精度均优于热轧开坯。在允许宽度范围内便于调整带坯规格。不足之处是挤压压余、窄带切边和黄铜脱皮挤压与缩尾等几何损失较多，带材的成品率低于热轧开坯。这种方法适用于月产量 1000t 左右的紫黄铜生产线。

连续挤压开坯主要是采用上引连铸无氧铜杆，利用铜杆与连续挤压机挤压轮之间的摩擦力，将铜杆进行强烈的塑性成型制备出厚度为 10~20mm，宽度为 200~450mm 的带坯，通过与后续的高精度轧制、光亮退火、无毛刺分切等技术完美结合，实现了基于连续挤压技术的铜带材的加工，目前可以适用于生产无氧铜、铜银、黄铜及铜镍硅合金带材。该生产工艺不但可以降低整个铜带加工过程的运行能耗，而且可以把整个生产过程对环境构成的污染降到最低，技术上具有先进性。

323　铜合金热轧开坯与水平连铸相比有哪些优点？

铜合金热轧开坯与水平连铸相比，主要优点如下：

（1）热轧带坯的金相组织和水平连铸带坯有显著区别。水平连铸带坯中间层是呈羽毛形柱状晶分布的铸造组织；而热轧是经过 90% 以上热变形的加工组织，并在热轧过程中进行同步再结晶，所以带坯的晶粒细密，各项性能均一。

（2）热轧开坯可将铸锭的部分缺陷如疏松、缩孔和晶间微裂纹等焊合。

（3）对于需要固溶热处理的合金，如 Cu-Be、Cu-Fe-P 合金采用热轧后淬火，才能满足将高温相保留到常温，晶内呈单相组织分布，以利于后续变形热处理或改善其物理性能的条件。

324　热轧铸锭的要求？

热轧铸锭的要求如下：

（1）化学成分必须符合相关标准的规定。

（2）内部无缩孔、气孔、夹杂、偏析、裂纹等缺陷。

（3）表面有铸瘤、裂纹、冷隔或夹杂等时，可进行局部机加工去除。

（4）尺寸和偏差应满足工艺要求。铸锭的厚薄不均严重时，在轧制过程中会加剧不均匀变形，甚至造成热轧产品的超差和镰刀弯；铸坯的宽度偏差过大，会导致轧边辊工作困难，增加切边损失。

325　热轧前锭坯加热炉选择的要求和分类？

加热炉是热轧前锭坯加热的主要设备，加热方式是决定能耗和生产效率的重要工序。通常选择加热炉要尽量满足下列要求：炉内温度均匀，气密性好；加热速度快，有较高的热效率和单位面积生产率；灵活性大，变换产品品种容易；结构简单，使用方便，机械化、自动化程度高，劳动条件好；能满足生产要求。

加热炉的类型有火焰加热炉，电阻炉和感应炉。按照作业方式的不同可分为间歇式加热炉和连续式加热炉。连续式加热炉有环形炉、步进炉、链带炉和推杆式炉。间歇式加热炉大多采用箱式炉和车底炉。铜及铜合金锭坯加热的火焰炉和电加热炉的技术性能指标见表 4-3 和表 4-4。环形加热炉和步进加热炉的比较见表 4-5。

表 4-3 铜及铜合金火焰加热炉的技术性能

技术性能		加 热 炉				
		环形炉		步进式炉	链带式炉	推杆式炉
		煤气加热	重油加热			
最高工作温度/℃		1250	1250	1250	1200	1200
生产能力/t·h⁻¹		15~20	15~20	12	6	4
炉膛尺寸（$H \times B \times L$）/mm		1465×3000×ϕ10340	1465×3000×ϕ7800	1550×3600×10000	600×1700×4500	800×1400×8000
燃料		发生煤炉气	100 号重油	发生煤炉气	发生煤炉气	发生煤炉气
燃料发热值/J·m⁻¹		5230	—	5230	5230	5230
单位消耗/4.2kJ·kg⁻¹		—	1000	—	—	—
加热铜及黄铜		250~300	250~300	280~330	—	350~400
加热青铜		500	500	580	—	670
最大燃料消耗量	m³/h	6500	—	4000	200	1700
	kg/h	—	770~1000	—	—	—
燃料压力	133.32Pa	1200	—	1200	1200	1200
	kg/cm²	—	1.5~2.0	—	—	—
装出料方式		夹钳式	夹钳式	补进式	链条式	推杆式
回转速度/m·s⁻¹		0.2	0.2			

表 4-4 铜及铜合金电能加热炉技术性能

技术性能	加 热 炉			
	箱式电阻炉	推杆式电阻炉	活盖式电阻炉	工频感应电炉
工作制度	间歇式	连续式	连续式	连续式
最高工作温度/℃	1350	950	950	1200
生产能力/t·h⁻¹	—	—	1.7~2.0	—
安装容量/kW	50	1898	380	800
加热元件	碳化硅棒	镍铬丝	镍铬丝	感应线圈
电流频率/Hz	50	50	50	50

续表 4-4

技术性能	加 热 炉			
	箱式电阻炉	推杆式电阻炉	活盖式电阻炉	工频感应电炉
单位能耗/kW·h·t⁻¹	—	—	150~180	200~350
炉膛尺寸 H×B×L/mm	700×1200×2040	300×1350×22500	250×700×8200	300×800×1000

表 4-5　环形加热炉和步进加热炉的性能比较

项　目	环形加热炉	步进加热炉
生产能力/t·h⁻¹	15~20	50~58
铸锭规格/mm	165×620×1100	170×(620~1050)×(2000~4000)
质量/t	1.0	2.2~8.5
燃料种类	—	发生煤炉气
发热值/J·m⁻¹	5440	5440
废热回收装置	无	空气预热450℃，煤气预热350℃
废气最终温度/℃	约500	约365
耗热/kJ·t⁻¹	约1884000	56650000~668000
炉子热效率/%	20~30	60~66
炉温控制/℃	—	(700~959)±5
自动生产控制	—	采用单回路处理机控温、控压和空气煤气比，程序逻辑过程控制

326　常用铜合金的热轧温度范围？

确定热轧产品的加热温度时应考虑合金的品种、高温塑性区和变形抗力、铸锭规格及已有设备的能力，加热温度的上限一般为金属熔点的90%（绝对温度），终轧温度相当于合金熔点的60%~70%（绝对温度），其确定方法主要依据合金的相图而确定。

表 4-6 和表 4-7 给出了大部分铜及铜合金加工用铸锭的热轧温度范围。

表 4-6　国内加工用铸锭的热轧温度范围表

合金牌号	热轧前锭坯加热温度/℃	热轧开始温度大于/℃	热轧塑性范围/℃	终轧温度范围/℃
T1-3、TP1-4	800~860	760	930~500	500~460
H95、H90、HSn90-1	850~870	800	900~550	600~500
H80、HNi65-5	820~850	800	870~600	650~550

合金牌号	热轧前锭坯加热温度/℃	热轧开始温度大于/℃	热轧塑性范围/℃	终轧温度范围/℃
H70、H68、H65	820~840	780	860~600	650~550
H62	800~820	760	840~550	600~500
HPb59-1、HSn62-1、H59、HAl67-2.5、HAl66-6-3-2、HMn57-3-1	740~770	710	800~550	600~500
HMn58-2、HFe59-1-1	700~730	680	760~500	550~450
QAl5、QAl7	840~860	830	880~600	600~550
QAl9-2	820~840	800	860~500	600~500
QSn4-3	730~750	680	770~600	600~550
QSn6.5-0.1	640~660	600	650~500	500~450
QSi3-1	800~840	760	860~500	550~500
QMn5	820~840	790	860~600	650~600
TCd1.0、TCr0.5	800~850	760	950~600	650~550
TBe2	780~800	760	820~600	650~550
B19、B30、BFe30-1-1	1000~1030	950	1100~650	700~600
QMn1.5、BMn3-12	830~870	790	900~650	650~600
BZn15-20	950~970	900	1000~700	700~650
BMn40-1.5	1050~1130	1020	1150~800	850~750
BAl6-1.5	850~870	830	900~650	600~550

表 4-7　美国主要铜及铜合金牌号的热加工温度和退火温度

金属牌号	热加工温度/℃	退火温度/℃	金属牌号	热加工温度/℃	退火温度/℃
C10100、C10200	750~875	375~650	C10300	750~850	375~650
C10400、C10500、C10700、C11000	750~875	475~750	C10800	750~875	375~650
C11100、C11300、C11400、C11500、C11600	750~875	475~750	C12500、C12700、C12800、C12900、C13000	750~950	400~650
C14300、C14310	750~875	535~750	C14500、C14700	750~875	425~650

金属牌号	热加工温度/℃	退火温度/℃	金属牌号	热加工温度/℃	退火温度/℃
C15000	固溶 900~925 加工 900~950	退火 600~700 时效 375~475	C15100	750~875	450~550
C15500	750~875	485~540	C15710		650~875
C15720、C15735		650~925	C16200	750~875	425~750
C17000	固溶 760~790 加工 650~825	固溶 775~800 时效 260~425	C17200、C17300	固溶 760~790 加工 650~800	固溶 760~790 时效 260~425
C17410	650~925	450~550	C18700	750~875	425~650
C17500	加工 700~925	固溶 900~925 时效 470~495	C17600	加工 750~925	固溶 900~950 时效 425~480
C18100	固溶 900~975 加工 790~925	退火 600~700 时效 400~500	C18200、C18400、C18500	加工 800~925	固溶 980~1000 时效 425~500
C19200	825~950	700~815	C19210	700~900	450~550
C19400、C19500、C19520			C19700	750~950	450~600
C21000、C22000	750~875	425~800	C22600	750~900	425~750
C23000	800~900	425~725	C24000	825~900	425~700
C26000	725~850	475~750	C26800、C27000	700~820	425~700
C28000	625~800	425~600	C31400、C31600、C33000、		425~650
C33200、C34000		425~650	C33500		425~700
C34200、C35300	785~815	425~600	C34900	675~800	425~650
C35000	760~800	425~600	C35600、C36000	700~800	425~600
C36500、36600、36700、36800	625~800	425~600	37000	625~800	425~600

金属牌号	热加工 温度/℃	退火 温度/℃	金属牌号	热加工 温度/℃	退火 温度/℃
37700	650~800	425~600	C38500	625~725	425~600
C40500	830~890	510~670	C40800	830~890	450~675
C41100	830~890	500~700	C41500	730~845	400~705
C41900		480~680	C42200	830~890	500~670
C42500、C43000	790~840	425~700	C43400	815~870	425~675
C43500			C44300、C44400、 C44500	650~890	425~600
C46400、C46500、 C46600、C46700	650~825	425~600	C48500	650~760	425~600
C50500	800~875	425~650	C50710、C51000、 C51100		475~675
C52100、C52400		475~675	C54400		
C60600	815~870	550~650	C60800	760~875	660~675
C61300	800~925	600~870	C61400	800~925	600~900
C61500	815~870	620~675	C62300	700~875	600~650
C62400	760~925	600~700	C62500	745~850	600~650
C63000	800~925	600~700	C63200	705~925	705~880
C63600	760~875		C63800、C65400		400~600
C65100	700~875	425~675	C65500	700~875	475~700
C64400			C68800	有序 280~320	400~600
C69000	790~840	400~600	C69400	650~875	425~650
C70400	815~950	565~815	C70600	850~950	600~825
C71000	875~1050	650~825	C71500	925~1050	650~825
C71900	900~1065	退火 900~1000 缓冷 760~425	C72200	900~1040	730~815
C71900	900~1065	退火 900~1000 缓冷 760~425	C72500	850~950	650~800
C74500		600~750	C75200		600~815
C75700、C77000		600~825	C78200		500~620

327　如何确定铜合金铸锭的热轧加热时间?

轧件的预热、加热和均热时间必须和加热温度、铸锭规格和合金成分等条件综合考虑，以防铸锭过烧或内外不一致。在保证轧件均匀热透情况下，应尽量缩短加热时间。

加热时间主要和铸锭加热温度、锭坯厚度有关，可根据热交换理论公式计算，一般按炉膛分三区，即预热区、加热区和均热区，最高炉膛温度一般比铸锭允许加热温度高 30~50℃。常采用经验公式估算加热时间:

$$\tau = CH$$

式中　τ——加热时间，min;

　　　H——铸锭厚度，mm;

　　　C——经验系数，紫铜取 0.9~1.3，黄铜取 0.9~1.6，复杂黄铜及青铜 1.2~2，镍及镍合金 1.5~2.5。

328　加热炉内气氛的确定原则?

加热炉内气氛的确定原则: 主要是根据合金的特性来考虑，如有的易氧化，有的易吸氢，因此都要采取相应的措施来防止。例如，纯铜及含少量氧的铜合金，应采用中性或微氧化性加热气氛。因为纯铜在还原性气氛中加热，氢与氧化亚铜作用容易生成水，如果生成的水聚集在晶界上，将导致晶界疏松，即常称的"氢病"，而引起热轧时的脆裂。无氧铜热轧前的加热应采用还原性或中性气氛，炉内的含氧量多控制在4%以下，且在加热时应使炉内保持正压，防止氧气吸入炉内。否则，产生的晶界氧化比表面氧化更严重。

加热铜材时，燃料（煤气等）中所含的氧和硫，渗入铜中生成 Cu_2O 及 CuS，对合金的塑性非常不利。硫会促使氧优先向晶界渗透，使合金中的硫化物氧化，导致热轧开裂。因此对于在高温下极易氧化的合金，如纯铜、白铜、锡青铜、低锌黄铜、铝青铜等，应采用微还原性气氛。对于高锌黄铜及含锰或镉的铜合金，应采用微氧化性气氛。

329　如何计算热轧过程中的温降?

热轧过程中的温降是热轧加工中一个非常重要的问题。为了更好地定量研究温降，一般把温降描述为辐射传热、对流传热、轧辊与带材的接触传热、工艺润滑剂与带材接触传热和轧制变形热五部分，各部分有相应的公式计算。

（1）热轧中坯料由于热辐射产生的温降。

加热到温度 T 的物体，由于热辐射损失的热量可用 Stefan-Boltzmann 定律来确定:

$$\Delta Q_\varepsilon = 1.17\varepsilon (T/100)^4 F\tau = cG(t_1 - t_2) = cG\Delta t_\varepsilon$$

经计算：

$$\Delta t_\varepsilon = 2.33 \frac{\varepsilon}{c\gamma}\left(\frac{T}{100}\right)^4 \frac{\tau}{h} \approx k\left(\frac{T}{100}\right)^4 \frac{t_{\text{sec}}}{h_{\text{mm}}}$$

式中　ΔQ_ε ——辐射热量，kJ；

　　　　k——常数，$0.0012 \sim 0.0025$；

　　　　T——辐射热的绝对温度，K；

　　　　Δt_ε——在辐射时间内温降，℃；

　　　　τ——辐射时间，h；

　　　　c——在轧制开始与终了时间内的比热，J/(kg·℃)；

　　　　F——物体的表面积，m^2；

　　　　G——辐射物体重量，kg；

　　　　ε——辐射系数；

　　　　t_{sec}——辐射时间，s；

　　　　h_{mm}——道次轧后厚度，mm。

（2）热轧中由于空气的对流作用产生的温降用下式计算：

$$\Delta t_v = \frac{a_v}{c\gamma}(t_1 - t_2)\tau \times 2\left(\frac{1}{h} + \frac{1}{b} + \frac{1}{l}\right) \approx 2\frac{a_v}{c\gamma}(t_1 - t_2)\frac{\tau}{h}$$

$$= k(t_1 - t_2)\frac{t_{\text{sec}}}{h_{\text{mm}}}$$

式中　Δt_v——对流作用产生的温降，℃；

　　　　a_v——热对流系数，J/(m^2·h·℃)；

　　　t_1，t_2——轧件温度与周围空气温度，℃；

　　　　t_{sec}——轧件冷却时间，s；

　　　　k——常数，$0.003 \sim 0.005$。

（3）轧制过程中的变形热：

$$\Delta t_w = p_{\text{cp}} v \frac{\ln\dfrac{H}{h}}{427cG}$$

$$\approx 5.4 \times 1000 p_{\text{cp}} \frac{\lg\dfrac{H}{h}}{c\gamma} = 5.4 \times 1000 p_{\text{cp}} \frac{\lg\dfrac{1}{1-\varepsilon}}{c\gamma}$$

式中　p_{cp}——轧辊与带材接触面上的平均单位压力，MPa；

　　　　c——轧件的比热容，kcal/(kg·℃)；

　　　　γ——密度，kg/m^3。

考虑前滑后滑等因素，应在上式中紫铜乘 0.9、黄铜乘 0.8 的散热系数。

（4）轧制过程中轧辊的热传导温降。轧制过程中轧辊的热传导有多种算法，用温切里公式计算较好：

$$\Delta t_{q} = \frac{2k}{H+h} \sqrt{\frac{2l_{弧} H}{v_{cp}(H+h)}}$$

式中 H, h——第 n 道次前后轧件厚度，mm；

　　　$l_{弧}$——咬入弧，$l_{弧} = \sqrt{\Delta h R}$ ；

　　　v_{cp}——平均轧制速度，m/s。

由此可得：

$$\Delta t_{q} = \frac{k}{h} \sqrt{\frac{H\sqrt{\Delta h R}}{v_{cp}\overline{h}}} (t_{n-1} - 60)$$

式中，$\overline{h} = \dfrac{H+h}{2}$ 　（$k = 0.13 \sim 0.2$）。

（5）轧制过程中工艺润滑剂产生的温降。工艺润滑剂产生的温降比较难描述，因为用水或乳化液差别较大；喷流到轧件上或是轧件不接触工艺润滑剂效果截然不同。一般简化为：

$$\Delta t_{c} = \frac{k}{hv_{cp}}$$

式中 k——常数，根据情况而定，取 50~300；

　　　$v_{cp} \geqslant 1$m/s。

如果采用乳化液润滑，并且乳化液不喷流到带坯表面上，该项可忽略不计。

综上所述，第 n 道次的总温降可用下式确定：

$$t_n = t_{n-1} - (\Delta t_{\varepsilon} + \Delta t_{v}) - (\Delta t_{q} + \Delta t_{c} - \Delta t_{w})$$

式中 t_n——在 n 道次终的轧件温度，℃

　　　t_{n-1}——在 $n-1$ 道次的轧件温度，℃。

330　铜合金板带轧机的分类?

（1）按轧机组合形式可分为：单机架轧机，连轧机（有二连轧、三连轧……）。

（2）按运转形式可分为：可逆轧机、不可逆轧机。

（3）按轧机轧辊数可分为：二辊轧机、三辊轧机、四辊轧机、六辊轧机和多辊轧机。

（4）按用途可分为：热轧机、初轧机、中轧机、精轧机。

331　现代化铜热轧机应具有哪些功能？

（1）轧机要有足够大的轧制力与强有力的轧制力矩，使厚度为 200~250mm 厚的铸锭经 9 或 7 道次轧制后，带材厚度可到 15mm 左右的能力。

（2）为了达到足够大的卷重，其卷重的大小以每毫米带宽上质量的千克数来计算，一般要达到 8~17kg/mm。这实际上是对带长的要求，冷轧机没有足够长度的带坯，就不能满足现代化冷轧机，即自动化生产线对带长的要求。

（3）引线框架材料的出现，要求热轧料要能够实现在线淬火、在线冷却的功能，这就对铜的热轧机提出了更高的要求。

（4）应具有快速准确的电动压下及精确的液压微调系统，可实现厚度自动控制，给定需要的辊缝，轧机调偏与卸荷。电动压下螺丝上最好添加长行程传感器，也可采用光电码盘，并要求压下调节在 3s 内完成。

（5）轧制过程中最好不要将大量的乳化液或水直接落在铸锭上，以减少温降，但又要对轧辊起到润滑作用。同时乳化液或水要加热，以防急冷急热，造成轧辊表面龟裂严重。

（6）可生产卷材也可生产板材。

（7）可实现在线双面铣或线外铣面。

332　铜带热轧机的组成？

铜带热轧机多为二辊可逆热轧机，四辊用于高强度铜合金热轧。

热轧机的组成包括：可逆主轧机、轧边辊或立辊、机前机后推床、上料小车或上料机构、辊道、在线淬火装置、在线冷却装置、剪切机、垛板装置、三辊卷取机、卸料装置及辊道等。

333　选择热轧机的要求？

热轧机的主要参数有轧机类型、轧辊尺寸、轧制厚度、轧制速度、生产能力、轧机开口度、压下速度、许用轧制力、主电机功率及其他辅助设备的技术参数。

热轧机选择时应尽量满足如下要求：

（1）生产率适应生产需要；热轧机应有合理的轧制周期，需要与加热炉的加热能力相适应。

（2）热轧机的辊径、辊长、开口度、最小热轧厚度和板形满足生产要求；最好采用高精度轧辊轴承，以保证大轧制压力下，速度变化范围大时，轴承摩擦系数小，轧出的坯料精度高。

（3）轧辊具有高温变形时要求的强度和刚度，采用电动压下、液压纠偏和厚度自动补偿功能，以保证带坯厚度精度和防止镰刀弯。

（4）压下速度、轧制速度能满足终轧温度的要求，并带有淬火系统和带材冷却系统；主传动应有足够的功率和调速能力，以保证带坯终轧温度和组织性能。

（5）采用带有加热和冷却系统的乳化液润滑，尽可能采用平辊轧制，以保证高板形和延长轧辊寿命；轧机进出口应设有立轧边辊和导尺，并有足够的轧制能力，并能和主传动同步，以防止裂边，保证整齐的边部质量。

（6）应带有坯料卷取设备，即可热卷曲，也可冷卷曲，并可和双面铣削机联机，直接将冷却后的带坯进行铣面。

334　如何确定热轧辊尺寸？

轧辊基本尺寸是辊的直径和长度，其确定方法是考虑产品的厚度、宽度，轧辊的强度、刚度和咬入条件等因素的影响，依据咬入角和最大压下量的关系，按照下式可以对轧辊的直径进行初步的测算。

$$D \geqslant \frac{\Delta h_{max}}{1 - \cos\beta}$$

式中　　β——摩擦角，当 $\alpha=\beta$ 时为最大允许咬入角，热轧时通常取 $\alpha=15°\sim20°$；

　　Δh_{max}——最大压下量，由工艺条件确定，辊径大小还要考虑磨损和修辊的余量 $10\%\sim12\%$；

　　L——轧辊长度，一般可取最大板宽加上余量 $200\sim300mm$。对2辊轧机：$L/D=1.2\sim3.0$，对4辊轧机：$L/D=2.5\sim4.0$，支撑辊：$L/D=1.5\sim2.5$。

335　如何选择热轧辊辊型？

在轧制过程中轧件与轧辊间的热交换和产生的变形热，使轧辊温度逐步上升，而辊身中部的温度较两端散热慢，导致热膨胀沿辊身的长度方向出现热凸度。假定辊身表面温度沿长度方向呈抛物线变化，且假定轧辊长度任意断面上其内层和表面层的温度相等，辊身的热膨胀凸度见图4-2，可按照下式计算：

$$y_{t.max} = \alpha R \Delta t$$

$$y_{t.x} = \alpha R \Delta t [4(x/L)^2 - 1]$$

式中　　$y_{t.max}$——轧辊中部半径方向的热膨胀凸度，mm；

　　$y_{t.x}$——以轧辊中部为坐标原点距离为 x 处的热膨胀凸度，mm；

　　R——轧辊半径，mm；

L ——辊身长度，mm；

Δt ——辊身中部与边部的温度差，℃；

α ——热膨胀系数，对于钢辊：$\alpha=(11.3\sim13)\times10^{-6}/℃$；生铁辊：$\alpha=(8.5\sim11.6)\times10^{-6}/℃$。

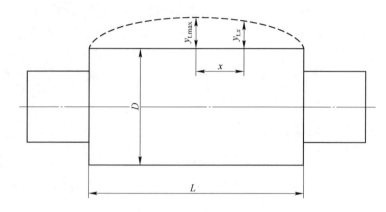

图 4-2 辊身的热膨胀凸度

实际上轧辊任意断面上的表面温度总是大于里层温度，出现温度差妨碍热膨胀，所以上式计算时应乘以 0.9 的系数。热轧辊的下辊一般采用平辊，上辊计算凸度，即上辊凸度应为轧辊半径热膨胀的 2 倍，对 3 辊轧机，热膨胀总值应包括中间辊的膨胀值。为补偿轧辊热膨胀对板形的影响，应将轧辊磨成凹形。凹形辊主要在于抵消热膨胀凸度、改善轧件宽度方向的厚度均匀性，而且有利于轧件咬入及减少轧件边部的拉应力。在没有立轧辊的情况下，凹度有助于避免轧件沿宽度方向在辊面上滑动。此外，轧辊在轧制压力作用下产生的弯曲挠度，一般小于热凸度值，计算轧辊磨削时的轧辊凸度 $\sum f$ 通常为总的热凸度值 $\sum y_t$ 与总弯曲挠度值 $\sum y$ 之差。

$$\sum f = \sum y_t - \sum y$$

$$\sum y = yx = P\frac{12ab^2-7b^3}{6\pi ED^4} - P\frac{b}{2\pi GD^2}$$

式中　P ——轧制压力，kg；

D，L ——分别为辊身直径及辊身长度，mm；

a ——轧辊两边轴承受力点之间的距离，mm；

B ——轧件宽度，mm；

E，G ——分别为轧辊材料的弹性模量及剪切模量，kg/mm^2。

表 4-8 为铜及铜合金热轧辊型。

表 4-8　铜及铜合金热轧辊型

轧机尺寸/mm	轧件尺寸/mm	轧辊辊型/mm
2ϕ850×1500	(6~180)×(330~1000)	-(0.24~0.45)
2ϕ750×1500	(6~150)×(600~750)	-(0.35~0.40)
902ϕ457×864	(4~80)×(190~700)	-(0.10~0.18)
2ϕ365×800	(5.5~100)×600	-0.50
2ϕ360×780	(3~25)×600	-0.20
3ϕ750/650×1100	(6~150)×(330~800)	-(0.20~0.38)
3ϕ600/520×1000	(6~150)×620	-(0.34~0.38)
3ϕ270/270×600	(4~60)×240	-0.40
3ϕ230/230×500	(3.5~40)×(100~300)	-(0.10~0.12)

注：凸度是指辊身中间和两端的半径差；-为凹度。

336　热轧辊型的控制方法?

原始辊型的设计、选择与配置是辊型控制的基础，原始辊型不能随轧制条件的变化而变化，只能在轧制过程中通过随时调整和有效的补偿来控制。目前热轧辊型的控制方法主要有调温控制法、变弯矩控制法和液压弯辊法。

（1）调温控制法。热轧过程中通过分段冷却，改变辊身的温度分布来调整轧辊的凸度，称为调温控制法，又叫热凸度法。热轧前则采用辊身预热的方法，弥补轧辊凸度的不足。热凸度控制法对出现局部波浪问题十分有效，且简单、方便，但由于轧辊热容量很大，通过冷却升降温反应较慢，对于快速的轧制，效果不好。

（2）变弯矩控制法。变弯矩控制法是指以控制轧辊弹性变形为手段，通过调整压下量、轧制速度、前后张力、润滑等方法，改变轧制压力，造成不同的弯曲挠度来达到补偿辊型的目的。该方法方便、快捷，能较快地改变凸度来控制辊型。

（3）液压弯辊法。液压弯辊法是利用安装在轧辊轴承座内或其他处的液压缸所产生的压力，使工作辊或支撑辊产生附加弯曲，实现调整辊型的目的。液压弯辊包括弯曲工作辊、弯曲支撑辊和正、负弯曲四种类型。液压弯辊的特点是：速度快，能准确调整辊型，调整范围大，可实现板形的自动控制。如果通过液压弯辊和液压压下的配合，还可实现板带纵、横向板形和厚度的综合控制。但这种方法不能控制局部波浪和复杂的板形缺陷。

337　铜合金热轧机辊道长度的确定?

　　铜合金热轧机的辊道一般分为游动辊道、V形辊道、平辊道、单辊传动和分组传动辊道。V形辊道适用于宽度不大于600mm厚的热轧带材,而650mm以上带宽规格的应采用平辊道,以防止带材中间塌陷,主辊道采用电机传动。在单道次入口侧可采用部分游动辊道,降低投资。前辊道长度应为倒数第二道的料长加机架辊的长度;后辊道为终轧后的带长加机架辊区长,再加上机架、冷却区和卷取机,现代化热轧机一般总长在250~270m。淬火区横跨辊道上下,长度与辊道重合。

338　如何确定热轧时铜及铜合金屈服极限?

　　一般地说,某温度、变形程度和变形速度下的屈服极限按下式计算:

$$A_m = A'_m \times K_t \times K_\tau \times K_\omega$$

式中　A_m——在已知轧制条件时的屈服极限,MPa;

　　　A'_m——根据试验测出的平均屈服极限,MPa;

　　　K_t——温度影响系数;

　　　K_τ——加工率影响系数;

　　　K_ω——速度影响系数。

　　热轧时计算屈服极限时的 A'_m 值及其与 $K_t \cdot K_\tau \cdot K_\omega$ 的测定条件见表4-9。

表4-9　热轧时计算屈服极限时的 A'_m 值及其与 $K_t \cdot K_\tau \cdot K_\omega$ 的测定条件

合金牌号	$K_t \cdot K_\tau \cdot K_\omega$ 的测定条件			A'_m/MPa	A'_m 的测定条件		
	t/℃	ε/%	ω/s^{-1}		t/℃	ε/%	ω/s^{-1}
Zn	150~340	10~80	0.2~40	65	200	40	5
T2	450~950	10~80	0.2~40	95	600	40	5
TUP	450~950	10~80	0.2~40	100	600	40	5
H62	450~850	10~80	0.2~40	80	600	40	5
H68	450~850	10~80	0.2~40	107	600	40	5
H70	450~850	10~80	0.2~40	110	600	40	5
H90	450~900	10~80	0.2~40	103	600	40	5
NY1	600~1250	10~80	0.2~40	167	800	40	5
NY2	800~1250	10~80	0.2~40	137	800	40	5
NCu28-2.5-1.5	600~1200	10~80	0.2~40	192	800	40	5
BFe30-1-1	600~1050	10~80	0.2~40	146	800	40	5

合金牌号	$K_t \cdot K_\tau \cdot K_\omega$ 的测定条件			A_m'/MPa	A_m' 的测定条件		
	$t/℃$	$\varepsilon/\%$	ω/s^{-1}		$t/℃$	$\varepsilon/\%$	ω/s^{-1}
B19	600~1030	10~80	0.2~40	124	800	40	5
BZn15-20	600~950	10~80	0.2~40	110	800	40	5

339 铜及铜合金热轧时总加工率（压下制度）的确定原则？

铜及铜合金的塑性一般都比较好，总加工率可达 95% 以上。对于少数一些合金，如能很好地控制热轧条件，总加工率也可达到 90% 以上。当厚度和设备条件已经确定时，制订压下制度主要考虑以下原则：

（1）总加工率的确定主要是考虑合金本身的高温塑性。合金的高温塑性范围越宽，高温塑性指数越高，抗力越低、热脆性越小，所允许采用的热轧总加工率越大。

（2）为保证产品质量和性能的要求，热轧后应留有足够的冷变形量。预留量合适，冷轧产品的表面质量好、尺寸精度高。对于热轧产品，总加工率必须满足将铸造组织能够转变为加工组织，以及产品的性能所要求的变形程度。

（3）考虑设备的能力和咬入条件，轧机能力越大、轧机工作开口度越大，允许的总加工率越大。一般情况下，热轧机能力较小时，压下制度受合金的变形抗力限制；设备能力大时，压下制度受合金的塑性和轧机的安全限制。

（4）铸锭厚度大、质量好、加热均匀、轧制速度快、温降小，总加工率可增加。

340 铜及铜合金热轧时道次加工率的确定原则？

道次加工率实际上是轧制过程的优化问题，在总的加工率确定的情况下，如何分配好道次的变形程度，以达到最佳的效果。因此，在设备允许的情况下，热轧道次加工率越大越好，这样可以减少轧制道次，提高生产效率。根据咬入角与压下量的关系，最大道次压下量可由下式确定，即：

$$\Delta h_{max} = (1 - \cos\beta)D$$

式中 Δh_{max}——道次最大压下量；

β——摩擦角；

D——轧辊直径。

当轧辊直径不等时，可采用轧辊的平均直径。热轧时常用的最大咬入角为 20°~30°。道次加工率的分配，可根据总加工率和道次的平均加工率，求出轧制道次，即：

$$n = \frac{\lg\lambda_\Sigma}{\lg\overline{\lambda}} = \frac{\lg(1 - \varepsilon_\Sigma)}{\lg(1 - \overline{\varepsilon})}$$

式中　n——轧制道次；

　　λ_Σ——总延伸系数；

　　$\overline{\lambda}$——平均延伸率；

　　ε_Σ——总加工率；

　　$\overline{\varepsilon}$——平均道次加工率。

常采用的最大道次加工率及平均道次加工率的范围见表 4-10。图 4-3 为热轧时道次加工率分配情况。

表 4-10　常采用的最大道次加工率及平均道次加工率范围

合金牌号	锭坯宽/mm	最大道次加工率 ε_{max}/%	道次平均加工率 $\overline{\varepsilon}$/%
H62, H59, HSn62-1, HPb59-1 HMn58-2, HMn57-3-1, HFe59-1-1, HAl66-6-3-2		45~55 40~50 35~40	36~41 32~38 28~33
H68, H80, H90, H96, T2, TUP, HSn90-1, QMn 5	<340 340~600 >600	40~50 33~40 28~33	30~36 27~32 22~27
QAl5, QAl7, QAl9-2, QSi3-1, QSn4-3, B5, B10, B19, BZn15-20, BMn3-12, BAl6-1.5		33~40 28~33 23~28	26~32 22~28 20~25

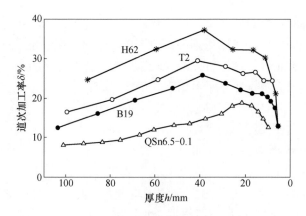

图 4-3　热轧时道次加工率分配

341　铜及铜合金热轧的冷却润滑及作用？

热轧是轧辊与轧件在高温、高压、高摩擦条件下进行工作的过程。轧辊辊面在骤冷骤热的作用下，反复地热胀冷缩，很快就会出现裂纹及龟裂，使得摩擦增大、轧制力相应增大，甚至导致轧辊的损坏和轧件表面质量下降。因此，铜及铜合金在轧制时一般都采用冷却润滑，主要使用工业用新水或循环冷却水直接喷射到轧辊上，水压一般为 0.15~0.3MPa。要求冷却水的成分对轧辊没有腐蚀性，温度控制在 35℃ 以下，冷却效果通过水压和水流量来调节。铜合金热轧一般不采用油润滑，只是为了弥补水润滑不足的缺点偶尔在热轧后期使用。所使用的润滑油是机油，冬季用 20 号机油，夏季用 40 号机油，也有采用蓖麻油、菜籽油及乳化液等。对润滑油的脂肪酸要严格控制，因为它会与铜生成铜碱，成为黏着杂质而造成污染。

热轧时通常采用水作为冷却润滑剂，其主要作用如下：

（1）冷却轧辊，降低能耗，提高生产率；

（2）减少轧件与轧辊间的摩擦，降低轧制力；

（3）控制轧辊的温度分布，调整轧辊辊型保证轧件平直，防止出现波浪和镰刀弯；

（4）可以用水的喷射压力，除去氧化皮（鳞皮），使表面质量得到改善。

342　无氧铜铸锭的加热和热轧制度？

为提高生产效率、减少氧化损失、保证带坯的正常轧制，在设备状况允许的情况下一般采用"高温、快速、均匀、中性或微氧化气氛"条件进行无氧铜铸锭的加热。

（1）加热温度。铜在高温下的氧化速度随温度的升高而显著加快，生成致密的红色 Cu_2O 膜，不形成 CuO，因为 CuO 在高温下会分解为游离氧和 Cu_2O。无氧铜在高温加热过程中，氧会通过渗透渗入铜的表面层内。当加热 60min 时，加热温度为 750℃，氧的渗透深度为 0.19mm，850℃ 时渗透深度为 0.42mm，900℃ 时渗透深度大于 1.45mm。因此加热制度的选择应避免氧的大量渗透。

（2）加热时间。加热时间包括升温和保温时间，以保证料温均匀热透的情况下，尽量缩短加热时间，以减轻表面氧化，避免轧制过程中的氧化皮压入，防止过热、过烧及晶粒粗大，并降低烧损，节约消耗，提高生产效率。一般采取适当提高加热温度，高温装炉。锭坯各部位的温差应不超过 10~15℃。

（3）加热气氛。紫铜铸锭由于合金中微量氧的存在，为避免产生"氢脆"，引起热轧开裂，实际生产中一般采用中性或微氧化性加热气氛。无氧铜的加热采用中性或还原性气氛。气氛的控制通常通过调节空气和燃料比例、燃烧程度等方法来进行。

变压器带材热轧前的加热制度见表 4-11。

表 4-11　变压器带材加热制度

合金牌号	加热温度/℃		加热时间/h	开坯温度/℃	轧终温度/℃	熔点温度/℃
	加热段温度	保温段温度				
C10200、T2	850~950	850~920	2.5~3	820~850	550~650	1084

（4）热轧。由于变压器带用纯铜的塑性良好，其总加工率可达到 90% 以上。可根据设备能力及成品要求确定总加工率和道次加工率，$2\phi850\times1500$ 热轧机轧制制度见表 4-12。

表 4-12　$2\phi850\times1500$ 热轧机轧制制度

合金牌号	锭坯尺寸（$h\times b\times-$）/mm	终轧尺寸（$h\times b\times-$）/mm	道次最大		道次数	道次分配/mm
			压下量/mm	加工率/%		
C10200	120×620×−	12×640×−	30	40	7	120-100-75-50-32-20-14-12
	170×620×−				9	170-150-125-100-75-50-32-20-14-12
	210×620×−	15×650×−			9	210-200-172-145-120-95-70-45-22-15

在热轧过程前几个道次，可采用高压蒸汽流或水流冲洗带坯表面，也可采用有铁刷的专用设备进行表面清理，以减少氧化皮的压入和加热炉内掉落在锭坯表面上的炉衬残渣，或高温下金属表面强度降低而造成的炉底异物压入。应控制热轧过程的温降，避免终轧温度过高或过低。

343　铣削机的类型和性能?

表面铣削机主要分为两种，一种是单面铣削机，另一种是双面铣削机。图 4-4 为双面铣削机示意图。表 4-13 为各国单面、双面铣削机性能。

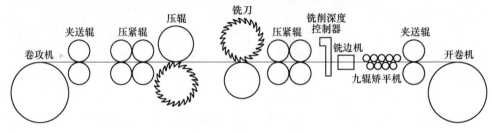

图 4-4　双面铣床示意图

表 4-13 各国单面、双面铣削机性能

性　能	单面铣削机		双面铣削机						
	A	B	A	B	A	A	A	B	C
最大宽度/mm	650	650	1050	420	300~660	2×440	2×440	650	350~440
允许厚度/mm	10~40	6~20	1~15	8~10	8~15	15~18	18	18	12~18
最大质量/kg	300	1000	7500	—	4500	3000	3000	450	3000
机列进给速度/r·min^{-1}	2.5~7.5	1.7~8.1	0~15	10	15	0.3	0.3	0.205	0.3~1
每圈铣削深度/mm	0.3~0.8	0.25~0.5	0.25~0.5	—	0.25~0.5	0.75~1.0	0.75~1.0	2.0	0.3~1.0
铣刀直径/mm	ϕ250	ϕ150~200	ϕ258	ϕ178	ϕ220	ϕ200	ϕ200	ϕ160	ϕ160
铣刀线速度/m·s^{-1}	2.2~6.6	2~9.6	1.0~10.8	13.98	—	1.193	2.498	2.524	1.67~6.67
铣刀转速/r·min^{-1}	167~500	246~1156	80/400/400	1500	—	190	258.5	301	
单轴铣削功率/kW	100	100	45/225/225	58.84	185	37（交流）	30（交流）	18.5（交流）	45
单轴铣削转速/r·min^{-1}	500~1000	1430	80/400/800	150~1500	—	1450	730	730	0/1000/2000
送料辊电机功率/kW	19	10	60	4.84~14.71	—	1.2	1.1	1.1	4
送料辊转速/r·min^{-1}	1450	1090	1225	400~1200	—	—	1500	750	1500
铣刀材质	Y66硬质合金	W18Cr4V	镍基高速钢	—	Co5%高速钢	硬质合金	硬质合金	硬质合金	硬质合金
润滑方式	涂油	大量乳化液	油雾	—	—	涂油	涂油	涂油	涂油
排屑形式	抽风	—	抽风	—	抽风	抽风	抽风	抽风	抽风
有无侧边铣	无	有	无	无	无	无	无	无	无
生产国	前苏联		英国		法国	瑞士	中国		

344 板带坯铣面的方法与特点？

板带坯的铣面主要有热轧后的铣面和连铸铸坯直接铣面两种方法。铣面的目

的是去除加热、热轧或铸锭凝固过程中产生的表面氧化、脱锌、压痕、氧化皮压入、表面和边部裂纹等，或水平连铸时的表面气孔、偏析瘤等缺陷。

与热轧后酸洗相比，板带坯铣面具有显著的优势，主要体现在：

（1）铣面利于提高产品质量和改善劳动强度。

（2）铣面可改善带坯表面因热轧或水平连铸所带来的部分缺陷。铣削后尺寸均匀，表面缺陷去除较彻底，不需要再进行表面修理，有利于减少工艺废品。

（3）铣面后材料表面没有残存的痕迹和氧化铜粉，有利于提高成品的表面质量。

（4）铣屑和氧化皮可以集中收集，打包后回炉或直接回炉熔化，提高了材料的利用率。

（5）减少了废酸废水的处理设施，降低了对环境的污染。

345　目前较先进的带坯铣面工艺路线?

目前先进的带坯铣面工艺路线为：开卷→矫直→液压剪切头尾→表面预处理→铣边→边部倒角（或去毛刺）→铣下面→铣上面→带坯表面刷新、挤干→张力衬纸卷取→称重并出料。

带坯铣面配备的辅助系统主要有测厚、测宽、抽屑、铣刀冷却润滑、铣刀快速更换和表面清洗。

346　铣削厚度如何测量和控制?

目前，铣面机广泛使用的测厚仪有接触式和非接触式两种。一般对测厚仪的要求是：能够跟踪铣面前带材轮廓、控制铣削厚度及控制和跟踪铣削后带材轮廓和检查铣刀的实际磨损。图 4-5 为用激光测厚仪测量厚度和板轮廓的示意图。

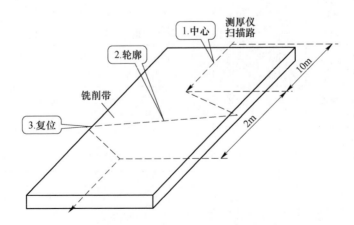

图 4-5　用激光测厚仪测量厚度和板轮廓示意图

铣削机一般采用 AGC 控制系统，用 3 套测厚仪实现前向环路和反向环路控制。铣边和铣面通常使用下面两种控制模式：

恒铣屑量模式——首先测量实际带材厚度，测量值用于初步设定两个铣刀的辊缝参数；再测量出口实际厚度，计算厚度与实际厚度之间的误差回馈给控制器并实时调整铣刀的辊缝。在这种模式下，超差时报警。

恒出口宽度/厚度模式——根据测量实际的带材宽度/厚度，预设铣刀位置，正常情况下铣刀位置始终保持恒定，超差时报警。

347　平辊轧制的基本原理？

轧制过程是靠旋转的轧辊与轧件之间形成的摩擦力将轧件拖进辊缝之间，并使之受到压缩而产生塑性变形的过程。通过轧制使轧件获得一定的尺寸、形状和性能。

如果轧辊辊身为均匀的圆柱体，则这种轧辊称为平辊轧制。平辊轧制是生产板、带、箔材最主要的压力加工方法。

348　轧制变形区和理想变形区？

轧件受轧辊作用而发生塑性变形的区域称为轧制变形区。在图 4-6 中，轧辊和轧件的接触弧、轧件进入轧辊的垂直平面和出辊的垂直平面所围成的区域（$AA'B'B$）称为几何变形区，或理想变形区。实际上，在入、出口断面附近（几何变形区之外）的局部区域，轧件也有少量塑性变形存在，这两个区域称为非接触变形区。所以，轧制变形区包括几何变形区和非接触变形区。

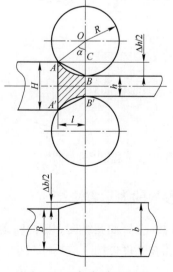

图 4-6　几何变形区图示

349　平辊轧制中改善咬入的措施?

实现咬入是轧制过程建立的先决条件，上轧辊对轧件的作用力分解图见图 4-7。摩擦角 β 大于等于咬入角 α，是轧辊能咬入轧件的条件。改善咬入条件是增加压下量，提高生产率的重要措施，所以凡是能提高 β 角和降低 α 角的一切因素都有利于咬入。

（1）降低 α 角。由 $\alpha = \arccos(1 - \Delta h / D)$ 可知，增加轧辊直径或减小压下量均能降低 α 角。实际生产中可采取以下措施：1）轧件前端作成锥形或圆弧形；2）采用大辊径轧辊；3）给轧件施以顺轧制方向的水平力实现强迫咬入；4）咬入时辊缝调大（减小压下量），稳定轧制过程建立后再减小辊缝（增大压下量），即带负荷压下。

（2）提高 β 角。提高摩擦系数可采取以下措施：1）在初轧机轧辊上打砂或粗磨，打砂比粗磨好，可以延长轧辊使用寿命；2）低速咬入，高速轧制；3）咬入时不加或少加润滑剂。

在实际生产中，改善咬入不止限于上述方法，往往是根据不同条件采取适当的方法，有时需要几种方法同时并用。

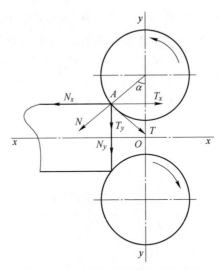

图 4-7　上轧辊对轧件的作用力分解

350　平辊轧制时变形参数的表示方法?

当轧件受到轧辊压缩时，金属便朝纵向和横向流动。轧制后，轧件在长度和宽度方向上的尺寸增大，而在高度方向上的尺寸减小。在工程上，常采用如下参数表示轧件的变形量。

（1）高度方向变形参数；

1）压下量 Δh。轧件轧前厚度 H 与轧后厚度 h 的差称为绝对压下量，简称压下量，即：

$$\Delta h = H - h$$

2）加工率 ξ。压下量 Δh 与轧件轧前厚度 H 的百分比称为相对压下量，简称加工率或压下率，即：

$$\xi = \Delta h / H \times 100\%$$

（2）横向变形参数——宽展 Δb。轧件轧后宽度 b 与轧前宽度 B 的差称为绝对宽展量，简称宽展，即：

$$\Delta b = b - B$$

（3）纵向变形参数——延伸系数 λ。轧件轧后长度 L' 与轧前长度 L 的比值，即：

$$\lambda = L' / L$$

根据体积不变条件，延伸系数也可以用轧件轧前的断面积 F_H 与轧后断面积 F_h 的比值表示，即：

$$\lambda = F_H / F_h$$

如果宽展在轧制时忽略不计，则延伸系数可写成如下形式：

$$\lambda = H / h = 1 / (1 - \xi)$$

351 如何选择冷轧机？

冷轧机的选择主要包括用途的选择、辊式的选择、轧辊尺寸的选择和轧制速度的选择。

（1）选择轧机的型式主要根据轧件的尺寸、产品的品质及生产率等确定。

（2）轧制产品的最大宽度与最小厚度比是选择轧机的主要参数，见表 4-14。

表 4-14　各种冷轧机的主要参数

轧机型式	L/D	D_0/D	B_{max}/h_{min}
2 辊	0.5~3	—	500~2500
4 辊	2~7	2.4~5.8	1500~6000
6 辊	2.5~6	2~2.5	2000~5000
12 辊	8~14	3~4	5000~12000
20 辊	12~14	3.7~8.5	10000~25000

注：L——辊身长度；D_0，D——支撑辊及工作辊直径；B_{max}——最大轧件宽度；h_{min}——最小轧件厚度。

（3）对带式法生产应尽量采用高速轧机，但受到轧机设备、轧辊的冷却润滑、轧辊轴承测量与调节装置的限制。

　　轧辊的尺寸是选择轧机的重要参数，通常轧辊辊身要比轧件宽出 50～200mm，不同特性的轧机有不同的关系。图 4-8 和图 4-9 分别为 2 辊和 4 辊带材轧机的轧辊尺寸与辊身长关系。在考虑扭矩问题时，通常选择轧机辊身长与辊径

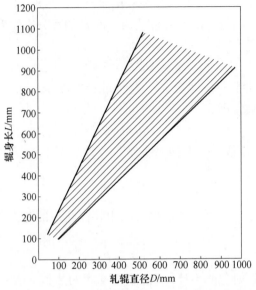

图 4-8　2 辊带材轧机的轧辊尺寸与辊身长关系

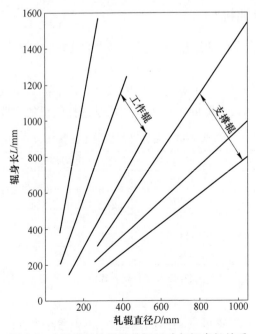

图 4-9　4 辊带材轧机的轧辊尺寸与辊身长关系

的比为 5∶1 左右。轧机支撑辊与工作辊的关系一般为 2~4 倍，见图 4-10。图 4-11
为 4 辊带材轧机轧辊直径与带宽的关系。

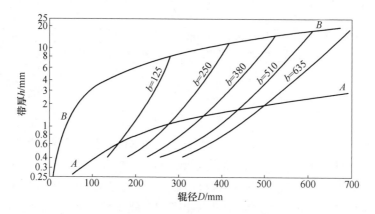

图 4-10　辊带材轧机辊径与轧件尺寸的关系

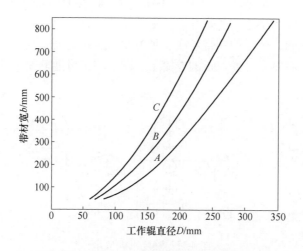

图 4-11　4 辊带材轧机轧辊直径与带宽的关系

352　常用的铜带初轧机的机型及优缺点?

（1）冷轧机机型 I 见图 4-12。在这种机型上，来料厚度为 12.4~15.5mm 的
铜带坯料采用不可逆冷轧方式进行成批冷轧的。不可逆冷轧时，每道次带卷均在
开卷机上开卷，经直头矫直后，带材进入轧辊冷轧，一直轧到厚度 5.5~6.0mm，
然后由三辊卷取机将轧后的带材卷起来。厚料卷取时内径一般为 φ500~600mm。
厚度在不大于 5.5~6mm 时，采用 φ500mm 的张力卷轴进行可逆冷轧，一直轧到
0.5~2mm。

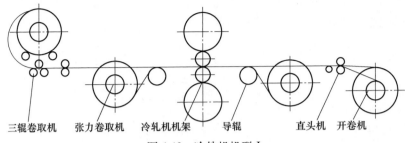

图 4-12　冷轧机机型 I

（2）冷轧机机型 II 见图 4-13。这种机型，来料厚度为 12.4～15.5mm 的铜带卷坯在厚带开卷机上直头开卷，使带头展开 1m 多长后，由卷材储运装置送到图中右侧三辊卷取机上，这时三辊卷取机调整成开卷机使用。由 3 辊卷取机送料辊，将铜带坯送去冷轧，带坯经冷轧后由图中左侧 3 辊卷取机成卷。第二道次冷轧时，左侧 3 辊卷取机担起开卷机作用，反向送铜带进行冷轧，冷轧后的铜带由右侧 3 辊成卷。即厚铜带坯是在冷轧机与两台 3 辊卷取机之间进行可逆轧制的。退火后的薄铜带在图中左侧薄带开卷机上开卷，经直头机，辊缝开启的 3 辊卷取机进入冷轧机轧制，轧后的铜带卷在左张力卷取机的卷筒上成卷。第二道次轧制后铜带即卷取在右侧张力卷取机的卷筒上。以下均按可逆轧制方式进行，直到生产出成品铜带材。

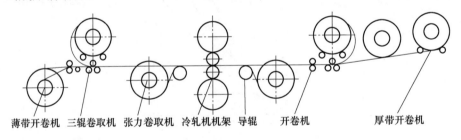

图 4-13　冷轧机机型 II

（3）冷轧机机型 III 见图 4-14。这种机型采用可逆冷轧，铜带坯卷材和中间退水后的卷材均在一个开卷机和直头机上进行开卷和直头。厚铜带 15.5～5.5mm 在 ϕ1600mm 卷筒上卷取与开卷。小于 5.5mm 的薄带铜带在可逆冷轧机上用 ϕ500mm 卷筒开卷与卷取。由于 ϕ1600mm 卷筒为不可胀缩，所以出料都在 ϕ500mm 卷筒上进行。

（4）冷轧机机型 IV 见图 4-15。这种机型与机型 III 的不同点是它只有 3 个卷筒和一套开卷机，不论薄的铜带与厚的铜带都用轧机两侧 ϕ800mm 卷筒的张力卷取机实现可逆轧制。由于 ϕ800mm 卷筒只有钳口而不能胀缩，所以轧制后的出料一律卷在 ϕ500mm 卷筒上。

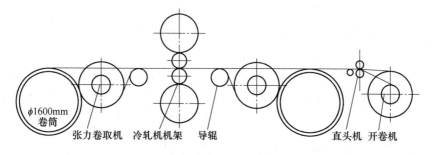

图 4-14　冷轧机机型 Ⅲ

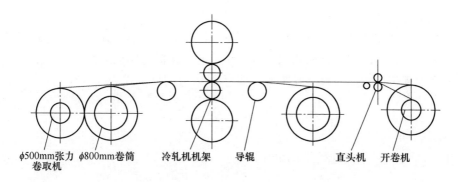

图 4-15　冷轧机机型 Ⅳ

以上四种机型是世界上目前生产中常用的铜带初轧机机型。这几种机型之所以能够并存，因为它们都可以正常使用，且在使用中各有利弊，各自适应不同的情况。

机型 Ⅰ 在厚料不可逆轧制时，其优点是对短料带头带尾浪费少。成批轧制，每批料带厚较一致，各卷间带的厚差小，有利于一批小卷重料焊接成大卷轧制以提高成品率。此外，轧制较长料时开卷机可以产生一定的后张力，有利于稳定轧制。缺点是卷材返回比较麻烦，需加一套卷材返回机构，占地面积大，投资高，而且每次轧制都需要开卷，增加辅助时间。

机型 Ⅱ 的优点是对来料卷材内径大小没有严格的要求，适应性大，可逆轧制不需要卷材返回机构，设有厚料开卷与薄料开卷两套机构。在轧制中厚料开卷时，卷取均用三辊无芯卷取机，因而无法产生前后张力，料在无张力情况下轧制不稳定，轧速低。这种机型还有设备多、机组长、设备重量较大等缺点。

机型 Ⅲ 的优点是轧厚料时也是可逆轧制，并在带张力的情况下轧制，因而轧制状态稳定，厚料轧速也可提高。大卷筒直径为 $\phi1600 \sim 2000mm$，在带张力情况下带材弯曲半径大，对轧制锡磷青铜及铸造带坯有利，不易产生裂纹，缺点是轧制短料不方便,设备庞大。

机型Ⅳ,其优点是厚料薄料都用 ϕ800mm 卷筒实现可逆轧制,并且是带张力轧制。该机组设备组成少,结构简单、紧凑;缺点是这种形式卷筒为中鼓轮,ϕ800mm 卷筒如轧制热轧后铣面料比较可靠,但如果轧制铸造坯料或锡磷青铜等,厚料卷取时带材弯曲仍在弹塑性区内,可能会产生裂纹,基本上不影响质量。

353 如何确定热轧机、初轧机的轧辊直径?

轧辊工作辊径 D_1 可根据最大咬入角 α(或压下量与辊径之比 $\Delta h/D_1$)和轧辊的强度要求来确定。

轧辊的强度条件是轧辊及传动各部分的计算应力应小于许用应力。轧辊的许用应力是其材料的强度极限除以安全系数。通常轧辊的安全系数选取 5。

按照轧辊的咬入条件,轧辊的工作直径 D_1 应满足下式:

$$D_1 \geqslant \frac{\Delta h}{1 - \cos\alpha}$$

式中　D_1——工作辊直径,mm;

　　　Δh——道次压下量,mm;

　　　α——咬入角。

热轧机:咬入角取 150°~200°;初轧机:咬入角取 30°~160°。

热轧摩擦系数:0.27~0.45;冷轧摩擦系数:0.06~0.18。

354 如何确定轧辊辊身长度?

轧辊辊身长度应大于所轧带材的最大宽度 b_{max}。

$$L = b_{max} + \alpha$$

式中　L——辊身长度,mm;

　　b_{max}——带材最大宽度,mm;

　　　α——辊宽增加量,mm,热轧带材 $\alpha = 200 \sim 400$mm,冷轧带材 $\alpha = 100 \sim 200$mm。

355 精轧机由哪些部分组成?

现代化铜带精轧机的组成:

(1)开卷机;

(2)直头送料装置;

(3)左、右卷取机;

（4）左、右助卷器；

（5）机前机后装置；

（6）主轧机及换辊小车；

（7）上、卸卷小车；

（8）轧机工艺润滑；

（9）设备润滑；

（10）灭火装置；

（11）抽风及油雾净化装置等。

356　如何选择精轧机的辊径？

经验公式：

$$D_1 < (1500 \sim 2000)h_{\min}$$

式中　D_1——工作辊径，mm；

　　　$h_{\min}$——轧制最薄料，mm。

工作辊直径受被轧料的最小厚度限制，因此，精轧机的工作辊不按咬入角选用，而是根据轧制最小料来选择。同时要满足所传递的扭矩。如果最小辊径的轴径传送扭矩有困难，则采用支撑辊传动。

357　如何确定轧辊重磨量？

设计轧机时轧辊重磨量根据轧机性质、轧辊轴承的选用及轧制力的大小等来确定。

（1）热轧辊。轧辊的最小辊径根据最大道次压下的咬入角确定。还要根据轧辊轴承（承载能力的大小）、轧制力的大小、传送扭矩的大小及重磨量来确定。重磨量是轧机设计的一个重要参数。重磨量的大小决定轧制线调整装置的调整量及压下油缸的行程或压下螺丝的调节量，并与机架窗口尺寸有关。热轧辊由于其工作环境恶劣，急冷急热等使热轧辊的辊面龟裂相当严重。由于一次重磨量太大，热轧辊辊面硬度又较低，所以经常采用重车的方法以消除轧辊表面的龟裂。

为了使轧辊使用寿命延长，其重磨量要大。铜合金轧制中的大型热轧辊重磨量达到 $90 \sim 100$mm，一般占工作辊的 $10\% D_1$ 左右。热轧辊的每次重车量为 $0.5 \sim 3.0$mm，视龟裂情况而定。

（2）冷轧辊。冷轧辊多为四辊轧机，有初轧机与精轧机、工作辊与支撑辊之分。初轧机工作辊径较大，精轧机工作辊径较小。支撑辊直径大，但其重磨量的百分比基本一致，一般取其辊径的重磨率为 $4\% \sim 7\%$。

轧辊的每次重磨量：精轧机工作辊的重磨量一般为 $0.01 \sim 0.5$mm，初轧机一般为 0.2~0.8mm；支撑辊的重磨量一般为 0.1~1.0mm。

358　轧辊的材质有哪些?

热轧辊一般采用 70Cr3NiMo、60CrNiMo、6CrMnV、60SiMnMo；冷轧工作辊一般采用 86CrMoV7、9Cr2Mo、9Cr2MoV、9Cr2Wo。冷轧支撑辊一般采用 9Cr2Mo、9Cr2。

359　轧辊硬度的取值范围?

热轧辊一般取 HS60~65；冷粗轧工作辊取 HS94~98，精轧工作辊取 HS96~100；支撑辊一般取 HS70~75，有时也可以取到 HS80。

360　轧辊表面粗糙度的要求?

热轧辊一般取 $R_a 0.8 \sim 0.4 \mu m$；冷粗轧工作辊取 $R_a 0.2 \sim 0.1 \mu m$；精轧辊取 $R_a 0.05 \sim 0.012 \mu m$；支撑辊一般取 $R_a 0.8 \sim 0.4 \mu m$。

361　常用的轧辊轴承有哪些?

轧辊轴承是有色金属板带轧机的关键部件之一，用来支撑转动的轧辊，并保持轧辊在机架中的位置，其轴承有胶木瓦、巴氏合金瓦的滑动轴承；以四列短圆柱轴承、四列锥柱轴承和针轴承为代表的滚动轴承；以及动压轴承、静压轴承、动静压轴承等液体摩擦轴承。

四列短圆柱轴承是铜轧机最常采用的轴承，其特点是在同样的内外径尺寸时承载能力大，对轧辊轴承来讲这是最重要的特点；另一特点是随速度改变油膜只有几个微米的变化，这对高精度轧机来说，是最关键的一点。如动压轴承尽管其寿命长和摩擦系数小，但其油膜随速度变化而变化量很大，有的达到 100~250μm，而变化量又与很多因素有关，如油的黏度、温度、轧制压力等。到目前为止，其补偿为开环，对生产高精度带材产生一定的干扰。

362　轧辊轴承的润滑方法?

油气润滑是用高黏度油与压缩空气混合后送到润滑点上，其特点是工作可靠，用油量少，现代化轧机多采用这种润滑。油雾润滑是用高黏度油，经加热后用压缩空气雾化产生油雾，其浓度为 $3 \sim 12 g/m^3$，用管路输送，经凝缩嘴凝缩后送到各润滑点。其优点是润滑油消耗少，压缩空气又可以冷却轴承。但有时出现断雾，所以使用中应保持有少量的油池，润滑在使用中也很可靠。稀油循环润滑多用于热轧机的轴承润滑，可防止轴承温度偏高。

363　常用的轧辊辊型类型？

为轧出横向厚度均匀的带材，轧辊辊型是必不可少的。辊型有两大类：一类是用轧辊磨床磨出所需要的辊型；另一类是调节的方法产生不同的辊型。

一般轧机上都在采用固定辊型，为获得较好的板形，热轧用凹形辊型，冷轧用凸形辊型。热轧辊辊型一般为 $-0.5mm$ 左右；冷轧辊辊型为 $+0.02 \sim +0.06mm$。

四辊轧机中液压弯辊是最常采用的可调节辊型的一种方法。其方法简单易行，不需要增加其他装置。调节辊型的方法有 VC、CVC、HC、UC、PT 等，都需要采用专用结构，但调节量可加大。

364　如何进行轧辊的使用与维护？

（1）轧辊的预热：轧机开轧前 30min，应以给料速度使轧辊转动，并将加热到 40℃左右的轧制液喷射到轧辊上，对轧辊预热。使辊面温度达到 30℃左右，避免轧料时急冷急热，以延长轧辊使用寿命。

（2）轧机工艺润滑液的加热与冷却：开机前首先要对工艺润滑液加热，使其温度达到 40℃左右，特别是热轧辊不能用冷水喷轧辊，应使轧辊表面龟裂减轻，延长轧辊使用寿命。当工艺润滑系统出问题时，轧机不应该继续轧制，否则会使轧辊温度过高；工艺润滑系统恢复时突然喷到轧辊上会引起轧辊爆裂，使轧辊报废。

开轧以后工艺润滑液要保持在 40 ~ 55℃之间，如温度继续升高就要打开冷却器将温度保持在规定的温度之间。

（3）勤磨轧辊：由于精轧辊决定着成品的表面质量，一般生产厂都更换频繁；热轧辊与粗轧辊常采用尽量使用的原则，但每次磨削量要加大，使用寿命并不能延长。特别是热轧辊，表面龟裂出现较明显时就应磨辊，否则因应力集中导致龟裂深度加快，一次磨削量则更大，轧辊寿命反而缩短。当四辊轧机使用不等宽轧辊时，短辊面的过渡区一定要磨好，否则将引起边部爆辊，缩短轧辊寿命。

（4）四辊轧机的工作辊一定要磨好经常使用的凸度。虽然液压弯辊可以调节辊型，但长时间使用特大的弯辊力会减少工作辊的轴承寿命，也可引起轧辊边部爆裂。正常使用方法是磨削凸度恰当，弯辊力只用于宽窄变化、厚薄变化等引起的凸度变化的调节，以延长轧辊寿命。

365　冷轧工艺的特点与分类？

冷轧通常是指在金属及合金的再结晶温度以下进行轧制，使带坯减薄至成品尺寸的加工工艺过程。铜及铜合金冷轧用带坯多采用热轧供坯，只有不宜热轧的合金品种，或者建设规模较小，无法采用热轧供坯时才采用水平连铸供坯，进行直接冷轧生产。冷轧的特点是：冷轧的产品有均匀的组织和性能，有较高的强度；产品的尺寸精度高，表面质量好；可通过变形程度和热处理的控制，获得各种性能和状态的产品；冷轧可生产薄板或箔材。

冷轧可分为初（粗）轧、中轧和精轧。冷轧中间退火前的总加工率，随合金不同有所区别，一般在 50% ~ 90%，个别可达 95%。加工工艺中常把 12 ~ 18mm 的坯料冷轧到 1 ~ 4mm 称作初（粗）轧开坯；将粗轧后继续加工压薄的冷轧过程叫中轧；把最后轧制到成品的工序称为精轧。成品精轧前的轧制工序叫预精轧，预精轧的产品称为预成品。图 4-16 为几种典型的冷轧机示意图。

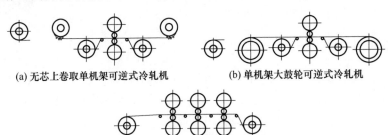

(a) 无芯上卷取单机架可逆式冷轧机　　　(b) 单机架大鼓轮可逆式冷轧机

(c) 三机架不可逆式冷轧机

图 4-16　几种典型冷轧机示意图

366　铜及铜合金冷轧变形的屈服强度变化曲线?

铜及铜合金冷轧变形的屈服强度（R_p）曲线，见表 4-15。

表 4-15　铜及铜合金屈服强度曲线

合金牌号	屈服强度曲线 /MPa	适用范围 /%	合金牌号	屈服强度曲线 /MPa	适用范围 /%
C10100、C11000 C12500 ~ C13000	$R_p = 69 + 59.8\varepsilon^{0.376}$	H02 ~ H10	C10400	$R_p = 76 + 58\varepsilon^{0.38}$	H02 ~ H10
C15100	$R_p = 130 + 31.5\varepsilon^{0.573}$	H01 ~ H08	C15500	$R_p = 123 + 53.3\varepsilon^{0.46}$	H02 ~ H14
C17000	$R_p = 370 + 29.5\varepsilon^{0.715}$	H01 ~ H04	C17200	$R_p = 380 + 64\varepsilon^{0.498}$	H01 ~ H04
C19200	$R_p = 140 + 42\varepsilon^{0.52}$	H02 ~ H14	C19400	$R_p = 160 + 30.4\varepsilon^{0.572}$	H02 ~ H10
C19700	$R_p = 170 + 49.8\varepsilon^{0.47}$	H02 ~ H08	C21000	$R_p = 69 + 59.5\varepsilon^{0.425}$	H01 ~ H08
C22000	$R_p = 69 + 64.5\varepsilon^{0.42}$	H01 ~ H08	C22600	$R_p = 76 + 83.2\varepsilon^{0.361}$	H01 ~ H08
C23000	$R_p = 83 + 86.8\varepsilon^{0.342}$	H01 ~ H08	C24000	$R_p = 97 + 87.6\varepsilon^{0.342}$	H02 ~ H08
C26000	$R_p = 105 + 71.8\varepsilon^{0.412}$	H01 ~ H06	C26800、 C27000	$R_p = 105 + 103.5\varepsilon^{0.282}$	H02 ~ H10

合金牌号	屈服强度曲线/MPa	适用范围/%	合金牌号	屈服强度曲线/MPa	适用范围/%
C34000	$R_p = 115 + 60\varepsilon^{0.43}$	H01~H06	C35000	$R_p = 90 + 39\varepsilon^{0.59}$	H02~H10
C40500	$R_p = 69 + 46.5\varepsilon^{0.54}$	H02~H10	C40800	$R_p = 90 + 72.5\varepsilon^{0.46}$	H02~H10
C41500	$R_p = 125 + 45.5\varepsilon^{0.557}$	H01~H10	C41900	$R_p = 130 + 77.7\varepsilon^{0.419}$	H02~H08
C42200	$R_p = 105 + 70\varepsilon^{0.46}$	H02~H10	C42500	$R_p = 105 + 70\varepsilon^{0.475}$	H01~H10
C43000	$R_p = 125 + 115\varepsilon^{0.29}$	H02~H10	C43400	$R_p = 105 + 77\varepsilon^{0.403}$	H02~H10
C50500	$R_p = 76 + 80\varepsilon^{0.405}$	H02~H10	C51000	$R_p = 130 + 51\varepsilon^{0.545}$	H02~H06
C52100	$R_p = 165 + 45\varepsilon^{0.55}$	H02~H06	C61500	$R_p = 345 + 23.5\varepsilon^{0.685}$	H02~H08
C63800	$R_p = 385 + 59.6\varepsilon^{0.476}$	H02~H10	C65100 棒	$R_p = 105 + 109\varepsilon^{0.341}$	H02~H08
C65500	$R_p = 145 + 54\varepsilon^{0.405}$	H02~H08	C66400	$R_p = 310 + 47.2\varepsilon^{0.476}$	H01~H10
C68800	$R_p = 475 + 30\varepsilon^{0.57}$	H02~H10	C69000	$R_p = 360 + 47.8\varepsilon^{0.537}$	H02~H10
C70400	$R_p = 170 + 35\varepsilon^{0.564}$	H02~H08	C70600	$R_p = 90 + 120\varepsilon^{0.328}$	H02~H10
C72500、C74500、C75400	$R_p = 150 + 58\varepsilon^{0.55}$	H02~H04	C75200	$R_p = 170 + 49\varepsilon^{0.545}$	H02~H06
C78200	$R_p = 160 + 45\varepsilon^{0.545}$	H02~H06			

注：表中查不到 R_p 的数值的用 $R_{p0.2}$ 代替；一般地说，按上述公式 H00 和 H01 状态偏离实际强度 10% 左右，其他一般在 2%~3% 范围内。

367　冷轧压下工艺制度的制定原则？

（1）对于粗轧和中轧的总加工率，要根据合金塑性及设备能力允许的情况下，尽量使总加工率大些。应尽量减少中间退火，缩短工艺流程，避免总加工率处于产品晶粒粗大或不均匀的临界变形范围内，防止损坏电机和设备事故的发生。

（2）对于成品冷轧的总加工率，即精轧或预精轧的总加工率，其制定的原则是：确保产品的质量，保证产品的表面光洁度，保证产品的状态、尺寸、偏差和性能满足技术标准的要求等，同时要考虑轧制工艺与热处理工艺的配合，达到满足产品的机械性能、杯突性能、电气性能等要求。

（3）在总加工率确定后，道次加工率要合理地分配。一般的原则是第一道次加工率要大，以充分利用金属的塑性，随后的道次加工率应随金属的加工硬化而逐渐减小。

（4）总加工率和道次加工率的制定都必须同时考虑轧制速度、张力与润滑的影响。轧制越是接近成品，这些因素对产品质量和性能的影响就越大。

（5）对于多机架连轧时，要保证各机架金属的秒流量相等，保证各机架压下量的分配与轧制速度、张力、辊型控制相协调，不出现活套堆积或过拉断带现象。表 4-16 为铜及铜合金冷轧的总加工率范围。表 4-17 为板带成品冷精轧的加工率范围。

表 4-16　铜及铜合金冷轧的总加工率范围

合金牌号	允许轧制的最大加工率/%	实际冷轧采用的总加工率/%	
		单张冷轧	成卷冷轧
T1, T2, T3, TU0, TU1, TU2	>95	45~85	50~90
H95, H90, HSn90-1, QMn1.5	90	40~75	45~85
H80, H68, H65, H59	85	40~60	45~70
B5, B10, BMn3-12, TCd1.0, TCr 0.5	85	40~55	45~65
HSn70-1, HPb63-3, QAl5　QSn6.5-0.1, QAl7, QSn4-3　B19, BAl13-3　BZn 15-20, BMn 40-1.5	80	80	45~65
QSi3-1, QSn4-4-4, QAl9-2, QAl9-4	75	75	45~60
B30, BFe30-1-1	75	75	40~60
HSn62-1, HPb 59-1, HMn58-2, TBe 2	65	65	35~55

表 4-17　板带成品冷精轧的加工率范围

合金牌号	单张冷轧时加工率/%				成卷冷轧时加工率/%			
	M	Y2	Y	T	M	Y2	Y	T
T1, T2, T3, TU0	33~40		30~40		35~70		33~50	
TU1, TU2	40~70	—	40~70	—	50~70	—	50~90	—
H96, H90	40~55	15~25	40~85	—	50~85	15~25	50~85	—
H80	18~25	—	18~25	—	25~35	—	25~35	—
H68, H65, H70	18~25	6~15	18~25	—	20~33	6~15	20~33	≥50
H62	20~25	7~15	20~25	45~60	30~50	8~17	25~35	50~70
HSn62-1	15~20	—	15~20	—	15~20	—	15~25	—
HSn70-1	22~25	13~17	22~25	—	22~25	13~17	22~25	—
HSn90-1	30~40	18~22	30~40	—	30~50	18~22	30~50	—
HPb59-1	15~25	—	15~26	—	20~30	—	20~30	50~70
HPb63-3	25~35	15~20	35~50	60~70	25~35	15~20	25~35	63~73
HMn58-2	25~40	6~12	25~35	—	25~35	8~15	25~50	—

合金牌号	单张冷轧时加工率/%				成卷冷轧时加工率/%			
	M	Y2	Y	T	M	Y2	Y	T
QMn1.5, QMn5	25~35	—	25~35	—	25~35	—	25~35	—
QSn4-3, QSn4-0.3	35~40	—	35~40	45~50	38~48	—	38~48	45~70
QSn4-4-4, QSn4-4-2.5	40~50	20~30	35~50	50~60	40~50	20~30	35~50	50~70
QSn6.5-0.1, QSn7-0.2	25~35	15~25	25~35	40~50	30~35	15~25	30~35	40~70
QCd1.0, QCr0.5	—	—	50~55	—	—	—	50~55	—
QAl5, QAl7	30~35	15~28	30~35	—	30~40	15~28	30~40	—
QAl9-4	13~18	5~7	13~18	—	13~18	5~7	13~18	—
QAl9-2	18~23	—	18~23	50~60	18~23	—	18~23	50~60
QSi3-1	30~43	—	30~43	40~55	30~50	—	30~50	40~55
QBe2, QBe1.7	25~35	—	25~35	—	25~35	—	25~35	—
B19, B30, BFe30-1-1	30~45	—	30~45	53~55	35~45	—	35~50	≥55
BZn15-20	30~45	—	30~45	50~60	35~50	—	35~50	50~60
BMn40-1.5	45~50	20	45~50	—	45~60	—	45~60	—
BMn3-12	35~40	—	—	—	—	—	—	—
BAl6-1, BAl13-3	—	—	30~40	—	—	—	30~40	—

368　如何选择冷轧轧制速度?

刚开始轧制时，带材屈服强度较低，轧制压力不高，在满足咬入角的正切值小于 70%的轧辊和轧件间摩擦系数的条件下，尽量增大压下量，使轧制力矩达到轧机的公称力矩；中间道次时，应注意轧制压力、轧制力矩和电机功率均在允许范围内；最后几道次，由于压下量的减少，接触弧变短，轧制力矩减少，应使轧制压力保证在允许值内，调整轧制速度，使电机功率达到额定功率；最后一道为表面除油干净，速度一般降到较低的速度。

在轧机升减速时，所轧过带材的精度仅为稳速轧制时的 1/2，约有 50%属超差品，所以轧机最大速度的选取，必须保证轧制工序有最大的成品率。因此速度选择时必须符合下式:

$$kW = hb\gamma at^2/2000000 + W_a$$

式中　k——废品率；

　　　W——带材卷重，kg；

　　　W_a——切头、切尾质量，kg；

h，b，γ——带材厚度、宽度和密度，mm、mm 和 kg/m^3；

　　a——轧机正常轧制时的升速、减速加速度，m/s^2；

　　t——升速、减速所用的时间，s。

　　轧制速度：
$$v \leqslant at$$

369　铜合金板带的卷重如何计算?

　　铜合金带卷重量按下式计算：

$$G = \kappa\pi \frac{b\gamma(D^2 - d^2)}{4} = hb\gamma L$$

式中　κ——卷取松紧系数，1.03~1.15；

　　b，γ——带材宽度和金属密度，m 和 t/m^3；

D，d，L——带卷外径、内径及带材长度，m。

　　带卷的松紧系数不仅与卷取张力有关，还与带面除油干净度、带材板形平直度等有关。理论上卷重越大越好，实际上目前技术上还不现实，因卷径过大受到电机特性的限制，目前国内外均认为内径和最大卷外径比在 3 倍内较合适。

370　冷轧机总加工率和加工道次如何确定?

　　除了极少数铜合金外，大多数铜及铜合金的两次退火间冷轧总加工率均在 60%~90%，其至高达 95%，进行再结晶退火后，进一步轧制。

　　坯料厚度和终轧厚度确定以后，即总加工率已经确定，即可进行道次分配。

道次数 n 为：
$$n = \frac{\lg\lambda_\Sigma}{\lg\lambda_{cp}} = \frac{\lg(1 - \varepsilon_\Sigma)}{\lg(1 - \varepsilon_{cp})}$$

即：
$$\varepsilon_{cp} = 1 - \sqrt[n]{1 - \varepsilon_\Sigma}$$

式中　λ_Σ，λ_{cp}——总延伸系数和平均延伸系数；

　　ε_Σ，ε_{cp}——总加工率和平均道次加工率。

　　计算出道次平均加工率，首先求出道次压下量，看其是否满足咬入条件，轧制压力和轧制力矩是否低于许用轧制压力和许用轧制力矩；根据轧制力矩和主传动电机功率确定轧制速度大小。

371　2 辊、4 辊、12 辊和 16 辊冷轧机典型的压下制度?

　　表 4-18 所示为 2ϕ660×1000mm 初轧机的粗轧压下制度，表 4-19 所示为 4ϕ400/1000×1000mm 三连轧压下制度，表 4-20 为 4ϕ250/750×800mm 精轧机的压下制度，表 4-21 为 12 辊冷精轧机的压下制度，表 4-22 为 16 辊轧机的压下制度。

表 4-18　2φ660×1000mm 初轧机的粗轧压下制度

合金牌号	厚度/mm		道次	每道次的厚度/mm
	坯料	成品		
T1，T2，T3，TU1，TU2	11.0	5.5	5	11.0-9.5-8.3-7.3-6.4-5.5
TP1，TP2，TAg0.1	15.0	6.0	7	15.0-12.0-9.8-8.6-6.6-7.0-6.5-6.0
H65，H68，H80	12.5	6.0	9	12.5-10.3-9.0-8.2-7.6-7.1-6.7-6.4-6.2-6.0
H90，H95	11.0	5.5	7	11.0-9.2-8.0-7.2-6.5-6.1-5.8-5.5
H59，H62，H63	11.0	5.5	9	11.0-9.6-8.5-7.8-7.2-6.7-6.3-6.0-5.7-5.5
	12.5	6.0	9	12.0-10.3-9.0-8.2-7.6-7.0-6.7-6.4-6.2-6.0
QSn4-4-4 QSn7-0.2 QSn4-4-2.5 QSn6.5-0.1 QSn6.5-0.4	11.0	5.5	11	11.0-10.5-9.8-9.1-8.4-7.9-7.4-7.0-6.6-6.2-5.8-5.5
HMn58-2 QSi3-1	11.0	6.0	11	11.0-10.5-9.8-9.1-8.6-8.1-7.6-7.2-6.9-6.6-6.3-6.0
HPb59-1 HPb60-2 HFe59-1-1 HSn62-1	9.5	6.0	7	9.5-8.5-7.7-7.2-6.8-6.4-6.2-6.0
BZn15-20，B5，B10 TCd1.0，TCr0.5 QMn5，QSn4-3 B19	11.0	5.5	9	11.0-9.8-8.8-8.0-7.4-6.9-6.4-6.0-5.7-5.5
TFe2.5	11.0	5.5	5	11.0-9.5-8.3-7.3-6.4-5.5

表 4-19　4φ400/1000×1000mm 三连轧压下制度

合金牌号	坯料厚度/mm	终轧厚度/mm	总加工率/%	各机架厚度/mm
T1，T2，T3，TU1，TU2		3.2	46.5	6.0-4.4-3.5-3.2
TP1，TP2，H96		2.8	53.3	6.0-4.0-3.1-2.8
TCd1.0	6.0	2.5	53.3	6.0-3.8-2.8-2.5
QMn5，B19		1.7	71.6	6.0-3.3-2.1-1.7
TFe2.5		2.0	66.7	6.0-3.8-2.5-2.0

续表 4-19

合金牌号	坯料厚度/mm	终轧厚度/mm	总加工率/%	各机架厚度/mm
HPb59-1，HPb60-2	6.0	4.0	33.3	6.0-4.85-4.25-4.0
HPb59-1-1	4.0	2.5	37.5	4.0-3.2-2.7-2.5
HSn62-1，HMn58-2 HPb63-3	2.5	1.5	40.0	2.5-2.0-1.7-1.5
QAl5 QAl7	6.0	3.0	51.6	6.0-4.2-3.3-3.0
	3.0	1.5	50.0	3.0-2.3-1.75-1.5
	3.0	1.2	60.0	3.0-2.05-1.45-1.2
QMn3-12 QSi3-1 QAl9-2	5.5	3.0	45.1	5.5-4.1-3.3-3.0
	5.5	2.5	54.5	5.5-3.7-2.8-2.5
	3.0	1.5	50.0	3.0-2.25-1.75-1.50
	3.0	1.2	60.0	3.0-2.05-1.45-1.2
	2.5	1.2	52.0	2.5-1.8-1.45-1.2
H59，H70	5.5	2.7	51.0	5.5-3.8-3.0-2.7
H62，H80		2.5	54.5	5.5-3.7-2.8-2.5
H63，H65		3.0	45.5	5.5-4.1-3.3-3.0
H68		2.3	58.1	5.5-3.5-2.6-2.3
H59，H62	3.0	1.5	50.0	3.0-2.2-1.8-1.5
H63，H68	2.7	1.2	55.6	2.7-1.9-1.4-1.2
H65，H70	2.5	1.2	52.0	2.5-1.8-1.45-1.2
H80	2.3	1.0	48.1	2.3-1.6-1.25-1.0
QSn4-3，QSn4-0.3	5.5	3.0	45.5	5.5-4.05-3.3-3.0
QSn4-4-4	3.0	1.2	60.0	3.0-2.1-1.45-1.2
QSn4-4-2.5	3.0	1.5	50.0	3.0-2.3-1.75-1.5
BZn15-20 BZn18-17	6.0	2.0	66.7	6.0-3.8-3.0-2.5
H90	5.5	3.0	72.7	5.5-3.1-1.9-1.5
B5	5.0	1.5	63.6	5.5-3.7-2.5-2.0
B30，BMn40-1.5	6.0	3.0	50.0	6.0-4.2-3.3-3.0
BFe30-1-1	3.0	1.5	50.0	3.0-2.3-1.75-1.5
QSn6.5-0.1	5.5	2.5	54.5	5.5-3.7-2.8-2.5
QSn6.5-0.4	2.5	1.5	40.0	2.5-2.0-1.7-1.5
QSn7-0.2	2.5	1.2	52.0	2.5-1.8-1.45-1.2

表 4-20　4φ250/750×800mm 精轧机的压下制度

合金牌号	带坯厚度/mm	终轧厚度/mm	总加工率/%	道次数	道次压下厚度/mm
T1，T2，T3 TU1，TU2 TP1，TP2 H96，B5	3.2	2.0	37.5	4	3.2-2.7-2.5-2.2-2.0
	2.8	2.0	28.6		2.8-2.6-2.4-2.2-2.0
	2.5	1.5	40.0		2.5-2.2-1.9-1.7-1.5
	2.0	1.2	40.0		2.0-1.7-1.5-1.35-1.2
	2.0	0.5	75.0	6	2.0-1.5-1.1-0.85-0.65-0.55-0.5
	1.7	0.4	76.5	4	1.7-1.15-0.75-0.55-0.4
	1.7	0.3	82.4	5	1.7-1.2-0.85-0.65-0.45-0.3
	1.7	0.2	88.6	6	1.7-1.35-1.0-0.8-0.55-0.35-0.2
H80，H68 H62，H70 H59，H65	1.6	1.2	25.0	2	1.6-1.35-1.2
	1.4	1.0	28.5	2	1.4-1.15-1.0
	1.4	0.9	35.7	2	1.4-1.10-0.9
	1.2	0.8	42.8	2	1.2-0.95-0.8
	1.2	0.7	41.7	3	1.2-1.0-0.85-0.7
	1.2	0.6	50.0	3	1.2-0.95-0.75-0.6
	1.2	0.5	58.3	4	1.2-0.95-0.75-0.6-0.5
	1.2	0.4	66.7	4	1.2-0.8-0.65-0.5-0.4
	0.8	0.3	62.5	4	0.8-0.6-0.45-0.35-0.3
	0.6	0.3	50.0	3	0.6-0.45-0.35-0.3
	0.5	0.2	60.0	3	0.5-0.32-0.22-0.2
HPb59-1 HPb60-2 HSn62-1 HMn58-2	2.5	1.13	54.8	4	2.5-2.0-1.7-1.35-1.2-1.13
	1.5	0.75	50.0	4	1.5-1.2-1.0-0.82-0.75
	1.5	1.0	33.3	4	1.5-1.3-1.15-1.05-1.0
	1.4	0.6	57.1	4	1.4-1.0-0.95-0.65-0.6
	1.2	0.5	58.7	3	1.2-0.9-0.75-0.57-0.5
	0.8	0.4	50.0	2	0.8-0.6-0.48-0.4
	0.5	0.3	40.0	2	0.5-0.37-0.3
	0.68	0.4	41.2	2	0.68-0.5-0.4
TZr 0.2 TCr 0.5 TFe 2.5	1.7	1.2	29.4	3	1.7-1.5-1.35-1.2
		1.0	41.0	3	1.7-1.4-1.2-1.0
		0.8	53.0	4	1.7-1.4-1.2-1.0-0.8
		0.6	64.7	4	1.7-1.2-0.95-0.75-0.6
		0.5	73.0	4	1.7-1.2-0.85-0.65-0.5

合金牌号	带坯厚度/mm	终轧厚度/mm	总加工率/%	道次数	道次压下厚度/mm
QMn5 B19 BMn3-12 BZn15-20 BZn18-17	2.0	0.5	70.0	4	2.0-1.55-1.2-0.85-0.6
	1.7	0.4	76.5	4	1.7-1.2-0.85-0.6-0.4
	1.7	0.5	70.6	4	1.7-1.25-0.9-0.65-0.5
	1.2	0.5	58.3	4	1.2-1.0-0.8-0.65-0.5
	1.2	0.4	60.8	4	1.2-0.9-0.75-0.6-0.4
	0.8	0.4	50.0	3	0.8-0.65-0.5-0.4

注：带四缸或八缸液压弯辊的冷轧机，成品厚度 0.2~2.0mm。

表 4-21　12 辊冷精轧机的压下制度

合金牌号	带坯厚度/mm	终轧厚度/mm	总加工率/%	道次数	道次压下厚度/mm
T1，T2，T3	0.5	0.25	50.0	3	0.5-0.38-0.3-0.25
TU1，TU2	0.5	0.15	70.0	5	0.5-0.4-0.32-0.25-0.20-0.15
TP1，TP2	0.5	0.08	84.0	5	0.5-0.35-0.25-0.18-0.13-0.08
TFe 2.5	0.5	0.05	90.0	5	0.5-0.35-0.25-0.15-0.08-0.05
H96	0.7	0.3	42.5	3	0.7-0.5-0.36-0.3
H62 H68 H80	0.4	0.25	37.5	3	0.4-0.33-0.28-0.25
	0.4	0.15	62.5	3	0.4-0.3-0.2-0.15
	0.25	0.1	60.0	3	0.25-0.18
	0.25	0.15	40.0	1	0.13-0.1
HPb59-1 HPb60-2 HSn62-1 HMn58-2	0.4	0.25	37.5	3	0.4-0.33-0.28-0.25
	0.4	0.22	45.0	3	0.4-0.3-0.25-0.22
	0.25	0.15	40.0	3	0.25-0.20-0.17-0.15
	0.25	0.18	28.0	2	0.25-0.21-0.18
	0.15	0.085	33.0	1	0.15-0.085
	0.085	0.05	41.0	1	0.085-0.05
QSn4-3	0.5	0.15	70.0	5	0.5-0.4-0.33-0.27-0.20-0.15
QSn6.5-0.1	0.5	0.25	50.0	3	0.5-0.4-0.3-0.25
QSi3-1	0.15	0.09	40.0	1	0.15-0.09
H59	0.1	0.05	50.0	1	0.2-0.05
QMn5	0.09	0.05	44.5	1	0.09-0.05
BZn18-17	0.5	0.15	70.0	5	0.5-0.4-0.33-0.27-0.20-0.15

注：成品厚度 0.05~0.35mm。

表 4-22　16 辊轧机的压下制度

合金牌号	带坯厚度/mm	终轧厚度/mm	总加工率/%	道次数	道次压下厚度/mm
T1，T2，T3	0.3	0.01	96.7	3	0.3-0.15-0.06-0.01
TU1，TU2	0.15	0.01	93.4	2	0.15-0.06-0.01
TP1，TP2	0.1	0.01	90.0	2	0.1-0.05-0.01
H62	0.13	0.05	61.6	1	0.13-0.05
H68	0.05	0.02	60.0	1	0.05-0.02
QSn6.5-0.1 QSn7-0.2	0.15	0.03	80.0	2	0.15-0.07-0.03
	0.1	0.03	70.0	1	0.1-0.03
	0.07	0.02	71.0	1	0.07-0.02

注：成品厚度 0.01~0.05mm。

372　冷轧辊型的选择与配置？

冷轧辊型的合理选择，可提高板形与横向的厚度和精度，充分利用设备，以及有效地减轻辊型控制的难度，强化轧制过程，提高生产率。因此，选择冷轧辊型要注意以下因素：轧辊的配置、轧辊的直径和长度；考虑轧辊的材质、硬度，轧制合金的性能，轧件的厚度、宽度及纵横向厚度差的要求；考虑各道次压下量、轧制力和张力；考虑摩擦、冷却、润滑和轧制过程中轧辊温升的影响等。

冷轧辊型的配置类型有：两工作辊均无凸度，两工作辊都有凸度，只有一个工作辊有凸度。图 4-17 为轧辊辊型配置示意图。表 4-23 为冷轧机各种辊型配置类型的比较。

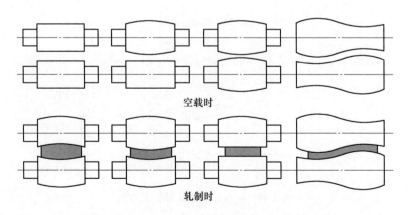

空载时

轧制时

图 4-17　轧辊辊型配置示意图

表 4-23　冷轧机各种辊型配置类型的比较

比较项目	上下均无凸度	上下均有凸度	上凸下平	连续变化
轧辊研磨	研磨方便	研磨较难，凸度不容易对中	上下不能互换	研磨难
安装换辊	方便	要求轴向调整	较方便	不方便
调整辊型	较难	较容易	容易	较难
控制效果	容易厚度不均	板形平直	效果较好	效果好
适用性	小轧机和窄件	中厚板初轧机及薄板中轧	使用多，用于薄板及中、精轧	新板形控制，已逐渐普及

373　如何计算冷轧辊凸度？

冷轧辊的凸度计算主要考虑在轧制力作用下轧辊产生的弯曲挠度、弹性压扁和不均匀热膨胀引起的尺寸变化。图 4-18 为轧辊原凸度的确定示意图。通常轧辊的凸或凹度 t 可采用下式计算：

$$t = y + y_c + y_t$$

式中　y——在轧制力 P 的作用下，沿辊身长度方向产生的挠度；

　　　y_c——辊面在压力作用下的弹性压扁凸度；

　　　y_t——在长度方向上温度的分布不均产生的热膨胀凸度。

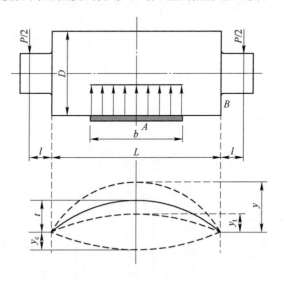

图 4-18　轧辊原凸度的确定示意图

t—辊的凸度或凹度；y—辊身挠度；y_t—热膨胀凸度；y_c—压扁凸度变化；

b—轧件宽；L—辊身长；l—辊颈长；P—轧制压力；D—轧辊直径

（1）对于2辊，辊身挠度 y 可由下式计算：

$$y = PK_W$$

$$K_W = \frac{1}{6\pi ED^4}\left[12aL^2 - 4L^3 - 4b^2L - b^3 + 15D^2\left(L - \frac{b}{2}\right)\right]$$

式中　D——轧辊直径，mm；

　　　L——轧辊长度，mm；

　　　a——轧辊两端轴承受力点间距离，mm；

　　　b——轧件宽度，mm；

　　　E——轧辊材料弹性模量，MPa。

弹性压扁凸度，对于2辊轧机的辊型是可以忽略的。如辊径较大时，弹性压扁凸度 y_c 可按下式近似计算：

$$y_c = 0.125\frac{P}{b}\eta\ln100D$$

式中　P——轧制压力，N；

　　　b——轧件宽度，mm；

　　　D——轧辊直径，mm；

　　　η——轧辊材料的弹性系数，$mm^2 \cdot (9.8N)^{-1}$。对于钢轧辊材料 $\eta = 1.05\times$ $10^{-4}mm^2 \cdot (9.8N)^{-1}$。

沿辊身长度上的辊径热膨胀差 y_t 可按下式近似计算：

$$y_t = K_T\alpha(T_A - T_B)D$$

式中　α——轧辊材料的线膨胀系数，对钢辊的 α 取 $11.9\times10^{-6}(1/℃)$，对铸铁辊的 α 取 $12.8\times10^{-6}(1/℃)$；

　T_A，T_B——轧辊中部与边缘的温度，℃；

　　　K_T——约束系数。当轧辊横断面上的温度均匀分布时，$K_T = 1$；当温度分布不均匀且表面温度高于辊心温度时，$K_T < 1$。因为轧辊横截面温度均匀分布时，热应力为零；温度分布不均匀时，热应力所引起的应变不为零，K_T 就是考虑这种影响的系数。要准确地确定 K_T 值，必须掌握轧辊横断面温度场随时间的变化规律。

（2）对于4辊轧机，当支撑辊与工作辊两直径比值比较大时，认为支撑辊的辊身挠度差与工作辊的挠度近似相等，即 $y_{工作} = y_{支撑}$，可用下列公式计算：$y = \alpha R\Delta t$。

轧辊弹性压扁见图4-19，压扁值可由下式计算：

$$y = \frac{2(1 - \nu^2)}{\pi E} \times \frac{P}{L}\left(\frac{2}{3} + \ln\frac{4D_0D}{g^2}\right)$$

式中　P——轧制压力，N；

L——轧辊长度，mm；

D_0，D——表示支撑辊及工作辊的直径，mm；

E——轧辊材料的弹性模量，MPa；

ν——泊松比；

g——工作辊与支撑辊压扁接触面宽度，mm，可由下式计算：

$$g = 2.15 \sqrt{\frac{PD_0 D}{EL(D_0 + D)}}$$

目前，关于辊型凸度的确定，除了上述的理论计算外，还可以利用有限元计算机数值模拟技术方便地求出。

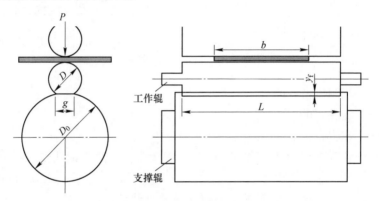

图 4-19　轧辊弹性压扁

374　冷轧辊辊型的调整方法?

（1）调温控制法。通过控制轧辊的温度，利用热胀冷缩来达到控制辊型的目的。在轧制过程中，随着轧制速度、道次加工率、轧制合金强度的增加，以及摩擦力的增大、轧制时间增长等，都会引起轧辊温度的升高，辊身热膨胀凸度增大。因此，在轧制过程中就要根据各因素对凸度的影响，采取与之相反的措施来达到控制辊型的稳定。如可以采取分段冷却或润滑，加大或减小轧制速度或调整压下规程等措施来控制辊型。

该方法调整速度慢，范围小，且效果不明显。

（2）弯辊控制法。弯辊控制法是目前最为广泛、最为有效的一种方法。即在工作辊、支撑辊或两者之间，附加一弯辊，来调整轧辊的辊型。液压弯辊系统有三种类型：反向弯曲工作辊、附加弯曲工作辊和反向弯曲支撑辊。见图 4-20。

该方法调整灵活，调整范围大，效果显著，且可以提高产品的轧制精度。但不能调整两边或两肋波浪，以及局部波浪。对宽件的轧制，控制效果也不好。

（3）轧辊横移与弯辊联合。该方法是近年来 HC（high crown）轧机一种新的控制方法，见图 4-21。它是通过轧辊横移进行调整，当中间辊调到适当位置时，工作辊的挠度不受轧制力变化的影响，其横向刚度相当于无限大。当横移与弯曲结合起来，效果更好。

（4）张力法辊型控制。在带卷轧制时，通过前后两个卷筒所形成的张力，改变金属在变形区的应力状态，使三向压应力变成两向压一向拉的状态，造成有利于塑性变形的条件，从而降低轧制力，减少了轧辊弯曲挠度，起到调整辊型的作用。

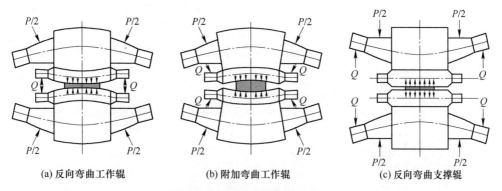

(a) 反向弯曲工作辊　　(b) 附加弯曲工作辊　　(c) 反向弯曲支撑辊

图 4-20　液压弯辊系统受理情况

P—轧制压力；Q—外加弯曲力

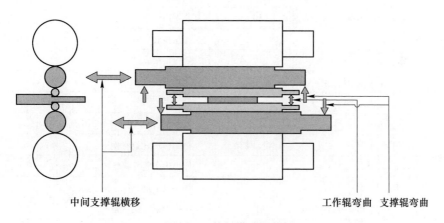

中间支撑辊横移　　　　　　　　　　　工作辊弯曲　支撑辊弯曲

图 4-21　轧辊横移调整图

375　铜合金冷轧时冷却润滑剂的选择原则及常用类型?

冷却润滑剂的选择原则：

（1）冷却效果好，具有高的导热性能及高的热容量，能在高速高压冷轧时，

不冒烟、不起火;

（2）润滑性能好，在高温、高压下，油膜不被破坏;

（3）性能稳定，对轧件、轧辊无腐蚀作用，轧后容易去除，热处理后不留斑痕等缺陷;

（4）润湿性、流动性好，容易附着在轧件和轧辊表面起润滑作用，且可以通过流动带走大量热量;

（5）价格便宜，对人体无害，无污染。

常用的润滑油仍然以矿物油为主，包括煤油、汽油、变压器油、锭子油和机油等。动物油、植物油的使用越来越少，尽管其润滑效果比较好，但由于闪点高、不易挥发、化学稳定性差且易老化变质等。有时为了提高润滑效果，添加油酸、硬脂酸、甘油等添加剂。现在从油性润滑剂向水溶性润滑剂发展。表 4-24 为铜合金常用的润滑油。

表 4-24　铜合金常用的润滑油

润滑油名称		应用实例
矿物油	机油	锡磷青铜、锌白铜
	锭子油	黄铜、白铜
	变压器油	铍青铜
	机油 50%+柴油 50%	铜及铜合金
	机油 80%~50%+煤油 20%~50%	铜及铜合金
	锭子油 50%~20%+煤油 50%~80%	黄铜冷轧
	白油	成品精轧
矿物油+ 添加剂	煤油 96%+油酸 4%	薄板带
	煤油 96%+甘油 4%	薄板带
	变压器油 95%+松香 5%	铜
植物油	菜籽油	铜及铜合金
	蓖麻油	锡磷青铜、铝青铜
	棉籽油	板材中、粗轧
	棕榈油	带材及箔材
矿物油+ 植物油	蓖麻油 50%+机油 50%	锡磷青铜、铝青铜
	白油（机油）+菜籽油	铜合金
	汽油 80%+白油 20%	箔材精轧

376　铜合金轧制时的摩擦系数与影响因素?

轧制时依靠轧件和轧辊之间的摩擦力将轧件拖入辊缝中，在接触面上某点的

摩擦力 T 和轧辊在该点上的法向压力之比称为摩擦系数。其值等于摩擦角 β 的正切值，即：

$$\mu = \tan\beta = \frac{T}{P}$$

摩擦系数的影响因素：轧辊及轧件表面越粗糙，轧辊表面硬度越低，摩擦系数越高。润滑剂的润滑性能越好，摩擦系数越小。轧制金属的弹性越高柔性越小，摩擦系数越小。轧制温度增高，对易氧化的铜合金而言，因氧化加大，摩擦系数增大。轧制速度对摩擦系数的影响比较复杂，随着轧制速度的增加有时可降低摩擦系数，有时可增加摩擦系数，轧辊直径越大，越有利于摩擦系数的减小。铜合金热轧时的摩擦系数表，见表 4-25。铜合金冷轧时的摩擦系数，见表 4-26。

表 4-25　热轧时的摩擦系数 f 值

合金	热轧温度/℃	平均咬入角	f	测定条件
铜	750~800	28°~29°15′	0.54~0.56	辊面粘有金属
	700~800	22°~24°51′	0.41~0.46	辊面有网纹
	750~800		0.27~0.36	辊面粗糙
黄铜	800~850	24°3′	0.45	铸锭铣面
	750	23°6′	0.43	辊面有网纹
	850	18°58′	0.34	
	850	15°	0.27	
白铜	950~980	14°2′~21°8′	0.25~0.40	—
铍青铜	620~790	—	0.36~0.40	—

表 4-26　冷轧时的摩擦系数 f 值

合金	f	润滑剂
铜	0.15~0.25	无
	0.10~0.15	煤油、水
	0.07~0.12	矿物油、乳化液
	0.05~0.08	植物油
黄铜	0.12~0.17	无
	0.08~0.12	煤油、水
	0.06~0.10	矿物油、乳化液
	0.05~0.07	植物油
铍青铜	0.17~0.22	机油

377　板带材的厚度控制原理？

板带材的轧制过程既是轧件产生塑性变形的过程，同时又是轧机产生弹性变形（弹跳）的过程。所以，如果忽略轧机的弹性恢复量，则由于轧机的弹跳，使轧出带材的厚度 h 等于轧辊的原始辊缝（空载轧辊）s_0 加上轧机的弹跳值。

轧机在压力作用下产生的弹跳值与压力近似呈线性关系，见图 4-22，最初阶段的曲线段是由于各部件之间的配合间隙造成的。由于各部件之间配合间隙的随机性，导致辊缝的实际零位难以确定。如果忽略轧机弹性特性曲线的最初弯曲段，延长直线段与横坐标交于 s_0 处，则在一定辊缝和负荷下所能轧出的轧件厚度为：

$$h = s_0 + s_0' + P/K$$

如果把轧机的弹性特性曲线近似看成一条直线，即忽略弯曲段的部件间间隙，则上式可写成：

$$h = s + P/K$$

式中　P——轧制力；

　　　K——轧机的刚度。

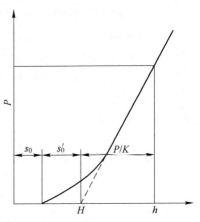

图 4-22　轧机的弹性特性曲线

上式为轧机的弹跳方程，它反映了轧制工艺和设备因素的变化对轧件轧出厚度的影响，是板带厚度控制的基本方程之一。

378　板带材的厚度控制方法？

板带材的厚度控制方法主要有调整压下（改变原始辊缝）、调整张力、调整轧制速度。

（1）调整压下（改变原始辊缝）。调整压下是板厚控制的最主要方式，其原理是：调整轧机弹性特性曲线的位置，但不改变曲线的斜率，常用来消除影响轧制力的因素所造成的厚度偏差。

（2）调整张力。调整张力是通过调整前后张力以改变轧件塑性特性曲线的斜率，进而消除各种因素对轧出厚度的影响来实现板厚控制的。调整张力控厚的方法，反应迅速、有效且精确，但因张力变化不能太大，故调厚范围较小，实际中一般不单独采用，通常和调压下相互配合。

（3）调整轧制速度。轧制速度的变化会引起张力、摩擦系数、轧制温度及轴承油膜厚度等因素的变化，因此调整轧制速度可以达到控制板厚的目的。如果改变轧制速度是通过摩擦系数的变化而改变轧制压力，进而导致塑性特性曲线的斜率发生改变，则其控厚原理与调张力控厚原理相同。

调压下、调张力和调速度三种厚度控制方法各有特点，实际生产中为了达到精确控制厚度的目的，往往要根据设备和工艺条件等将多种控厚方法结合起来使用。其中最主要、最基本、最常用的还是调压下的厚度方法，特别是采用液压压下，具有很多优点。

379　板厚自动控制系统（AGC）及其分类?

板厚自动控制系统是指对板带轧出厚度进行连续检测，并通过控制回路将板厚控制在允许范围内的自动控制系统，简称 AGC（automatic gage control）系统。

根据轧制过程对厚度的调节方式不同，分为反馈式、厚度记式、前馈式、张力式及液压式等厚度自动控制系统。目前，以辊缝位置和轧制压力作为主反馈信号，以入口测厚作为预控，以出口测厚作为监控的板厚自动控制系统应用最为广泛。

380　什么是多级 AGC 控制?

为解决单级 AGC 控制时控制调节器负担过重或饱和的现象，需综合运用各种 AGC 控制方式。一般采用两种方式构成两级控制，即一个作为初级控制器，另一个作为二级控制器，如张力-速度 AGC，张力为初级控制器，速度为二级控制器。

二级 AGC 控制系统工作情况见图 4-23。初级控制器是一个厚度偏差反馈控制器，利用比例积分实现，出口厚度偏差信号作为输入信号，根据轧制速度调节增益。

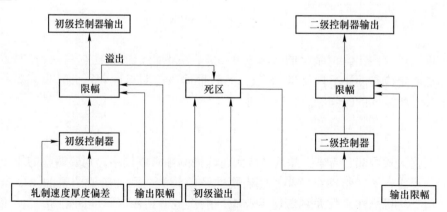

图 4-23　二级 AGC 控制结构框图

二级控制器同初级控制器类似，也是一个利用比例积分实现的厚度偏差反馈控制器，不同的是以初级控制器输出的溢出部分作为偏差输入信号。

当初级控制器的输出没有超出限幅时，二级控制器不被启动，该初级控制器等同于一般的单级 AGC 控制。而当初级控制器的输出超限时，启动二级控制器，开始二级调节。两级控制器同时工作，有效地解决了单级的饱和现象，同时缩短了系统调节周期。

常用的多级 AGC 控制器有张力-压力 AGC、张力-速度 AGC 和速度-张力 AGC。

381　什么是厚度误差前馈自动控制技术?

反馈式自动控制存在滞后，因而限制了控制精度的进一步提高，特别是轧件来料厚度变化较大时，更会影响轧出厚度的精度。为了克服此缺点，在系统中又加入了前馈式厚度控制，又称前馈 AGC（automatic gain control）或预控 AGC。前馈控制原理见图 4-24。

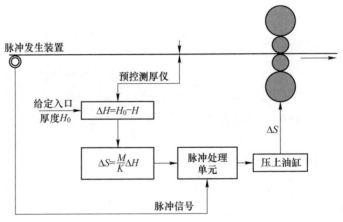

图 4-24　厚度误差前馈控制系统

由测厚仪测出入口带材的实际厚度 H，当它和给定值相比有偏差 δH 时，由此预先确定应有的压下调整量 δS 值；然后根据该检测点进入轧机时间，并考虑压下移动所需要的时间对点进行控制。

$$\delta S = \frac{M}{K}\delta H$$

根据上式可知，若来料塑性系数大，轧机刚性系数较小，则要调整的压下量就大；反之，来料塑性系数小，轧机刚性系数较大，则轧机要调整的压下量就大。根据轧机刚性系数 K 和塑性系数 M，由检测得到入口厚度偏差 δH，便可由上式求得预控压下调整量 δS。目前一般采用预控和监控相结合的办法，来提高总的轧制精度。

382　板带轧制厚度自动控制系统的组成?

　　板带箔轧制的厚度自动控制系统总体上由三部分组成:检测装置、控制装置、执行机构,总体框图见图 4-25。

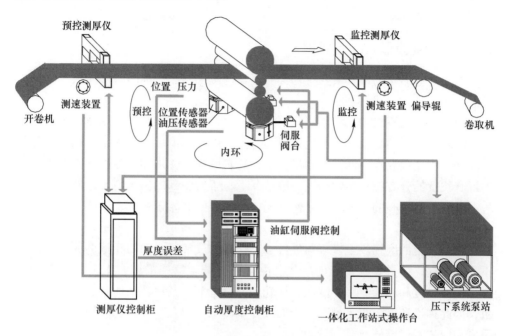

图 4-25　厚度控制系统总体框图

　　检测装置用于测量板带厚度偏差,将信号反馈给控制装置,检测精度的高低决定着整个控制系统的精度。常用的检测装置有位置传感器、压力传感器、接触式测厚仪和 X 射线测厚仪等。位置传感器,用于测量油缸的位置,常使用 SONY 磁尺数字型位置传感器,其精度可达 $0.5\mu m$,可靠性高、响应速度快,应用广泛;压力传感器用于测量压下油缸内的压力,通过变换得出带材上的轧制压力,该产品比较成熟,国内外产品精度都可做到 $\pm0.1\%$,稳定性及可靠性都能达到要求;厚度测量一般采用接触式测厚仪,因其精度高,安全性好,而得到广泛使用;在高速轧制时,需要采用 X 射线测厚仪测厚,一般需要经常校正精度。

　　控制装置是该系统的大脑,它把检测装置送来的数据,经过一系列运算处理后,发出控制指令到执行机构,完成对辊缝的修正,达到所需的精度。用于现场控制的工业计算机,要求速度快、实时性好,现在最高刷新速度可达到 1ms;用于操作手的人-机界面操作计算机,操作界面要求较好的人机界面,画面清晰,便于操作手操作;用于维修、数据存储、打印的工程师工作站,具有良好的

Windows 风格界面、直观的监控画面，触摸屏操作，易于学习和应用。

板厚控制执行机构用于实时调整辊缝，主要包括泵站、电液伺服阀、油缸等机构。泵站提供稳定清洁的油源及油源压力。电液伺服阀是通过电信号控制电液伺服阀的流量，从而控制液压缸的行程。电液伺服阀要求有高的响应频率及灵敏性，要求油的过滤精度一般为 NAS 5~7 级。

383　影响辊缝形状的主要因素？

影响辊缝形状的因素主要有轧辊的不均匀热膨胀、轧辊的磨损和压辊的弹性变形。

（1）轧辊的不均匀热膨胀。轧制时轧件变形功转化的热量、摩擦产生的热量及高温轧件传递的热量等，使轧辊温度升高；冷却润滑液、空气及与轧辊接触的部件等，使轧辊温度降低。轧制过程中，轧辊的这种受热和冷却条件沿轧辊断面和辊身长度的分布是不均匀的，一般情况下，辊身中部的温度高于边部，辊表面的温度高于辊中心的温度，结果使轧辊中部的热膨胀大于边部，形成热凸度，导致辊缝呈凹形状。

（2）轧辊的磨损。工作辊与轧件、工作辊与支撑辊之间的摩擦会使轧辊产生不均匀磨损，结果影响辊缝的形状。由于影响轧辊磨损的因素太多（压辊的材质、辊面硬度和粗糙度、轧制压力和轧制速度、润滑及冷却条件）且是时间的函数，因此理论计算上很困难，只能靠大量实测来求得各种轧机的磨损规律，进而采取相应的补偿措施。

（3）压辊的弹性变形。主要包括压辊的弹性弯曲和弹性压扁。轧制时，单位压力沿辊身长度方向的分布是不均匀的，辊身中部大、边部小，所以轧辊的弹性轧扁沿辊身长度的分布也是不均匀的，辊身中部压扁量大、边部小，结果使工作辊型凸度减小。在轧制压力作用下，轧辊产生弹性弯曲变形，使辊缝的中部尺寸大于边部，形成凸辊缝形状，改变辊缝形状。

通常，轧辊的弹性弯曲挠度是影响辊缝形状的主要因素。

384　铜合金板带出现不均匀变形的原因及解决方法？

铜合金板带材出现不均匀变形的原因有多种，但主要有三个方面：一是入口带材的断面形状与辊缝不吻合；二是带坯的冶金状态不均匀或冷却不均匀；三是变形区中沿宽度方向变形不均匀。

解决上述问题的关键措施是合理分配压下率，在保证合理板形的前提下逐步改变断面形状与辊缝的不吻合度，并保证润滑的均匀性和可调整性，因此发展智能型厚度控制系统，以及冷却液可快速局部调节的轧机，有助于解决上述问题。

385　如何进行轧辊偏心补偿?

轧辊偏心描述的是较复杂的轧机设备缺陷,包括工作辊不圆、支撑辊不圆、轧辊轴承中心与辊身中心线之间不同心。

轧辊偏心将使辊缝和轧制力发生周期性变化,偏心使辊缝减小的同时,将使压力增大,如果将偏心量引起的轧制力进行补偿,必将使辊缝进一步减小。为解决这一问题,可采用以下两种方法来解决:引入一个死区,在该范围内的辊缝控制不受轧制力变化的影响;利用傅里叶分析法补偿偏心,见图 4-26。

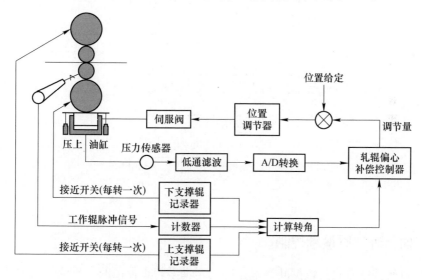

图 4-26　傅里叶分析的轧辊偏心补偿系统

由支撑辊偏心引起的轧制负荷的变化与支撑辊角度的旋转同步发生,后者由安装在支撑辊端部的接近开关和工作辊上的脉冲发生器检测。轧制负荷的同步分量代表轧辊的偏心,用傅里叶分析法从总轧制力信号中抽出。用产生的信号提供一个叠加的辊缝值,它可以减小由于轧辊偏心引起的轧制力变化。

因为偏心是由于设备引起的,各种补偿方法都有一定的局限,所以提高轧辊磨削的精度非常重要。

386　如何进行加减速补偿?

当轧机速度增加时,带材咬入摩擦系数变小导致轧制力减小,出口厚度变薄,因而在带材加、减速过程中会对出口板厚造成影响。速度效应补偿就是根据轧制速度变化相应调节油缸位置自动对带材进行补偿,减小轧机加减速对带材出口厚度的影响。速度效应补偿见图 4-27。

轧制速度变化率乘以增益系数表示带材出口厚度对速度的灵敏度，轧制速度的增加将产生一个计算出的厚度变化值，将此变化值折算成油缸位置值来补偿油缸的位置移动，从而改变速度变化对出口厚度的影响。

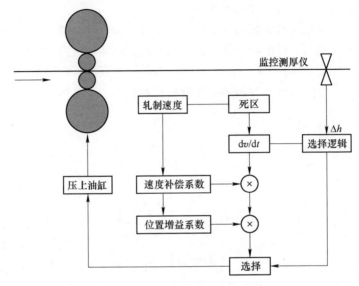

图 4-27　速度效应补偿图

387　如何进行质量流控制?

质量流控制方式是根据轧制过程中的运动学特点提出的。单位时间内通过变形区内任一轧件横断面的金属流量（体积）应为一个常数，即

$$F_H V_H = F_X V_X = F_h V_h = C_1$$

式中　F_H，F_h，F_X——入口、出口、变形区内任一断面的面积；

　　　V_H，V_h，V_X——入口、出口、变形区任一横断面上金属的水平运动速度。

在实际应用中，轧件横向变形小，通常忽略不计，这样可由上面的等式得出：

$$HV_H = hV_h = C_2$$

式中　H，h——入口、出口任一横断面的厚度。

可推出：

$$\Delta h = HV_H/V_h - h$$

式中　H——入口测厚仪测量的轧件厚度；

　　　h——设定出口厚度；

　　V_H，V_h——入口、出口的速度。

该式为零时，没有偏差输出信号；不为零时，Δh 为偏差信号，参与厚度控制。质量流的原理见图 4-28。

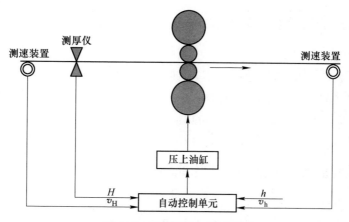

图 4-28　质量流控制原理图

　　这种控制的关键必须精确测量速度，目前最精确的测量方法是激光测速，但这种设备价格昂贵，给技术的推广带来困难。

388　板形控制系统由哪几部分组成？

　　板形控制即带材横断面上的厚度差的控制。板形控制系统由三个部分组成：板形检测仪（即板形辊）、板形控制执行机构、板形闭环控制系统（简称 AFC 系统）。AFC 系统的总体框图见图 4-29。

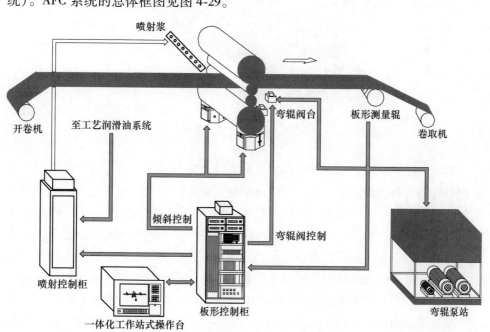

图 4-29　板形控制系统总体框图

389 板形检测仪（板形辊）的形式？

板形检测仪（即板形辊）用于检测板形情况，并发出相应的信号。板形辊有以下几种形式：压磁式板形辊、空气轴承式板形辊、压电晶体板形辊、多束 X 射线板形检测仪、高精度传感器板形仪等多种形式，这是板形检测的眼睛，板形辊精度直接决定板形控制的精度，是板形控制系统的重要组成部分。压磁式板形辊和空气轴承式板形辊是较为常用的板形辊。

390 压磁式板形辊的结构和工作原理？

采用压磁式敏感元件，每个测量环上可以装四个压磁式敏感元件，多个测量环上的信号并行输出，测量环的宽度为 52mm 或 26mm，结构简图见图 4-30。压磁式测量辊由电机拖动保持与主机的速度同步，防止带材在测量辊上打滑和划伤带材表面。测量辊由坚固的合金钢制成，在测量辊的圆周方向上分布有压力测量传感器，外面镶套有钢环。测量辊被分割成多个测量区，沿测量辊分布。每个测量区上有四个传感器，每隔 90°设置一个。

图 4-30 压磁式板形辊结构图

测量辊每转一周就可测量出四次带材的应力分布。由于所有测量区上的传感器相对轧制方向成行排列，测量将横穿带材同时进行测量。在测量时由于测量辊的旋转，一个信号传输单元（STU）被用来给辊子提供电源并从辊子上将压力测量信号传输出来。另外有一个脉冲编码器安装在 STU 的旋转轴上。它被用来为电气系统提供一个传感器位置，并给出速度基准到测量辊。测量信号由控制柜内的电气系统进行处理。作为测量结果的板形或应力分布图形显示在工程师工作站（HOST）上，并作为控制功能的输入值。HOST 也作为服务维修用。

测量辊使用压磁传感器时，在机械力的作用下钢芯的磁性将发生变化。原理简图见图 4-31，每一个传感器上都有孔，穿有两个线圈，初级线圈和次级线圈。

所有传感器的初级线圈串联成两个回路，形成激磁回路 1 和激磁回路 2，激磁信号为 2kHz 1.2A。四个传感器（A，B，C，D），按一定角度放置，在二级侧串联形成测量区。测量原理基于相对测量，当没有力加载到传感器上时，二次侧的输出电压为零。如果力施加到一个传感器上，一个静态输出信号就会产生。

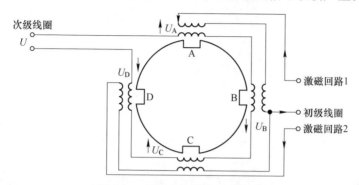

图 4-31　压磁式板形辊原理简图

391　空气轴承式板形辊的结构和工作原理？

采用气动差压传感器即空气轴承测量。测量辊无电机拖动，作为随动辊，测量环的宽度为 50mm 和 75mm，结构图见图 4-32。与每个辊环相对应，在空气轴承的最高和最低两个传送气体的通道，它通到装在固定轴端头的压力传感器上。当带材对各辊环施加压力时，能够改变空气轴承内气体压力的分布，固定轴上部压力增大，下部压力减小，且张力越大，这两部分的压力差也越大，原理简图见图 4-33。所以把上下两个通道对应的压力传感器的压力差以电信号的形式输出，经过电子回路的处理，可以在带材张应力分布显示装置上显示出来。

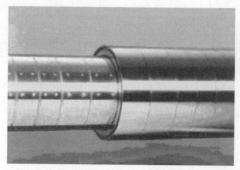

图 4-32　空气轴承式板形辊结构图

由于在带材的宽度方向上长度延伸变量的梯度不同，一般在边部有很大的拉伸应力梯度，考虑到每段测量环的最大承载能力，在边部采用减少测量环的宽度

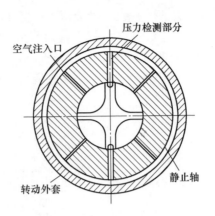

图 4-33　空气轴承式板形辊原理简图

来适应这种情况。另外，处于带材边部的测量环可能是部分受力的，因此应有一个补偿计算。

392　如何实现轧辊的调偏？

轧辊的调偏，由液压压下的油缸执行，从而消除带材两边的厚度偏差。调偏控制属于自动位置控制。以操作侧和传动侧的位置差作为给定值，操作侧和传动侧的位移传感器的实测值作为反馈值。两者不断地进行比较，差值作为调节量，两侧的压上系统作相反方向的运动，直到差值小于等于死区值为止。

393　液压弯辊系统的类型？

液压弯辊系统的类型主要有：

（1）反向弯曲工作辊，即在工作辊辊颈上施以弯曲力，使工作辊产生弯曲，并与工作辊产生的弯曲相反，结果使弯曲凸度增大，也称正向弯辊。

（2）附加弯曲工作辊，即在工作辊与支撑辊之间的辊颈上产生弯曲力，弯曲力对工作辊的作用与轧制力作用相同，结果使工作辊的凸度减小，或称负弯。

（3）反向弯曲支撑辊，即在上下支撑辊辊颈上产生弯曲力，弯曲力使支撑辊产生的弯曲与轧制力产生的弯曲方向相反。

394　如何实现液压弯辊控制？

液压弯辊控制属于自动压力控制，用于改变板带材中部与边部的厚度差。给出设定的弯辊压力值，安装在液压缸上的压力传感器检测实际弯辊压力。这两者的差值作为调节量，目前弯辊控制大多采用伺服阀。通过伺服阀控制液压缸压力，达到要求的设定值。

395 如何实现轧辊轴向抽动控制？

根据板带材的不同宽度，改变中间辊的位置，达到强化弯辊的效果，改变板带材中部与边部的厚度差。轧辊轴向抽动控制属于自动位置控制。给出轧辊的位置给定值，由上下轧辊操作侧位移传感器给出实际值，两者之差作为调节量，两轧辊在液压系统驱动下作相反方向的运动，直至差值小于等于死区值为止。

396 如何实现轧辊分段冷却控制？

轧辊冷却分段同板形测量辊的分段一一对应，例如测量辊为 23 段间距 52mm，冷却段也是 23 段间距 52mm。轧辊冷却的分段同板形测量辊的分段一一对应，例如测量辊为 23 段间距 52mm，冷却段也是 23 段，间距为 52mm。每段由一个喷嘴和控制该喷嘴的阀门组成。上下工作辊各有两个或三个喷嘴组成，可以形成不同的流量组合，以消除不规则部分的局部缺陷，对箔材轧机效果很明显。

397 侧弯及其产生的原因？

当带材经轧制后出现纵向中心线不成直线时，即出现了横向弯曲。这些弯曲呈现弧形或蛇形，有时也称之为侧弯、旁弯或镰刀弯。

对于热轧，主要的原因有：坯料的尺寸公差及组织的不均匀性、加热温度的不均匀、轧制中心线偏移、轧辊的水平调整不良、两边压下量的调整偏差、轧制中的冷却不均等。对冷轧而言，主要原因有来料的尺寸、轧制中心线及轧辊调整不良及变形的不均匀等；此外残余应力的影响也不可忽视。当带材纵向应力不均时，或者带材带有荷叶边或中部浪飘时，这些带材在经纵剪后多数会出现侧弯。

398 解决侧弯的方法？

（1）保证机械设备的精度。轧制中心线的偏移要小，轧辊的水平度调整要精确，各传动辊、偏导辊的平行性要好，开卷、卷取卷筒中心线与轧辊的平行性要好。

（2）控制来料的精度。如果是热轧坯料，首先应保证断面尺寸的均匀一致，尤其是要避免断面呈楔形；然后要保证内部组织的均匀和加热的温度均匀。如果是冷轧带材，要保证来料要整齐、错层和塔形好，此外还有横向厚差要小。

（3）尽量避免轧制变形不均匀。合理分配压下率和压下配比，在保证良好板形的前提下逐步改变断面形状与辊缝的不吻合度，并保证润滑的均匀性和可调整性。所以发展智能型厚度控制系统，以及冷却可快速调温及快速调节局部喷射量的轧机，会有助于改善上述问题。

（4）加强板形控制。虽然板形检测的手段有多种，但控制板形的手段不外乎有以下几种：

1）弯辊控制。弯辊控制分为工作辊弯辊和支撑辊弯辊。从控制效果讲，工作辊弯辊对板形的控制效果更直接。弯辊控制是通过调节轧辊的凸度来对板形产生影响。有增加凸度和减少凸度两种形式，即所谓的正弯曲（增加轧辊凸度）和负弯曲（减少轧辊凸度）。正弯曲的目的是调整边部浪形，负弯曲的目的是调整中部延伸。

2）改善冷却和润滑。改善轧制润滑时，比如减小了辊缝中的有效摩擦系数，为完成一定压下率所需的轧制压力就会减少，对轧辊来讲，可增加有效凸度。使用轧制润滑剂与冷却剂时，通过调节喷流可以改变轧辊的冷却，从而可以实现辊型控制。

3）轧辊交叉与横移。通过轧辊横移可扩大凸度的控制范围，有效地减少带材横断面上的边部减薄。具有代表性的轧机有 HC、CVC 轧机等，已经大量应用在生产中。工作辊相互交叉或支撑辊与工作辊相互交叉，可以获得辊型凸度的等效增加，从而对控制板形起到良好的作用。

4）通过改变张力控制板形。实践证明，适当增加入口和出口张力，可以改变轧制力，从而可以改善边部延伸过大或边浪。然而通过改变带材张力实现的板形控制程度是有限的，原因是在轧制过程中带材张力只允许在一定的范围内，过小的张力会引起带材的跑偏，而过大的张力又会引起断带。此外，当采用张力控制厚度时，不能用张力来单独地控制板形。

（5）对中控制轧制。在其他条件均良好的情况下，如果辊缝中轧制了楔形的带材，或者板形尚好的带材在不均匀的辊缝中进行轧制，均可能出现带材的侧弯。在这些情况下，调整一下辊缝以使带材对中，通常可以解决问题，所以热轧机一般都带有导尺等装置，以尽可能使轧制板坯对中；而冷轧机则会采取手动或自动对中装置确保带材对中。这种装置也是得到整齐成卷带材的有效手段。

399　常用对中控制装置有哪些？

对中控制装置有多种形式，从用途上来分，主要分为上卷对中、喂料对中和带材自动对中。

（1）上卷对中。随着轧机等机组生产率的提升及自动化程度的提高，要求上卷及卸卷时间尽可能缩短，实现上卷过程的自动化操作。主要用在上卷小车的控制上，包括上卷高度对中，即控制卷材的升降高度使卷内孔对准开卷机卷筒，和上卷横向位置对中，保证上卷位置在机列中心。

上卷对中的原理：实现上卷对中的方式主要有两类，一类是上卷小车的升降和横移带有位置检测和反馈，通过检测卷材的状态（包括卷外径、内径、宽度、放置位置）先计算出小车的各位移给定量，然后再自动控制小车移动到要求的位置，运行的结果是自动将卷材内孔对准卷筒中心，以及将卷材移动到卷筒的中心位置，完成自动上卷。另一类是上卷小车虽不带移动量的检测和反馈，但在特定位置设有检测装置，当卷材高度符合要求时，就会停止升降，而横移位置达到要求时就停止横移，从而通过一组顺序动作而实现上卷。

（2）喂料对中。由于喂料时的对中性会影响后续的运行过程，所以在喂料时应保证料头的对中。在轧制时坯料在进入轧辊前要通过机械机构（如导尺、侧导装置等）使带材（坯）对中。

（3）带材自动对中控制。在冷轧及其他带材处理设备上，为保证带材严格处于机组中心，一般设有开卷自动对中装置，当机组运行线路较长时，为了防止带材在运行中跑偏，还设有中间自动对中控制装置。统称为自动对中控制，简称CPC。

400　板带材矫直的基本原理?

矫直是通过对所加工的板带材施加某种形式和一定程度的外力（弯曲力或张力），使其产生一定的弹塑性（弯曲或延伸）变形来实现矫直的目的。

在辊式矫直机上矫直时，板材在矫直辊作用下发生的是纯弯曲变形，其中中性层仍保持在矩形截面的几何中心线。带材在纯拉伸张力矫直机上矫直时，在超过带材屈服极限的拉力作用下，横截面上产生的是均匀拉伸变形。而带材在拉弯矫直机上矫直时，既受到拉伸作用力又受到矫直辊反复弯曲的作用力，是在拉伸与弯曲变形的叠加作用下产生塑性延伸，从而使带材获得矫直。

401　铜合金板带材常用的矫直方法?

铜板带材在轧制过程中，产品的板形会产生不同形式及程度的缺陷，如单边浪、双边浪、肋浪、中间瓢曲等缺陷。尤其是带材，厚度越薄，所产生的缺陷就越严重。

为了减少这些缺陷，提高产品的质量，有些厂家给铜带精轧机配备了板形仪，这样就可使产品精度（平直度）达到10~15I，但这仍难以满足电子工业对高精产品的要求。因此，为保证产品的使用性能，满足各种行业对高精产品的需求，就需对铜板带材进行矫直处理。其矫直方法有弯曲矫直、张力矫直和拉伸弯曲矫直。弯曲矫直通常情况下用于厚度1.5mm以上的板带材，薄带材应通过拉伸弯曲矫直来实现矫直，张力矫直在铝加工行业应用较多，在铜加工行业中很少采用。矫直机的类型见图4-34。

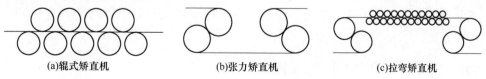

(a)辊式矫直机　　　　　(b)张力矫直机　　　　　(c)拉弯矫直机

图4-34　矫直机的类型

（1）弯曲矫直，也称多辊矫直。主要通过多个交错排列的工作辊对板、带材施加相反的作用力，使其在正、负交变应力作用下达到应力均匀，从而达到矫平的目的。弯曲矫直一般用于厚度 1.5mm 以上的板带材。

（2）张力矫直，也称拉伸矫直。通过两对 S 形辊对板带材施加张力，使板带材产生变形，内应力分布均匀。

（3）拉伸弯曲矫直是上述两种矫直方法的组合。

弯曲矫直方法采用多辊式弯曲矫直机，产品精度（平直度）相对要求不高，主要用于铜带坯铣面机组、轧制后成品板带材的精整和横剪机列板带材定尺剪切前的矫直工序。其主要特点是：矫直的板带材厚度在 0.2～20mm，宽度在 330～3200mm；工作辊数量为 9～19 根，均有支撑辊（分段配置）支撑；工作辊直径相对较大，通常为 ϕ45～190mm，支撑辊直径基本与工作辊直径相等，除 19 辊矫直机外；工作辊是主动的，由电动机经减速机、齿轮分配箱和万向联轴节来驱动的。设备由工作机座包括机架本体、工作辊、支撑辊、压下装置和摆动装置等部分。

辊式铜板带材矫直机主要参数见表 4-27。

表 4-27　辊式铜板带材矫直机主要参数

辊数	辊径/mm	辊距/mm	辊身有效长度/mm	板带材厚度/mm	矫直速度/m·min^{-1}	主电机功率/kW
9	190	200	1200	8.0～16	10～15	60
9	190	200	1200	12～20	5～8.3	29
11	120	130	3400	3.0～12	0.7	55
11	90	100	1200	2.0～3.0	10	
17	60		1200	0.5～2.0	10	
17	60		1200	0.2～2.5	45～90	
19	45	90	1370	0.5～3.0	30～80	73.5

采用拉伸和弯曲组合的矫直方法，可以大大减少能耗（与单纯采用拉伸矫直相比），该方法是采用多辊弯曲矫直单元与前、后张力辊组联合工作的拉伸弯曲矫直机组，主要用于对板形精度要求较高、带材厚度较薄产品进行矫直，所矫直带材的厚度通常为 0.05～1.0mm，尤其是对计算机、电子工业所需的高精度引线框架材料，更是必不可少的精整设备。通过拉弯矫处理后的带材，板形的平直度通常可达 3I 左右。如果在拉弯矫直机组中再配备有板形仪，带材的平直度可达1I 左右。

402　常见矫直产品的缺陷及控制？

常见的矫直产品的缺陷是弯曲度、平直度超差及表面质量欠佳。造成弯曲度、平直度超差的原因是矫直辊调整不当及被矫直制品的弯曲度过大，应对矫直辊进行调整并对制品进行预矫。

常见的矫直产品表面缺陷是碰伤、划伤、严重矫直痕及金属压入等。克服此缺陷的措施是：检查矫直辊调整是否得当；在料槽内垫上木块、橡胶等物，以防矫直中制品碰伤；在矫直机料槽内不要放入多余的料，以防止矫直中制品表面划伤；检查矫直辊是否粘铜，应经常清理辊面，必要时加入一定量的洗油；制品要轻吊轻放，用柔性尼龙绳带及专用吊具吊运。

403　铜材表面进行清洗的目的及常用技术？

铜材的清洗目的是去除材料表面的工艺残留物，残留物主要分表面氧化物、表面残留油及其他表面异物如金属颗粒等。根据表面残留物的不同性质，又可分为脱脂（去除表面残留油）、酸洗（去除表面氧化物）和清刷（表面异物）等过程。

铜材的脱脂：脱脂通常采用碱液，例如德国汉高（Henkel）公司的 P3-T 7221m 试剂的水溶液，其浓度 0.3%～0.5%，溶液使用温度 60～70℃。在铜材的冷加工过程中，必须使用包括乳化剂、轧制油及其他冷却润滑剂等各类工艺润滑剂。为了减少残留油脂对退火后表面质量的影响，需要在退火前对材料进行脱脂处理。

铜材的酸洗：铜及铜合金材料经热加工（包括热轧及热处理等）后，需要采用酸洗方式清除表面氧化层。酸洗后的材料要进行清洗（冷水洗或热水洗）和干燥来保证酸洗的效果。生产中对酸洗工艺的要求包括：氧化物清除干净，材料表面质量高；酸洗时间短，酸洗效率高；酸的利用率高，消耗低。

铜及铜合金与酸液（硫酸）的化学反应式如下：

$$CuO + H_2SO_4 \longrightarrow CuSO_4 + H_2O$$
$$Cu_2O + H_2SO_4 \longrightarrow Cu + CuSO_4 + H_2O$$

酸洗时，铜材表面的氧化层（主要由氧化铜及氧化亚铜组成）被硫酸溶解。对于表面氧化比较严重的铜材，以及铜合金中含有 Be、Si、Ni 元素的青铜和白铜等产品，应在硫酸的基础上加入少量的硝酸（HNO_3）来提高其酸洗效果，其反应式为：

$$4HNO_3 + H_2SO_4 + CuO \longrightarrow CuSO_4 + Cu(NO_3)_2 + 2NO_2 + 3H_2O$$

加入少量的氧化剂重铬酸钾（$K_2Cr_2O_7$）也可以强化酸洗效果，其反应式为：

$$K_2Cr_2O_7 + 2H_2SO_4 + 3Cu_2O \longrightarrow CuSO_4 + Cu_5(CrO_4) + 2H_2O + K_2SO_4$$

在使用硝酸和重铬酸钾时需要十分慎重，因为会恶化劳动条件和影响环境质量。而"三废"处理必须严格按照国家环境保护的法律、法规进行。

404 铜材表面钝化处理及常用的钝化剂?

钝化是通过运用相关化学试剂,使材料表面形成致密保护层,防止氧化变色的工艺处理方法。铜及铜合金的耐腐蚀性能,主要是依靠材料腐蚀电位较高及表面能形成保护膜实现的。通常情况下,在大气环境中生成的铜表面氧化膜的保护性取决于温度、湿度及环境中所含的污染物。一般地说,铜及铜合金自然生成氧化膜的保护能力不强,暴露在大气中的铜材表面会随着时间的推移而逐渐变色。防止铜材表面变色的对策,是用钝化的方式来处理表面。

用铬酸盐处理是一种传统的方法,防止变色效果较好。但基于 6 价铬酸盐有毒和环保处理的困难性,已不再使用。目前苯丙三氮唑(简称 B. T. A)是最广泛使用的有机钝化剂,被用来防止铜材表面的变色。它的水溶液与铜材表面的 CuO 进行化学反应,每个 CuO 分别结合两个苯丙三氮唑分子的两个 H 原子其中的一个生成水分子,而 Cu 与苯丙三氮唑生成化学键结合的链状结构,在铜表面形成网状保护膜结构。

为了进一步提高其钝化效果,在试剂中加入了部分有机酸类的成分。为了防止在材料表面有白色(B. T. A)结晶析出,在试剂中添加了促进 B. T. A 熔点下降的试剂成分。改进型铜材钝化剂具有与铜材表面良好的浸润性,能够在铜材表面快速形成均匀的钝化膜,防止材料锈蚀。由于该类试剂没有发泡性能,使用时既可以采用浸入通过方式,也可以采用表面喷洒方式进行钝化处理。针对材料钝化工序通常在酸洗之后进行的工艺特点,改进型铜材钝化剂能够在一定程度上抵御酸液的少量流入而造成的钝化剂 pH 值有所下降的情况,仍保持其防蚀效果。钝化处理后的铜材,如果采用 10% 的硫酸(H_2SO_4)水溶液浸泡 10s,可以完全去除材料表面的钝化膜。循环使用的钝化剂,其水溶液中的 B. T. A 浓度可用紫外光或可见光的分光光度计进行检测,其原理是利用主成分 B. T. A 的吸光性。单纯的 B. T. A 呈白色絮状物,而改进型铜材钝化剂则多为淡黄色透明液体,B. T. A 含量约 10%,新液体的 pH 值 7.0~8.0,使用时加入的浓度为 3%,实际B. T. A 浓度约 0.3%。

为了保证钝化效果,应使用经去离子水稀释的钝化剂,而普通自来水中的钙离子与 B. T. A 反应生成结晶,影响使用效果。钝化过程中,还需要注意检测钝化液的离子浓度。循环冲刷过程中,铜材表面的金属粒子及其他残留污物的带入会造成钝化液中离子浓度的提高,影响钝化效果。当离子浓度超过 300μS(西门子)时,应考虑更换新的钝化液。

405 用稀硫酸酸洗时需注意的问题?

铜材的酸洗普遍采用稀硫酸,浓度 15%~20%,温度 30~60℃,通过酸洗的时间从 10~60s 不等。具体酸洗工艺参数根据材质、厚度、氧化程度及酸洗效果等情况做相应的调整。黄铜的酸液浓度较低，而青铜、紫铜等要高一些。在酸洗过程中，酸的浓度因 CuO 和 H_2SO_4 生成 $CuSO_4$ 会不断下降，酸中的 Cu^+ 浓度不断上升而导致酸洗效果的下降。当酸液中硫酸含量小于 50~100g/mL，含铜量大于 8~12g/mL 时，应及时更换酸液或补充新酸液。更换时，必须注意应先放水，后加入浓硫酸；补充硫酸时，应小心缓倒，防止酸液灼伤人体皮肤。

406　超声波酸洗和电解酸洗？

超声波酸洗是在传统的酸洗槽内安装超声波装置。利用超声波在金属材料表面的高频振荡，可以使酸洗效率提高 1.5 倍，是一种快速酸洗的方式。

电解酸洗是利用电化学的作用原理来强化酸洗过程，提高酸洗的表面质量及酸的利用系数。其原理如下：在酸洗槽中装电极，金属带材通过两电极板之间，酸洗时将电极板及支撑带材的导辊通电，则带材（阳极）与电极板（阴极）之间形成电势，酸洗产生离子电解使带材的表面氧化皮被除去。例如纯铜带电解酸洗时的速度可提高到 60m/min 以上，电极采用 1Cr18Ni12Mo1Ti 做成，电极尺寸为 8mm×750mm×1240mm，电极与带材间距为 100~120mm，电解液浓度为 3%~5%H_2SO_4+2%~3%$K_2Cr_2O_7$，温度为 40~60℃，电流密度小于 12A/dm^2，电压约 10V，纯铜带经电解酸洗后可以获得带有化学抛光效果的表面。

407　现代化铜带清洗和钝化的设备及构成？

传统的铜板材及小卷带式生产中，酸洗采用简单的酸洗槽，将板条或小卷料装在专用的料筐内用吊车吊入酸洗槽内浸泡 30~60min 后取出，随后进行水洗、清刷及烘干。这样的酸洗方式设备简单，制造容易，但生产效率低，酸洗质量难保证，职工劳动条件差。

现代化铜带生产已广泛采用大卷重式生产方式，清洗及钝化等工序的连续处理是提高生产效率和工序质量的必然选择。连续铜带表面清洗机组的构成取决于产品及工艺对其的具体要求。连续铜带表面清洗机典型的机列布置示意图见图 4-35。

一般而言，连续铜带表面清洗机组由以下部分组成：

（1）带卷的进料和出料：带卷的进料和出料部分一般由储料台和带卷小车等组成。储料台用来储存等待清洗处理（或已清洗完成）的带卷，储存带卷的数量从 1~3 卷不等。

（2）开卷机和卷取机：用于带卷的展开和卷取。连续铜带表面清洗机组采用的张力一般较小，开卷或卷取机的负荷主要来自带卷本身的重量。

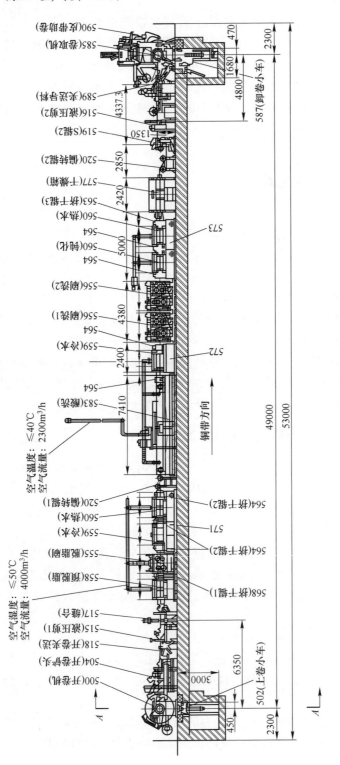

图 4-35　连续铜带表面清洗机典型的机列图

（3）缝合机：为了减少清洗过程中穿带的麻烦，保证作业的连续性，需要将前后两卷带材的头尾进行连接。连接的方式有焊接式、缝合式和粘接式等类型。

（4）脱脂：脱脂清洗机由脱脂喷淋和洗刷箱、脱脂液槽、冷水清洗室、热水清洗室及间隔挤干辊等部分组成。脱脂喷淋和洗刷箱安装有脱脂剂喷淋系统和尼龙刷辊，对带材进行脱脂清洗。脱脂剂循环使用，从脱脂液槽由泵输送到洗刷箱中，然后回流到脱脂液槽，脱脂液槽中安装有浮油撇油装置，以去除脱脂液槽中的浮油。经喷淋和洗刷后的带材，将分别通过冷水及热水清洗室进行清洗。

（5）酸洗：经改进后的酸洗槽分为上下二层，下层储存硫酸液，上层进行酸洗。下层的酸液通过酸泵打入上层酸槽，并不停地进行冲洗带材表面，达到酸洗的目的，酸液通过溢流孔回流到下面的储酸槽。一般情况下，铜材的酸洗采用15%~20%的硫酸溶液。必要时，也可以采用其他强酸进行处理或通过蒸汽或电热丝加热，提高酸洗温度的办法提高酸洗效果。

（6）刷洗和研磨：在酸洗后的带材需要通过专门的刷洗和研磨来提高其表面的光洁度、表面质量和可焊接性能。刷洗和研磨在专用的刷洗箱内进行。箱内安装有高速转动的研磨刷辊。刷辊的种类很多，有普通的尼龙滚筒刷、不锈钢丝刷、材质为含有磨料的氨纶（Spandex）的螺旋形排列辊刷，也有采用带磨料的无纺材料制成的研磨辊。研磨刷辊采用两端支撑结构，不仅刷辊更换方便，也消除了刷痕，并使刷辊旋转速度可高达 750~1200rpm。同时，还可以增加研磨刷辊箱的数量及配置不同类型和规格（指 SiC 的颗粒度）研磨刷辊，以保证带材经清刷和研磨后达到规定的表面粗糙度及质量。

（7）钝化：铜带清洗后的防锈处理可以采用钝化处理，或涂油方式进行。在钝化处理时，循环使用的钝化剂采用喷淋或浸入通过方式与通过的带材进行反应，表面形成钝化膜，达到防锈的效果。钝化液一般加热到 70~80℃。

（8）烘干：经各工序处理后的带材，最后需要进行干燥热风烘干处理，热风的温度约 80℃。为了保证带材能够干燥，需要对带材用橡胶辊挤去表面水分，用"风刀"吹干，在烘干以前，保持带材有足够高的温度（50~60℃）是十分必要的，最后进入热风烘干箱烘干处理。

408　铜加工常用的工艺润滑油及特点？

铜加工工艺润滑油分为四种：矿物油、植物油、混合油（矿物油+植物油）、调和油（矿物油+添加剂）。

（1）矿物油：矿物油是从石油中提炼并精制而得。矿物油资源丰富，成本低廉，是金属压力加工中使用最广泛的润滑油。它属非极性物质，只能在金属表面形成非极性的物理吸附膜，润滑性能较差，在工艺润滑时较少直接使用，通常矿物油作为配制工艺润滑油的基础油。

（2）动植物油：由动物基体或植物种子提炼所得到的油或脂肪，属于极性物质，不仅很容易在金属表面形成物理吸附膜还能在润滑表面形成极性分子的化学吸附膜，起到很好的润滑作用。但动植物油化学稳定性差，容易老化变质，且价格较高，在实际生产中较少直接运用。

（3）混合油：将矿物油和植物油以不同的比例进行混合制成。它具有较好的润滑性能，在生产中得到了一定的应用。

（4）调和油：将少量添加剂加入矿物油中，可改善矿物油的各方面性能。调和油改善了矿物油的润滑性能，在生产中得到了越来越广泛的应用。

配制调和油的润滑油添加剂按其作用可分为两大类：一类是改善润滑油物理性质的添加剂，如黏度添加剂、油性添加剂、降凝剂、抗泡剂等；另一类是改善润滑油化学性质的添加剂，如极压抗磨剂、抗氧化剂、抗腐剂、防锈剂、清净分散剂等。添加剂的加入可改善矿物油的各方面性能，得到综合性能优良的润滑油。

好的润滑油在退火时可以完全蒸发，不留污渍，在工业生产中得到了广泛的应用，尤其是产品质量要求高的成品加工中经常使用，如精轧。

409　乳化液的热分离性?

乳化液喷射到轧辊和带材表面，或其他变形工具和变形金属表面的流动过程中，由于受热，乳化剂膜被破坏，乳化液失去稳定状态，油水被分离开来，分离出来的油吸附在润滑对象的表面上，形成润滑油膜，起到防粘减摩的作用，而水则起到冷却作用，这一过程被称为乳化液的热分离过程。乳化液所具有的这种性质称为乳化液的"热分离性"。因此，乳化液起冷却作用，除与润滑油性质（基础油、添加剂）有关外，很大程度上取决于乳化液的热分离性。它代表了乳化液中润滑油覆盖工模具与变形金属表面速度的性质（故又称离水展着性），是衡量乳化液使用性能的重要指标。

若在室温状态下乳化液就出现油水分离或在使用温度下油水也不分离，这两种情况都不能很好地起到润滑作用。因此，乳化液的热分离性对其使用影响很大。

乳化液的热分离性因温度、喷射压力以及乳化剂种类、乳化方法等因素而异，尤其是温度影响最大，温度高，热分离性好。

410　乳化液和全油润滑的特点?

由于乳化液中含有大量的水分，它与全油润滑相比冷却能力很大（20℃时，水的比热容 $4.18J/(g \cdot ℃)$，矿物油比热容 $2.09J/(g \cdot ℃)$；水的导热系数

$0.55J/(m \cdot ℃)$，矿物油的导热系数为 $0.15J/(m \cdot ℃)$。因此，乳化液在许多压力加工中得到了应用。尤其是热轧、初轧、中轧和高速拉拔时，为了冷却工具、控制辊型及模孔尺寸，获得良好的制品形状和尺寸精度，常常采用乳化液做工艺润滑液。一般情况下，乳化液的润滑性能和使用性能决定于被分散油品的类型、浓度、润滑剂的类型和数量、水的硬度、循环润滑系统的结构、日常的维护等因素。

表 4-28 列出了全油和乳化液工艺润滑的特点和乳化液与全油润滑在轧制生产中的不同应用效果。

表 4-28　乳化液和全油轧制中应用效果对比

性能	乳化液	全油
冷却效果	极好	适可
润滑效果	不良	很好
冲洗效果	很好	好
防腐性能	不良	好
原料成本	低	较高
维护成本	较高	低

411　铜合金热轧时如何选择工艺润滑液？

铜及铜合金热轧温度范围通常在 700~950℃ 之间。热轧时，大加工率轧制过程中，轧辊与高温轧件接触的瞬间，辊面温度急剧上升，如不及时对轧辊进行冷却，轧辊很快就会出现表面发黑、网纹及龟裂的现象，严重影响轧辊的寿命和产品质量。

水是最常用的热轧工艺润滑液。直接采用水作为工艺润滑液，优势是非常明显的，一方面它可以带走大量的热量，使轧辊和轧件表面迅速降温，改善轧辊工作条件，同时使新生成的金属表面得到良好冷却，并带走氧化皮等杂质，清洁轧件表面。但是，若以水作为润滑剂，有时则不能满足润滑性能要求，这时可在热轧终了道次的同时，采用在轧辊表面涂抹机油或植物油，以弥补润滑性不够的缺陷。在热轧开始时，辊身温度低，采用润滑油可以降低摩擦系数及防止粘辊，在热轧易粘辊及出现表面裂纹的合金时有较好效果。工厂采用的润滑油一般是机油，冬季采用黏度低的机油，夏季采用黏度高的机油，也有采用植物油（如蓖麻油、菜籽油）及乳化液等。

当采用乳化液作为热轧工艺润滑液，它可以较好地兼顾热轧过程中的冷却与润滑。由于热轧时，轧制温度很高，再加上金属的变形热，工艺润滑主要以冷却为主，故使用乳化液的浓度很低，一般为 0.1% ~ 5%。浓度过大，摩擦力过小都会恶化轧辊咬入能力，使轧制时打滑，不能保证轧制的稳定进行。

412　铜合金冷轧时如何选择工艺润滑液?

铜及铜合金冷轧时，选择润滑剂必须结合具体轧制条件，包括轧制合金、产品要求、轧制压力及轧制速度等。为保证最佳的润滑效果，带材表面应保持均匀的油膜，油膜厚度取决于润滑剂的性能、轧件及轧辊的表面光滑程度、压下量及轧制速度等。

轧制压力：如果轧制加工率大、轧制压力高的带材时，应选择黏度较大的润滑油。因为黏度大，油膜厚而坚固，可承受的压力高。如果油膜太薄，易导致延伸不均及局部油膜破裂，降低润滑效果，严重时，破裂的油膜会造成带材表面的污染甚至出现局部黏结。但是，并非油膜越厚越好，如果油膜太厚，多余的润滑剂很难挤净，有的润滑剂挤在带材边部，往往又重新流入带卷里面，以致在退火时难以烧尽，残留斑点。

轧制速度：高速轧制时需要润滑剂有好的流动填充性能，应选择黏度较小的润滑油，低黏度的润滑油可填充性能好，高速轧制时，可及时填充辊缝，保证良好的冷却润滑。

表面：成品轧制时，往往对制品的表面质量要求很高，应使用在退火时不产生油斑的低黏度（37.8℃、7~20mm²/s）、低含硫量的润滑剂。

薄带轧制：由于弹性压扁使带材的边部单位压力很小，而带材中部承受很高的单位压力，如果采用随压力增加而摩擦系数显著增加的润滑油，薄带会产生很大的边缘延伸而影响平直度，故薄带轧制时采用的润滑油应具有较好的润滑性能，并要求在轧制压力变化时摩擦系数不变。

一般初轧总加工率和道次加工率较大，金属变形热大，为更好地改善轧制中的冷却润滑条件，多采用乳化液进行工艺润滑；精轧对产品的精度和表面要求很高，多采用全油进行工艺润滑；中轧则可选择乳化液和全油，视企业自身能力，一般全油运行成本高于乳化液多倍。

实际生产中，铜材初轧、中轧，加工率较大，变形热高，以冷却为主，多采用乳化液，成本较低廉；精轧时由于对带材的表面质量要求更高，多选择全油润滑。

413　铜合金冷轧时常采用的润滑油?

铜合金冷轧时常采用的润滑油，见表 4-29。

表 4-29　铜加工冷轧常用的润滑油

润滑油名称	组成	应用实例
矿物油	机油	锡磷青铜、锌白铜
	锭子油	黄铜、白铜
	变压器油	镍青铜、铍青铜
	机油 50%+柴油 50%	铜及铜合金
	机油（50%～80%）+煤油（20%～50%）	铜及铜合金
	锭子油（20%～50%）+煤油（50%～80%）	黄铜冷轧
	白油	成品精轧
植物油	菜籽油	铜、镍及其合金
	蓖麻油	锡青铜、铝青铜冷轧
	棉籽油	板材粗轧及中轧
	棕榈油	带材及箔材
混合油（矿物油+植物油）	机油 50%+柴油 50%	铜及铜合金
	锭子油（20%～50%）+煤油（50%～80%）	黄铜
调和油（矿物油+添加剂）	煤油 96%+油酸 4%	薄板带
	煤油 96%+甘油 4%	薄板带
	变压器油 95%+松香 5%	铜

414　如何选择冷轧乳化液？

冷轧乳化液是乳化油加水混合物配制而成，乳化油及乳化液的理化指标直接反映了乳化液的质量。

（1）黏度：在使用乳化液润滑时，一般在初、中轧时，由于变形量较大，变形热效应也大，会导致润滑剂黏度降低。为此，要求使用高黏度（20～45mm²/s）乳化油配制的乳化液，而成品轧制，则要选择黏度低，流动性好的乳化油配制乳化液。

不同轧制条件下推荐采用的乳化油黏度（37.8℃）为：

铜及铜合金初、中轧　　　　　　20～40mm²/s

铜及铜合金精轧　　　　　　　　4～6mm²/s

锡磷青铜冷轧开坯　　　　　　　>40mm²/s

（2）浓度：在使用乳化液时，正确选择乳化液的浓度很重要。一般初轧加工率大，以冷却为主，宜使用浓度较低的乳化液，成品轧制以控制产品精度和板形为主，往往是加工率不大，以润滑为主，采用浓度可适当提高。中轧则介于两者之间，浓度适中。

不同轧制条件下推荐乳化液浓度为：

铜及铜合金初轧　　　　　　　　1%～5%

| 铜及铜合金中轧 | 5%~10% |
| 铜及铜合金精轧 | 10%~20% |

使用乳化液的浓度还取决于乳化液的成分，不同成分的乳化液浓度使用会有差别，其变化为 3%~10%。

（3）外观和稳定性：一般情况乳化液的外观为均匀白色（牛奶状）或乳白色乳化液。乳化液有稳定和不稳定之分，稳定的乳化液液珠很小，在 0.1μm 以下，该乳化液呈透明或半透明状；稍稳定的乳化液，液珠在 0.1~1μm 之间，乳化液呈乳白色；不稳定的乳化液液珠大于 1μm，可分辨两相，即分层。

乳化液的稳定性：并非越稳定越好，一般可根据自身特点，进行选择。由于乳化液润滑机理是乳化液的"热分离性"，如果乳化液过分稳定，油相不容易从乳化液中分离出来，那么也不能起到良好的润滑性能。

新配制的乳化液润滑性能不佳，轧制力偏高，使用一段时间后润滑性能改善，轧制力正常。主要原因是：乳化剂消耗，乳化液稳定性降低，油珠尺寸增大，热分离性变好，使工具和轧件上黏附油量增多，表现出较好的润滑性能。

（4）pH 值：反映了乳化液的酸碱度，一般应呈中性到弱碱性，pH = 7.5~9.0。

（5）腐蚀性能：乳化液对铜带应具有一定的防腐蚀能力，即轧制后的带材在一定的存放周期内，表面不会发生变色腐蚀。按铜片腐蚀试验方法，腐蚀标准色板分为 4 级：1 级轻度变色（1a 为淡橙色、1b 深橙色）；2 级中度变色（分为 5 级 2a 、2b 、2c、2d、2e）；3 级深度变色（3a、3b）；4 级腐蚀（分为 4a、4b、4c），一般好的乳化液应保证铜材的腐蚀为 1 级即轻度变色。

415　工艺润滑剂在生产中的使用？

选择好工艺润滑剂后，如何使用也很重要。在使用工艺润滑剂时必须配以特定的装置，将润滑剂均匀分布在轧辊上，使其形成连续的油膜。这种装置应该简单灵活，操作容易，便于实现自动控制。

目前铜板带轧制中使用的方法有涂抹、喷射等。对于高速轧制过程一般采用喷射式，即将润滑液以一定的压力直接将冷却液喷向轧辊，冷却轧辊和制品表面；涂抹式润滑主要应用在挤压、板式法生产和轧制速度较低的情况，即将冷却液均匀涂抹于轧辊表面。

无论乳化液还是轧制油润滑，除了安装一整套完整的工艺润滑循环系统外，润滑液的喷射角度、喷射量和喷射压力直接影响到轧制过程的实现。如果喷射角度偏离了正确位置，就会造成有效喷射量下降，金属的变形热聚积，会使轧制压力增加，严重时轧辊发黑，甚至造成轧辊表面产生裂纹，降低轧辊使用寿命。同时，喷射量不足，还直接影响轧辊辊型，造成板形不平、波浪等板形缺陷。

正确调整乳化液喷射角度和喷射量，对实现稳定轧制有重要的作用。使用时常出现乳化液喷射不均或喷射量减小，要定期检查乳化液喷嘴的角度和喷射状况，喷嘴堵塞和喷射角度的变化，要及时调整，避免因喷射不均或过小造成板形和轧辊的损坏。

一般轧机润滑系统的喷射角度和喷射量都是由轧机制造厂家确定的，通常以最佳的喷射量将乳化液喷向轧辊，达到最佳工艺润滑效果。工作中如发现板形、轧制力偏高等异常情况，应检查润滑液的喷射状况，发现偏离或喷嘴堵塞等应及时调整，保证产品质量。

416 铜合金退火类型和制度？

铜合金的热处理主要是加热和退火。根据不同目的退火可分为软化退火、成品退火和坯料退火。

软化退火：即两次冷轧之间以软化为目的的再结晶退火，也称中间退火。

成品退火：即冷轧到成品尺寸后，通过控制退火温度和保温时间来得到不同状态和性能的最后一次退火。

坯料退火：即热轧后的坯料，通过再结晶退火来消除热轧时不完全热变形所产生的硬化，以及通过退火使组织均匀为目的的热处理方法。

铜合金的退火制度是根据合金性质、加工硬化程度和产品技术条件的要求决定的。通过控制主要的工艺参数（退火温度、保温时间、加热速度和冷却方式）保证退火材料的加热均匀，组织和性能一致，且不被氧化，表面光亮，节约能源，能耗低。表 4-30 为常用铜合金板带的退火温度范围。表 4-31 为部分合金的退火制度。表 4-32 为双腔推料式电加热炉的中间退火制度。表 4-33 为单腔推料式电加热炉成品退火制度。表 4-34 为罩式真空退火制度。

表 4-30 常用铜合金板带的退火温度范围

合金牌号	不同板带厚度的退火温度/℃			
	>5mm	1~5mm	0.5~1mm	<0.5mm
T2，TU1，TU2，TUP	620~680	550~620	450~550	380~450
H96	560~600	540~580	500~540	450~500
H90，HSn90-1	650~720	620~680	550~620	450~560
H80	650~700	580~650	540~600	500~560
H68	580~650	540~600	500~560	440~500
H62，H9	650~700	600~660	520~600	460~530
HAl85-0.5	650~700	650~690	620~660	580~640
HFe59-1-1	600~650	520~620	450~550	420~480

续表 4-30

合金牌号	不同板带厚度的退火温度/℃			
	>5mm	1~5mm	0.5~1mm	<0.5mm
HMn58-2	600~660	580~640	550~600	500~550
HNi65-5	620~680	610~650	590~630	570~610
HSn70-1	600~650	560~620	470~560	450~500
HSn62-1，HSn60-1	600~650	550~630	520~580	500~550
HPb64-2，HPb63-3	600~650	540~620	520~600	480~540
HPb59-1	600~650	580~630	550~600	480~550
QAl5，QAl7	700~750	650~720	620~680	550~620
QAl9-2，QAl9-4	680~740	650~700	600~650	550~620
TBe2	680~750	670~720	650~700	640~680
QSi3-1，QMn5	650~700	600~650	500~600	480~520
TCr0.5	580~620	570~600	530~580	500~550
QSn6.5-0.1，QSn6.5-0.4	600~660	580~620	520~580	470~530
QSn4-3	600~650	580~630	500~600	460~500
QSn4-4-2.5	580~650	550~520	520~580	450~520
QSn7-0.2	620~680	600~650	530~620	500~580
TCd1.0	—	570~590	560~580	540~560
B19，B30	750~780	700~750	620~700	530~620
BZn15-20，BMn3-12	700~750	680~730	600~700	520~600
BAl6-1.5，BAl13-3	720~750	700~730	580~700	550~600
BMn40-1.5	800~850	750~800	600~750	550~600

表 4-31 部分合金的退火制度

合金牌号	退火温度/℃		保温时间/min
	中间退火	成品退火	
HPb59-1，HMn58-2，QAl7，QAl5	600~750	500~600	30~40
HPb63-3，QSn6.5-0.1，QSn6.5-0.4，QSn7-0.2，QSn4-3	600~650	530~630	30~40
BFe30-1-1，BZn15-20，BAl6-1.5，BMn40-1.5	700~850	630~700	40~60
QMn1.5，QMn5	700~750	480~500	30~40
B19，B30	780~810	500~600	40~60
H80，H68，HSn62-1	500~600	450~500	30~40
H95，H62	600~700	550~650	30~40

合金牌号	退火温度/℃		保温时间/min
	中间退火	成品退火	
BMn3-12	700~750	500~520	40~60
TU1，TU2，TUP	500~600	380~440	30~40
T2，H90，HSn70-1，HFe59-1-1	500~600	420~500	30~40
TCd1.0，TCr0.5，TZr0.4，TTi0.5	700~850	420~480	30~40

表 4-32 双膛推料式电加热炉的中间退火制度

合金牌号	厚度/mm	退火温度/℃	推料周期（时间）	备注
H90	5.5	580	4 卷/1h	出炉时喷水冷却
H65，H68	1.2~1.8	560		
	2.5~5.5	560		
H62，H63，H59	2.7~5.5	600		
H70，H80	1.2	600		
HPb59-1，HPb60-2	2.4~6.0	580		卷材中加铁环套，防止塌卷，出炉时严禁喷水
HPb60-2，HSn62-1	1.0~1.5	540~560		
HMn58-2，HFe59-1-1				
QAl5，QAl7，QAl9-2	1.5~6.0	650~680		

表 4-33 单膛推料式电加热炉成品退火制度

合金牌号	厚度/mm	状态	退火温度/℃	推料周期	产品	备注
T1，T2，T3 TP1，TP3 TU1，TU2	1.3~2.0	M	500	1 盘/1.5h	板	穿甲板装料高：长 ≥ 1200mm 时为 150~160mm；长<1200mm 时为 180±mm
	2.5~3.0		520			
	4.0~8.0		520			
	0.2~0.45		380~400	1 盘/1h		
	0.5~2.0		400~480			
H90	0.15~0.18	M	420	2 套筒/1.5h	套筒	水箱带
	0.08~0.1		380			
H62，H68 H90	>0.5	Y	320~340	1 盘/1h	板	每挂装料高度100~120mm，双挂温度选上限
		Y2	360~380			
		M	480~500			
		T	560~580	2 个底盘/1.5h	板带	
		M				

续表 4-33

合金牌号	厚度/mm	状态	退火温度/℃	推料周期	产品	备注
QSn7-0.2	0.5~0.7		560~580	2卷/1h	大卷	剖条
QSn4-3	0.2~1.2	M	500~560	1盘/1h	板	薄板下限，厚板上限
	>0.15		480	2套筒/1h	套筒	洗条
QAl5，QAl7	0.3~0.35		580~600	2卷/1h	大卷	厚料选上限
QAl9	0.4~0.6	M	580			
QSi3-1	0.2~0.4		540~580	1盘/1h	板	
	>0.5		580~640			
BMn40-1.5	0.5~1.0		660	2卷/1h	大卷	洗条
B30	0.4~0.6		600			剖条
BZn15-20	0.3~0.45	M	620			—
BZn18-17	0.15~0.25		600	2套筒/1h	套筒	
BFe30-1-1	0.1~0.14		660			
HPb59-1	0.4~0.6		520	2卷/1h	大卷	—
HSn62-1	>0.5					
HMn58-2	0.2~0.49	M	460~480	1盘/1h	小卷	
HPb59-1-1	0.21~0.5		500	2套筒/1h	套筒	
HPb60-1	>0.5		460~480	1盘/1h	板	

表 4-34 罩式真空退火制度

合金牌号	厚度/mm	状态	装炉质量/t	退火温度/℃	退火时间/h	备注
T1，T2，T3 TU1，TU2 TP1，TP2 H96	<0.05	M	0.5~1.0	340	7.0	
	0.06~0.10		0.5~1.0	360	6.5~7.4	
			1~2		7.0~8.0	
	0.12~0.28		0.5~1.0	400~440	6.5~7.0	
			1~2		7.0~8.0	
			2~3		7.5~8.5	
	0.2~0.8	M	<1	460~480	7.0~8.0	长带厚料选上限温度
			1~2		8.0~9.0	
			2~3		8.5~9.5	
	0.15~0.25		<1	360	6.5~7.5	需管带<0.4mm选下限
			1~2		7.0~8.0	
			2~3		7.5~8.5	
	0.07~0.10	Y2	<0.5	300~320	5.0~6.0	
			0.4~1.0		6.5~7.5	
			>1.0		7.0~8.0	

合金牌号	厚度/mm	状态	装炉质量/t	退火温度/℃	退火时间/h	备注
H68	0.5		>1.5	480	8	
	0.1~0.25	M	0.5~1.5	480	9.0~10.5	中间不装料
			>1.5		9.5~11.5	
	0.25~0.35		0.5~1.5	480~500	10~11	保温两小时
			>1.5		11~12	
	0.1~0.35	Y2	0.5~1.5	380~400	7.5~8	中间不装料
			>1.5		8~8.5	
H62 HPb59-1 HSn62-1 HMn58-2	0.10~0.25	M	0.5~1.5	460~500	9.0~10.0	新工艺温度选上限
			1.5~3.0		9.5~11.0	
	0.30~0.45		0.5~1.5	480~500	8.5~10.0	
			1.5~3.0		9.5~11.0	
QSn6.5-0.1 QSn4-3 QSn4-4-2.5	0.1~0.2	M	0.5~1.5	460~480	7.5~8.5	
			>1.5		8.0~9.0	
	0.25~0.45		0.5~1.5	480~500	7.5~8.5	
			>0.5		8.0~9.0	
	>0.5		0.5~2.5	500~540	7.0~9.5	

417　铜合金热处理加热炉内气氛及应用?

加热气氛一般分为氧化性气氛、还原性气氛和中性气氛，形成何种气氛，主要取决于炉内燃料（煤气）与空气的比例关系，空气过剩的形成氧化性气氛，特征是炉门火焰呈金黄色，炉膛内明亮；煤气过剩的形成还原性气氛，炉门火焰淡蓝色，炉内黯淡；比例正好的是中性气氛。

理想的加热气氛应为中性气氛，但是实际生产中，中性气氛不容易稳定地获得。因此，加热炉内的气氛控制主要根据炉内气氛性质与合金相互作用特性，以及炉内气氛的成分或杂质对合金的有害影响来确定，其根本原则是，最大限度地减轻炉内气氛对加热的不利影响，避免由此造成缺陷。

紫铜、含少量氧的铜合金、高锌黄铜以及在高温下能形成致密氧化膜的合金，如镍合金等，一般采用中性或微氧化性气氛加热。因为紫铜在还原性气氛中加热时，氢在高温下扩散与氧化亚铜中的氧作用形成水汽，这些水汽或者造成晶界疏松，使铸锭热轧开裂，或者在铸锭中形成气泡，在后续的轧制中金属表面起皮起泡，致使产品报废，这就是常说的"氢气病"，所以，大多数铜及铜合金都采用微氧化气氛加热，但氧化性气氛的最大害处是氧化烧损，造成金属损失。

无氧铜及高温下极易氧化、易于脆裂的合金如白铜、锡青铜、低锌黄铜等，加热时采用微还原性或中性气氛。

加热铸锭时，对燃料中的硫含量要严格控制，因为铜中渗硫生成铜的硫化物，削弱了晶界，导致热轧开裂。

控制炉内气氛，一般采用调节空气和燃料的比例来实现，实际的炉内气氛可以取样分析，也可以根据火焰颜色、料色和铸锭加热后的氧化程度来鉴别炉内气氛的性质。

炉膛压力也对炉内气氛有一定的影响，一般采用微正压，即炉门微冒火焰为宜。炉膛压力为负压时，冷空气不断吸入炉内，一方面加剧氧化，另一方面也降低加热效果；炉膛正压过大时，不利于废气排出，会造成升温太慢，延长加热时间，也会加剧氧化。

418 放热式气氛、氮基气氛、氨分解气氛？

（1）放热式气氛。放热式气氛的制备是将碳氢化合物燃料在较高的空气消耗系数（0.5~0.99）条件下进行不完全燃烧获得，主要成分由还原性气体 CO、H_2，氧化性气体 CO_2、H_2O 和中性气体 N_2 及残余甲烷组成。空气消耗系数为 0.5~0.8 情况下制得气氛为贫放热型气氛。

将放热式气氛经过净化，降低气氛中的 CO_2、H_2O 有害成分后的气氛，称为净化放热式气氛，其主要成分为氮气，其次还有少量的氢气，用于铜材的光亮退火时，氢气可根据需要调整含量。

（2）氮基气氛。铜及铜合金用的氮基气氛为利用氮气与氨分解气混合而得。

（3）氨分解气氛。使氨在铁或镍做催化剂的条件下燃烧，即可得到含氢75%，含氮25%的氨分解气氛。根据氨分解发生装置所处的压力条件氨分解可分为常压氨分解与加压氨分解。

加压氨分解制备纯氢氨混合气：加压氨分解是以液氨为原料，将液氨加热汽化后，经热交换器预热进入氨分解反应炉。氨分解是在有压力的情况下进行的，工艺条件为压力 0.3~0.6MPa，温度为 650~850℃，催化剂为镍基催化剂。经过氨分解得到的加压氢氮混合气中氨为 0.05%~0.2%，残水在 2% 以下。

由此而得到的分解气可与变压吸附制氮机制取的氮气在相等压力下直接混合，并一起进入催化脱氧器除去混合气中残氧。

脱氧后的混合气再经冷凝除去水分后，送入吸附净化器，在带压的条件下进行吸附净化，以除去混合气中残余的微量氨和微量水。

这样制取的带压高纯氢氮混合气中的氢气浓度可由使用条件加以调节，控制在 0.1%~40%（体积）范围内，余量为氮气，杂质含量为：$NH_3 < 1 \times 10^{-6}$、$O_2 < 1 \times 10^{-6}$，气体露点为 -70~-80℃，能满足光亮热处理的要求。

　　加压氨分解与常压氨分解制高纯氢氮混合气工艺相比，由于分解压力增加了，氨在分解炉内的分解率则会随压力增加而下降，这无疑会增加后续吸附净化器的吸附负荷。对于吸附单元来说，在加压下的吸附残氨量要比常压时高，吸附净化后的残氨浓度仍可低于 1×10^{-6}。

　　加压氨分解的压力可很方便地根据需要加以调节，因此采用加压下的氨分解制高纯氢氮混合气技术，与变压吸附制氮技术相结合而制备的可控气氛完全适用于金属光亮热处理。

419　铜合金热处理保护性气体的制备方法?

　　保护性气体制备的几种方法：

　　(1) 氨分解气体：液氨汽化后进入添加有镍触媒剂的裂化器内，在 750~850℃ 的温度下，裂化生成氨和氢，经净化除水除残氨后送入炉内。这种保护性气体适用于黄铜的退火。

　　(2) 氨分解气体燃烧净化：如需要降低氨的比例，可烧掉部分氢，在燃烧过程中增加氮。

　　(3) 氨分解气体加入空分氮（或液氮汽化），经净化后送入炉内，可根据需要得到不同比例的氢加氮的保护气体。

　　(4) 用量较少时，可用瓶装氮和瓶装氢做保护性气体。

　　(5) 煤气燃烧后的气体，一般会有 96% 的氮和小于 4% 的一氧化碳和氢，净化后使用。

　　(6) 纯氮气体，一般采用空分法制得，纯度可达 99.9%。这种方法适合含氧量较高的纯铜、锡磷青铜的退火。

420　铜合金热处理过程中氮气的制备方法?

　　(1) 深冷法。深冷空气分馏制氮是以空气为原料，在深冷空分装置（俗称制氧机）中，把空气深冷液化，利用氧和氮的沸点不同，进行精馏分离而获得。

　　深冷分馏法作为一种传统技术，其优点是产气量大，生产的氮气纯度高，运行稳定，在提取氮气同时，可以同时获得氧、氩等其他气体，这也是深冷法相对于其他方法的独特优点。因此，深冷法在大中型空分中仍占据主导地位。但它的工艺流程复杂，设备制造、安装调试等要求高，一次性投资多，通常在 3500m³/h（标准状态下）以下的装置，相同规格的 PSA 装置的投资费用比深冷空分装置低 20%~50%。深冷法适宜于大规模工业制氮，而中小规模制氮就显得很不经济。

　　(2) 变压吸附法。变压吸附制氮是以空气为原料，运用变压吸附原理，利用碳分子筛对氧和氮的选择性吸附，使氧和氮分离，从而获得氮气。

变压吸附法制氮和传统的深冷法制氮相比，具有显著的特点：吸附在常温下进行，不涉及绝热问题；工艺流程简单，设备制造容易，操作维护方便；装置小巧，占地少，投资省；设备启动迅速，能耗少，运行成本低；产品氮气纯度可按热处理工艺要求进行调节等。从技术经济效益上看，在<3000~5000m³/h（标准状态下）的制氮装置中，变压吸附优于深冷法制氮。

（3）膜分离法。膜分离制氮的基本原理是以空气为原料，在一定压力下，利用氧和氮等不同性质的气体在中空纤维膜中的不同渗透速率来使氧和氮分离。

膜分离制氮和上述两种制氮方法相比，具有装置结构更简单，体积更小，操作和维护更加方便，产气更快的特点。缺点是对压缩空气的清洁度要求较高，膜的过滤芯容易老化和腐蚀而失效，且中空纤维膜价格昂贵。

膜分离制氮适合氮气纯度不高于98%的中、小型氮气用户；当要求氮气纯度高于98%时，它和同规格的变压吸附装置相比，其价格要高出30%左右。

421　铜合金热处理过程中的供氮方式？

铜合金热处理过程中的供氮方式一般有以下几种：

（1）瓶装氮气：钢瓶容积40L，额定充压15MPa，瓶内储气6m³瓶氮适合生产规模较小、氮气需求总量不大的场合。

（2）管道供氮：设有制氧站及其邻近的工厂，氮气通过管道送到热处理车间使用，是一种方便实惠的供氮方式。

（3）液氮：氮气液化后体积缩小643倍（即1m³液氮可在标准状态下气化成643m³氮气），有利于储运。液氮纯度高（99.99%），不需任何提纯便可直接使用，打开阀门，液氮经过汽化器的交换器，便可成为气态氮。通常液氮储罐可以租赁，无论是连续还是间断使用，都是一种可靠方便的供氮方式。

（4）现场制氮：由工厂购置制氮设备制氮。

422　高温在线连续固溶处理与传统固溶处理的差异？

时效强化型 Cu-Ni-Si 和 Cu-Cr-Zr 系合金作为引线框架材料的第三代材料，在生产过程中都需要进行高温固溶处理，固溶处理效果直接决定框架材料性能的优劣与均匀性，是以上两种合金生产过程最为关键的工序之一。通过从国外引进先进的气垫式连续退火炉，不仅可以满足铜合金生产过程中中间退火和成品退火需要，缩短合金的生产周期，而且更加解决了 Cu-Ni-Si 系和 Cu-Cr-Zr 系合金高温固溶处理的关键问题，提高合金的综合性能和性能均匀性，满足我国集成电路发展对引线框架材料的需求。

随着 Cu-Ni-Si 系和 Cu-Cr-Zr 系合金国产化程度不断加大，发现经气垫式退火炉固溶处理后的合金，由于板带板形不高，容易在固溶处理过程中造成擦伤，影响合金的表面质量，很难满足高精尖的要求。立式连续退火炉最早使用在钢铁的生产中，相对气垫式连续退火炉，立式连续退火炉具有占地小、温控效果好、速度快、温度高等优点，可以在短时间进行固溶处理，保证合金晶粒组织的均匀性。另外，由于板带材在立式炉内通过转向辊输送，并缠绕在转向辊上，防止因来料板形不好引起的表面擦伤，以及带材在加热过程中发生热变形，造成合金板形不良。在铜合金板带中，通过使用立式连续退火炉高温在线固溶处理后，晶粒组织细小均匀、板形平整、表面质量优良。

423　铜及铜合金箔材的主要生产方式和用途？

铜及铜合金箔材生产方式主要有两种：一种是采用带坯进行进一步的高精度轧制，即压延铜箔；另一种是采用辊式方法连续电解，即电解铜箔，但电解法目前只能生产纯铜箔，日本部分企业采用电解法生产出了含微量元素的合金箔，该方法国内还未能掌握，而轧制法可以生产多种合金品种，如黄铜箔、青铜箔和白铜箔等。铜及铜合金箔材是各种工业使用的重要材料，主要用于电子、通信、仪表、机械等部门。

424　轧制铜合金箔材的品种规格、技术指标及特点？

轧制铜合金箔材（压延铜箔）的品种规格及产品的技术指标，见表 4-35。铜合金箔材轧制的特点是：轧制力大、辊型控制要求严格，要求轧机的刚性大、

表 4-35　压延铜箔品种规格、技术指标

牌号	代号	状态	厚度/μm	抗拉强度 R_m /MPa	断后伸长率 A_{50mm} /%
TU1 TU2	T10150 T10180	H04	8	≥380	≥0.8
			9		
			10		
			12	≥400	≥1.0
			15		
			20		
TSn0.12	C14415	H04	8	≥400	≥1.0
			9		
			10		
			12	≥420	≥1.5
			15		
			20		

结构精密，且为了降低轧制变形力，尽量减小轧制工作辊的辊径。所以箔材的轧机主要采用多辊轧机，通常为 12 辊或 20 辊。

425 电解铜箔的主要生产方法?

电解铜箔的生产工艺主要由两部分组成：即制成满足宽度和厚度要求的卷状铜箔工序和表面处理工序。目前电解箔材的主要生产方法有辊式连续电解法、环式连续电解法和用载体生产超薄铜箔法。

（1）辊式连续电解法。图 4-36 为典型的辊式连续电解法生产铜箔的示意图。其原理是安装在电解槽里的阴极辊筒，一部分浸在电解液中，通过低压直流电后，溶液中的铜离子被电解沉积到辊筒表面形成铜箔，阴极辊以一定的速度连续转动，辊筒上的铜箔不停地从阴极辊筒上剥离下来，再经过水洗、烘干、剪切等工序，最后卷绕成铜箔卷。这种方法制铜箔，必须进行表面处理，才能满足印刷线路板用铜箔的各种性能的要求。图 4-37 为日本三井公司的工艺流程示意图。图 4-38 为美国 MTI 公司电解铜箔生产线流程图。

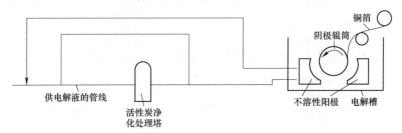

图 4-36　典型的辊式连续电解法生产铜箔的示意图

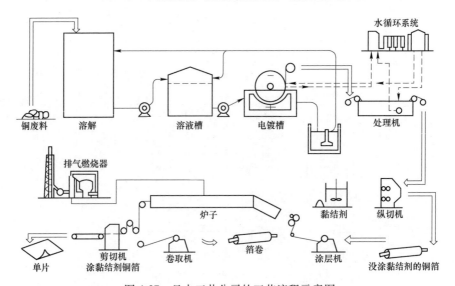

图 4-37　日本三井公司的工艺流程示意图

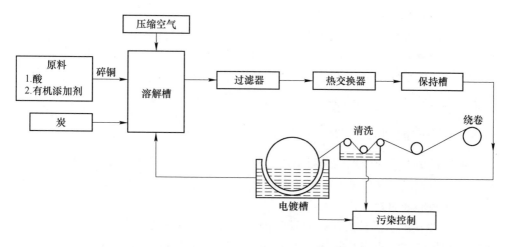

图 4-38　美国 MTI 公司电解铜箔生产线流程图

（2）环式连续电解法。图 4-39 为环形带式电解铜箔机示意图。该法是在电解槽内，设置由导电材料制成的环形带，将此环形带的下侧运行部分浸在电解液里，环带连续地运行，环带为负极，相当于阴极辊筒。在电解槽内放置多组不溶性阳极板，与辊式法一样的原理，电解液中的铜离子沉积到环形带上，铜箔则从环形带上剥离下来，卷成箔卷。这种方法的优点是设备简单，阴极的有效电解面积大，宽度增加，提高了产量。

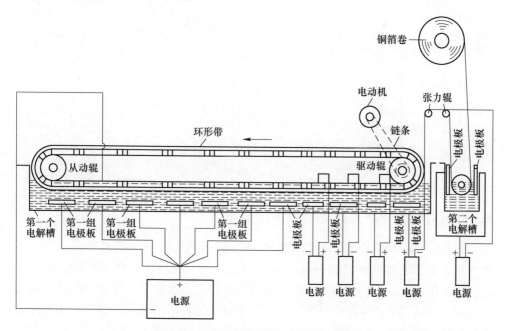

图 4-39　环形带式电解铜箔机示意图

（3）用载体生产超薄铜箔法。该法是以可溶性的铝为载体，将铜镀在其表面，经过进一步处理制成覆铜层压板支撑铜箔，最后将载体与覆铜层压板分离制成铜箔。用这种方法可以制得小于 $6\mu m$ 的极薄铜箔。其具体的工艺是：在表面经过处理的铝支撑层上面镀一层厚度足以形成粗面的第一层铜箔，然后在该铜箔上涂一薄层防粘层，再镀第二层非自承重厚度的铜层。

426　电解铜箔的表面处理及其方法?

电解铜箔的表面处理就是对铜箔的基本层表面进行粗化处理、固化处理和防锈处理，以提高箔材绝缘基材料的高温黏结强度，最后经干燥后便制成铜箔。目前电解铜箔的表面处理方法大致可分为机械法、化学法和电化学法三种。

（1）机械法。机械法就是对铜箔的粗糙表面进行机械的磨削加工，以提高铜箔表面粗糙度，改善其黏结强度，这种方法对 0.035mm 以下的铜箔的作用不明显。

（2）化学法。化学法是在不加任何外部电源的情况下，采用浸渍或者喷射的方式对铜箔的表面进行镀覆或腐蚀处理，使铜箔表面产生一定的化学反应，形成一定形貌的表面凹凸结构，以达到改善铜箔表面黏结性能的目的。图 4-40 为美国 MTI（Material Technology Inc）公司的铜箔表面处理流程。

（3）电化学法。电化学法是借助于外部电源，对铜箔表面实施一定的电化学沉积或电化学氧化处理，来提高和改善铜箔表面的黏结性能。

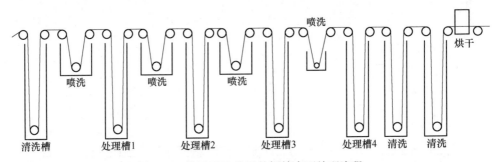

图 4-40　美国 MTI 公司的铜箔表面处理流程

427　铜箔电化学法表面处理技术的分类?

电化学法按照铜箔所处的电极的不同，可分为阳极处理和阴极处理。

（1）阳极处理。它是将铜箔作为阳极，使铜箔表面发生氧化反应，生成氧化铜或氧化亚铜，以氧化铜为主的处理称黑色处理，以氧化亚铜为主的处理称红色处理。阳极氧化的过程中，表面首先生成红色的氧化亚铜，再继续氧化则形成黑色的氧化铜薄膜。氧化膜的形成，提高了铜箔表面对绝缘树脂的化学键合力，又使得铜箔的表面凹凸不平,增加了机械黏合力。

(2)阴极处理。它是将铜箔作为阴极,对铜箔的表面进行电沉积,使之形成一种或多种功能层,以改善铜箔的黏合性能。阴极处理按控制的不同又可分为复合电沉积处理、工艺性处理和添加剂型处理。

1)复合电沉积处理。采用悬浮有不溶性微粒子的处理液,用铜箔作为阴极进行沉积处理,使铜箔的表面形成一层含不溶性微粒子的沉积层,以改善铜箔表面的黏结性能。其中,不溶性微粒子必须是不导电的,具有化学稳定性和热稳定性。一般有硅、氧化铝、玻璃、硫酸钡等无机化合物及其混合物,和环氧树脂、酚树脂、聚乙烯醇缩丁醛等有机化合物及其混合物。

2)工艺性处理。即在不施加任何添加剂的情况下,以控制其他各工艺参数达到表面处理的方法。如在电化学过程中,对溶液参数(组成成分、溶液浓度等)和电解参数(电流密度、溶液循环量等)进行控制。图 4-41 为美国奥林公司电解铜箔和表面处理设备,其表面处理是一种电化学处理方法。表 4-36 为各种表面处理方法的比较。

3)添加剂型处理。即在电解液中加入某种物质,通过改变添加剂的组成和多少来改善沉积层的组织和表面状态的方法,称为添加剂型处理。

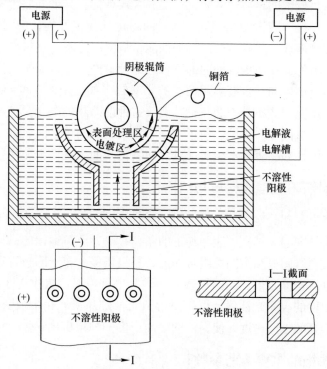

图 4-41 美国奥林公司电解铜箔和表面处理设备

表 4-36　各种表面处理方法的比较

分　类	优　点	缺　点
化学处理	设备简单，厚度均匀，节省能源	黏结力提高不明显，反应速度慢、生产率低，槽液组成复杂、难控制
阳极氧化处理	工艺稳定，控制范围大，操作简单	黏结力提高不显著，不能进行无胶层压
复合电沉积处理	能明显提高黏结力，工序简单	槽液极难控制和维护，对铜箔电性能有一定影响，蚀刻条件要求苛刻
添加剂型表面处理	能明显提高黏结力，工序简单，添加剂种类多，潜力大	槽液难控制，有毒添加剂较多，对环境有影响
一般工艺处理	槽液稳定，易于控制和维护，阴极电流效率较高	黏结力提高不显著，易产生铜粉转移
脉冲电流处理	能大大提高黏结力，工序简单，槽液稳定，沉积速度快	阴极电流效率低，一次性投资较大

428　电解铜箔阴极辊的材质与结构？

电解铜箔阴极辊的材质通常采用三层复合式结构，其最外层为钛质层，是由钛锭经锻造、穿孔、旋压而成，具有良好的耐化学腐蚀性能；中间层为铜质层，由铜板弯曲焊接而成，具有良好的导电性能；最内层是不锈钢材质层，该层主要起支撑作用。另外，在阴极辊的内部还合理地分布许多导电铜排，使电流沿阴极辊的表面分布更加均匀。也有采用两层的阴极辊，如美国的 Yates 公司，外层是不锈钢或钛，用温差法将外壳套在辊芯上，这种温差法的配合，接触良好，可以解决大电流的导电问题。我国以前还有用不锈钢制成的单层阴极辊，但不锈钢耐硫酸溶液的腐蚀性差，容易产生腐蚀点，使铜箔表面出现毛刺和针孔。

429　电解铜箔阳极辊的材质与结构？

阳极辊多半是铅合金铸造，经表面车削加工而成，也可用铅合金板弯制而成。阳极弧面的同心度越高、表面加工的精度越高，电解铜箔的品质越好。先进的阳极结构由超级阳极和主阳极组合而成，超级阳极分布于阴极辊进出电解液的两侧，为高电流密度阳极。当阴极辊开始进入电解液时，提供一个高电流密度，可以提高阴极辊的表面光洁度，以提高铜箔光面的品质。在阴极快要出液面时，又能提供一个高的电流密度，使铜箔的毛面产生一种预粗化效果。

430　电解铜箔的主要工艺参数？

溶铜温度：高温溶铜为 $85 \sim 90$℃，低温溶铜为 $60 \sim 70$℃；

电解时槽电流：一般为 4000～8000A，国外较先进水平的槽电流为 20000～100000A；

阴极辊身长 1～2.5m，辊径为 2～2.2m；

电解液的组成：$CuSO_4 \cdot 5H_2O$ 250g/mL，H_2SO_4 150g/mL，添加剂适量；

电解液温度：40～50℃；

电解电流密度：大于 30A/cm^2。

表面粗化处理液是由 120g/mL 的 $CuSO_4 \cdot 5H_2O$、80g/mL 的 H_2SO_4 和 10～30g/mL 的硝酸盐组成，工作条件是处理液温度 50℃、电流密度为 20A/cm^2，时间是 30～60s。

用改变电流密度和阴极辊筒速度的方法，来控制铜箔的厚度。

第5章 铜合金加工产品生产技术

431 铜板带的分类、应用领域及主要生产企业？

根据合金种类铜板带可以分为紫铜、黄铜、锡磷青铜、白铜、高铜合金（铜含量96%~99.3%）及其他铜合金板带。

主要应用领域：航空航天、集成电路、汽车、电子通信等。

目前国内铜板带的生产企业主要有中铝洛铜、宁波兴业、宁波博威、宁波金田、楚江新材、精诚铜业、上海五星、安徽鑫科、晋西春雷、中色奥博特、中色东方、华中铜业、铜陵有色、安徽众源、安徽金池、紫金铜业、河南凯美龙、花园铜业、浙江惟精、江西铜业、江西金品、江西凯安等。

432 铜箔的分类、应用领域及主要生产企业？

铜箔是电子新材料和新能源的重要原材料，根据应用领域可以分为电子铜箔和锂电铜箔。其中，电子铜箔主要应用于覆铜板层压板和印制线路板的制作，主要应用于5G通信、汽车电子、计算设备、IC封装载板等领域；锂电铜箔则应用于锂电池负极的制作，主要应用于动力、数码、储能电池。根据生产工艺可以分为电解铜箔和压延铜箔。

目前国内电解铜箔生产企业主要有灵宝华鑫、建滔铜箔、南亚铜箔、安徽铜冠、诺德股份、江西德福、云南惠铜、嘉元科技、海亮股份、江铜集团、华创新材、安徽慧儒、江西中旋、超华科技等；压延铜箔生产企业主要有灵宝金源、山东天和、中色奥博特、华中铜业、中条山铜业等。

433 铜管的分类、应用领域及主要生产企业？

铜管分为紫铜管和合金管，其中紫铜管可以分为内螺纹铜管、光管、外翅片管等，合金管可以分为黄铜管、白铜管、青铜管及其他。

主要应用领域：空调、制冷、船舶、冶金工业、建筑五金及5G通信等领域。

目前国内铜管的生产企业主要有浙江海亮、河南金龙、中色奥博特、宁波金田、江西耐乐、江苏萃隆、广东精艺、桂林漓佳、山东中佳、江铜龙昌、青岛宏泰、烟台恒辉等。

434　铜棒线的分类、应用领域及主要生产企业？

铜棒线根据合金种类可以分为紫铜、黄铜、青铜及白铜等几大类。

主要应用领域：船舶、汽车、建筑五金、新能源汽车、电力系统等。

目前国内铜棒线的生产企业主要有宁波金田、宁波博威、中铝洛铜、中铝昆铜、江西铜业、浙江海亮、宁波长振、浙江力博、广东伟强、铜陵铜冠、红旗铜业、宁波兴敖达、花园铜业、广东中南天、兴海铜业、葛洲坝展慈、广州半径电力铜材等。

435　铜粉的分类、应用领域及主要生产企业？

铜粉产品种类主要包括电解铜粉、雾化铜及铜合金粉末、扩散部分合金化合金粉末（青铜、黄铜、渗铜等）、包覆粉末（Cu/Fe、Cu/C、Ag/Cu）、超细（纳米）铜粉。主要制备工艺包括电解、水/气雾化、湿法冶金、物理法（气流破碎、球磨）等。

主要应用领域：粉末冶金、电碳制品、电子材料、金属涂料、化学触媒、过滤器、散热管等机电零件和电子航空领域。

目前国内铜粉材的生产企业主要有有研粉末、有研重冶、衡水润泽、长贵金属、博迁新材、鑫佳铜业、安徽旭晶等。

436　宇航线缆的组成及主要生产应用企业？

宇航线缆是一种重要电气互联元件，是整机电气系统的"神经"和"血管"，其结构特征是采用细径超长的高性能铜合金绞线包裹高分子绝缘层和屏蔽层，见图 5-1，具有很高的电导率、较高的强度、良好的塑性及优异的加工性能，

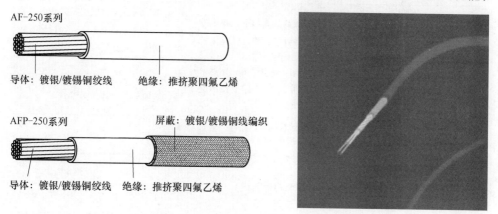

图 5-1　宇航线缆及其结构

且耐高低温、耐辐照、抗氧化能力强。它是应用于我国航天、航空等高技术领域中的一种基础材料和关键元器件，承担电流传输和信号传输作用。

我国宇航级电线电缆主要生产企业包括南京全信、中电 23 所、通光线缆、广州凯恒、芜湖航天、湖北航天等；应用单位包括我国航天航空领域各关键部门，主要有航天五院、八院等相关研究机构如 501 所、511 所、529 所及 805 所、812 所等，中国兵器集团总公司各相关研究院所如兵器 203 所、205 所及各大飞机制造厂如沈阳飞机制造厂、哈尔滨飞机制造厂以及西安飞机制造厂等。另外，我国国防相关单位如中国电子科技集团公司第 14 研究所、第 20 研究所等相关研究院所也大量使用宇航级电线电缆。

437 铸造铜合金的典型应用？

铸造铜合金主要分为铸造青铜和铸造黄铜两大类。根据合金元素添加种类，铸造青铜分为锡青铜、铝青铜、铅青铜和其他青铜；铸造黄铜分为锰黄铜、铝黄铜、硅黄铜及其他黄铜。典型应用见表 5-1。

表 5-1　铸造铜合金典型应用场景

合金名称	主要特性	应用
ZCuSn3Zn8Pb6Ni	耐磨性较好，易加工，铸造性能好，耐腐蚀，可在流动海水下工作	海水、淡水和蒸汽环境下压力不大于 2.5MPa 的阀门和管配件
ZCuSn5Pb5Zn5	耐磨性和耐蚀性好，铸造性能和气密性较好	在较高负荷下工作，耐磨、耐腐蚀零件，如轴瓦、衬套、缸套等
ZCuPb10Sn10	润滑性能、耐磨性能和耐蚀性好，适合用作双金属铸造材料	轧辊、车辆用轴承，以及双金属轴瓦、活塞销套、摩擦片等
ZCuAl8Mn13Fe3	具有较高的强度、硬度和良好的摩擦性能，耐蚀性能优异	适用于制造重型机械用轴套以及强度高、耐磨、耐压零件，如衬套、法兰、阀体、螺旋桨等
ZCuAl10Fe3	具有高的力学性能、耐磨和耐蚀性能，可以焊接，不易钎焊	要求强度高、耐磨、耐蚀的重型铸件，如轴套、螺母、涡轮等
ZHMn55-3-1	耐海水腐蚀、高强度、耐磨等特性	螺旋桨

438 铜及铜合金板材的典型应用？

铜及铜合金板材主要用于制作高炉冷却壁板、结晶器、垫圈和门窗面板等，应用于冶金设备、结构零件、建筑等领域，具体见表 5-2。

表 5-2　铜及铜合金板材典型应用场景

合金材料	部件	应用领域
T2、TP1、TAg0.1	高炉冷却壁板	冶金工业
T2、TP1、TAg0.1、TCr1-0.15、TCr2.4-0.6-0.5	结晶器	
T2、TP2	造纸铜版	造纸业
T2	电力汇流排	电力系统
H65	冲制锁面、钥匙	建筑五金
T2、H62、H65、TP2	屋面板/幕墙	建筑五金
T2、TP2、H65、QSn6.5-0.1	铜门窗	建筑五金

439　铜及铜合金带材的典型应用?

铜及铜合金带材主要用于制作引线框架、接插件、变压器、整流子、散热器、电真空管等，应用于集成电路、汽车、太阳能、电子通信等领域，具体见表 5-3。

表 5-3　铜及铜合金带材典型应用场景

合金材料	部件	应用领域
KFC、C19400、C70250、Eftec-64	引线框架	集成电路
黄铜、青铜、铜镍硅系、铍青铜、铜铬系	继电器/接插件	汽车/电子通信
T2、TU1	变压器	电力系统
TAg0.1	整流子	汽车
H90、H70、H62	散热器	汽车
C10100、C10200	汇流带、电缆通带	太阳能电池、电缆
TU1	电真空管	卫星通信/导航
C72500、C77000	晶体振荡器外壳	晶体振荡管

440　铜及铜合金管材的典型应用?

铜及铜合金管材主要用于制作结晶器、电炉感应器、轴承、衬套、热交换器等，应用于冶金工业、汽车、船舶、空调制冷、5G 通信等领域，具体见表 5-4。

表 5-4　铜及铜合金管材典型应用场景

合金材料	部件	应用领域
T2、TP1、TAg0.1	结晶器	冶金工业

续表 5-4

合 金 材 料	部 件	应 用 领 域
T2、TP2	电炉感应器	冶金工业
锡青铜、铅黄铜	轴承、衬套	船舶/汽车
T2、TP2、H90、HSn70-1、HAl77-2、BFe10-1-1、BFe30-1-1	常规热交换器、冷凝管	空调、制冷、电站、船舶
TU1、TP2	热管	5G 通信
H65	铜栏杆、铜扶手	建筑五金

441　铜及铜合金异型材的典型应用？

铜及铜合金异型材主要用于制作电炉感应器、功率管及接触线等，应用于冶金工业、半导体、铁路交通等领域，具体见表 5-5。

表 5-5　铜及铜合金异型材典型应用场景

合 金 材 料	部 件	应 用 领 域
T2、TP2	电炉感应器	冶金工业
C12200、C10940、C19200、C19400	功率管	塑封半导体器件
TMg0.5、TCr1-0.15	接触线	铁路交通

442　铜及铜合金棒材的典型应用？

铜及铜合金棒材主要用于制作结晶器、电炉感应器、轴承、衬套、热交换器等，应用于冶金工业、汽车、船舶、空调制冷、5G 通信等领域，具体见表 5-6。

表 5-6　铜及铜合金棒材的典型应用场景

合 金 材 料	部 件	应 用 领 域
QAl9-2、QAl9-4、QAl10-4-4	蜗轮/蜗杆	船舶/汽车
HPb59-1、BZn15-20	齿轮	
TCr0.5、TCr1-0.15	电极头/滚轮	汽车
HPb59-1	制锁	建筑五金
TTe0.5-0.008、TCr1-0.15	充电桩	新能源汽车

443　铜及铜合金丝材的典型应用？

铜及铜合金丝材主要用于制作电线电缆、汽车用焊丝和线束，主要在电力系统和汽车工业领域得到大量应用，具体见表 5-7。

表 5-7　铜及铜合金丝材的典型应用场景

合 金 材 料	部 件	应用领域
TP2	电线电缆	电力系统
TP2、QSn4-3-3、QAl7、B10	焊丝	汽车
TU1、T50110、TCr1-0.15	线束	汽车

444　铜合金材料在舰艇上的应用？

建造各类舰船、舰艇需要大量的铜合金材料，占船体自重的 2%~3%，主要应用在四个方面：

（1）用于电力、电讯方面，如发电机、电动机和控制系统等，主要有无氧铜、普通紫铜和高铜合金；

（2）用于管道和热交换方面，主要有 BFe10-1-1、BFe30-1-1 白铜和 HSn70-1 锡黄铜、HAl77-2 铝黄铜管材；

（3）用于舰船螺旋桨上，如铸造锰黄铜、铸造镍铝青铜、铸造镍锰青铜等；

（4）用于承力结构件和耐磨件上，如泵、阀、衬套、齿轮等，主要有铝青铜和多元复杂黄铜棒材。

445　铜合金材料在机械制造业上的应用？

根据铜合金材料在机械部件中的功能可以分为四大类：

（1）作为结构材料，用于各种支架、容器、连接件、紧固件等，如用紫铜、黄铜制造的连接螺栓，锡黄铜制造的冷凝器管板等；

（2）作为耐磨材料，应用于各种齿轮、蜗轮蜗杆、轴瓦、轴承等，如铝青铜制造的蜗轮蜗杆、铅黄铜制造的齿轮等；

（3）作为弹性材料，应用于各种弹簧、开关器件等，如锡磷青铜制造的弹簧、铍青铜制造的接插件等；

（4）作为换热材料，应用于各种冷凝器、蒸发器等热交换器，如紫铜、黄铜、白铜制造的换热器等。

446　铜合金材料在国防军工上的应用？

铜合金材料是国防军工中应用的关键材料，是国家的重要战略物资。从枪弹兵器到战车、坦克，从飞机到卫星、飞船，从火箭到巡航导弹，从驱逐舰到核潜艇，从加速器到对撞机，以上领域都离不开铜合金材料。

铜合金材料在国防军工中的应用可以分为两类：（1）公共通用部分，如电工和电讯导线、输变电设备、自动控制设备及电子元器件、热交换器等；（2）军工专用或某些特殊领域特殊用途部分，如火箭发动机喷嘴、多级火箭分离螺栓、导波用波导管、穿甲弹板等。

447 铜合金材料在电力系统中的应用？

铜合金材料在电力系统中的应用主要有：

（1）在电力传输方面的应用：电线电缆（铜/铜合金丝线材、包覆纯铜带）、电力汇流排（T1、T2 纯铜排）、变压器（TU1 铜带）、开关及断路器（T2、H65、锡磷青铜带材）。

（2）在发电设备中的应用：空心铜导线、整流子和集电环（Cu-Ag 合金带材）、槽楔（铍青铜、铜镍硅铬合金）、电站冷凝器用冷凝管（锡黄铜、B10、B30）、太阳能电池（C10100 铜带）。

（3）在用电设备中的应用：电动机（T2 铜线）、电容器（T2 紫铜板）、变频器（T2 紫铜线、带箔、薄板）、继电器（锡磷青铜、铍青铜、铜镍硅等带材）。

448 铜合金材料在汽车中的应用？

铜合金材料在汽车中主要用于散热器、变速器、电力和电子接插件、空调、制动器、增压器、气门芯、油管等。据统计，每辆中、重型卡车铜材单耗为 16~20kg，轻型卡车为 10~15kg，大、中型客车为 15~18kg，各类轿车为 18~20kg。

（1）在汽车水箱方面：水管、主片、上盖板、侧板主要由 H62、H68、H70 和 H90 铜板制备而成。

（2）在同步器齿环方面：每辆汽车平均使用 5~6 个，每个齿环平均用铜材 0.4kg。轿车等轻型车选用 Cu-Mn-Si 多元复杂黄铜，中型、重型车倾向选用 Cu-Al 系高强耐磨多元复杂黄铜。

（3）在接插件方面：汽车电子、电器系统是汽车的主要用铜部分，占汽车用铜量的 45%~50%，其中接插件平均用铜 1.5~2.0kg。主要用铜材品种是铜线（圆线和扁线）和铜带，合金牌号有 H65、QSn6.5-0.1、C70250、C18150 等。

（4）在动力电池方面：主要在动力电池组和充电桩方面。其中，在动力电池上主要使用 T2 紫铜，尺寸规格有异形棒材、板带材、箔材等；在充电桩的插针、插孔上，主要采用的是铜碲合金棒材、黄铜、青铜和铜铬系合金带材。

（5）在气门芯管及其他方面：气门芯一般采用易切削铅黄铜管制造，主要以 HPb63-0.1 居多。除此之外，还有耐磨耐蚀零件采用铜合金制造，如轴套、轴瓦、刹车片、弹簧、增压器浮动轴承等。其中，轴套、轴瓦、弹簧采用锡磷青铜；增压器浮动轴承采用高锡青铜和高铅青铜；刹车片采用 50%（Cu-Fe）粉末冶金材料。

449　铜加工中常见的安全危害因素?

铜加工中常见的安全危害因素主要有:

(1) 熔炼:保温炉中熔液温度一般在 1030~1220℃,炉料投放不正确会导致熔液飞溅,引起事故;附有油、水或乳液等的湿料装炉,会引起熔液大量吸气,操作工具若沾有液体,会引起熔液飞溅,严重者还会造成"放炮"事故,导致人员伤害或死亡;炉体长期使用会出现破损,导致熔体泄漏,引起伤害事故;扒渣时,如果操作不慎,熔渣蹦出渣箱外,可引起烫伤。

(2) 铸造:铸造时,如果结晶器、托座或铸造工具有水,则会造成金属熔液飞溅,引起烫伤或"放炮"事故。结晶器与托座之间若有缝隙,或液流调节装置系统不严密,则易发生熔液跑流,导致烫伤。

(3) 加工:轧机在轧制过程中,带材张力过限导致断带,会伤及操作人员。剪切机、轧管机、拉伸机在操作过程中,操作人员若不按操作规程操作,将会引起机械伤害事故发生。在带材高速轧制过程中,以矿物油为润滑剂,矿物油为可燃物,轧机机架、油过滤器处、油地下室有油箱、油泵,这些部位都有火灾危险,一旦起火,会引起烧伤事故。

钟罩式退火炉一般用氢气和氮气做保护气体,氢气为易燃易爆气体,若泄漏将引起爆炸、火灾事故。加热炉、退火炉及炉料温度一般为 450~950℃,操作不慎将会导致烫伤事故。

保护性气体发生站用氨分解生产氮气和氢气,若氨泄漏,高浓度的氨气接触皮肤,可引起类似强碱的灼伤,局部初期有明显疼痛,出现水泡,水泡破溃后形成糜烂面,或因水分吸收、脂肪皂化而引起组织溶解性坏死,造成深部组织的损伤,创面多为Ⅱ度灼伤,且愈合缓慢。

铜材在进行酸洗时一般用硫酸配制溶液,硫酸、硝酸具有强烈的刺激和腐蚀作用,能使接触的皮肤或黏膜局部组织细胞脱水、蛋白凝固变性,形成一层不溶性酸性蛋白的结痂。强酸的液体、蒸汽或雾除能造成局部损害外,尚可经呼吸道、消化道、皮肤的吸收引起全身中毒,中毒严重时可引起肝、肾损害。硫酸溶液配制时,若加水顺序搞错将导致烧伤事故。

铜加工设备多数为电气设备,当电气设备金属外壳带电、电气设备或电气线路绝缘性能降低、供配电线路漏电时,会导致操作人员触电或电击伤亡。

(4) 运输:天车在运输原料、半成品或成品时,可能会造成吊物坠落伤人。电瓶车、叉车等在运输物料时由于视线受阻、操作不当、速度过快等会引起伤亡事故。

450　铜加工中锌及其化合物导致的职业病及预防?

当车间工业卫生危害因素超过一定的限值,高浓度急性或长期慢性作用于人体, 从而导致操作人员发病则为职业病。

锌的理化特性: 锌是灰白色金属, 原子量 65.38, 密度 7.13g/cm^3, 熔点 419.58℃, 沸点 907℃。锌不溶于水, 溶于强酸强碱中。锌加热至 500℃ 时能产生大量蒸气。锌蒸气在空气中迅速氧化成氧化锌烟, 其颗粒细微, 为 0.01 ~ 0.04μm, 生物活性很强, 可引起铸造热。

危害性: 锌与锌盐属中等毒性到低毒性物质。不溶于水的锌盐是无毒的。高浓度氧化锌刺激性较大。

职业病表现: 高浓度的氧化锌烟刺激性较大, 可引起化学性肺炎。铸造热病, 吸入氧化锌烟后 4~8h 发病。发病时, 口内有金属甜味, 口渴、咽痒, 继而胸部发闷、咳嗽、气短、倦怠无力、肌肉关节酸痛, 并可伴有头痛、恶心、呕吐、腹痛等症状。然后出现寒战、发热, 体温在 38~39℃。体温达高峰时, 开始出汗, 以后体温下降。整个病程一般在 24~48h 即可恢复。

预防要点: 凡有哮喘病、支气管扩张、肺结核病者不宜从事接触氧化锌烟尘作业。车间空气 ZnO ≤ 3mg/m^3。

451　铜加工中铍及其化合物导致的职业病及预防?

铍的理化特性: 铍是灰白色轻金属。原子量 9.01, 密度 1.84g/cm^3, 熔点 1283℃, 沸点 2780℃。金属铍质轻、坚硬、耐高热、耐腐蚀、不受磁力影响。铍难溶于水, 可溶于硫酸和盐酸, 遇碱生成盐。铍蒸气易被氧化为很轻的氧化铍粉尘。

危害性: 铍及其化合物都有较高的毒性。铍是全身性毒性物质。可溶性铍化物的毒性大于难溶性铍化物。

职业病表现: 可引起急性中毒和慢性铍病。铍的急性中毒可引起化学性肺炎、肝脏损伤, 尿铍量明显增加。慢性中毒可引起铍肺和皮肤疾病。

预防要点: 患心、肝、肾疾病及皮炎、湿疹病者不应从事铍作业。作业时带防尘面具。车间浓度 (按 Be 计) ≤ 0.0005mg/m^3。

452　铜加工中镉及其化合物导致的职业病及预防?

镉的理化特性: 镉是微蓝色带银白光泽的软金属。原子量 112.4, 密度 8.65g/cm^3。熔点 320.9℃, 沸点 367℃。镉易溶于稀硝酸, 不溶于稀硫酸。镉能与氧、硫作用, 形成镉化物。镉在空气中加热, 发生红褐色浓烟, 即为氧化镉烟。

危害性: 镉及其化合物的毒性, 随品种的不同而异。金属镉属微毒类物质。氧化镉、氯化镉、硫酸镉、硝酸镉属中等毒性物质。工人吸入高浓度的氧化镉烟尘, 可致急性中毒, 引起急性肺水肿。镉的慢性损害, 主要损伤肾脏。镉污染的环境，可引起"疼痛病"。

职业病表现：

（1）急性中毒。吸入高浓度的氧化镉烟，可引起呼吸道明显损害。病人出现流涕、干咳、胸闷、呼吸困难，还可有头晕、乏力、关节酸痛、寒战、发热等类似流感表现，严重者出现支气管肺炎、肺水肿。

（2）慢性中毒。由于镉的损害，会导致肺水肿、肾损伤、嗅觉损伤、贫血等。接触氧化镉粉尘的工人，常在牙齿颈部釉质处出现黄褐色色素环，称镉环。

预防要点：凡有呼吸道疾病、肾脏疾病者不应从事镉作业。车间空气（按 Cd 计）$\leqslant 0.01 \mathrm{mg/m^3}$。

453 铜加工中镍及其化合物导致的职业病及预防？

镍的理化特性：镍是银白色硬金属。原子量 58.7，密度 $8.9 \mathrm{g/cm^3}$，熔点 1455℃，沸点 2900℃。镍不溶于水，溶于硝酸中。镍的无机化合物中的氧化物和氢氧化物不溶于或稍溶于水，其盐则溶于水。镍有延展性和磁性。

危害性：镍及其化合物属低毒性类物质。

职业病表现：镍对呼吸道黏膜有刺激作用，可引起化学性支气管炎和支气管肺炎。镍对皮肤有致敏作用，可引起皮炎或湿疹，称"镍痒疹"。镍有致癌性，可致肺癌、副鼻窦癌。

预防要点：防止皮肤接触镍电镀液。镍合金冶炼操作工人应戴防尘口罩。车间浓度（按镍计）$\leqslant 1 \mathrm{mg/m^3}$。

454 铜加工中铬及其化合物导致的职业病及预防？

铬的理化特性：铬是银灰色、质脆而硬的金属。原子量 52.01，密度 $6.92 \mathrm{g/cm^3}$，熔点 1890℃，沸点 2480℃。不溶于水和硝酸、而溶于稀盐酸和硫酸中，形成相应的盐。铬在常温下不易被氧化。铬的化合物有二价、三价、六价三种。生产中遇到的多为六价铬化物。二价铬盐不稳定，极易氧化成高价铬。在酸性条件下，六价铬易还原成三价铬；在碱性条件下，低价铬可氧化成重铬酸盐。六价铬化物都易溶于水，氧化性强，毒性大。

危害性：铬及其化合物中以六价铬化合物毒性最大，三价铬次之，二价铬和金属铬毒性小。六价铬化合物有较强的氧化作用，对皮肤黏膜有刺激和腐蚀作用。可溶性铬酸盐可引致铬溃疡。铬及其化合物也是一种致敏物，可引起过敏性皮炎和过敏性哮喘。铬是工业致癌物。

职业病表现：

（1）急性中毒：吸入六价铬化物粉尘或烟可引起急性呼吸道刺激症状，过敏体质可引起过敏性哮喘。当吸入高浓度铬酸雾，还可发生肺炎。

（2）慢性中毒：1）皮肤损害：铬可引起接触性皮炎和湿疹。铬引起的湿疹，长期不愈。铬皮炎容易复发。接触铬的工人可发生铬溃疡，又称铬疮。铬性溃疡深而圆，周边隆起，中央凹陷，有少许痂皮覆盖，形似鸟眼，故称"鸟眼型"溃疡。溃疡愈合缓慢，愈后留有萎缩瘢痕。2）呼吸系统损伤：铬酸雾和铬粉尘对鼻黏膜有刺激作用，可引起鼻中隔充血、糜烂、溃疡，进而形成穿孔。接触铬酸雾工人可发生萎缩性咽炎及慢性支气管炎。3）全身毒作用：长期接触铬化物可发生味觉或嗅觉减退，甚至消失。还可引起贫血及肾脏损伤。

预防要点：凡有皮肤病、呼吸道疾病、过敏性疾病者不应从事铬作业。皮肤暴露部位及鼻腔可涂油膏；用硫代硫酸钠溶液或肥皂洗手。车间浓度（以 Cr 计）≤ 0.05mg/m³。

455 铜加工中铅及其化合物导致的职业病及预防？

铅的理化特性：铅（Pb）是一种银灰色金属，质柔软，延性弱，展性强。密度 11.34g/cm³，仅小于金和汞，原子量 207.2，熔点 327℃，沸点 1740℃，当加热 400~500℃ 时，即有铅蒸气逸出，铅蒸气在空气中迅速氧化为氧化亚铅（Pb_2O），并凝集成铅烟。铅依氧化程度不同可形成氧化铅（PbO）、三氧化二铅（Pb_2O_3）和四氧化三铅（Pb_3O_4）。铅的氧化物大都以粉末状态存在。

危害性：铅及其化合物，均有一定的毒性，其毒性基本相似。铅主要经呼吸道和消化道进入人体。生产环境中的铅以烟雾、粉尘、蒸气形式存在，吸入后由于呼吸道有 CO_2，遇水形成碳酸，呈弱酸性，使铅容易溶解，又借肺的弥散和吞噬细胞的作用，促使铅的吸收比较完全和迅速，因此，呼吸道吸入是生产性铅中毒的主要途径。经消化道食入的铅，大部分由大便排出，仅有 5%~10% 被吸收。进入体内的铅，主要经肾脏和肠道排出，小部分经唾液、乳汁、月经、甚至头发排出。正常人每天由粪便排出铅约 0.02~0.39mg，几乎等于食物中铅的含量，由尿排出的铅约 0.02~0.08mg，由于尿铅在不定期程度上反映了血中含铅量，故临床上常以尿铅量作为诊断的依据之一。

铅具有蓄积作用，进入血液中的铅形成可溶性的磷酸氢铅或甘油磷酸铅，能迅速被组织吸收，分布于肝、肾、肺、脑、胰中，其中以肝肾浓度较高。除部分铅可经尿、粪便排出外，大部分铅很快离开软组织，以不溶解的磷酸铅在骨骼中沉积下来。正常情况下铅的吸收、蓄积和排出之间维持着动态平衡，当吸入少量的铅时，并不对人产生大的危害，但长期过量的吸收、蓄积，就可产生铅中毒。

血和软组织中铅浓度过高时，可产生铅中毒作用。蓄积在骨骼中的铅较为稳定，即使长期存留，也可无毒害，但由于铅在体内的代谢与钙相似，凡能促使钙贮存和排泄的因素，也能影响铅的贮存和排泄。如食物中缺钙，或因过劳、感染、饮酒等原因，可促使骨内存积的铅转移至血液，从而诱发铅中毒的急性发作或症状加重。

铅对全身组织均有毒性作用，其中以神经系统、造血系统和血管等方面的改变最为显著。铅中毒所引起的血液变化，主要表现为对血红蛋白合成过程中酶系统的抑制作用，出现贫血的临床表现。

职业病表现：职业性铅中毒，多为慢性中毒。主要表现为神经系统、消化系统和造血系统症状，严重的中毒可发生铅麻痹和中毒性脑病。

（1）神经系统。

1）神经衰弱症候群。常有头晕、头痛、记忆力减退、睡眠障碍（失眠、嗜睡或多梦等）、乏力、心悸等。这些症状出现较早，但不具特异性，经治疗或停止接触后，较容易恢复。

2）多发性神经炎。有的患者早期是手足发麻、乏力、四肢末端呈手套、袜套感觉障碍和植物神经功能障碍。进一步发展可出现握力减退，甚至肌无力，常发生于劳动最多的肌群，一般是桡神经支配的手指和手腕伸肌，先一侧受累，严重时可出现腕下垂，但这种典型的铅麻痹症状，目前已极少见。

中毒性神经炎，经驱铅治疗后，症状恢复较快，此点有助于与一般非职业性多发性神经炎相鉴别。

3）中毒性脑病。呈中枢神经系统广泛弥漫器质性病变，发病可急可缓，有类似脑血管危象、脑血管硬化、症状性癫痫或麻痹性痴呆等症状。表现为顽固性头痛、严重记忆力衰退、情绪不稳定、精神异常、狂躁、谵妄甚至昏迷，并可有双侧瞳孔大小不等，对光反应减弱，眼球及手指震颤等。

（2）消化系统。

1）消化不良症状。患者常感口内金属味、流涎、食欲减退、腹胀、恶心、呕吐、便秘、腹部隐痛等。

2）铅线。铅线是一种蓝色、紫黑色的小点状线条，多位于齿龈的边缘与牙齿交界处，牙龈发炎部位尤为明显，有时颊部或口腔其他部位黏膜也可见类似的色素沉着。铅线是由于牙缝间蛋白质腐败后产生硫化氢，后者透过黏膜与血液中的铅反应形成硫化铅，沉着于黏膜中。

3）腹绞痛。腹绞痛是铅中毒的典型症状之一。绞痛发生之前，常先有腹胀、顽固性便秘及明显的食欲不振，多数为突然发作、痛的性质为阵发性，其间隔时间由数分钟至数小时不等。痛的部位多在脐的周围或下腹部。轻者仅有隐痛，重者则如撕裂痛或绞痛。发作时往往伴有呕吐、面色苍白、出冷汗、身体蜷曲症状，两手紧压腹部，借以减轻疼痛，腹软，肠鸣音减少或消失，并常有血压的暂时升高等。

（3）血液系统。中度以上的铅中毒可发生贫血，通常是低色素性正常细胞型贫血，也可见到小细胞型贫血。贫血多属轻度，网织红细胞和点彩红细胞可增多，由于贫血和皮肤血管收缩，可出现"铅容"，患者面色苍白。

预防要点：车间浓度铅尘 $\leqslant 0.05mg/m^3$，铅烟 $\leqslant 0.03mg/m^3$。

456 铜加工中锰及其化合物导致的职业病及预防？

锰的理化特性：锰的原子量 54.94，密度 $7.2g/cm^3$，熔点 1245℃，沸点 2097℃，易溶于稀酸而放出氢。锰是灰白色脆而硬的金属，在自然界中以氧化物或盐类形式存在。锰蒸气在空中很快氧化为灰色一氧化锰及棕红色四氧化三锰。

危害性：锰对神经系统造成损害，可引起脑血管内膜增厚，脑血循环障碍及脑实质弥漫性退行性变，以锥体外系脑基底节最为明显。锰能选择性蓄积在富有线粒体的神经突触，影响神经突触中的线粒体合成神经兴奋性传递介质的功能，从而破坏了神经突触的传导性能。锰可影响胆碱酯酶的合成，使乙酰胆碱蓄积，胆碱性系统功能障碍是导致锰毒性震颤麻痹的原因之一。

职业病表现：工业生产中急性锰中毒非常少见，仅偶见吸入大量氧化锰时，可发生"金属烟雾热"，出现头痛、恶心、寒战、高热及咽痛、咳嗽、气喘等症状。数小时后烧退、全身大汗，次日遗留乏力感。

工业生产中的职业性锰中毒，主要为慢性中毒。其发病缓慢，一般可有数年或更长时间的接触史，在高浓度下工作时也有少数经数月即发病。慢性锰中毒的病程慢性进行性表现，脱离接触后，如未积极治疗，病情仍会发展，各种疾病、妊娠、外伤和精神刺激等因素均可促使症状加重。

预防要点：车间空气（以 MnO_2 计）$\leqslant 0.15mg/m^3$。

457 铜加工中磷及其化合物导致的职业病及预防？

磷的理化特性：磷常见的有黄磷和红磷。黄磷毒性大，是白蜡样结晶，在光线中颜色变黄，有蒜臭味，原子量 31.79，熔点 44.1℃，沸点 280℃，不溶于水，易溶于脂肪及二硫化碳等有机溶剂中，在空气中 34℃ 即自燃，易氧化成白烟，故常在水中保存。红磷毒性较小，为黄磷加热而成，呈棕红色粉末，熔点 72℃，沸点 350℃，不溶于水，也不溶于脂肪及有机溶剂，在常温下，不易挥发及氧化。

危害性：黄磷属高毒类物质，毒性大。红磷毒性小于黄磷。紫磷和黑磷少见，毒性也小。生产环境中黄磷浓度 0.2~1.2mg/m³，工人可发生慢性黄磷中毒。黄磷对人的最小致死量为 0.1~0.5g。

职业病表现：急性黄磷中毒，病人有肝脏损伤，出现肝脏肿大，肝功能异常。重症者可发生急性肝坏死和肝性昏迷。也可伴有肾脏损伤，出现蛋白尿、管型尿。黄磷灼伤皮肤时，表皮苍白、组织水肿，出现水疱和坏死，严重灼伤面广而深，肌肉、骨骼可被烧焦。慢性黄磷中毒，早期表现为鼻炎、喉炎、支气管炎并伴有神经衰弱综合征。病情进展，出现牙痛、牙松动和牙脱落，齿龈脓肿。X光下颌骨片骨质疏松、脱钙和坏死。慢性黄磷中毒可有肝脏损伤和贫血。

预防要点：生产中应尽量不用黄磷作原料。凡患牙病、肝病、肾病、血液病者不应从事黄磷作业。使用黄磷时，应加强机械通风，对黄磷及其化合物进行捕集处理。车间空气中黄磷：$\leqslant 0.05mg/m^3$，五氧化二磷：$\leqslant 1mg/m^3$。

458　铜加工中砷及其化合物导致的职业病及预防？

砷的理化特性：元素砷为灰黑色结晶，原子量 74.91，密度 $5.72g/cm^3$，熔点 818℃，615℃时升华。在自然界多以硫化物形式存在，如雄黄（As_2S_2）、雌黄（As_2S_3）等，或混杂于铅、锌、铜、铁等各种金属矿中。其中尤以三氧化二砷的毒性为烈。

危害性：毒性作用：砷及其砷化物的毒性，与其水溶性的大小有关。元素砷不溶于水，故无毒，但极易氧化为三氧化二砷。雄黄、雌黄水溶性很小，故毒性较低。三价砷化物的毒性较五价砷化物大。三氧化二砷毒性极大，15~50mg 致人中毒，60~200mg 致人死亡。

职业病表现：

（1）急性中毒：少见。主要有呼吸道及神经系统症状。常有咳嗽、胸闷、呼吸困难；全身衰弱、烦躁不安。可有痉挛和昏迷。严重者可因呼吸中枢麻痹而死亡。

（2）慢性中毒：神经系统受损害的表现为头晕、乏力等，偶见阳痿。可有多发性周围神经炎。砷化物对黏膜的刺激作用，可引起口腔炎症、胃肠炎。慢性毒作用可损伤肝脏。

（3）皮肤损害：可引起毛囊丘疹、疱疹、皮肤过度角化。脱皮、脱发等。

（4）致癌性：砷化物可引起肺癌和皮肤癌。

预防要点：凡患肝脏疾病、顽固性皮肤病、过敏性疾病者，不应从事砷作业。车间浓度（按砷计）$\leqslant 0.01mg/m^3$。

459　铜加工中氨导致的职业病及预防？

氨的理化特性：无色具有特殊臭味的刺激性气体，密度 $0.597g/cm^3$，极易溶于水而形成氨水（氢氧化铵），呈强碱性。

危害性：低浓度的氨，对眼及上呼吸道黏膜有刺激作用，且由于其水溶性大，故上呼吸道的毒性作用出现很快。高浓度的氨，对皮肤及黏膜有灼伤作用，呈组织溶解性坏死，使较深组织受损，引起化学性支气管炎、肺炎及肺水肿。高浓度的氨还通过刺激三叉神经末梢，反射性地引起呼吸、心跳停止。

职业病表现：

（1）轻度中毒：主要表现对眼及上呼吸道黏膜的刺激，患者眼、口有辛辣感、流泪、流涕、咳嗽、声嘶、吞咽困难、胸闷气急。

（2）重度中毒：吸入高浓度氨气，少数患者可因反射性喉头痉挛或呼吸停止呈"闪电式"中毒死亡。

高浓度氨气可使患者的眼睑、口鼻咽部及喉头黏膜糜烂或溃疡，支气管损伤。严重时可咯大量黄痰或坏死组织，有时支气管的黏膜坏死脱落，可堵塞呼吸道，导致呼吸困难及窒息。肺水肿发生很快，通常于中毒后数小时内出现，表现为剧咳、呼吸困难、脉快而弱、咯血痰或大量粉红色泡沫痰、双肺满布湿啰音、体温升高、躁动不安，陷入休克或昏迷状态。中毒几天后，患者易继发呼吸道感染和败血症。重症患者还可合并中毒性心肌炎、中毒性肝炎，转氨酶增高、肝大、黄疸，但一般恢复较快。由于氨易挥发，刺激性强，当吸入大量高浓度氨气时，也可引起呼吸道灼伤及出现全身中毒症状。

预防要点：经常检修生产设备与管道，防止跑、冒、滴、漏。液氨钢瓶要注意严密，不要在日光下暴晒；运送、存放时要防止损坏；灌注时要防止接头漏气。车间空气中氨不高于 $20mg/m^3$。

460　铜加工中硫酸导致的职业病及预防？

硫酸的理化特性：无色、油状、吸收湿气的液体，强酸性。$30\sim40℃$ 在空气中发烟而放出三氧化硫。以任意比例溶于水，放出大量热并稍缩小容积。与多数金属作用放出氢，有时放出二氧化硫或硫化氢，或分解出硫。

危害性：能刺激并腐蚀所有黏膜，引起上呼吸道灼伤及肺部损害，侵蚀牙齿的珐琅质，对皮肤的腐蚀特别厉害。

职业病表现：对眼、鼻、喉和肺有刺激性。牙齿长期受到侵蚀，牙齿变黄及珐琅质部分脱落；浓硫酸溅到皮肤上，引起烧伤。

预防要点：加强车间通风，配制酸液注意加水顺序，易在低温下操作。车间硫酸雾浓度不高于 $1mg/m^3$。

461　铜加工中硝酸导致的职业病及预防？

硝酸的理化特性：无色、腐蚀性很强的液体；约-47℃时凝固；86℃时沸腾且分解，约256℃完全分解为二氧化氮、水和氧。与除镁外的其他金属作用的气体常为一氧化二氮、一氧化氮和氮。

危害性：放出棕色烟雾，严重腐蚀皮肤和黏膜，对肺组织产生刺激和腐蚀作用，引起肺水肿。

职业病表现：低浓度时引起咳嗽，牙齿酸蚀症。高浓度时引起头痛、强烈咳嗽、胸闷等。严重者出现肺气肿，抢救不及时可引起死亡。

预防要点：加强车间通风，操作岗位采用排风罩，废气经净化后排放。车间二氧化氮不高于 $5mg/m^3$。

462 铜加工中氢氧化钠导致的职业病及预防？

氢氧化钠的理化特性：俗称苛性钠，烧碱，苛性碱。白色硬而脆的棒状物或非结晶粉状物；很易潮解；强碱性；从空气中吸收二氧化碳，溶于水而放出大量热。

危害性：对皮肤有强腐蚀性。

职业病表现：溅到皮肤上可使组织破坏，有灼热感。

预防要点：车间空气氢氧化钠 $\leqslant 2mg/m^3$。

463 铜加工中噪声导致的职业病及预防？

噪声危害性：听力减退、致人耳聋，影响神经系统。脉冲性噪声比连续性噪声对人体危害大，强度大、频率高的噪声危害较大。影响安全生产和降低劳动生产力。

职业病表现：长期在高噪声（>90dB（A））环境下工作，人会感到烦恼、难受、耳鸣、头痛、头晕、恶心或呕吐、乏力、睡眠障碍等。这些症状在脱离噪声环境后即可缓解或消失，如若继续接触噪声，上述症状又反复出现，且随时间的延长症状加重，逐渐出现听觉疲劳，如两耳轰鸣，听觉失灵（重听等），进而发生听力丧失而成为职业性耳聋。

预防要点：车间噪声控制 85dB（A）以下，高噪声岗位职工必须佩戴防护用品。

464 H65 黄铜带的厚度允许偏差？

根据产品的厚度公差精度，H65 黄铜带厚度允许偏差一般分为两级，具体要求见表 5-8。

表 5-8　H65 黄铜带材的厚度允许偏差

厚度/mm	宽度/mm									
	≤200		>200~300		>300~400		>400~700		>700~1000	
	厚度允许偏差/mm，±									
	普通级	高级	普通级	高级	普通级	高级	普通级	高级	普通级	高级
>0.15~0.25	0.015	0.010	0.020	0.015	0.020	0.015	0.030	0.025	—	—
>0.25~0.35	0.020	0.015	0.025	0.020	0.025	0.025	0.040	0.030	—	—
>0.35~0.50	0.025	0.020	0.030	0.025	0.035	0.030	0.050	0.040	0.060	0.050
>0.50~0.80	0.030	0.025	0.040	0.030	0.040	0.035	0.060	0.050	0.070	0.060

厚度/mm	宽度/mm									
	≤200		>200~300		>300~400		>400~700		>700~1000	
	厚度允许偏差/mm，±									
	普通级	高级	普通级	高级	普通级	高级	普通级	高级	普通级	高级
>0.80~1.20	0.040	0.030	0.050	0.040	0.050	0.040	0.070	0.060	0.080	0.070
>1.20~2.00	0.050	0.040	0.060	0.050	0.060	0.050	0.080	0.070	0.100	0.080
>2.00~3.00	0.060	0.050	0.070	0.060	0.080	0.070	0.100	0.080	0.120	0.100

注：1. 需方只要求单向偏差时，其值为表中数值的 2 倍。

　　2. 表中"普通级"和"高级"是按 GB/T 17793—2010 规定。

465　H65 黄铜带的加工工艺流程？

H65 黄铜带的生产工艺流程根据铸造和开坯方式的不同一般分为两种：半连铸-热轧开坯法和水平连铸-冷轧开坯法。

半连续铸造-热轧开坯生产工艺流程为：按成分要求进行配料→工频感应电炉熔炼→半连续铸造→热轧开坯→铣面→粗轧→光亮退火→中轧→光亮退火→表面处理→精轧→光亮退火（硬态、半硬态产品一般按轧制工艺控制，不需进行成品退火）→表面处理→拉弯矫直→纵剪分条→检验包装。

此种生产流程由于采用了热轧开坯的工艺，铸锭的热轧加工量通常在 90% 左右，大的加工量既可消除铸坯内的轻微缺陷（如轻微的裂纹、气孔、缩孔）也可大大降低后续产品出现各向异性现象。同时，此生产方式充分利用了金属的高温塑性和低的变形抗力，生产率高、产能大，且能灵活生产多种牌号的合金材料，被很多企业采用。但这种方法也存在生产厂房面积大、投资较高和生产流程较长的问题。

水平连铸-冷轧开坯生产工艺流程为：按成分要求进行配料→工频感应炉熔炼→水平连续铸坯→铣面→粗轧→光亮退火→中轧→光亮退火→表面处理→精轧→光亮退火（硬态、半硬态产品一般按轧制控制，不需进行成品退火）→表面处理→拉弯矫直→纵剪分条→检验包装。此种生产工艺的优点是生产流程短、项目投资和占地面积少、见效快，特别适用于难于热轧的合金，如锡青铜等，也适于生产紫铜和黄铜。

466　H65 黄铜熔铸技术要点？

H65 黄铜的熔点约为 956℃，为了使金属熔体中的气体和轻微杂质得到上浮和排出，而又不至于使锌的挥发过大和金属液体吸气，熔炼温度要控制在 1060~1100℃，出炉温度要适当提高到 1080~1120℃，待炉内液体"喷火"（即黄铜合金沸腾，锌蒸气喷出炉口被氧化燃烧形成现象）2~3 次后，即可出炉铸坯，在熔铸工序中，特别需要注意的操作有：

（1）在配料过程中，回炉料应控制在总量 30% 以下，碎料中不能含有油水，而且最好能打成包块，以便于加料和熔化。

（2）在熔炼过程中，液体表面要加木炭覆盖，以防金属液体吸气与氧化。

（3）在扒渣前，要放适量的除渣剂。扒渣一定要干净，这样才能保证铸锭内无夹渣和氧化物。

（4）在熔炼过程中，一定要等到炉内熔体"喷火"后才能取样作炉前成分分析，以保证炉内金属成分均匀和分析结果准确。

467　H65 黄铜热轧过程技术要点？

热轧过程可分为加热、热轧和铣面等工序：

锭坯加热一般在步进式加热炉内进行。一般坯锭出炉料温为（850±10）℃，坯锭加热温度随炉型不同而有所差异，一般比出炉料温高 30~40℃，热轧终了温度一般不低于 550℃。

加热时间长短主要是根据锭坯的大小和炉子形式来确定的，由于 H65 黄铜的导热性较好，可以加大加热速度，以减轻表面氧化和晶粒长大，降低烧损和能耗。

H65 黄铜加热炉膛气氛一般采用微氧化性，炉膛压力为微负压，因为在这种气氛下加热，挥发的锌氧化后附着在铜坯表面上，生成一层致密薄氧化膜，减少铜坯进一步的氧化和脱锌，保证加热坯的质量；在还原气氛，锌析出蒸发，造成脱锌。

由于 H65 黄铜的高温塑性好，变形抗力低，热脆性小，因此热轧的总加工率一般都选择 90%~95%。在确定了锭坯厚度和热轧终轧温度，即确定了热轧总加工率，即可根据道次的平均加工率，求出轧制道次 n。

在热轧过程中，轧辊与高温轧件的反复接触，使轧辊表面温度急剧上升，同时由于反复出现热胀冷缩现象，使轧辊表面发黑，甚至出现裂纹和爆裂等现象，严重影响轧件的表面质量及降低轧辊的使用寿命。所以热轧时必须采用水或乳化液作为冷却润滑剂。

热轧后坯料的表面残留着大量的热轧表面缺陷。如表面氧化、脱锌、压痕、各种压入物和轻微的表面裂纹，以及中间凸度等。在进入下一工序之前必须将这些缺陷清除掉，以保证产品的表面质量。热轧后的铣面厚度可根据热轧坯表面质量情况每面铣去 0.3~0.5mm，有条件时还要铣去两个侧面，以防侧面的氧化皮及表面缺陷在以后的压延过程中扩散到产品表面上来。铣面后厚度偏差：横向控制在 0.10~0.13mm；纵向控制在 0.15mm 以下。

468 H65 黄铜的退火制度?

成品退火即冷轧到成品尺寸后,通过控制退火温度和退火时间来达到不同状态和性能的最后一次退火。通过对退火工艺的控制可以得到不同状态和性能的产品,通常可以获得软(O60)状态,半硬(H02)状态。还有一种是在再结晶温度下以消除产品内残余应力为目的的低温退火。目前 H65 黄铜一般采用的退火制度见表 5-9~表 5-11。

表 5-9　箱式退火炉退火制度

类　型	不同板带厚度的退火温度/℃				保温时间/h
	3.0~5.0mm	1.0~3.0mm	0.5~1.0mm	<0.5mm	
中间退火	550~580	530~560	500~530	480~510	3.5~4.0
成品退火 (O60 态)	530~560	500~530	480~500	470~490	3.0~3.5

表 5-10　罩式炉退火制度

类　型	不同板带厚度的退火温度/℃				保温时间/h	出炉温度/℃	保护气氛
	3.0~5.0mm	1.0~3.0mm	0.5~1.0mm	<0.5mm			
中间退火	530~560	500~530	480~510	460~490	3.0~4.0	85 以下	H_2 和 N_2 的混合气体
成品退火 (O60 态)	500~530	480~510	460~490	460~480	3.0~4.0	70 以下	

表 5-11　单张连续式气垫退火炉退火制度

厚度/mm	运行速度/m·min^{-1}	
	硬态,退火温度 650~700℃	半硬态,退火温度 500~550℃
0.10	38	40
0.12	37	40
0.15	35	39
0.20	29	37
0.23	28	36
0.25	26	34
0.27	24	32
0.30	23	31
0.33	21	29
0.35	20	28
0.40	18	26

厚度/mm	运行速度/m·min⁻¹	
	硬态, 退火温度 650~700℃	半硬态, 退火温度 500~550℃
0.45	16	24
0.50	15	23
0.55	14	22
0.60	13	21
0.65	12	20
0.70	12	20
0.80	11	18
0.90	10	15
1.00	9	13
1.10	8	12
1.20	7	11

469　超薄水箱带的生产工艺流程?

超薄水箱带的生产工艺流程如下:

半连续铸锭→锯切→表面检查、修理→铸锭加热→热轧开坯→坯料铣面→冷开坯→中间退火→切边→预精轧→二次切边及分卷→成品轧制→除油→物理性能检测→成品剪切及外观质量检查→称重→包装→入库及发运。

470　超薄水箱带主要工艺过程及参数?

(1) 铸锭的选择:超薄水箱带应按制订的化学成分,采用半连续浇铸造方式生产出铸锭。铸锭的尺寸是依据本企业热轧机、冷轧机及辅助设备的生产能力及生产工艺流程确定,对铸锭进行定尺锯切,对铸锭表面进行局部打磨和修理,确保没有裂纹、气眼、夹杂及冷隔。

(2) 热轧开坯:铸锭加热采用步进式加热炉对铸锭进行加热,炉膛气氛为还原性气氛,料温控制为 850~900℃,铸锭温度均匀,严防过热及过烧现象发生。开轧温度不低于 850℃,终轧温度不低于 650℃。轧制道次一般不大于 9 个道次。终轧厚度以有利于铣面为原则,厚度一般为 12~14mm。

(3) 双面铣削(包括铣侧边):铣完面的带坯表面质量应保证带厚均匀、无氧化物、洁净、光滑、无任何影响成品表面质量的缺陷。

(4) 粗轧一般采用四辊冷轧机进行冷开坯,开坯总加工率可控制在 80%~90%,开坯过程应注意板形控制、尺寸公差和防止划伤、夹灰现象发生。轧制结束后，料卷应捆扎牢固，便于去应力退火。

（5）超薄水箱带在生产过程中应安排两次切边。带坯在 1.5~2.0mm 厚时安排第一次切边，预精轧并经退火后进行第二次切边或分卷。

（6）带坯厚度为 1.5~2.0mm 时可在钟罩式光亮退火炉中进行热处理，保护性气氛为 97%N_2+3%H_2，露点不大于-70℃，具体热处理制度详见表 5-12。

表 5-12　超薄水箱带钟罩炉热处理制度

钟罩炉装料/t	加热温度/℃	热处理时间/h		冷却后
		加热	保温	出炉温度/℃
10	450~470	3.5	3.5	≤60
16	450~470	4	4	≤60
30	470~500	5.5	5.5	≤60

（7）超薄水箱带材成品厚度范围为 0.025~0.06mm，厚度公差≤±0.003mm，国内一般采用小四辊轧机生产 0.045~0.06mm 厚的成品，成品轧制道次不应超过三个道次。

（8）超薄水箱带材成品宽度范围一般为 30~88mm，宽度公差为+0/-0.1mm。由于带材厚度小，宽度公差一般要求负公差，侧弯度要求 1.5mm/m，因此成品剪切适合选用拉剪，剪刃一般采用固定剪刃。

（9）超薄水箱带成品卷内径尺寸范围一般为 φ80~150mm，并带有塑料衬筒，带卷外径尺寸 φ300~350mm，单卷重量 30~60kg；每个成品卷中允许有接头，但在接头处有明显标记，每一单根带材长度不小于 200m，带头用胶带粘牢。同一规格、状态、批次的产品装入同一个木箱中，内衬防潮纸。带卷装入木箱时，层与层间应用软物隔离开并填实。同一规格、状态、批次的带卷总重量应不大于 10t。

471　锡磷青铜产品板带材的厚度允许偏差？

国家标准 GB/T 17793—2010《加工铜及铜合金板带材外形尺寸及允许偏差》中，锡磷青铜板带材厚度偏差要求见表 5-13 和表 5-14。

表 5-13　锡磷青铜冷轧板的厚度允许偏差

厚度/mm	宽度/mm								
	≤400			>400~700			>700~1000		
	厚度允许偏差/mm，±								
	普通级	较高级	高级	普通级	较高级	高级	普通级	较高级	高级
0.20~0.30	0.030	0.025	0.010	—	—	—	—	—	—

厚度/mm	宽度/mm								
	≤400			>400~700			>700~1000		
	厚度允许偏差/mm，±								
	普通级	较高级	高级	普通级	较高级	高级	普通级	较高级	高级
>0.30~0.40	0.035	0.030	0.020	—	—	—	—	—	—
>0.40~0.50	0.040	0.035	0.025	0.060	0.050	0.045	—	—	—
>0.50~0.80	0.050	0.040	0.030	0.070	0.060	0.050			
>0.80~1.20	0.060	0.050	0.040	0.080	0.070	0.060	0.150	0.120	0.080
>1.20~2.00	0.090	0.070	0.050	0.110	0.090	0.080	0.200	0.150	0.100
>2.00~3.20	0.110	0.090	0.060	0.140	0.120	0.100	0.250	0.200	0.150
>3.20~5.00	0.130	0.110	0.080	0.180	0.150	0.120	0.300	0.250	0.200
>5.00~8.00	0.150	0.130	0.100	0.200	0.180	0.150	0.350	0.300	0.250
>8.00~12.00	0.180	0.150	0.110	0.230	0.220	0.180	0.450	0.400	0.300
>12.00~15.00	0.200	0.180	0.150	0.250	0.230	0.200	—	—	—

注：当要求单向允许偏差时，其值为表中数值的 2 倍。

表 5-14 锡磷青铜带材的厚度允许偏差

厚度/mm	宽度/mm			
	≤400		>400~610	
	厚度允许偏差/mm，±			
	普通级	高级	普通级	高级
>0.15~0.25	0.020	0.013	0.030	0.020
>0.25~0.40	0.025	0.018	0.040	0.030
>0.40~0.55	0.030	0.020	0.050	0.045
>0.55~0.70	0.035	0.025	0.060	0.050
>0.70~0.90	0.045	0.030	0.070	0.060
>0.90~1.20	0.050	0.035	0.080	0.070
>1.20~1.50	0.065	0.045	0.090	0.080
>1.50~2.00	0.080	0.050	0.100	0.090
>2.00~2.60	0.090	0.060	0.120	0.100

注：当要求单向允许偏差时，其值为表中数值的 2 倍。

472 锡磷青铜板带的加工工艺流程？

目前，锡磷青铜板带普遍采用水平连续铸造带坯、随后冷轧和退火的工艺进行生产。锡磷青铜板带（加工态：特硬、硬态或半硬态等）的主要生产工艺流程大体为：

配料→熔炼→保温→水平连续铸造→铣面→卷取→均匀化退火→冷轧开坯→再结晶退火→酸洗→中轧→再结晶退火→酸洗→精轧→低温退火→表面清洗→平整（拉弯矫处理）→分剪→包装→入库（发运）。

473　锡磷青铜水平连铸的技术要点？

锡磷青铜合金材料的结晶温度范围较宽（150~160℃），且在凝固过程中合金元素的扩散速度慢，易产生严重的枝晶偏析，材料在凝固过程中，中线收缩率和体积收缩率都较小，枝晶补缩困难，易形成分散的缩孔，宏观上形成疏松。

锡磷青铜合金在凝固过程中易产生锡含量外高内低的"反偏析"现象，即材料铸锭表层至中心层 Sn 含量逐渐降低的特殊现象，严重时铸锭表面可见灰白色析出物。Sn 含量的"反偏析"以富 Sn 低熔点组分形式存在，主要由 $Cu_{31}Sn_8$（δ 相、性硬脆）、Cu_3P 和 SnO_2 等共同组成，其 Sn 含量为 15%~18%，常温下硬、脆，易开裂。

生产锡磷青铜的原料主要有阴极铜、锡锭、磷-铜中间合金及相应的铜废料等，所选用的阴极铜、锡锭、磷-铜中间合金应符合相应的国家标准，应注意防止其中的 As、Sb、Bi、Pb 及 S 等有害元素超标对产品生产和客户使用带来的不利影响。对于铜废料，特别是从废料市场上采购的废料除了注意上面所列的有害元素外，还应注意其他牌号产品废料的混入而造成的影响，例如易切削铜合金（常含有 Pb）、黄铜（含有 Zn）及硅锰青铜等。

锡磷青铜的熔炼和保温通常采用低频有芯感应电炉。在熔炼和铸造过程中，应注意对熔液的保护，加强液面的覆盖。锡磷青铜的熔炼和保温通常采用干燥的木炭或米糠。锡磷青铜的熔炼温度为 1180~1250℃，保温铸造温度为1140~1180℃。

通过水平连铸方式，QSn6.5-0.1 锡磷青铜带坯组织表层为细小的等轴晶，里层为大小不等的柱状晶。通常情况下，"拉-停"式水平连铸的结晶过程中存在"停"时形成的一次结晶区与"拉"后金属熔体在腾出的结晶器壁上出现的新的二次结晶区，二者之间会形成一界面区，且易形成金属氧化物、夹杂、富 Sn 低熔点组分等的集中区，而外观上则形成铸坯表面的横向"结晶纹路"。在生产实践中，这种横向的"结晶纹路"是连铸结晶过程和铸坯质量的重要反映：良好的铸造"结晶纹路"应呈均匀扁平状，中间与边缘的高度差（液穴深度）不大，且表面色泽与其他部分差异很小；如果铸造"结晶纹路"呈深凹形，液穴深度大于 100mm，且表面色泽与其他部分差异明显，特别是表面出现灰白色析出物，表明铸造偏析很大，后续冷轧时容易形成边缘周期性裂口；当铸造"结晶纹路"

呈明显不对称时，表明结晶器的冷却效果不均匀，同样会形成较严重的铸造偏析，往往在纹路超前的一侧会出现灰白色析出物，最终形成开裂源。

改进后的水平连铸采用"退-拉-停-退-拉-停"程序，增加一个反推过程，能有效地提高铸坯的表面质量，获得均匀平滑的铸坯表面，同时消除表面裂纹、减少组织反偏析倾向。水平连铸的工艺主要包括水平连铸机的拉铸程序（退-拉-停的节奏）、铸造用结晶器的水冷控制和连铸带坯出口温度等工艺参数。水平连铸的程序通常为：反推1：0~2mm，拉出：10~15mm，停止：1~3s，反推2：0~2mm。连铸带坯出口温度一般控制在320~380℃。

474　锡磷青铜连铸带坯的"反偏析"？

反偏析是锡磷青铜合金铸锭在表层一定范围内溶质浓度由外向内逐步降低或上部溶质浓度高于底部的内部缺陷。反偏析也称负偏析。与正偏析相反，是低熔点元素富集在铸锭先凝固的外层的现象。

适宜的均匀化退火可以消除水平连铸坯存在严重的枝晶偏析，有效改善铸坯的组织状况，提高后续大加工率冷轧的适应性。均匀化退火的温度650~700℃、保温7~9h。过高的退火温度可能出现新的显微组织疏松及带坯的黏结，这类黏结更多地产生于带坯的边缘"富锡区"，造成后续冷轧开卷的困难和带坯表面缺陷的产生；过低的退火温度则无法完全消除铸坯的枝晶偏析。

大量的生产实践表明，由于合金元素的扩散速度很慢，对于明显的区域性偏析，利用现行的退火工艺，完全消除这种"反偏析"是很困难的。因此，运用合理的连铸工艺，尽可能减小偏析，特别是防止严重的区域性反偏析出现，并配合合理的均匀化退火工艺才是可行之路。另一种处理锡磷青铜水平连铸带坯严重枝晶偏析的方法，是通过对铸造带坯进行小加工率预轧制（表面碾压）破碎粗大的柱状晶粒，然后进行退火，可以得到均匀、细小的再结晶组织。

475　如何防止锡磷青铜带坯轧制开裂？

锡磷青铜具有良好的冷加工性能，冷轧的加工率可达60%~80%。特别是20世纪80年代后，国内锡磷青铜生产厂家大量引进国外先进水平连铸机组和冷轧机组，普遍采用大加工率的开坯工艺，14.0~16.0mm厚的连铸带坯（经铣面和均匀化退火）可直接轧制到4.0~6.0mm，最好的可直接轧至2.7mm（82%加工率）。

锡磷青铜水平连铸带坯在轧制中遇到的主要质量问题是各种形式的轧制开裂，包括带材的边部开裂和中间开裂。防止带坯轧制开裂，除了需要铸造质量较好的水平连铸带坯外，轧机的技术参数及轧制卷取方式也是重要的。冷轧机（特别是冷粗轧）的轧机类型（二辊、四辊及其他形式）、轧辊辊径及总轧制力、轧制速度等技术参数选择直接影响到水平连铸带坯轧制的生产效率和工艺质量。轧机的卷取形式和卷筒直径是影响带坯轧制正常进行的重要因素，根据理论分析和实际生产证明：对于锡磷青铜水平连铸带坯轧制，采用大辊径的轧机和卷筒直径 1.5~2.0m 的直接张力卷取机（即所谓"大鼓轮"），可以避免或减小带坯轧制过程中发生带材边部开裂和中间开裂的可能性或程度。

476　锌白铜板带的加工工艺流程？

（1）采用半连续铸造或铁模铸造-热轧方式。采用半连续铸造或铁模铸造-热轧的技术难点是锌白铜材料存在"中温脆性区"，即在热轧时容易发生边部开裂。热轧的开裂主要发生在 350~650℃ 的中温范围，轧坯的边部区域开始出现表面裂纹，边部裂纹的宽度由锭坯的浇口端至锭底逐步增宽。减少热轧中温边部开裂的措施主要有两个方面：一是注重提高铸锭的质量，严格控制合金成分和杂质含量在规定的范围内。二是控制热加工工艺条件，规避"中温脆性区"，严格控制热轧温度范围（700~900℃，特别是终轧温度不小于 700℃）。半连续铸造或铁模铸造-热轧方式主要生产工艺流程为：

配料→熔炼→保温→半连续铸造→铣面→加热→热轧→卷取→表面清洗→冷轧→再结晶退火→酸洗→中轧→再结晶退火→酸洗→精轧→退火/表面清洗→分剪→包装→入库（发运）。

（2）采用水平连铸-冷轧方式。锌白铜合金材料的热加工性能较差，但冷加工性能十分优良，加之锌白铜材料价格贵而总体市场需求量较小（相对于紫铜、黄铜和青铜），因此适宜于采用水平连铸-冷轧方式生产。水平连铸-冷轧方式主要生产工艺流程为：

配料→熔炼→保温→水平连续铸造→铣面→卷取→冷轧开坯→再结晶退火→酸洗→中轧→再结晶退火→酸洗→精轧→表面清洗→平整（拉弯矫处理）→分剪→包装→入库（发运）。

477　锌白铜铸造需要注意的问题？

生产锌白铜的原料主要有阴极铜、电解镍板、锌锭及相应的铜合金废料等，所选用的阴极铜、电解镍板、锌锭应符合相应的国家标准，应注意防止其中的 As、Sb、Bi、Pb 及 S 等有害元素超标对产品生产和客户使用带来的不利影响。对于铜废料，特别是从废料市场上采购的废料除了注意上面所列的有害元素外，还应注意其他牌号产品废料的混入而造成的影响，例如易切削铜合金（常含有 Pb）等。

锌白铜的熔炼和保温通常采用低频有芯感应电炉。在熔炼和铸造过程中，应注意对熔体的保护，加强液面的覆盖。锌白铜的熔炼和保温通常采用干燥的木炭。熔炼温度为 1280~1350℃，保温和铸造温度为 1230~1280℃。

锌白铜在结晶时的固-液温度区间较大，加之原子间相互扩散能力较差，合金在凝固结晶过程中易形成 Ni、Zn 等单质或化合物的枝晶偏析或晶界偏聚，并成为固相脆化的潜在起因。与锡磷青铜水平连铸的工艺相比较，锌白铜的拉铸温度更高；由于锌白铜材料的导热性较青铜差，一般拉铸速度更慢，结晶器需要较大的冷却强度；同时，其石墨结晶器的使用寿命也较短。

478　锌白铜板带冷轧需要注意的问题？

锌白铜具有良好的冷加工性能，冷轧的加工率可达 80% 以上。但锌白铜板带强度较高，加工时轧制负荷大，从某种程度上讲，材料的道次加工率取决于轧机的能力。锌白铜带坯在轧制中遇到的主要质量问题是各种形式的边部开裂和中间开裂。防止轧制开裂，除了需要较好的带坯铸造质量外，轧机的性能及轧制卷取方式等也是重要的影响因素。实际生产经验证明：采用大辊径的轧机和所谓"大鼓轮"（卷筒直径 1.5~2.0m 的直接张力卷取）卷取，有利于防止在带坯轧制过程中发生因反复弯曲而引起的带材边部开裂和中间开裂现象。

479　锌白铜带材低温退火的目的？

轧制后的锌白铜带材需要进行低温退火，通常在 200~250℃ 之间，保温 3~4h，进行低温退火的目的主要是消除带材的内应力。在轧制过程中，即使板形十分平整的带材，也可能存在一定的内应力差异，其结果是带材成品分剪时出现侧弯及用户冲制成型（使用）过程中产生各种扭曲变形。低温退火也可使锌白铜带的延伸率有一定的提高，而抗拉强度稍有降低。低温退火可进一步改善锌白铜带的弹性极限和弹性模量等技术指标，低温退火还能增加锌白铜的弹性稳定性。

480　铍青铜的特点及适用范围？

铜及铜合金材料不断发展，使得电气电子行业发展的基础更为夯实。时至今日，在弹性、导电性和持久性等综合性能方面，铍青铜最为优异。铍青铜合金广泛应用于要求有一定的硬度、成型性能、导电性和热稳定性的场合，例如在机械接触的场合，要求材料具有高的疲劳强度、适中的导电性能、良好的应力松弛性及机械加工性能，以满足特殊用途的严格要求。铍青铜适用于当载荷为弹性载荷接触时，要求部件具有一定的硬度、导热性、导电性及弹性的场合。另一用途是，其高强度、耐磨、耐蚀及其耐热特性还适用于海洋防护电缆。

铍青铜可分为两类：一类为高导电性和中等强度，如 C17400 和 C17410；另一类为中导电、高强度，如 C17000 和 C17200，为了提高切削性能，在里面加入一定的铅，即成为 C17300。我国铍青铜生产长期来一直受苏联的影响，牌号只有

TBe2.5 和 TBe2.0，即成分中只含铜和 2.5% 或 2.0% 的铍。最近几年，由于装备及技术力量的增强，国内一些企业也可以生产不同牌号及规格的铍青铜，而且制备工艺不仅有半连铸方式的生产，一些企业也采用了冷热型结合的水平连铸方式。

481　铍青铜的生产工艺流程？

铍青铜的生产工艺流程如下：

熔炼→铸造→加热→热轧→余热淬火→铣面→粗轧→中间退火→中轧→高温淬火→酸洗→精轧→连续退火→酸洗→精轧→连续退火→酸洗→精轧→淬火→冷轧或精整→纵剪分条包装。

482　铍青铜熔炼过程中如何防止 Be 的氧化和挥发？

由于金属铍在高温下极易氧化，其铍尘和废水中超标极易引起中毒反应，并且较难治愈，因此铍青铜熔铸的防护是非常重要的。较早期铍青铜采用真空感应电炉熔炼、真空铸造，以解决元素 Be 氧化和挥发问题。随着技术的发展，真空铸造无法适应铸锭的快速冷却和大铸锭发展的需求，因此又出现真空熔炼，破真空后的半连续铸造。随着对铸锭重量，特别是长度要求的增加，真空熔炼炉的容量远远满足不了工业增长的需求，目前国内外普遍采用大型中频感应电炉熔炼和高质量的覆盖剂防止 Be 和 Cu 金属氧化；工人采用防毒面罩防尘；Be 尘采用高效收尘系统解决环保问题。

铍青铜的熔铸和焊接工序易造成 Be 金属氧化挥发，使人吸入而中毒，熔铸和焊接车间空气中要求 Be 含量 $0.01 \sim 1\mu g/m^3$，要求工人戴防护面罩进行操作。除尘设备一般采用可将大于和等于 $0.3\mu m$ 的尘粒过滤率达 99% 的除尘器。酸洗废水处理后，Be 离子应小于 $1\mu g/L$，$Cr^{+6} \leqslant 0.5mg/L$，$Cu \leqslant 1mg/L$，pH 值 $6 \sim 9$，悬浮物 $\leqslant 500mg/L$。

483　铍青铜热轧过程需要注意的问题？

铍青铜合金导热系数远不如紫黄铜高，所以热轧过程中没有紫黄铜散热快。由于铍青铜热轧后要求淬火，因此对终轧温度有严格要求，所以热轧机的轧制速度变化范围大，速度高，以缩短轧制时间，减少散热，及时淬火。

C17200 合金热轧温度范围为 $650 \sim 800℃$；C17500 合金热轧温度范围为 $700 \sim 925℃$。淬火的目的是使 β 相来不及析出，直接冷却到 200℃ 以下，使高温状态的 α 面心立方系无序结构保存下来，有利于冷加工。

484　美国常用铍青铜的合金牌号？

美国常用铍青铜的合金牌号见表 5-15。

表 5-15　美国铍青铜合金汇总表

牌　号			元素含量（质量分数）/%												
UNS	CDA	KBI	Be	Co	Ni	Co+Ni	Co+Ni+Fe	Ag	Pb	Ti	Cr	C	Fe/Si	Cu	Al
加工铍青铜材															
C17000	CA170	Berylco165	1.6~1.79	0.2~0.25		>0.2	<0.6							余量	
C17200	CA172	Berylco 25	1.8~2.0	0.2~0.25			<0.6							余量	
C17300	CA173	Berylco 25-33	1.8~2.0	0.2~0.25		≥0.2	≤0.6		0.2~0.6					余量	
C17400		Brush Alloy174	0.15~0.5	0.15~0.35									0.2/0.2	余量	0.2
C17410		Brush Alloy174	0.15~0.5	0.35~0.60									0.2/0.2	余量	0.2
C17500	CA175	Berylco 10	0.4~0.7	2.4~2.7										余量	
C17510		Berylco 14	0.2~0.6		1.4~2.2									余量	
C17600	CA176	Berylco 50	0.25~0.5	1.4~1.7				0.9~1.1			Te 0.5			余量	
C17700	CA177	Berylco 10-52	0.4~0.7	2.4~2.7										余量	
铸造铍青铜材															
C81800	CA818	Berylco 50C	0.25~0.55	1.4~1.7				0.75~1.25							
C82000	CA820	Berylco 10C	0.55~0.75	2.35~2.70											
C82400	CA824	Berylco 165C	1.65~1.75	0.20~0.25											

续表 5-15

加工铍青铜材

牌 号			元素含量（质量分数）/%												
UNS	CDA	KBI	Be	Co	Ni	Co+Ni	Co+Ni+Fe	Ag	Pb	Ti	Cr	C	Fe/Si	Cu	Al
	CA824	Berylco 165CT	1.65~1.75		0.20~0.25										
C82500	CA825	Berylco 20C	2.0~2.25		0.35~0.65										
	CA825	Berylco20CT	2.0~2.25		0.35~0.65										
		Berylco21C	2.0~2.25		1.0~1.20										
C82600	CA826	Berylco245C	2.30~2.55		0.35~0.65										
	CA826	Berylco245CT	2.30~2.55		0.35~0.65										
C82800	CA828	Berylco 275C	2.60~2.85		0.35~0.65										
	CA828	Berylco 275CT	2.60~2.85		0.35~0.65										
CR-1		BERYLCONI 41C	2.75			余量						≤0.50	≤0.10		
		BERYLCONI 42C	2.75			余量						12.0	≤0.10		
		BERYLCONI 43C	2.75			余量						6.0	≤0.10		
		BERYLCONI 44C	1.95			余量					0.5				

485 引线框架铜带及其类型?

引线框架铜带是指在集成电路中起支撑作用的铜带。它既是芯片的载体，又是连接内外引线实现器件功能的关键结构件，其使用简图见图 5-2。其功能主要为：支撑芯片、散热、连接外部电路、功率分配及环境保护。

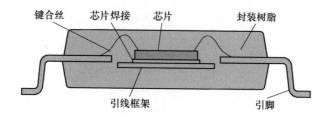

图 5-2 引线框架结构简图

引线框架铜带按使用方向可分为分立器件用和集成电路（IC）用铜带；按断面形状可分为异型带和平带；按其性能特点来分可分为高导电型（如 KFC）、中强中导型（如 C194）、高强中导型（如 C70250、KLF-1）和高强高导型（如 OMCL-1）等；按其强化机理分类，引线框架用铜合金可以分为固溶强化型和时效强化型；若按其添加元素分类，则可以分为 Cu-Fe-P、Cu-Ni-Si、Cu-Cr-Zr、Cu-Ni-P 系列等。

486 引线框架带材的材料特性?

引线框架带材的主要加工方式为冲压和蚀刻两种，在材料加工前后进行镀 Ag、Ni、Pd 等金属，然后进行模压、接线、封装、修整、成型等多道工序。因此应满足温度、接合、应力等诸多环境使用条件，引线框架材料应具有的一次或二次特性见表 5-16。

表 5-16 引线框架所要求的材料特性

一次特性	二次特性
A 物理性能	C 冲压加工性
1 热传导率	1 材料、尺寸、形状
2 电导率	2 残余应力
3 磁化率	3 锻模寿命
4 热膨胀系数	4 弯曲加工性
5 密度	
6 弹性系数	

一次特性	二次特性
B 机械性能	D 腐蚀性
1 抗拉强度、屈服强度、断后伸长率	1 腐蚀速度及其均匀性
2 硬度	2 腐蚀表面性状
3 反复弯曲次数	E 电镀性
4 耐热性（抗软化性）	F 焊接性
5 刚性	1 引线接合性
6 弹性（弹性滞后）	2 焊点疲劳
7 应力松弛	3 Ag 焊特性
8 疲劳极限	4 焊点强度、劣化特性
9 弯曲加工性	G 氧化膜特性
	1 空气氧化速度
	2 氧化膜密着性
	H 密封特性（玻璃、树脂）
	I 耐腐蚀性、其他
	1 抗应力腐蚀性
	2 加湿氧化
	3 气体腐蚀
	4 盐雾腐蚀
	5 氢脆试验
	6 耐酸性能
	7 蚀刻加工性
	8 耐迁移性

（1）强度及导电、导热性的统一。为适应电子元件微型化的要求，引线框架厚度逐步减小，为避免材料变形，要求材料应具有一定的强度，且材料越薄对强度的要求越高，在实现高强度的同时，保证材料良好的导电、导热性能。

（2）耐高温软化性。由于后续封装过程材料需承受短时高温使用条件，要求材料不发生软化和变形，以免影响与芯片的结合效果，因此要求材料应具有耐高温软化特性。评价标准为塑封后材料的硬度损失不大于原有硬度的 20%。

（3）精确的尺寸、均一的机械及物理性能、良好的表面质量。

1）带材的尺寸公差要求极高，见表 5-17。

表 5-17 带材的尺寸公差要求 （mm）

厚度	厚度允许偏差	宽度	宽度允许
0.1~0.2	±0.005	>20~100	±0.05
>0.2~0.3	±0.008		
>0.3~0.7	±0.010		

2）其他尺寸要求。

横向公差	$\leqslant \pm 0.001$mm
侧弯	$\leqslant 0.8$mm/1000mm
边部毛刺	$\leqslant 0.02$mm
卷弯	$\leqslant 30$mm/1000mm
表面粗糙度	$R_a \leqslant 0.1\mu$m

3）铜带表面应光洁，无划伤、擦伤、起皮、夹杂、分层、锈蚀等任何影响下道工序使用的表面缺陷。

4）无残余应力。经冲压或蚀刻后无材料残余应力释放引进的翘曲或扭曲。

5）冲压性能。要求保持模具一次研磨后的冲裁次数，且冲制断面基本无毛刺。

6）耐氧化性和耐腐蚀性。氧化膜在 250℃ 时不剥离；材料不应对应力腐蚀敏感。

7）焊接性。材料应有良好的焊接性能，保证内引线与框架的联结，外引线与电路的联结，材料应与焊料有良好的浸润性，钎焊后具有耐剥离性。

8）材料不应有方向性。

9）材料应具有良好的工艺性能和较低的生产成本。

487　世界各国引线框架带材的牌号?

世界各国引线框架带材的牌号及性能见表 5-18。

表 5-18　世界各国引线框架带材的牌号及性能

合金系列	生产厂家	合金牌号	抗拉强度/MPa	电导率/%IACS	伸长率/%
Cu-Fe 系	美国奥林	C19400	415~550	$\geqslant 60$	$\geqslant 7$
		C19500	465~665	$\geqslant 50$	$\geqslant 2$
		C19700	365~550	$\geqslant 80$	$\geqslant 5$
	KME	STOL®194	420~580	60~76	$\geqslant 4$
	神户制钢	KFC™	350~470	$\geqslant 90$	$\geqslant 2$
		SuperKFC™	430~600	$\geqslant 78$	$\geqslant 3$
	洛铜、华中铜业、宁波兴业、宁波博威、山西春雷	C19400	415~550	$\geqslant 60$	$\geqslant 7$

合金系列	生产厂家	合金牌号	抗拉强度/MPa	电导率/%IACS	伸长率/%
Cu-Ni-Si 系	美国奥林	C7025	620~860	35~40	≥5
		C7035	690~970	45~55	≥1
	芬兰奥托昆普	C70260	580~780	40~45	≥10
	德国维兰德	K55	620~860	35~43	≥5
		K50	580~780	40~50	≥10
		K76	520~780	50~55	≥8
		K57	770~970	45~52	≥1
	德国 KME	C19010	520~580	52~58	≥3
	神户制钢	CAC™75	700~850	40	≥3
	宁波兴业、宁波博威、洛铜、铜陵金威	C7025	620~860	35~40	≥5
Cu-Cr 系	美国奥林	C18080	480~620	≥80	≥4
	日本古河	EFTEC-64T	588~637	≥75	≥5
	德国维兰德	K75	460~620	72~90	≥2
		K88	480~620	75~85	≥2
	德国 KME	STOL®95	480~620	≥86	≥4
	宁波兴业、宁波博威	C18150	480~620	≥86	≥4
Cu-Ni-P	神户制钢	CAC™5	500~630	30~40	≥5
		CAC™170	580~730	≥65	≥5
	宁波兴业	C19040	500~630	30~40	≥5

488　引线框架带材的生产工艺流程?

引线框架铜带目前采用的生产方法主要有两种:(1)半连续(或全连续)铸造→大锭热轧→高精度冷轧法;(2)水平连铸→高精度冷轧法。两者都是比较成熟的生产方法。但随着生产效率的逐步提高和装备力量的逐渐增强,大部分引线框架铜合金带材都采用半连续铸造的方法进行制备。

489　举例说明引线框架 C19400 的工艺流程?

国外某公司生产引线框架 C19400,厚度 0.254mm,Y2 状态的工艺流程为:

感应熔炼→半连续铸造（200mm×400mm×7000mm，重 5t）→步进炉加热，850℃→φ460mm×700mm 两辊热轧机，轧至 14mm×400mm，在线冷却，卷取→铣面至 12.6mm，铣边→初轧至 4.0mm→罩式炉退火 500℃，6h→4 辊冷轧至 1mm→罩式炉退火 480~550℃，6h→冷轧至 0.2~0.5mm→连续通过式退火→成品轧制→清洗→消除应力→剪切→检测→包装。

采用水平连铸→高精度冷轧的生产方式，具有工艺流程短，投资少的优点，但不适应多品种生产，对热处理要求严格的合金，如 C19400 合金及 Cu-Ni-Si、Cu-Cr-Zr 等系列合金等，较难保证合金材料中第二相的充分固溶，因此很难实现合金材料在具有高强度的同时兼备合适的导电性。但在 C12200、KFC、C19400 的生产中取得了一定的成功。

国内某公司 C19400 合金生产工艺流程见表 5-19。产品规格 0.38mm 厚，状态 Y2，水平连铸带坯 15mm×260mm。

表 5-19　国内某公司 C19400 合金带生产工艺流程

序号	工序名称	工序后尺寸/mm	工艺条件及检验项目
1	铣面	14×260	0.5mm/面，检验表面质量
2	初轧（四辊）	2.2×264	总加工率 84.3%
3	切边	2.2×250	切边 14mm
4	退火（钟罩炉）	2.2×250	退火温度 620℃/5h，保护气体为 30%H_2+70%N_2
5	连续酸洗	2.2×250	5%~10%H_2SO_4 溶液
6	中轧（四辊）	0.52×250	总加工率 76.4%
7	退火（钟罩炉）	0.52×250	480℃/6h，保护气体 30%H_2+70%N_2
8	连续酸洗	0.52×250	5%~10%H_2SO_4 溶液
9	精轧（四辊）	0.38×250	成品加工率 26.9%，检验性能
10	脱脂清洗磨面	0.38×250	碱溶液脱脂清洗磨光后加钝化剂
11	拉伸矫直（23 辊张力矫直机）	0.38×250	0.5%延伸率
12	成品剪切	0.38×要求宽度	按用户宽度要求剪切按标准检验
13	检验包装		离线包装打捆

490　引线框架材料用带材的生产关键技术？

现代引线框架铜带均为时效强化型合金，带材生产及工艺设计中的关键技术为：

（1）合金设计技术，包括合金元素的选择、元素含量及配比设计。

（2）熔炼铸造技术，包括合金成分均匀性精确控制技术，大规格、高品质铸锭的熔炼及铸造技术。

（3）合金的高温固溶及时效处理技术，包括合金的高温固溶处理技术、时效前冷加工变形量控制技术、时效处理技术。

（4）残余应力消除技术。

（5）高精度带材表面质量、尺寸公差、板形控制技术。

（6）合金的高强度与折弯成型协同调控技术。

491 引线框架铜合金材料的设计原则？

引线框架铜合金设计的总体原则为：在尽可能保持高导电、导热性能的前提下，添加各种元素以改善其强度和综合使用性能。具体方法为通过多组元的微合金化来形成固溶强化或时效强化型合金。因此，添加元素、元素的协同作用、添加量及工艺流程选择等是合金研究的基础。一般来说，引线框架材料均为高铜合金，其 Cu 含量基本在 95% 以上。

492 引线框架铜板带熔铸过程注意的问题？

由于合金组元中添加了 Fe、P、Cr、Zr 等活泼元素，以及为改善合金的抗高温软化性、钎焊密着性、耐迁移性加入的微量元素，如 Ni、Zn、Mg、B 等，故引线框架铜板带熔铸工艺过程中可能存在以下问题：

（1）熔体质量控制问题。旧料的加入相当于合金的二次熔炼，可以改善合金的均匀化程度，但与此同时也带来了其他一系列问题：因旧料中一般残留有乳化液、油、水等物质，因此原料在投炉之前应进行预处理并进行打包，以减少对熔体质量的污染和金属的熔炼损耗，因此原料的使用情况、熔炼过程熔体的保护、原料的加入顺序、脱氧剂的使用方法都将对熔体质量起到直接的影响。

（2）合金元素的精确控制问题。在此类高铜合金生产中，添加元素如 Fe、P、Cr、Zr、Mg 等均属于极易损耗的元素，在合金元素的添加过程中应注意合金元素的添加方式及添加顺序，熔炼过程应严格操作方式，保证合金成分的稳定性。

另外对于熔铸生产较为困难的 Cu-Cr-Zr 系列合金，由于 Cr、Zr 与氧亲和力较大，可以采用真空熔炼、铸造方式生产，但制造成本很高，且无法实现大规格铸锭的生产，满足不了大卷重、高速自动化生产方式的需要。因此，在大气条件下工业生产时解决合金元素的烧损是该合金生产目前正在积极试验探讨的瓶颈问题。目前国内外相关企业在非真空加 Zr 法、熔体净化技术研究方面已取得了一定的成果。据了解，通过对炉衬材料的合理选择，采用高效覆盖剂、精炼剂及气氛保护，并采用预先强脱氧技术，特别是 Zr 的特殊添加技术来控制 Zr 的氧化，以确保熔体净化质量和 Zr 含量的控制，可以实现 Zr 的非真空熔炼。

（3）合金元素的均匀化问题。由于加入了高熔点的物质如 Fe、Ni、Cr 等，合金成分的均匀性也是熔铸过程应当注意的问题。

（4）铸造应力控制技术。合金中存在热导性较差的元素，其铸造方式将决定了锭坯的应力状态，同时也影响着热加工工艺制度的制定，因此采用何种铸造方式，也是合金研究中应注意的问题。

（5）炉子寿命问题，即炉衬材料选择问题。由于合金中有 Cr、Zr 等极活泼元素，在高温熔体中此类元素将与炉衬材料发生造渣反应，影响熔炼炉的使用寿命。

493 引线框架铜合金固溶处理需要注意的问题？

由于引线框架材料绝大部分属于析出强化型合金，一般需要根据合金特性、加热炉和轧机的设备及生产状况选定加工工艺，在保证热轧效果的基础上减少能源浪费。目前，引线框架用铜板带常规采用的固溶方式主要有热轧后进行快速冷却固溶处理，卧式连续退火炉进行冷却的固溶处理，立式连续退火炉进行冷却的固溶处理。

国外的先进热处理工艺均采用在线冷却，以 5℃/s 的速度实现高温下的快速冷却，以避免在热轧过程中析出过多粗大的第二相，造成时效后材料基体中起主要强化作用第二相析出物是数量减少，而降低材料的强度及导电效果。因此，合金的热轧工艺，轧制温度、轧制速度、轧制过程中的温降等均需与整体工艺进行统一考虑与设计，大部分合金的固溶处理温度较高，达 850℃ 以上，故选用高速轧制、过程保温、在线冷却，还是轧后重新固溶处理，需要对设备投资造价、合金材料、工艺可行性等方面进行全方位考虑。这尤其是对于 Cu-Ni-Si 以及 Cu-Cr-Zr 等高性能合金来讲是必需的，固溶处理的好坏将直接影响成品带材的性能。

494 引线框架带材质量控制的要点？

引线框架材料，尤其是作 IC 用引线框架铜带，其对于生产环境的要求是现代化企业要求的典范，西方先进铜加工企业的引线框架生产线采用全封闭式，无尘化生产，其目的是保证带材表面质量稳定、洁净。除了环境要求外，在整个生产过程中均需保证各环节的产品表面及内部质量。主要工序质量控制要点见表 5-20。

表 5-20　引线框架材料的主要工序质量控制要点

工序	工艺过程	控制要素
熔铸	半连续铸造 水平连铸	铸锭表面应光滑，无起刺，无裂纹
		成分均匀一致，无高熔点物质富积
		铸锭应致密，无气孔、缩孔等缺陷
加工	加热	无严重氧化，无过烧、过热现象
	热轧	无裂边
	固溶处理	应保证带坯入水温度和冷却速度
	铣面	无漏铣
	初、中轧轧制	板形控制和厚度控制
	退火	保证大带卷的软化和不被氧化，同时实现合金的时效析出。中间退火一般选用罩式炉。炉子的退火温度应均匀，退火气氛应加氢的氮气保护，退火工艺应保证材料的析出效果，避免第二相的过分长大。成品前退火一般选用气垫炉，以保证带材充分软化并表面光洁
	成品轧制	保证板形优良和公差精确
	剪切	保证无毛刺、压痕
	检验	除各项性能合格外，应无划伤、起皮、压入等

495　引线框架的生产工艺及典型的应用性能？

（1）引线框架从生产工艺上可分为冲制型和蚀刻型两大类，见图 5-3。冲制法一般采用高精度带材经自动化程度高的高速冲床冲制而成，具有成本低、效率高等特点。目前以冲制型生产为主流，主要生产 100 针脚以下、节距为 0.65mm

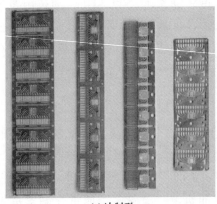

(a) 冲制型

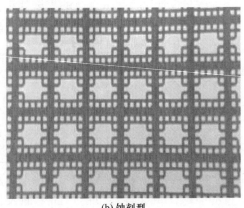

(b) 蚀刻型

(c) IC框架　　　　　　　　　　　　　(d) QFN框架

图 5-3　引线框架不同制备工艺及其种类

的引线框架，满足 PQFP、TPQFP、SSQP 及专用 IC 封装需求。对于小批量、多品种、多引线、小间距的引线框架多采用蚀刻成型加工，该加工手段具有制作周期短、投资省、精细度高、一致性好的特点，该工艺主要生产针脚 100 以上、节距 0.65mm 以下的引线框架，满足 QFN 框架需求。图 5-4 为引线框架蚀刻工艺路线。

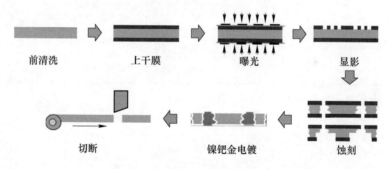

前清洗　　　　上干膜　　　　曝光　　　　显影

切断　　　　镍钯金电镀　　　　蚀刻

图 5-4　引线框架蚀刻工艺路线

（2）引线框架的应用性能主要包括：折弯性能、蚀刻性能、耐热性能、酸化膜密着性等几方面。典型产品的应用性能见表 5-21 和表 5-22、图 5-5 和和图 5-6。

表 5-21　EFTEC-64（Cu-Cr-Sn 系）合金折弯性能

材料状态	成型方向	90°W 曲率半径/mm			
		0	0.1	0.15	0.2
EFTEC-64T	垂直于轧制方向	C	B	A	A
	平行于轧制方向	C	B	A	A

续表 5-21

材料状态	成型方向	90°W 曲率半径/mm			
		0	0.1	0.15	0.2
EFTEC-64T-C	垂直于轧制方向	C	B	A	A
	平行于轧制方向	C	B	B	A

注：1. 样品尺寸：宽度 0.6mm，厚度 0.15mm。

　　2. A—良好；B—小褶皱；C—褶皱；D—小裂纹；E—裂纹。

表 5-22　典型引线框架产品的酸化膜密着性能

合金	加热时间/h	加热温度/℃		
		300	350	400
EFTEC-64T（Cu-Cr-Sn）	0.5	A	A	B
	1	A	A	B
	3	A	B	C
	5	A	B	C
C19400（Cu-Fe-P）	0.5	A	A	B
	1	A	B	C
	3	A	B	C
	5	A	B	C

注：A—未剥离；B—剥离 10% 以下；C—剥离 10% 以上。

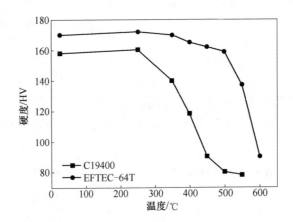

图 5-5　C19400 和 EFTEC-64T 合金不同温度保温 30min 后的硬度变化曲线

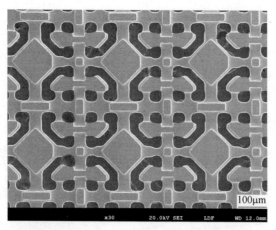

图 5-6   EFTEC-64T 合金蚀刻后的表面形貌

496 端子连接器的组成及其性能与原材料性能的对应关系?

端子连接器主要由接触件、绝缘体、外壳及附件组成,见图 5-7,其中端子是实现连接器内部电接触功能的核心部件,主要原材料为铜合金,铜合金的性能很大程度决定端子性能,两者的对应关系见表 5-23。端子连接器是电子系统中电能传输、信号控制和传递任务的重要基础元件,广泛应用于汽车、航空航天、电子信息等领域,见图 5-8。

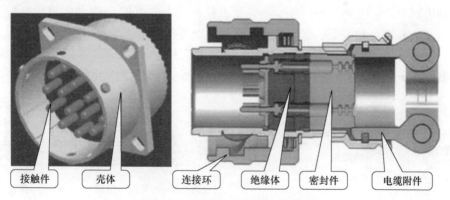

| 接触件 | 壳体 | | 连接环 | 绝缘体 | 密封件 | 电缆附件 |

图 5-7   汽车端子连接器结构图

表 5-23   端子性能与铜合金特性的对应关系

端子性能	原材料特性
成型性能（外观折弯不开裂）	优异的弯曲特性
弯曲尺寸稳定	较小的弯曲回弹

端子性能	原材料特性
多次插拔循环，插拔力稳定	合适的弹性模量和屈服强度
接触电阻小	外观清洁、高的导电性
高温环境中持久稳定的正压力	优异的抗应力松弛特性
耐腐蚀性能	合适的镀层类型和厚度

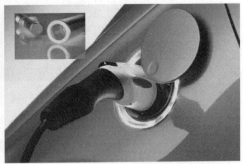

图5-8 汽车和手机端子连接器部位图

497 什么是继电器？

继电器是一种电子控制器件，具有控制系统和被控制系统，通常应用于自动控制电路中。它实际上是用较小的电流去控制较大电流的一种"自动开关"，故在电路中起着自动调节、安全保护、转换电路等作用。

常用的电磁继电器有舌簧继电器、极化和磁保持继电器、密封电磁继电器。根据功能可划分为时间继电器、温度继电器、加速度继电器、风向继电器等，见图5-9。

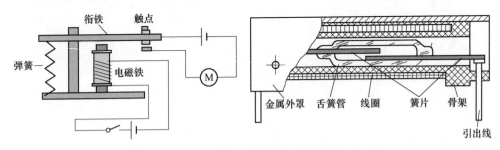

图5-9 舌簧继电器及其工作原理图

498 变压器铜带常用牌号及规格和性能？

国外的变压器铜带基本采用无氧铜，国内由于生产能力的限制和降低生产制造成本的要求，较为普遍地使用普通紫铜，但对某些显著影响导电性能的杂质元素如 Fe、P 等进行严格控制，以保证产品的导电性能。

（1）中国、日本和美国变压器铜带产品标准的近似对照关系见表 5-24。

表 5-24 变压器铜带产品标准的近似对照关系

国家标准化学成分 GB/T 5231	日本标准	美国标准
TU1	C1020	C10200
T2*	—	—
	C1200	C12000

注：用于导电的 T2，其磷含量应不大于 0.001%。

（2）产品的规格及状态。状态：O60；规格：（0.1~2.5）mm×（14~1050）mm，其中一般窄薄带用于高压侧，宽带用于低压侧。

（3）性能要求。产品的性能要求见表 5-25。

表 5-25 变压器带的性能要求

牌号	状态	抗拉强度 R_m/MPa	断后伸长率 $A_{11.3}$/%	维氏硬度（HV）	电导率/%IACS
TU1	O60	195~260	≥35	45~65	≥100
T2					≥98

499 变压器铜带材的生产工艺流程？

变压器带材产品的生产方式有两种：半连续或全连续铸造-热加工生产方式和水平连铸-冷加工生产方式。前者是目前成熟的工艺，适用于大规模生产。国外先进的变压器带材生产工艺为：大规格、连续铸造、大加工率轧制的高效率生产方式，其单块锭坯重量可达到 25t。

国外某公司的生产工艺及流程如下：

铸锭（320mm×1300mm×11000mm）→步进炉煤气加热，开始轧制温度 860℃→φ930mm×2080mm 热轧机，轧至 14~16mm，水冷，单卷重量 25t→双面铣和边铣，铣削厚度 0.4~1.0mm→φ1600mm 轧机冷轧→分条、切边→成品轧制→罩式炉（或气垫炉退火）→成品。

500 变压器铜带材的生产关键技术？

变压器铜带材产品主要有以下几项生产关键技术：

（1）带材的电导率控制。微量杂质元素对铜的导电性能有很大的影响，因此微量杂质元素的控制是带材生产的关键。

磷：紫铜生产中最常用的脱氧剂为 Cu-P 中间合金，它具有良好的脱氧效果，脱氧效率高且较为彻底，同时磷的加入增加了铜熔体的流动性，但磷严重影响材料的导电性能。表 5-26 为磷对带材电导率的影响。因此，变压器铜带要求基体中磷的残余量应低于 0.001%。

表 5-26　磷含量对电导率的影响

合金牌号	化学成分/%		成品带材电导率 /%IACS
	Cu	P	
T2	99.96	< 0.001	98.97
	99.97	0.001	98.94
	99.96	0.0015	96.82
	99.96	0.0030	94.88
	99.92	0.0055	93.55
	99.92	0.014	94.3

氧：氧的存在，尤其是和其他杂质共存时，对铜的性能影响较为复杂。微量氧可氧化高纯铜中固溶的微量杂质，使固溶于铜的杂质量减少，提高铜的导电性。氧和紫铜中其他主要杂质元素共存时对铜电导率的影响见表 5-27。

表 5-27　氧和紫铜中其他主要杂质元素共存时对铜电导率的影响

杂质		氧含量	电导率	备注
名称	含量/%			
铁	0.00007	无	100	氧使铁呈 Fe_2O_3 析出，提高铜的电导率
	0.05	无	75.3	
	0.00007	铜在 850℃氧扩散饱和	102.2	
	0.05	铜在 850℃氧扩散饱和	99.9	
磷	0.0008	无	99.55	氧可氧化固溶于铜中的磷，提高铜的电导率
	0.020	无	88.55	
	0.0008	铜在 850℃氧扩散饱和	100.0	
	0.020	铜在 850℃氧扩散饱和	100.2	

在生产过程中，不管采用半连续铸造或是连续铸造方式，都应避免合金熔炼过程中的氧化物夹杂及过高的含气量。

（2）带材的边部质量控制技术。包括边部剪切质量和边部处理为圆角或圆边的技术。

根据剪切理论，带材剪切过程中的变形可分为塑性变形过程和撕裂变形过程，在塑性变形过程中其变形区为均匀光滑面，而在撕裂变形区则表现为金属的撕断，这是毛刺产生的过程，即剪切过程中产生的毛刺均为单向垂直毛刺。因此，毛刺的去除应针对剪切中毛刺产生的特点，结合用户的使用要求进行工艺及装备的设计。

对于一般要求的带材可通过控制带材的剪切质量来控制带材剪切后的边部毛刺，而对于要求较高的变压器带材，除需控制剪切质量外，对边部需进行专门的处理。

带材的边部处理技术是一个世界性的难题，尤其是软态的紫铜带材。解决带材的边部毛刺应从工艺和装备两个方面进行改进。

工艺上可对不同规格的带材采取不同办法。一般厚成品带材采用先退火后剪切的方式，一方面轧制过程中带材表面残留的油或乳化液通过退火工序裂解、挥发，可以减少对剪切系统的污染和带材的腐蚀；另一方面通过剪切工序毡垫或无纺布等的擦拭，可以减小成品带材在退火过程带来的表面污染。中等厚度的宽规格成品带材采用先分切后退火的方法，以减小软态带材剪切过程产生的毛刺高度。对于窄薄带的生产，为提高生产效率，一般采用先退火后剪切的方法进行生产。

通常变压器带的剪切须在装备良好的圆盘剪上进行。在剪切过程应重点关注剪刃间隙、剪刃重叠量、橡胶环配置、剪切速度及剪切过程中的开卷和收卷张力等工艺因素，以最大限度减小边部毛刺。对于要求圆角或圆边的特殊产品，则需有专门的技术及装备来解决，而良好的原始剪切边部质量、带材尺寸公差精度、板形是实现边部处理的前提。目前在钢带的边部处理上采用刮削法已取得了一定的成功。处理的思路是：厚带材（厚度大于 0.5mm）采用机械方式修成圆角或圆边，薄带（厚度小于 0.5mm）通常是严格控制剪切质量，同时在剪切后附加多辊矫平系统，将边部毛刺进行压平，以减小垂直毛刺。

501　热管及其散热原理?

热管是管路换热器的一种高效换热元件，一般由管壳、毛细多孔材料（管芯）、蒸汽腔组成，广泛应用于手机、基站和电脑等领域，见图 5-10。热管制造的工艺比较复杂，首先将管芯放入管内，清洗并烘干后将其一端封闭，并抽成负压，并充入适量的工作液体，再将其密封。从换热角度可将热管分为三部分，即蒸发段、绝热段和凝结段。工作时，蒸发段中存在于毛细多孔材料中的液体（换热工质）受热则汽化蒸发，蒸汽在腔内流向凝结段，在此遇冷则凝结液化，凝结液在毛细抽吸力的作用下经管芯流回蒸发段。显然，蒸发是一个吸热过程，而凝结是一个放热过程。在热管内，由于毛细多孔材料的存在，自动地不断完成吸热蒸发-凝结放热的循环，不断地将热量从热管的一端传送到另一端。由于蒸发潜热很大，因而可以在不大的温差下在热管两端传送很大的热量，工作原理简图见图 5-11。

(a)基站用热管　　　　　　　　　　　(b)手机用热管

图 5-10　不同应用领域用热管产品图

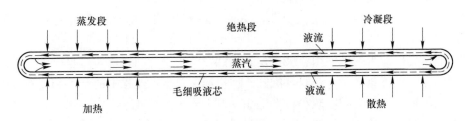

图 5-11　热管的散热原理示意图

502　接触网系统的组成及各部件的作用？

接触网是沿铁路线上空架设的向电力机车供电的特殊形式的输电线路。其由接触悬挂、支持装置、定位装置、支柱与基础几部分组成，见图 5-12。其中接触悬挂包括接触线、吊弦、承力索及连接零件。接触悬挂通过支持装置架设在支柱上，其功用是将从牵引变电所获得的电能输送给电力机车。

接触线：是接触网中重要的组成部分之一。电力机车运行中其受电弓滑板直接的接触摩擦，并从接触线上获得电能。接触线一般制成两侧带沟槽的圆柱状，其沟槽为便于安装线夹并按技术要求悬挂固定接触线位置而又不影响受电弓滑板的滑行取流。目前接触线材料主要有紫铜（T2）、铜银（TAg0.1）、铜锡（TSn0.15、TSn0.3、TSn0.5）、铜镁（TMg0.25、TMg0.35、TMg0.45）、铜铬锆（TCr0.6-0.1）等，需要根据电力机车运行速度选择合适的铜合金材料，具体见表 5-28。另外，表 5-29 是各个国家或地区铁路运行中选用的接触线材料种类。

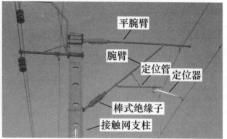

图 5-12　接触网系统各部分实物图

表 5-28　不同接触线材料机械物理性能及适合运行速度

接触线材料	铜锡合金	铜锡锆合金	铜镁合金	铜铬锆合金
电性能/%IACS	≥75	≥75	≥60	≥75
抗拉强度/MPa	≥430	≥450	≥500	≥536
运行速度/km·h^{-1}	200~300	300~350	300 以上	350 以上

表 5-29　各个国家或地区电路线路接触材料性能

国家或地区	线路	最高时速/km·h^{-1}	材料性能				β 值
			材质	规格/mm^2	抗拉强度/MPa	悬挂张力/kN	
德国	科隆-莱茵、美茵	单弓 400 双弓 330	Cu-0.5Mg（粗晶）	120	490	27.0	0.70
德国	纽伦堡-英格尔斯达特	350	Cu-0.5Mg（粗晶）	120	490	27.0	0.61
西班牙	马德里-塞尔维亚	单弓 300 双弓 280	Cu-0.1Ag	120	360	15.0	0.70
西班牙	马德里-巴塞罗亚	350	Cu-0.5Mg（粗晶）	150	500	31.5	0.64
比利时	布鲁塞尔-姆毕科村	350	Cu-0.5Mg（粗晶）	150	470	30.0	0.56

续表5-29

| 国家或地区 | 线路 | 最高时速/km·h⁻¹ | 材料性能 | | | | β值 |
			材质	规格/mm²	抗拉强度/MPa	悬挂张力/kN	
法国	地中海线	350	Cu-0.5Mg（粗晶）Cu-0.2Sn	150	420	25.0	0.71
法国	大西洋线	300	Cu	150	360	20.0	0.68
韩国	首尔-釜山	300	Cu	150	360	20.0	0.68
日本	山阳新干线	300	Cu-0.3Sn	150	360	20.0	0.68
中国	台北-高雄	300	Cu-0.3Sn	170	340	20.0	0.72
中国	京津城际	单弓350	Cu-0.5Mg（粗晶）	120	490	27.0	0.61
中国	武广高铁	双弓350	Cu-0.5Mg（粗晶）	150	500	30.0	0.65
中国	郑西高铁	双弓350	Cu-0.5Mg（粗晶）	150	500	28.50	0.67
中国	京沪高铁试验	450	Cu-Cr-Zr	150	560	40.0	0.73
中国	京沪高铁	双弓350	Cu-0.5Mg（粗晶）	150	500	28.5	0.67
中国	京石武高速	双弓350	CuMg-1（粗晶）	150	510	30.0	0.65

503 接触网线夹的种类及生产工艺?

接触网用零件主要有固定线夹、吊弦线夹、锚结线夹、接触线连接线、接触线接头线夹等，见图5-13。主要使用材料的牌号及化学成分见表5-30；主要使用 CuNi2Si 材料种类及性能见表5-31。

(a)固定线夹

(b)中心锚结线夹

(c)吊弦线夹

图 5-13　接触网用零件实物图

表 5-30　接触网用零件材料的牌号及成分　　% (质量分数)

牌号	Si	Ni	Mn	Fe	余量
QSi1-3	0.6~1.1	2.4~3.4	0.1~0.4	≤0.1	Cu
QSi3-1	2.7~3.5	≤0.2	1.0~1.5	≤0.3	Cu
CuNi2Si	0.4~0.8	1.6~2.2	≤0.1	≤0.1	Cu
QAl9-4	Al: 8.0~10.0	≤0.5	≤0.5	2.0~4.0	Cu

表 5-31　接触网零件使用的 CuNi2Si 材料的品种、状态及性能

零件名称	材料品种	规格/mm	状态	力学性能		
				R_m/MPa	A/%	硬度 (HV)
固定线夹等	棒材	φ18~28	Y	≥380	≥10	≥100
吊弦线夹等	板、带材	2.0/3.0	Y	470~580	≥15	≥100

（1）固定线夹的生产工艺为：棒材（母材）→锯切下料→加热→热锻（零件毛坯）→淬火→切边→时效。

（2）吊弦线夹的生产工艺为：板材（母材）→冲制下料→180°弯曲（弯曲半径3mm）→（时效）→成品。

504　汽车同步器齿环的作用及生产工艺流程?

汽车同步器齿环用来完成汽车变速功能，是变速箱输入、输出轴上关键的齿轮零件，使输入、输出轴的转速与变速齿轮的转速保持同步，从而使汽车在变速时减少齿轮间的冲击，达到灵活、方便、平稳的目的，实物图见图 5-14。

同步器齿环使用寿命一般要求不得低于 10 万~15 万次。由于齿环在变速时承受较大的冲击载荷和摩擦，因此，齿环材料多用高强、耐磨、易切削且热塑性好的复杂黄铜制造。轻型车选用 Cu-Mn-Si 型多元复杂黄铜，中型、重型车倾向

图 5-14　汽车同步器实物图

选用 Cu-Al 系高强耐磨多元复杂黄铜。

　　轿车同步器齿环的生产工艺流程如下：熔炼→铸造→挤压→管材→精整→管材→切片→热精锻成型→机械精加工→加工齿环。除了上述方法外，还可采用铸棒通过锻压、碾扩的方式来生产齿环精锻坯料。具体生产工艺为：水平连铸棒材→锯切→锻压→冲孔→碾扩→热精锻→机加工→加工齿环。这种生产方法避开了挤压工序，由于经过了锻压、碾扩工序，齿环的组织较为致密，性能良好。

505　铜粉的主要制取工艺及特点？

　　电解法：电解法是生产工业铜粉的主要方法之一。电解法不仅能生产具有不同要求的铜粉，而且电解法也是一个提纯的过程，能生产具有特殊要求的高纯度铜粉。电解铜粉的形貌是树枝状结构，粉末的成型性好，压坯强度高，不足之处是能耗大、粉末活性强、易氧化。

　　雾化法：雾化铜粉的生产方法有气体雾化法、水雾化法和机械雾化法。目前国内多采用气体雾化法和水雾化法。空气雾化铜或合金粉末，表面均有少量氧化，一般要在 300~600℃用氢或分解氨气中进行还原。为了制得球形铜合金粉末，通常在熔化中加入 0.05%~0.1% 的磷，以降低黏度，增大熔液流动性，这样能使球形粉末大大增加。

506　电解法生产铜粉的基本原理？

　　电解法生产铜粉过程的基本原理见图 5-15。当直流电通过硫酸铜水溶液时，电极上发生下列反应：

　　在阳极，铜失去电子变成铜离子进入溶液，即：

$$Cu - 2e \longrightarrow Cu^{2+}$$

　　在阴极，铜离子得到电子并在阴极上析出，即：

$$Cu^{2+} + 2e \longrightarrow Cu$$

工业上电解铜粉的生产可采用高的铜离子浓度、高的电流密度和高的电解液温度，也可以采用低的铜离子浓度、低的电流密度和低的电解液温度。前者生产效率高，但能耗较大，车间内酸雾较大；后者生产效率低，但能耗少，酸雾少。

电解法生产铜粉的过程中，电流效率和电能效率是电解中两项重要指标。所谓电流效率是指电解时电量的利用情况，即一定电量电解出的产物实际质量与理论上应电解出的产物质量之比。由于在电解时有副反应而多消耗一部分电量，所以一般电流效率为 90%，优异的可达 95%~97%。为了提高电流效率，在电解过程中应尽量减少副反应的发生，并防止电解槽漏电。

所谓电能效率是指电能的利用情况，即在电解过程中生产一定质量的产物，在理论上所需的电能与实际消耗的电能之比。有时也用生产单位质量金属（如 1kg 或 1t）所消耗的电能（kW·h）来计算，例如，每吨铜粉的电能消耗约为 2700~3500kW·h。降低槽电压可以降低电能消耗，是提高电能效率的主要措施。

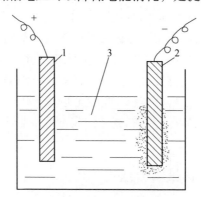

图 5-15　电解过程示意图
1—阳极；2—阴极；3—电解液（$CuSO_4$）

507　弥散强化铜制备的工艺路线？

弥散强化铜制备的简化工艺路线主要有以下两种：

第一种：Cu-Al 合金熔炼→雾化制粉→氧源制备→混料→真空热压→热挤压→拉拔→检测→成品。

第二种：Cu-Al 合金熔炼→雾化制粉→氧源制备→混料→等静压→综合热处理→热挤压→拉拔→检测→成品。

508　铜合金的腐蚀类型及特点？

铜合金的腐蚀是指铜合金在周围环境介质作用下所产生的物理、化学反应而导致合金组织、性能等的变质或损坏。造成铜合金腐蚀的因素繁杂多样，因此给铜合金腐蚀的分类造成了很大困难。迄今为止尚未有非常系统、严谨的分类方法。从造成铜合金腐蚀的原因及产生的后果等方面，大致可把常见的腐蚀类型作如下分类：

（1）按机理分可分为湿腐蚀和干腐蚀。湿腐蚀可分为化学腐蚀和电化学腐蚀；干腐蚀可分为高温氧化、熔盐腐蚀和液态金属腐蚀。

（2）按破坏形态分可分为电偶腐蚀、点蚀、缝隙腐蚀、晶间腐蚀、选择性腐蚀、丝状腐蚀和应力腐蚀等。其中，应力腐蚀又可分为应力腐蚀开裂、氢损伤（又可分为氢脆、氢鼓泡和氢腐蚀）、腐蚀疲劳、冲击腐蚀、湍流腐蚀、微振腐蚀、空泡腐蚀等。

（3）按环境可分为大气腐蚀、土壤腐蚀、水环境腐蚀和微生物腐蚀等。大气腐蚀又可分为工业大气腐蚀、生活大气腐蚀、海洋大气腐蚀；土壤腐蚀可分为介质腐蚀、杂散电流腐蚀等；水环境腐蚀可分为酸、碱、盐腐蚀和工业水腐蚀等。

铜合金的腐蚀是材料和环境因素共同作用的结果。广义上，铜合金的腐蚀可以分为全面腐蚀和局部腐蚀两类。全面腐蚀是铜合金最简单的腐蚀形式，突出表现在合金几何表面的均匀变质、减（增）重或减（增）厚等。如铜合金的自然氧化、酸中的溶解等。局部腐蚀是铜合金最常见、危险最大、造成后果最严重的腐蚀形式。突出表面为：在构件整体性能完好的情况下，由于腐蚀而导致构件局部功能非预期的失效，且具有一定的突然性或不可预测性。如常见的应力腐蚀开裂、腐蚀疲劳、点蚀等。

509　常规铜合金的腐蚀试验方法？

常规铜合金的腐蚀试验方法主要有氧化试验、水溶液腐蚀试验、应力腐蚀试验和点蚀试验。

（1）氧化试验：合金的高温抗氧化性能是一项重要的性能指标。氧化试验常用方法有重量法、气体容量法、压力计法和电阻法等。重量法试验的目的是获得样品重量随时间变化的曲线。试验可采用间断称重法或连续称重法进行。间断称重法就是将样品放入电炉（如马弗炉）保温（氧化）一段时间后取出冷却，再称重，然后再放入电炉保温，如此循环即可测得不同时刻样品重量的变化。连续称重法则是利用高温氧化试验用天平在线检测样品重量的变化。

（2）水溶液腐蚀试验：水溶液腐蚀试验分为全浸试验、半浸试验、间浸试验、流动溶液试验等。无论哪种试验，都要严格按试验要求控制一些重要影响因素，如样品表面状态、几何尺寸、悬挂或固定方式、浸入深度、运动状态、温度及其变化状态等。样品用板状试样为宜。平行试样的几何尺寸应严格规定，以免影响试验的重现性；溶液应有适宜的回流装置，以维持溶液成分相对稳定。在强腐蚀环境（如强碱、强酸等）中试验时，应特别注意用来悬挂、固定样品材料的稳定性，同时要注意悬挂、固定材料的存在既不能对样品的腐蚀行为产生任何影响（如电偶腐蚀），也不能污染试验溶液。在进行不同合金材料对比试验时，要尽量避免不同种类材料的合金在同一容器中进行试验，以防止不同合金的腐蚀产物相互作用，改变腐蚀进程，影响试验结果。

（3）应力腐蚀试验：常用应力腐蚀试验分为恒载荷、恒变形、慢应变速率和断裂力学四种腐蚀试验方法。应力腐蚀试验可以在实际应用环境介质中进行，也可以在实验室人工介质中进行。实验室通过引入加速因素来实现加速模拟试验。其主要加速因素有增加环境介质的腐蚀性、增加试验载荷（应力）、外加电流的电化学极化、改变合金组织改善其对应力腐蚀的敏感性等。

（4）点蚀试验：实验室常采用强化腐蚀介质而无外加电化学极化的浸泡试验来快速评价合金的耐点蚀性能。所用腐蚀介质除了根据合金特性引入含侵蚀性阴离子（如 Cl^-）外，还应引入能促进点蚀稳定发展的氧化剂如 $FeCl_3$、H_2O_2、$K_3Fe(CN)_6$ 等，以提高氧化还原电位，促使点蚀发生。

510　应力松弛及其测试方法？典型铜合金的应力松弛性能？

应力松弛是指材料在恒定应变的作用下，应力随着加载时间的延长而减小的现象，是弹性材料发生失效的主要原因。

测试方法：（1）美国 ASTM E328—78《材料和结构的应力松弛试验标准推荐方法》；（2）日本 JIS Z2267—75《金属材料拉伸松弛试验方法》；（3）前苏联 ГOCT26007-83《应力松弛试验方法》；（4）英国 BS3500-6-69《拉伸应力松弛试验》；（5）法国 NFA03-716-69《建筑用预应力和后应力钢筋（丝、棒）等松弛试验》；（6）国际建材与结构试验联合会《预应力钢材等温松弛试验实施方法》；（7）中国 GB/T 10120—2013《金属材料拉伸应力松弛试验方法》；（8）中国 GB/T 39152—2020《铜及铜合金弯曲应力松弛试验方法》。

典型高端弹性铜合金材料的抗拉强度与应力松弛性能关系曲线见图5-16。

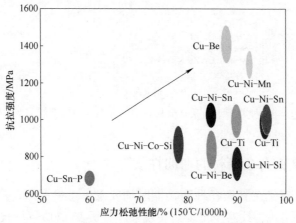

图 5-16　高端弹性铜合金材料的抗拉强度与应力松弛性能关系曲线

511　软化温度及其测试方法？典型铜铬系合金的软化温度？

依据 GB/T 33370—2016《铜及铜合金软化温度的测定方法》，对样品分别测量 6 个有效维氏硬度值后求平均值，绘制退火硬度曲线。根据退火硬度变化曲线，确定峰时效硬度的 80% 所对应的退火温度为合金的软化温度。

表 5-32 为几种典型铜铬系合金材料的力学和电学性能表；图 5-17 为几种典型铜铬系合金材料的退火温度与硬度的关系曲线图。根据软化温度的规定，可以得出 Cu-Cr、Cu-Cr-Zr、Cu-Cr-Mg 和 Cu-Cr-Zr-Mg 合金的软化温度分别为 535℃、585℃、575℃ 和 590℃。

表 5-32　几种典型铜铬系合金材料的力学和电学性能表

合金/%（质量分数）	硬度 （HV）	电导率 /%IACS	抗拉强度 /MPa	屈服强度 /MPa	伸长率 /%
Cu-0.54Cr	162.8	82.9	500	456	12.5
Cu-0.54Cr-0.1Mg	170.1	77.8	522	476	12.0
Cu-0.54Cr-0.1Zr	180.1	76.5	540	497	11.3
Cu-0.6Cr-0.13Zr-0.1Mg	182.4	72.3	549	512	11.5

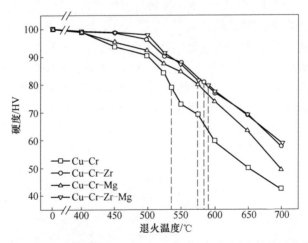

图 5-17　几种典型铜铬系合金材料的退火温度与硬度的关系曲线图

512　典型弹性铜合金带材的弯曲性能？

弹性铜合金带材在制作各种连接器时均要发生弯曲变形，当弯曲性能不好时，带材表面会出现裂纹甚至出现断裂现象。为了表征材料弯曲性能好坏，对带材进行弯曲变形，铜合金带材的侧半径不发生开裂的条件下可以弯曲的程度，决定了材料的最小弯曲半径,通常使用系数 r/t(弯曲半径/板带厚度)评价成型性能的好坏,r/t 值越小,表面不出现裂纹,说明材料的弯曲性能越优异。一般平行于轧制方向(bad way)要小于垂直于轧制方向(good way)的弯曲性能。典型高强度弹性铜合金带材弯曲性能见图 5-18。

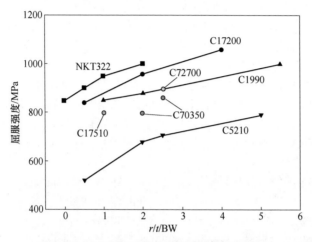

图 5-18 典型高强度弹性铜合金带材弯曲性能

参 考 文 献

[1] 钟卫佳. 铜加工技术实用手册 [M]. 北京：冶金工业出版社，2007.

[2] 田荣璋，王祝堂. 铜合金及其加工手册 [M]. 长沙：中南大学出版社，2002.

[3] 唐仁正. 物理冶金基础 [M]. 北京：冶金工业出版社，1997.

[4] 赵祖德，姚良均，郭鸿运，等. 铜及铜合金材料手册 [M]. 北京：科学出版社，1993.

[5] 朱中华，薛剑峰. 世界有色金属牌号手册 [M]. 北京：中国物资出版社，1999.

[6] 陈存中. 有色金属熔炼与铸锭 [M]. 北京：冶金工业出版社，1988.

[7] 钟卫佳，肖恩奎. 高品质无氧铜的生产 [J]. 世界有色金属，2003（9）：8-11.

[8] 钱之荣，范广举. 耐火材料实用手册 [M]. 北京：冶金工业出版社，1992.

[9] 潘天明. 工频和中频感应炉 [M]. 北京：冶金工业出版社，1983.

[10] 唱鹤鸣，杨晓平，张德惠. 感应炉熔炼与特种铸造技术 [M]. 北京：冶金工业出版社，2002.

[11] 孝云祯，马宏声. 有色金属熔炼与铸锭 [M]. 沈阳：东北大学出版社，1994.

[12] 肖恩奎. 铜镍熔炼实践 [M]. 北京：冶金工业出版社，1976.

[13] 洪伟. 有色金属连铸设备 [M]. 北京：冶金工业出版社，1987.

[14] 谢建新，刘静安. 金属挤压理论与技术 [M]. 北京：冶金工业出版社，2002.

[15] 马怀宪. 金属塑性加工学 [M]. 北京：冶金工业出版社，1991.

[16] 魏军. 有色金属挤压车间机械设备 [M]. 北京：冶金工业出版社，1988.

[17] 姚若浩. 金属加工中的摩擦与润滑 [M]. 北京：冶金工业出版社，1990.

[18] 温景林. 金属挤压与拉拔工艺学 [M]. 沈阳：东北大学出版社，1996.

[19] 谢建新. 材料加工新技术新工艺 [M]. 北京：北京科技大学，2002.

[20] 李应强. 冶金生产工艺及设备 [M]. 北京：冶金工业出版社，1999.

[21] 刘淑云. 铜及铜合金热处理 [M]. 北京：机械工业出版社，1990.

[22] 张宝昌. 有色金属及其热处理 [M]. 西安：西北工业大学出版社，1993.

[23] 李智成，朱正平. 常用电子金属材料手册 [M]. 北京：中国物资出版社，1994.

[24] 陈树川. 材料物理性能 [M]. 上海：上海交通大学出版社，1999.

[25] 李耀群，易茵菲. 现代铜盘管生产技术 [M]. 北京：冶金工业出版社，2005.

[26] 李耀群，钱俏鹏. 铜水（气）管及管接件生产、使用技术 [M]. 北京：冶金工业出版社，2006.

[27] 胡赓祥，蔡珣. 材料科学基础 [M]. 上海：上海交通大学出版社，2000.

[28] 谢水生，李华清，李周，等. 铜及铜合金产品生产技术与装备 [M]. 长沙：中南大学出版社，2015.

[29] 韩卫光，刘海洋. 铜合金板带材加工技术问答 [M]. 长沙：中南大学出版社，2013.

[30] 韩卫光，刘海洋. 铜及铜合金熔炼与铸造技术问答 [M]. 长沙：中南大学出版社，2012.

[31] 曹建国，居敏刚，李耀群. 铜及铜合金棒线材生产技术 [M]. 北京：冶金工业出版社，2009.

[32] 刘永亮，李耀群. 铜及铜合金挤压生产技术 [M]. 北京：冶金工业出版社，2007.

［33］刘平，赵冬梅，田保红. 高性能铜合金及其加工技术［M］. 北京：冶金工业出版社，2005.

［34］路俊攀，李湘海. 加工铜及铜合金金相图谱［M］. 长沙：中南大学出版社，2010.

［35］张毅，陈小红，田保红，等. 铜及铜合金冶炼、加工与应用［M］. 北京：化学工业出版社，2017.

［36］娄花芬，黄亚飞，马可定. 铜及铜合金熔炼与铸造［M］. 长沙：中南大学出版社，2010.

［37］兰利亚，李耀群，杨海云. 铜及铜合金精密带材生产技术［M］. 北京：冶金工业出版社，2009.

［38］刘平，任凤章，贾淑果. 铜合金及其应用［M］. 北京：冶金工业出版社，2007.

［39］刘培兴，刘华鼐，刘晓瑭. 铜合金板带材加工工艺［M］. 北京：化学工业出版社，2010.

［40］刘华鼐，刘培兴，刘晓瑭. 铜合金管棒材加工工艺［M］. 北京：化学工业出版社，2010.

［41］刘晓瑭，刘华鼐，刘培兴. 铜合金型线材加工工艺［M］. 北京：化学工业出版社，2010.

［42］邓至谦，唐仁政. 铜及铜合金物理冶金基础［M］. 长沙：中南大学出版社，2010.

［43］汪礼敏. 铜及铜合金粉末与制品［M］. 长沙：中南大学出版社，2010.

［44］余永宁. 材料科学基础［M］. 北京：高等教育出版社，2006.

［45］王从曾. 材料性能学［M］. 北京：北京工业大学出版社，2001.

［46］张联盟. 材料学［M］. 北京：高等教育出版社，2005.

［47］唐煜平. 金属固态相变及应用［M］. 北京：化学工业出版社，2007.

［48］黄建中，左禹. 材料的耐蚀性和腐蚀数据［M］. 北京：化学工业出版社，2002.

［49］韩恩厚，陈建敏，宿彦京，等. 海洋工程材料和结构的腐蚀与防护［M］. 北京：化学工业出版社，2017.

［50］郑玉贵，马爱利. 海洋工程用铜合金腐蚀数据手册［M］. 北京：化学工业出版社，2018.

［51］李晓刚. 海洋工程材料腐蚀行为与机理［M］. 北京：化学工业出版社，2017.

［52］冯兴宇. 白铜 BFe10-1-1 合金晶界特征分布优化及耐蚀性能研究［D］. 赣州：江西理工大学，2018.

［53］韩力涛. 高性能纳米 Cu-Fe、Cu-Fe-X（Cr、Zr、P）合金的制备、结构及性能研究［D］. 安徽：中国科学技术大学，2020.

［54］张雪辉. 氧化铝弥散强化铜原位反应合成及其组织性能研究［D］. 北京：北京有色金属研究总院，2014.

［55］丁志勇，王海波，周青，等. 大电流电连接器接插件基体材质替代可行性研究［J］. 机械制造，2022，60（6）：45-50.

［56］陈林. 电连接器在某监控单元中的选型与应用［J］. 信息技术与信息化，2018，224（11）：60-62.

［57］邹翔，彭清华. 连接器行业最新发展趋势分析［J］. 机电元件，2014，34（5）：45-48.

［58］乔长海. 高性能微型化设备应用催生 RF 连接器小型化［J］. 机电元件，2018，32（2）：50-54.

［59］郑海腾，杜青林，范建平. 基于大电流连接器的温升控制研究［J］. 机电元件，2017，37（3）：19-22.

［60］李晓峰. 高速电气化列车高强高导接触线用 Cu-Cr-Zr 合金组织和性能［D］. 杭州：浙江

大学，2011.

[61] 毛建伟，王文玲，陈磊，等. 铜合金特性对汽车连接器端子品质的影响 [J]. 汽车电器，2018（5）：57-58.

[62] 许丙军. 铜合金带材在电连接器上的应用和国内现状 [J]. 世界有色金属，2016，18（9）：72-73.

[63] 张文芹，吕显龙，冯小龙. 蚀刻型高密度引线框架合金带材的研制进展 [J]. 有色金属材料与工程，2020，41（3）：1-6.

[64] 刘峰. 大规格 Cu-Ni-Co-Si 合金带材制备加工关键技术及机理研究 [D]. 北京：北京有色金属研究总院，2021.

[65] 肖翔鹏. 新型高性能 Cu-Ni-Co-Si 合金制备及组织性能的研究 [D]. 北京：北京有色金属研究总院，2013.

[66] 徐高磊. 铜铬银合金短流程制备关键技术的研究 [D]. 北京：北京有色金属研究总院，2019.

[67] 孙雨情. Cu-Cr-（Zr，Mg）合金热稳定性和成型性能及相关机理研究 [D]. 北京：北京科技大学，2022.

[68] 李江. 新型高强弹性铜镍硅系合金制备及其微观组织性能的研究 [D]. 北京：北京科技大学，2019.

[69] 陈少华. 高强耐磨 Cu-Zn-Mn-Al-Si 系锰黄铜组织结构与性能研究 [D]. 北京：北京有色金属研究总院，2020.

[70] 彭丽军. Cu-Cr-Zr 系合金微观组织演变规律及合金元素交互作用机理的研究 [D]. 北京：北京有色金属研究总院，2014.

[71] 胡浩. 电动汽车大电流连接器设计及关键性能研究 [D]. 西安：长安大学，2020.

[72] 陈金水. Cu-（0.5~0.6）Cr-xZr 合金"成分-工艺-组织-性能"构效关系研究 [D]. 赣州：江西理工大学，2019.

[73] 闫海乐. 大形变下低层错能面心立方金属力学行为和织构演化的研究 [D]. 沈阳：东北大学，2012.

[74] Kaneko H, Eguchi T. Influence of Texture on Bendability of Cu-Ni-Si Alloys [J]. Materials Transactions, 2012, 53: 1847-1851.

[75] 王征. 宇航电连接器用高弹性铜合金微观组织与性能研究 [D]. 北京：北京有色金属研究总院，2022.

[76] 何昆哲. Cu-Ti 合金时效初期相变特征及其对性能的影响 [D]. 南昌：南昌大学，2016.

[77] 刘位江. Cu-3.2Ti-0.2Fe-xV 合金异质结构调控及强塑性提升机理研究 [D]. 赣州：江西理工大学，2022.

[78] 骆越峰，姚幼甫，毛毅中，等. 连续挤压技术在无氧铜带中的应用 [J]. 有色金属加工，2011，40（4）：29-30.

[79] 徐高磊，姚幼甫，骆越峰. 连续挤压无氧铜带制造新技术 [J]. 特种铸造及有色合金，2011，31（7）：648-650.

[80] 徐高磊，陈国权，姚幼甫，等. 高纯高导无氧铜棒制造新技术 [J]. 特种铸造及有色合金，

2014, 34 (5)：559-560.

[81] 徐高磊，骆越峰，姚幼甫，等. 在线脱氧技术在无氧铜熔炼中的应用 [J]. 有色金属加工，2015, 44 (2)：23-25.

[82] 彭丽军. Cu-20Ni-5Sn 弹性合金组织与性能的研究 [D]. 赣州：江西理工大学，2011.

[83] 王强松，娄花芬，马可定，等. 铜及铜合金开发与应用 [M]. 北京：冶金工业出版社，2013.

[84] 袁大伟. Cu-6.5wt.%Fe-xMg 合金"成分-组织-工艺-性能"调控及其构效关系研究 [D]. 赣州：江西理工大学，2021.

[85] 姜业欣，娄花芬，解浩峰，等. 先进铜合金材料发展现状与展望 [J]. 中国工程科学，2020, 22 (5)：84-92.

[86] 李洋，王松伟，刘劲松，等. 铜基薄壁热管应用现状及发展趋势 [J]. 铜业工程，2022 (2)：1-7.

[87] 彭丽军，熊柏青，解国良，等. 时效态 C17200 合金的组织与性能 [J]. 中国有色金属学报，2013, 23 (6)：1516-1522.

[88] 张文毓. 舰船用管系材料的现状和趋势 [J]. 新材料产业，2011 (2)：62-65.

[89] 侯锦秋，王樱霖，孙海航，等. 浅谈铍青铜在电连接器上的应用 [J]. 机电元件，2022, 42 (4)：59-61.

[90] 任秀峰，李旭然. 铜及铜合金在电气化铁路接触网系统的应用探讨 [J]. 电气化铁道，2020, 31 (1)：20-23.

[91] 王碧文. 引线框架铜合金新材料研制现状及发展 [J]. 世界有色金属，2021 (8)：58-59.

[92] 王碧文，王涛，王祝堂. 铜合金及其加工技术 [M]. 北京：化学工业出版社，2007.

[93] 刘瑞蕊，周海涛，周啸，等. 高强高导铜合金的研究现状及发展趋势 [J]. 材料导报，2012, 26 (19)：100-105.

[94] 杜志科，胡兆奇，王家峰. 铜合金熔铸设备技术要点探讨 [J]. 有色金属加工，2012, 41 (4)：30-31.

[95] 袁孚胜，王彤彤. 我国铜杆线材市场现状及发展趋势 [J]. 有色冶金设计与研究，2022, 43 (1)：16-19.

[96] 刘帅军. 机车用铜管接线端子压接试验研究 [J]. 电力机车与城轨车辆，2019, 42 (3)：74-76.

[97] 罗奇梁，刘晋龙，马力. 中国铜管加工制造装备的现状与发展趋势 [J]. 现代制造技术与装备，2019 (4)：189-190.

[98] 吴琼. 中国铜加工产业转移现状与趋势 [J]. 有色金属加工，2018, 47 (3)：1-6.

[99] 朱晶，姜元军，何大川. 船用螺旋桨常用铜合金材料比较 [J]. 造船技术，2019 (6)：64-69.

[100] 李周，雷前，黎三华，等. 超高强弹性铜合金材料的研究进展与展望 [J]. 材料导报，2015, 29 (7)：1-5.